Seismische Gefährdungsberechnung und Einwirkungsbeschreibung

Zentrum für die Ingenieuranalyse von Erdbebenschäden
(Erdbebenzentrum) am Institut für Konstruktiven Ingenieurbau

Bauhaus-Universität Weimar · Universitätsverlag

Inhalt

Vorwort — 5

Jochen Schwarz — 7
Probabilistische seismische Gefährdungsanalyse und Einwirkungsbeschreibung unter Berücksichtigung der Standortbedingungen – Zu den Beiträgen dieses Heftes, zu internationalen Entwicklungstendenzen und den Besonderheiten deutscher Erdbebengebiete

Erdbebenauswertungen

Silke Amstein, Jochen Schwarz — 19
Das Schurwald-Erdbeben vom 03. August 1940 in der Gegend von Göppingen

Dominik H. Lang, Mathias Raschke, Jochen Schwarz — 35
The Cariaco, Venezuela, earthquake of July 09, 1997: strong-motion recordings, site response studies and macroseismic investigations

Seismologische Modelle und Grundlagen

Werner Rosenhauer — 55
Biasfreie Handformeln für die Schätzungen und die Schätzunsicherheiten der Erdbeben-Eintrittsraten

Jörg Habenberger, Mathias Raschke, Jochen Schwarz — 61
Modelle zur Beschreibung der Magnituden-Häufigkeit-Beziehung

Gottfried Grünthal — 69
Verteilungsfunktionen maximal erwarteter Magnituden mit Anwendung auf Südwestdeutschland

Abnahmebeziehungen

Dominik H. Lang, Jochen Schwarz, Clemens Ende — 79
Subsoil classification of strong-motion recording sites in Turkish earthquake regions

Jochen Schwarz, Clemens Ende — 91
Spektrale Abnahmebeziehungen zur Bestimmung seismischer Bemessungsgrößen auf Grundlage von Starkbebenregistrierungen in der Türkei

Clemens Ende, Jochen Schwarz — 105
Einfluss von Analysemethoden auf spektrale Abnahmebeziehungen der Bodenbewegung

Jochen Schwarz, Corina Schott, Jörg Habenberger — 117
Auswertung von Strong-Motion-Daten in den für deutsche Erdbebengebiete maßgebenden Magnituden- und Entfernungsbereichen – Fallstudien für weichen und steifen Untergrund

Deterministische Gefährdungsanalyse und Einwirkungsbeschreibung

Mathias Raschke, Jochen Schwarz — 131
Bemessungserdbeben für Bauwerke hohen Risikopotenzials nach den sicherheitstechnischen Regeln des KTA 2201.1

Jochen Schwarz, Mathias Raschke, Werner Rosenhauer — 145
Konservativität der seismischen Bemessungsgrößen nach KTA 2201.1 am Maßstab probabilistischer Gefährdungsanalysen

Probabilistische Gefährdungsanalyse und Einwirkungsbeschreibung

Jörg Habenberger, Mathias Raschke, Jochen Schwarz   165
Ein Modell zur Berücksichtigung der regionalen Seismizität in der probabilistischen Gefährdungsberechnung

Jochen Schwarz, Jörg Habenberger, Christian Golbs   173
Parameteruntersuchung zur probabilistischen seismischen Gefährdungsberechnung

Jörg Habenberger   181
Zur Berücksichtigung von Unsicherheiten in den Eingangsgrößen der probabilistischen seismischen Gefährdungsberechnung

Standortanalysen

Jochen Schwarz, Holger Maiwald   187
Analytische Standortuntersuchungen im Vergleich zu den Registrierungen in seismisch instrumentierten Tiefenbohrungen

Jörg Habenberger, Holger Maiwald, Jochen Schwarz   199
Standortanalyse unter Berücksichtigung der Streuung der Bodeneigenschaften

Vorwort

Nachdem bereits mit dem Doppelheft 1/2 *Ingenieurseismologie und Erdbebeningenieurwesen* der Wissenschaftlichen Zeitschrift *Thesis* der Bauhaus-Universität im Jahr 2001 Ergebnisse von Forschungsarbeiten des Erdbebenzentrums am Institut für Konstruktiven Ingenieurbau eines dreijährigen Bearbeitungszeitraumes vorgestellt wurde, versteht sich der vorliegende Beitragsband erneut als eine Art Berichterstattung auf den Teilgebieten von Gefährdungsanalyse und Einwirkungsbeschreibung. Sie soll in vergleichbarer Form durch ein Themenheft zu den Schadensauswertungen in Erdbebengebieten, den Bauwerksanalysen und -messungen, konkreten Ertüchtigungsprojekten sowie zu Arbeiten zur Quantifizierung der Schadenspotenziale infolge Erdbeben und Hochwasser abgerundet werden.

Es gehört zu den Ansprüchen eines Themenheftes, Zusammenhänge zwischen den Beiträgen herzustellen. Zur Verdeutlichung werden die Beiträge nachfolgend in Themenkomplexe eingeordnet, die, ausgehend von den Basisdaten, über die methodischen Grundlagen und Hilfsmittel zur praktischen Gefährdungsanalyse und Einwirkungsbeschreibung die Vorgehensweisen zur konkreten Realisierung oder Festlegung bis hin zur standortspezifischen Präzisierung wesentliche Schwerpunkte des Bearbeitungsablaufs bedienen.

Zu danken ist allen Beteiligten und Autoren, sich erneut mit Engagement den Anstrengungen eines Themenheftes gestellt zu haben. Dazu zählt auch die Bereitschaft, innovative Methoden oder Lösungsansätze von Teilproblemen vorzulegen, auf denen weiterführende Forschungs- und Entwicklungsarbeiten ansetzen können, sich aber auch in die Diskussion zu nationalen Regelwerken einzuschalten und hier Empfehlungen für die Weiterentwicklung vorzulegen, ohne den Anspruch auf die alleinig mögliche Vorgehens- oder Sichtweise zu erheben.

Die Beiträge zu den makroseismischen Auswertungen und spektralen Abnahmebeziehungen können als Beispiele für die konkreten und für die Zielländer relevanten Ergebnisse der durchgeführten Erdbeben-Erkundungsmissionen und Nachfolgeeinsätze dienen. Grundlage dieser Untersuchungen bilden – und dies im weitesten Sinne – Daten, die nicht nur einfach rezipierend oder reproduzierend übernommen werden, sondern unter den komplizierten, die Persönlichkeit fordernden Bedingungen erdbebenbetroffener Gebiete durch Erhebungen bzw. moderne Messtechnik und Auswertemethoden gewonnen wurden. In enger Verbindung dazu steht die nicht neue Erkenntnis, dass gerade in den Bereichen von Gefährdungseinschätzung und Einwirkungsbeschreibung stärkeres Augenmerk auf die Qualität der Daten zu richten ist. Den wissenschaftlichen Arbeiten werden zunehmend instrumentelle Untersuchungen vorgeschaltet bzw. die Resultate erfahren (soweit möglich) nachgeschaltet eine messtechnische Verifikation.

Es darf nicht unerwähnt bleiben, dass sich gerade bei den Datenerhebungen im Rahmen der Deutschen TaskForce-Erdbeben und insbesondere auch bei den Arbeiten zur probabilistischen Gefährdungseinschätzung langjährige Kontakte zu anderen Kollegen und Einrichtungen bewährt und durch den interdisziplinären Ansatz zur wissenschaftlichen Qualität beigetragen haben.

Der vorliegende Heft ist in besonderer Weise der kollegialen und beitragsübergreifenden Mitwirkung von Herrn Dr.-Ing. Jörg Habenberger zu verdanken, der zugleich einen großen Teil der redaktionellen Arbeiten übernommen hat.

Frau Dr. Heidemarie Schirmer ist für die ausgezeichnete Zusammenarbeit und sorgfältige Redaktion der Beiträge zu danken. Vor allem aber für die Geduld und Bereitschaft, den langen Bearbeitungszeitraum zugunsten der Vollständigkeit der geplanten und Aktualität der neuen Beiträge durchzustehen.

Die in diesem Heft der Schriftenreihe zusammengestellten Beiträge wären in der Mehrzahl ohne die Förderung der zugrunde liegenden Forschungs- und Entwicklungsvorhaben nicht möglich gewesen. Es ist den Autoren und Bearbeitern der Forschungsthemen ein Bedürfnis, am Ende der Beiträge auf die unterschiedliche Form der Unterstützung hinzuweisen.

Jochen Schwarz

Probabilistische seismische Gefährdungsanalyse und Einwirkungsbeschreibung unter Berücksichtigung der Standortbedingungen

Zu den Beiträgen dieses Heftes, zu internationalen Entwicklungstendenzen und den Besonderheiten deutscher Erdbebengebiete

Jochen Schwarz

1 Vorbemerkung

Das vorliegende Heft 116 der Schriftenreihe trägt den Titel *Seismische Gefährdungsanalyse und Einwirkungsbeschreibung* und setzt damit eine langjährige Forschungsrichtung an der Bauhaus-Universität fort, die an dem von Erhard Hampe geleiteten Wissenschaftsbereich und Wissenschaftszentrum für Industrie- und Spezialbau in Weimar Anfang der 80er Jahre initiiert wurde. Die Forschungsarbeiten standen dabei stets in Verbindung mit baupraktischen Anforderungen, die sich anhand der Planung und des Baus von ingenieur- und sicherheitstechnisch anspruchsvollen Bauwerken im In- und Ausland nachvollziehen lassen (u. a. Hampe und Schwarz [1]).

Die im Bereich der Einwirkungsbeschreibung vorgenomme Analyse der internationalen Entwicklung und die Systematisierung der unterschiedlichen Konzepte (Hampe und Schwarz [2]) hat weiterhin Bestand.

Die in Weimar durchgeführte D-A-CH-Tagung 1993 griff mit den Schwerpunkten *Seismische Einwirkungen auf Bauwerke unterschiedlichen Risikopotenzials. Europäische Regelwerke* die erkennbare Notwendigkeit auf, verstärkt auf eine Harmonisierung von seismischer Gefährdung und seismischen Einwirkungen in den europäischen Erdbebenbaunormen zu drängen [3]. Dabei konnten die Erfahrungen aus der Entwicklung einer modernen Erdbebenbaunorm für das Territorium der DDR eingebracht werden. Die erreichte Qualität der neuen Generation von Erdbebenbaunormen ließe sich formell an der Neufassung der DIN 4149 (2002) [4] oder auch der Endfassung des EC 8 [5] überprüfen, kann aber nur im Kontext der letztlich in Europa national geltenden Regeln (und der eingeführten Nationalen Anwendungsparameter) beantwortet werden.

Bemühungen um eine Harmonisierung der Einwirkungsbescheibung in den europäischen Erdbebenbaunormen waren in den letzten Jahren durch stärkere Berücksichtigung der Besonderheiten von Gebieten geringer Seismizität zu ergänzen. Hier galt es, nicht nur den Handlungsbedarf aufzuzeigen (u. a. Schwarz und Grünthal [6]), sondern für die Neufassung der Erdbebennorm für allgemeine Hochbauten in deutschen Erdbebengebieten DIN 4149 Grundlagenarbeiten zu leisten, die letztlich in Form der Beschleunigungen (Schwarz [7]) oder auch der geologie- und untergrundspezifischen Spektren (Schwarz et al. [8]), Schwarz und Brüstle [9], Brüstle und Schwarz [10]) übernommen wurden.

2 Entwicklungstendenzen und Einordnung der vorliegenden Beiträge

2. 1 Konzepte

Die Notwendigkeit, aus Kenngrößen der seismischen Gefährdung konkrete Berechnungs- und Bemessungsgrößen abzuleiten, hat in der Vergangenheit dazu beigetragen, die Ermittlung seismischer Einwirkungen als integralen Bestandteil des Erdbebeningenieurwesens aufzufassen. Zukunftsorientierte Konzepte zur Beschreibung seismischer Einwirkungen für das Erdbebeningenieurwesen werden von Schwarz und Grünthal [11] vorgestellt. Grundaussagen sind wie folgt zu zitieren:

> Zukunftsorientierte Konzepte der Einwirkungsbeschreibung stehen in direktem Zusammenhang mit den Möglichkeiten, die sich aus den Methoden der probabilistischen Gefährdungsabschätzung eröffnen. Es erwachsen neue Möglichkeiten, um die auslegungsrelevanten ingenieurseismologischen Kenngrößen in Form der Boden- und Spektralbewegungsgrößen direkt aus den Gefährdungsaussagen oder dem Gefährdungshintergrund eines Standortes abzuleiten.

Anforderungen an die Einwirkungsbeschreibung bzw. als Bewertungskriterien werden hervorgehoben [11]:
- die Berücksichtigung der regionalen Spezifik,
- die Berücksichtigung der Gefährdungsspezifik,
- die Berücksichtigung der Standortspezifik (im erweiterten Sinne nicht nur der Baugrund, sondern auch „Untergrund" in Form des Tiefenprofils)

- die Einbeziehung der zyklischen Charakteristik der Bodenbewegung.

Der Beitrag [11] konzentriert sich auf die Einwirkungsseite und die Möglichkeiten ihrer Einführung in die Erdbebennormen allgemeiner Hochbauten. Einige dieser Elemente wurden durch die aktuelle Normung (Überarbeitung des Eurocode) aufgenommen; die konsequente Umsetzung wird jedoch einer folgenden Generation von Normen vorbehalten sein.

Bei der Einbeziehung der zyklischen Charakteristik der Bodenbewegung in die Beschreibung seismischer Einwirkungen (Bemessungsspektren), die von Schwarz und Grünthal [11] im Zusammenhang mit der Abminderung registrierter seismischer Bodenbewegungen auf ein „erfahrungsgestütztes Niveau" diskutiert wurde, sind in den letzten Jahren keine erkennbaren Fortschritte zu verzeichnen. Sofern in der Auslegungspraxis erfahrungsgestützte Nachweiskonzepte (*experienced-based design*) Aufwertung und Akzeptanz erlangen, dürften diese Fragestellungen an Bedeutung gewinnen.

Das Konzept „effektiver Spektren" bietet hier weiterhin einen möglichen Ansatz zum Ausgleich der im Allgemeinen bestehenden Unzulänglichkeiten der Beschreibung seismischer Bemessungsgrößen mittels der Bodenspitzenbeschleunigung (einmalig aufgetretener Spitzenwert der Bodenbeschleunigung) oder elastischer Antwortspektren (einmalig aufgetretene Spitzenwerte der Antwortgrößen von Einmassen-Systemen im Zeitbereich), wenn eindeutige Definition zugrunde gelegt werden (s. a. [12])

Zur Definition der Starkbebendauer werden im Beitrag *Auswertung von Strong-Motion-Daten in den für deutsche Erdbebengebiete maßgebenden Magnituden- und Entfernungsbereichen – Fallstudien für weichen und steifen Untergrund* nach den üblichen Energiekriterien geeignete Parameter vorgelegt.

Zum Verhältnis Ingenieur und seismischer Gefährdung wurde vor zehn Jahren noch folgende Position vertreten (Schwarz [3]):

> Die Klärung der seismischen Gefährdung fällt in den Verantwortungsbereich des Seismologen; Fragen zur seismischen Gefährdung sind demzufolge auch nicht vom Ingenieur, sondern vom Seismologen zu beantworten. Der Ingenieur ist jedoch aufgefordert, Fragen zu stellen und auf den Inhalt von Gefährdungsaussagen, die den Ausgangspunkt seiner Aktivitäten bilden, einzuwirken. In diesem Zusammenhang ist die Forderung zu erheben, dass Einwirkungs- und Gefährdungsgrößen in ihrer Qualität konsistent sein sollten.

Die erreichte Konsistenz darf weiterhin als Naht- und Schwachstelle zwischen den Verantwortungsbereichen von Seismologen und Ingenieuren angesehen werden. Es gehört zu den bemerkenswerten Entwicklungen (und ist auch eine Begleiterscheinung interdisziplinärer Forschungsarbeiten), dass die Trennung der so formulierten Verantwortungsbereiche immer mehr aufgelöst wird und beide Aufgaben praktisch vom Ingenieur oder Seismologen wahrgenommen werden (können).

Auch in diesem Heft werden Grundlagenuntersuchungen und neue methodische Ansätze vorgestellt, die eine solche „Grenzüberschreitung" erkennen lassen. Zu diesen Bereichen zählt die Beschäftigung mit den historischen Beben, in Besonderem aber die Grundlagenuntersuchungen zur probabilistischen Gefährdungsanalyse.

Dies erklärt sich u. a. daraus, dass eine standortspezifische seismische Gefährdungsanalyse vornehmlich durch die Qualität der Bebenkataloge und die verwendeten Abnahmebeziehungen bestimmt wird. Dies erklärt sich aber auch aus der Notwendigkeit, Ergebnisse zu interpretieren und über Kriterien zu verfügen, mit der die praktischen Konsequenzen aus der Umsetzung der Ergebnisse (Zahlenwerte von ingenieurseismologischen Kenngrößen) bewertet werden können.

> Der Widerspruch zwischen den immer weiter steigenden Einwirkungsparametern, den Ergebnissen von Berechnungen und dem tatsächlichen (beobachteten) Bauwerksverhalten bedarf keiner weiteren Verschärfung, sondern vielmehr einer Auflösung durch adäquate Einwirkungs- und Berechnungsmodelle.

2.2 Erdbebenauswertungen, seismologische Modelle und Grundlagen

Welche Bedeutung einzelne Erdbeben für die deterministische Festlegung von Bemessungsbeben besitzen, wird im Beitrag *Konservativität der seismischen Bemessungsgrößen nach KTA 2201.1 am Maßstab probabilistischer Gefährdungsanalysen* deutlich.

Im Beitrag zum *Schurwald-Erdbeben vom 03. August 1940 in der Gegend von Göppingen* wird ein Ereignis näher untersucht, das bei der Begründung von Bebenszenarien für den Großraum Stuttgart als bedeutsam identifiziert werden kann. Mittels moderner makroseismischer Auswertemethoden wird die Magnitude abgeschätzt, die in Verbindung mit Angaben zur Entfernung die Ermittlung von Spektralbewegungsgrößen über entsprechende Abnahmebeziehungen ermöglicht. (In diesem Heft werden solche Abnahmebeziehungen aus den registrierten Strong-Motion-Daten in der Türkei nach erfolgter messtechnischer Klassifikation der Untergrundbedingungen bzw. aus der Bibliothek europäischer Strakbebendaten [13] abgeleitet und anhand der Ergebnisse statistischer Datenauswertungen überprüft, s. a. Abschnitt 2.3.)

Der Beitrag *The Cariaco, Venezuela, earthquake of July 09, 1997: strong-motion recordings, site response studies and macroseismic investigations* wurde bereits Ende 2001 fertig gestellt.

Die makroseismischen Auswertungen setzen in der Vorgehensweise (Fragebogenauswertung und Erhebungen vor Ort) und der Verallgemeinerung der Bauwerksschäden in Form des prozentualen Auftretens von Schadensgraden (Verletzbarkeitsfunktionen) international anerkannte Maßstäbe für die Ergebnisse von TaskForce-Erdbebeneinsätzen.

Als wesentliche Schlussfolgerung aus dem TaskForce-Einsatz in Venezuela 1997 wurde entschieden, eine instrumentell gestützte Methode zu entwickeln, die es ermöglicht, das Schadenspotenzial seismischer Bodenbewegungen besser beurteilen zu können [14]. Die Methodik wurde im Rahmen des Nacheinsatzes in Venezuela 1999 und bei mehreren Wiederholungseinsätzen nach den schweren Beben in der Türkei systematisch erprobt.

Zu verweisen ist auf den Beitrag *Subsoil classification of strong-motion recording sites in Turkish earthquake regions*, der an frühere Untersuchungen zu den in der Türkei registrierten Starkbebendaten anschließt und das Vorgehen zur Klassifikation der Aufzeichnungsstandorte erläutert.

2. 3 Abnahmebeziehungen der Bodenbewegung

Der seismischen Gefährdungsanalyse sind bei der Berücksichtigung der standortspezifischen Bedingungen Grenzen gesetzt, die ergänzende bzw. weiterführende Untersuchungen erforderlich machen.

Bisherige Modelle und (kommerziell vertriebene) Programme sind zwar in der Lage, die regionale Spezifik (im Sinne der Seismizität) abzubilden, werden hinsichtlich der standortspezifischen Aussagequalität durch die Abnahmebeziehungen (*attenuation laws*) bestimmt und beschränkt (s. a. Abschnitt 3). Hinzu kommt, dass eine Vielzahl solcher Abnahmebeziehungen verfügbar ist (vgl. Douglas [15]), die den Zusammenhang zwischen Magnitude, Entfernung und den Spektralbewegungsgrößen herstellen. Die bemerkenswerte Zunahme derartiger Vorschläge erklärt sich aus der verbesserten Instrumentierung weltweiter Starkbebengebiete und aus dem Auftreten der Schadensbeben in diesen Gebieten selbst.

Im Beitrag *The Cariaco, Venezuela, earthquake of July 09, 1997: strong-motion recordings, site response studies and macroseismic investigations* werden die Starkbebenregistrierungen der Nachbeben in verschiedene Abnahmebeziehungen eingeordnet. Es wird deutlich, dass diese Abnahmebeziehungen in der Regel die durch die TaskForce gewonnenen Kenngrößen (Boden- und Spektralbeschleunigungen) deutlich überschätzen würden. Diese Tendenz wird auch bei den Auswertungen zu den Bebenregistrierungen in der Türkei im Beitrag *Spektrale Abnahmebeziehungen zur Bestimmung seismischer Bemessungsgrößen auf Grundlage von Starkbebenregistrierungen in der Türkei* deutlich.

Die nach der Untergrundklasse der Aufzeichnungsstation differenzierten Bebendaten werden verschiedenen Regressionstechniken unterzogen, um auf der Basis vor Ort gewonnener Daten Abnahmebeziehungen zur Bestimmung von standortabhängigen Bemessungsspektren für die Türkei vorzulegen. Auf diese Weise können für einen unikalen, qualitätsgesicherten und in sich konsistenten Satz von herdnahen Nachbebenregistrierungen moderater Stärke Aussagen über den Einfluss der Datenzusammensetzung (bezüglich des berücksichtigten Magnitude- und auch des Entfernungsintervalls) getroffen werden.

Die Studie gestattet Rückschlüsse auf die Qualität von Abnahmebeziehungen, die ihrerseits die Ergebnisse probabilistischer Gefährdungsanalysen bestimmen und als maßgebliche Einflussparameter gelten können. Der Beitrag *Einfluss von Analysemethoden auf spektrale Abnahmebeziehungen der Bodenbewegung* bildet die Grundlage, um die Leistungsfähigkeit verschiedener Regressionsmethoden beurteilen und Entscheidungen über die geeignete Vorgehensweise treffen zu können.

Im Gegensatz dazu stehen für mitteleuropäische Erdbebengebiete nach wie vor keine Beschleunigungsaufzeichnungen von Beben mit der Stärke der maßgebenden Bemessungsbeben zur Verfügung. Die *Auswertung von Strong-Motion-Daten in den für deutsche Erdbebengebiete maßgebenden Magnituden- und Entfernungsbereichen* bietet einen qualitativ neuartigen Einstieg, da die Resultierende der Horizontalbeschleunigung ermittelt und entsprechende spektrale Abnahmebeziehungen vorgelegt werden (vgl. auch [16]).

2. 4 Deterministische Gefährdungsanalyse und Einwirkungsbeschreibung

Beiträge dieses Heftes zu den „Regelwerken" konzentrieren sich auf die sicherheitstechnischen Regeln des Kerntechnischen Ausschusses KTA 2201.1 [17].

Grundsätze dieser Regeln in Bezug auf die Festlegung des Bemessungserdbebens werden im Beitrag *Bemessungserdbeben für Bauwerke hohen Risikopotenzials nach den sicherheitstechnischen Regeln des KTA 2201.1* dargestellt, diskutiert und auf unterschiedliche Zonierungsmodelle angewendet.

Im Folgebeitrag *Konservativität der seismischen Bemessungsgrößen nach KTA 2201.1 am Maßstab probabilistischer Gefährdungsanalysen* werden die Ergebnisse in probabilistische Gefährdungsanalysen eingeordnet. Für die deterministische und probabilistische Bestimmung des Bemessungsbebens wird einheitlich das Zonierungsmodell von Ahorner und Rosenhauer [18] in einem aktualisierten Bearbeitungsstand zugrunde gelegt.

2. 5 Probabilistische Gefährdungsanalyse und Einwirkungsbeschreibung

Grundlagen

Grundsätzlich lassen sich für die Gefährdungsberechnung und damit für die Bestimmung der Antwortspektren bzw. der Erdbebenzeitverläufe die deterministische und die probabilistische Vorgehensweisen und verschiedenartige Methoden unterscheiden. Beiden Vorgehensweisen liegen seismotektonische Modelle für die nähere Umgebung des Standorts und die Übertragungsfunktion für die zu untersuchende Bebengröße (Intensität, Beschleunigung, etc.) vom Erdbebenherd zum Standort zugrunde.

Im Ergebnis der probabilistischen seismischen Gefährdungsberechnung erhält man mittlere jährliche Auftretensraten für die Bebenkenngröße. Wird ein Poisson-Prozess für die zeitliche Verteilung der Beben vorausgesetzt, können aus den Auftretensraten die Bodenbewegungsgrößen für eine bestimmte Eintretenswahrscheinlichkeit in einem vorgegebenen Zeitraum abgeleitet werden. Werden spektrale Übertragungsfunktionen für die Bodenbeschleunigungen verwendet, können damit Antwort- oder Leistungsspektren für den Standort ermittelt werden.

Bei der Aufstellung des Berechnungsmodells bestehen Unsicherheiten bei der Abgrenzung der regionalen Verteilung der Seismizität (Zonierungsmodell), insbesondere aber bei den Magnituden-Häufigkeits-Beziehungen und der Festlegung oberer Grenzmagnituden. Diese Modellparameter sind miteinander verknüpft, so dass z. B. die Unsicherheiten in der Bestimmung der Magnituden-Häufigkeits-Beziehung mit der Zoneneinteilung zusammenhängen. Für Gebiete mit geringer Seismizität ist es bei kleinen seismischen Quellregionen schwierig, eine Magnituden-Häufigkeits-Beziehung aufzustellen, da nur wenig Daten zur Verfügung stehen.

Im Beitrag *Ein Modell zur Berücksichtigung der regionalen Seismizität in der probabilistischen Gefährdungsberechnung* wird eine Möglichkeit vorgestellt, größere Regionen zu verwenden, indem Dichtefunktionen für die regionale Verteilung abgeleitet werden.

Im Beitrag *Modelle zur Beschreibung der Magnituden-Häufigkeits-Beziehungen* wird dargestellt, wie sich die verschiedenen Ansätze für die Beschreibung der zeitlichen Häufigkeit der Magnituden auf die Ergebnisse auswirken. In diesem Zusammenhang ist der Beitrag *Biasfreie Handformeln für die Schätzungen und die Schätzunsicherheiten der Erdbeben-Eintrittsraten* besonders zu würdigen.

Gefährdungskonsistente Spektren

Spektren, die im Frequenzgehalt und Amplitudenverhalten die Besonderheiten der Gefährdungsbeiträge aus den Zonen des zugrunde liegenden Regionalisierungsmodell für ein bestimmtes Gefährdungsniveau widerspiegeln und eben durch probabilistische Gefährdungsanalysen ermittelt werden, sind in ihrer Qualität „gefährdungskonsistent" [3]. In der Fachliteratur werden diese Spektren auch als *uniform hazard spectra, uniform risk spectra* oder *equal hazard spectra* bezeichnet. Gefährdungskonsistente Spektren spiegeln die entfernungsabhängige Abnahme der Spektralamplituden von relevanten Herdregionen in der Standortumgebung wider. Grundlagen und Anwendungsbeispiele wurden in den letzten Jahren vorgelegt ([3], [11], [19], [20]).

Mit den zur Verfügung stehenden rechentechnischen Hilfsmitteln ist es möglich, den Intensitäten an einem Standort wahrscheinlichste Erdbebenkollektive zuzuordnen. Diese Bebenkollektive unterscheiden sich durch die jeweiligen Magnituden-Entfernungskombinationen. Von besonderer Aussagequalität sind Angaben zu den prozentualen Beiträgen, mit denen bestimmte Ereignisgruppen für ein vorzugebendes Gefährdungsniveau an den Ergebnissen (Intensitäten, Bodenbeschleunigung oder Spektralbeschleunigung für diskrete Perioden) beteiligt sind. Diese Beiträge stellen in ihrer Gesamtheit den Gefährdungshintergrund dar.

Die Aufschlüsselung der beteiligten Bebenkollektive in Intervallen von charakteristischen Magnituden- und Entfernungsintervallen (*Bins*) wird als *Deaggregation* bezeichnet. Sie wird in der Abbildung 1 für zwei Modellstandorte und Wiederkehrperioden von 475 und 10000 Jahren illustriert. Es handelt sich um die Modellpunkte MP4 und MP6 aus dem Beitrag *Konservativität der seismischen Bemessungsgrößen nach KTA 2201.1 am Maßstab probabilistischer Gefährdungsanalysen*.

Die Balken geben die Beiträge, mit denen Kollektive von Magnituden-Entfernungsbedingungen zur gesuchten Gefährdungsgröße (hier: Bodenbeschleunigung nach der Abnahmebeziehung von Ambraseys et al. [21] für Fels) beteiligt sind. Die Unterschiede im Gefährdungshintergrund erschließen sich – bildlich gesprochen – aus den Besetzungen der eingeteilten Magnituden-Entfernungsfelder. Unter Zugrundelegung einer Wiederkehrperiode von 475 Jahren dominieren bei Standort MP6 entfernte Ereignisse, bei Modellstandort MP4 sind offenkundig verschiedene Ereignisgruppen in der Standortumgebung bis 75 km von Bedeutung. Dies Bild verändert sich drastisch bei einer Wiederkehrperiode von 10.000 Jahren. Bei MP4 wären ausschließlich herdnahe Ereignisse in der Lage, die gesuchte Größe hervorzubringen. Auch bei MP6 kommt es zu einer deutlichen, geradezu diametralen Verlagerung des Beitragsschwerpunktes (von herdfernen

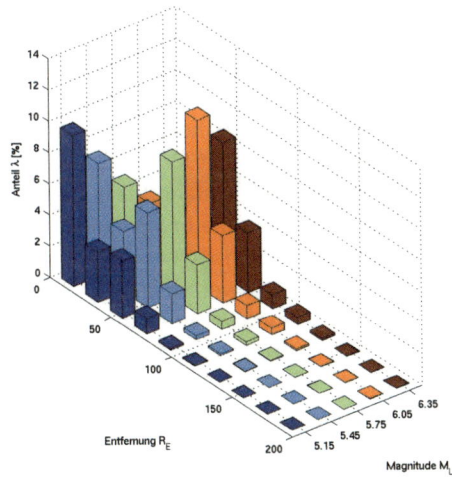

a) MP 4: T_R = 475 Jahre

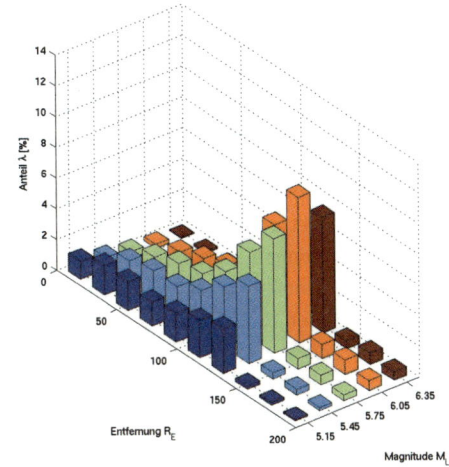

c) MP 6: T_R = 475 Jahre

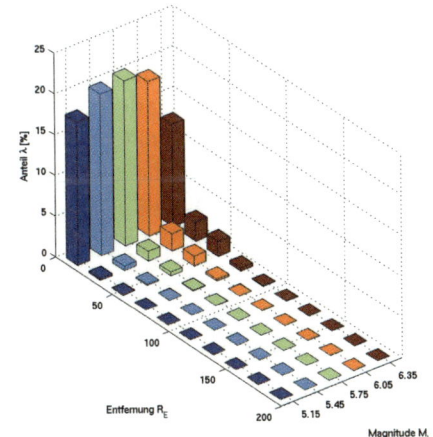

b) MP 4: T_R = 10 000 Jahre

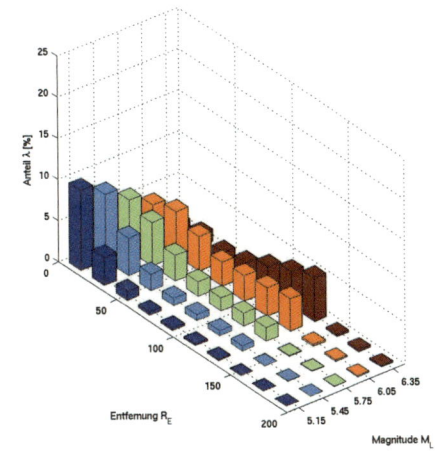

d) MP 6: T_R = 10 000 Jahre

Abb. 1 Deaggregation des Gefährdungshintergrundes: Gefährdungsbeiträge (in Form von Magnituden-Entfernungs-Bins) für die Spitzenbodenbeschleunigung; dargestellt für zwei Modellstandorte (MP 4 und MP 6) und Wiederkehrperioden von 475 bzw. 10.000 Jahren

stärkeren zu herdnahen schwächeren Ereignissen). Neu ausgewertet wird u. a. im Beitrag *Ein Modell zur Berücksichtigung der regionalen Seismizität in der probabilistischen Gefährdungsberechnung*, mit welchem Anteil Erdbeben aus den einzelnen Zonen beitragen bzw. am Gefährdungshintergrund beteiligt sind. Mit dem Gefährdungshintergrund gemäß Abbildung 1 steht eine Schnittstelle zur Verfügung, um die Ergebnisse deterministischer und probabilistischer Vorgehensweisen überprüfen und bewerten zu können.

Wie im Beitrag *Konservativität der seismischen Bemessungsgrößen nach KTA 2201.1 am Maßstab probabilistischer Gefährdungsanalysen* gezeigt wird, sind gerade bei sehr geringen Eintretensraten solche Zonen nicht identisch mit den Zonen, die am Maßstab der historischen Erdbebentätigkeit als maßgeblich zu betrachten wären. Damit werden grundsätzliche auslegungsphilosophische Fragestellungen aufgeworfen, die einen Klärungsbedarf erfordern.

Neuartige methodische Ansätze

Zur Durchführung der Gefährdungsberechnung wurde die Methode von Cornell [22] mit dem Programmsystem MATLAB (12.1) [23] umgesetzt. In dem Beitrag *Parameteruntersuchung zur probabilistischen, seismischen Gefährdungsberechnung* werden Ergebnisse der eigenen Programmierung mit denen anderer Programme verglichen und der Einfluss der Modellparameter auf die Berechnungsergebnisse untersucht.

Innovativen Charakter besitzen die hier vorgelegten methodischen Ansätze und die Parameterstudien zu einer Methode der probabilistischen seismischen Gefährdungsanalyse, die sich von den klassischen Quell- oder Herdzonenmodellen löst und die „zonenlosen" Methoden (*zonelesss approaches*) durch eine alternative, auf Epizentren-Dichten basierende Vorgehensweise ergänzt. Der Nachweis der Plausibilität der Ergebnisse kann im Beitrag *Ein*

Modell zur Berücksichtigung der regionalen Seismizität in der probabilistischen Gefährdungsberechnung aufgrund der bemerkenswerten Übereinstimmung mit den Resultaten von Vergleichsrechnungen mit herkömmlichen Modellen erbracht werden.

Die aus diesen Berechnungen folgenden gefährdungskonsistenten Spektren werden für Modellpunkt MP6 berechnet und in Abbildung 2 aufbereitet; hier: Spektralwerte an diskreten Perioden für 5% Dämpfung. Es werden die Abnahmebeziehungen von Ambraseys et al. [21] für *rock* (Fels), *stiff* (steifer) und *soft soil* (weicher Untergrund) zugrunde gelegt. Die ermittelten Spektralwerte folgen aus dem gesamten Gefährdungshintergrund für die einzelnen Perioden (analog Abb. 1).

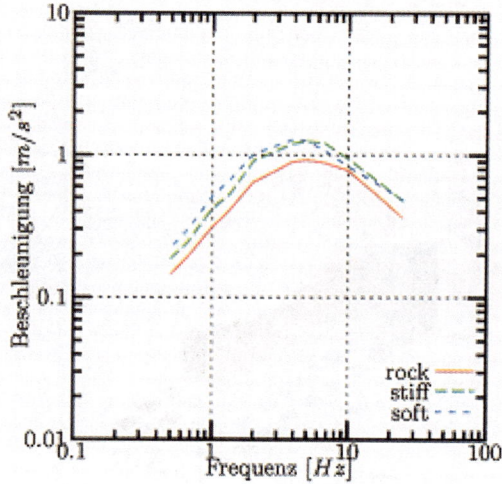

Abb. 2: Gefährdungskonsistente Beschleunigungsspektren (Modell Dichtefunktionen) für Modellstandort MP 6 und die Wiederkehrperiode von 475 Jahren nach den Abnahmebeziehungen von Ambraseys et al. [21] für rock (Fels), stiff (steifer) und soft soil (weicher Untergrund)

2. 6 Standortanalysen

Da in der Regel Bebendaten aus dem tiefen Fels (*bedrock*) nicht (oder nicht in ausreichender Anzahl oder in Form von Abnahmebeziehungen) vorliegen, wird auf Felsaufzeichnungen im „freiliegenden Fels" (*outcropping rock*) zurückgegriffen.

Der Beitrag *Analytische Standortuntersuchungen im Vergleich zu den Registrierungen in seismisch instrumentierten Tiefenbohrungen* stützt sich auf Daten von kalifornischen Tiefen-Arrays. Ein wesentliches Ergebnis der durchgeführten Vergleichsberechnungen darf darin gesehen werden, dass die numerischen Standortanalysen plausible Ergebnisse liefern und als vertrauenswürdig einzuschätzen sind. Zweifellos gibt es Situationen, die aufgrund der besonderen Oberflächen- oder Tiefentopographie (z. B. Becken- oder Talstrukturen) zwei- oder sogar dreidimensionale Modelle voraussetzen würden. Aufgrund der enormen Anforderungen an die Parameterbereitstellung sind solche Berechnungen

in der Regel für Einzelobjekte baupraktisch jedoch kaum zu rechtfertigen, für Risikobewertungen im regionalen oder großräumigen Maßstab jedoch teilweise unerlässlich.

Die Frage nach der erforderlichen oder ausreichenden Modelldimensionalität für numerische Simulationen hat weiterhin Bestand, ist in den letzten Jahren jedoch durch die bemerkenswerten Fortschritte im Bereich der instrumentellen Standortuntersuchungen und Auswertetechniken in den Hintergrund gedrängt worden. Waren bis vor kurzem die Verifikation eines repräsentativen Tiefenprofils und die Identifikation des Fels-Tiefenhorizontes aufwändigen Bohrungen und Laboruntersuchungen vorbehalten, werden zur Beurteilung der seismischen Übertragungseigenschaften zunehmend Auswertungen der natürlichen Bodenunruhe oder auch der Mikrobebentätigkeit herangezogen. Über das Verhältnis der spektralen Amplituden von horizontalen und vertikalen Bodenbewegungskomponenten werden Aussagen über die dominante Standortfrequenz und durch systematische rastermäßige Erfassung dieser Bedingungen eine differenziertere Bewertung der seismischen Gefährdung innerhalb eines Standortes möglich (vgl. Beitrag *Subsoil classification of strong-motion recording sites in Turkish earthquake regions*.)

3 Ausblick

Gefährdungsberechnung und Einwirkungsbeschreibung werden nicht immer als eine (ganzheitliche) Aufgabe verstanden und demzufolge in getrennten Arbeitsschritten realisiert. Unsicherheiten und Streubreiten werden somit entweder bei der probabilistischen Gefährdungsberechnung oder bei der standortspezifische Einwirkungsbeschreibung oder bei beiden, wenn auch unabhängig (nachgeschaltet) voneinander, berücksichtigt. Oder sie werden vernachlässigt.

> Zu den wesentlichen Entwicklungen der letzen Jahre gehört die zunehmende Berücksichtigung von Unsicherheiten und Streubreiten, die sich auf alle Teilaufgaben (Herdmodelle, Abnahmebeziehungen von Erschütterungsparametern, Standortanalysen) übertragen lassen.

Probabilistische Gefährdungsberechnung unter Berücksichtigung von Unsicherheiten

Bisher wird versucht, Modellunsicherheiten der Gefährdungsberechnung mit der Entscheidungsbaum-Methode (*logic-tree approach*) zu berücksichtigen [24]. Dabei wird eine Vielzahl von Gefährdungsberechnungen mit den in Frage kommenden Parameterbereichen durchgeführt.Die Eingangsparameter werden nach Expertenmeinung oder in Anlehnung an Verteilungsfunktionen der Parameter gewichtet. Gefährdungsaussagen erfolgen somit zunehmend durch Angabe von Fraktilen (u. a. Grünthal und Wahlström [25]).

Im Beitrag zu den *Verteilungsfunktionen maximal erwarteter Magnituden mit Anwendung auf Südwestdeutschland* wird dargestellt, wie eine Teilaufgabe im Rahmen der Gefährdungsanalyse nach aktuellem Stand von Wissenschaft und Technik bedient werden kann.

Im Beitrag *Berücksichtigung von Unsicherheiten in den Eingangsgrößen bei der probabilistischen seismischen Gefährdungsberechnung* werden aus der Regressionsanalyse die Mittelwerte und Standardabweichungen unter Annahme einer Normalverteilung für die Parameter der Magnituden-Häufigkeits-Beziehung und der Abnahmebeziehung ermittelt. Damit werden in einem weiteren Schritt mit Hilfe der Monte-Carlo-Simulation statistische Kenngrößen (Mittelwert, Median, Streuung) der mittleren, jährlichen Auftretensraten der Bebenkenngrößen (Spektralbeschleunigungen) errechnet.

Standortspezifische Einwirkungsbeschreibung unter Berücksichtigung von Unsicherheiten

Der Beitrag *Standortanalyse unter Berücksichtigung der Streuung der Bodeneigenschaften* vermittelt einen Eindruck von den Ergebnissen, wenn Streuung und Unsicherheiten der dynamischen Bodenkenngrößen im Rahmen von Standortanalysen am Tiefenprofil berücksichtigt werden. Ergebnis der Berechnungen sind wiederum Fraktilen der an der Oberfläche (Freifeld) berechneten Spektren. Für verschiedene Bodengruppen (Kies, Sand etc.) werden tiefenabhängige Scherwellengeschwindigkeiten bestimmt, die aus Bohrlochmessungen (USA, Deutschland) abgeleitet wurden. Die Änderung der Varianz der Bodenparameter in Abhängigkeit von der Schichtmächtigkeit wird behandelt. Als Eingangsmodell im tiefen Fels (*bedrock*) wird zunächst ein einzelner Zeitverlauf zugrunde gelegt, der aus einem gefährdungskonsistenten Felsspektrum generiert oder aus einer Datenbibliothek ausgewählt sein kann.

Es wurde bereits hervorgehoben, dass der probabilistischen Gefährdungsberechnung (mit oder ohne Berücksichtigung von Unsicherheiten) Grenzen bei Widerspiegelung standortspezifischer Besonderheiten gesetzt sind. Während bei „reinen" Felsstandorte sich die Qualität der verfügbaren Abnahmebeziehungen vornehmlich durch die Datenbasis unterscheidet, ist bei Standorten auf steifen bzw. weichem Untergrund das Tiefenprofil von Bedeutung. In der Regel beschränken sich die Abnahmebeziehungen auf eine Differenzierung der oberflächennahen (oberen 20 bzw. 30 m) Schichten, die dann einer Grobklassifikation (*rock, stiff, soft soil*) unterzogen werden. Bezüglich der standortspezifischen Einwirkungsbeschreibung ist die Abnahmebeziehung für den erreichbaren Grad der Berücksichtigung des lokalen Untergrundes im Rahmen probabilistischer Gefährdungsanalysen verantwortlich. Spektren können demzufolge nur für grob klassifizierte Bedingungen bestimmt werden (vgl. Abb. 2), vorzugsweise jedoch für Fels, um – und dies wiederum in einem Folgeschritt – die Einwirkungen standortspezifisch (über das Tiefenprofil) zu bestimmen. Konsequenzen aus der Berücksichtigung des Tiefenprofils seien an dem Modellstandort MP4 verdeutlicht: Abbildung 3a und 3b zeigen die standortabhängigen Antwortspektren für ausgewählte Untergrund- und Baugrundklassen gemäß

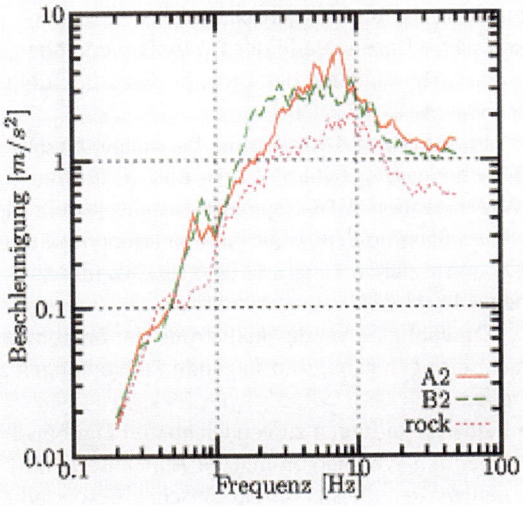

a) stiff soil

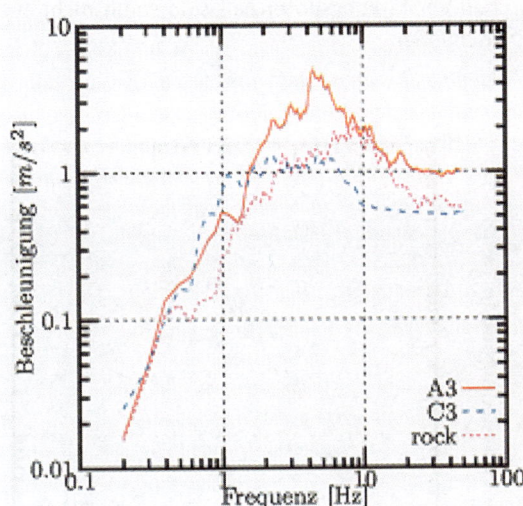

b) soft soil

Abb. 3: Gefährdungskonsistente untergrundspezifische Beschleunigungsspektren für Modellstandort MP 4 nach dem Dichtefunktionen-Modell und den Abnahmebeziehungen von Ambraseys et al. [21] für rock (Fels). Berechnung unter Berücksichtigung von Unsicherheiten und nachgeschalteter Simulation der Scherwellen-Tiefenprofile für die Kombinationen A2 und B2 (stiff soil) bzw. A3 und C3 (soft soil).

DIN 4149 (2002). Die Kombinationen A2 und B2 sind grob klassifiziert als *stiff soil*-Standorte, die Kombinationen A3 und C3 als *soft soil*-Standorte zu betrachten, deren Untergrund durch Sedimentschichten unterschiedlicher Mächtigkeit gekennzeichnet ist. Bezüglich des gewählten Klassifikationsschemas sei auf den Beitrag *Subsoil classification of strong-motion recording sites in Turkish earthquake regions* verwiesen.

Die Scherwellen-Tiefenprofile werden analog zu [26] zufallsabhängig variiert; die durch Wiederholung der Standortanalysen ermittelten Spektren werden statistisch ausgewertet. Die Basiseinwirkung (Felsspektren) geht aus der Abbildung 3 hervor. Die Simulationen unter Berücksichtigung der Streuung der Bodeneigenschaften lassen bemerkenswerte Unterschiede der Ergebnisse erkennen, die in erster Linie auf das Tiefenprofil zurückzuführen wären.

In Abbildung 4 werden die Ergebnisse beider Berechnungswege (Abb. 2 bzw. Abb. 3) für den Modellstandort MP6 gegenübergestellt, jeweils für steifen Baugrund (*stiff soil*, Kombinationen A2 und B2) und weichen Baugrund (*soft soil*, Kombinationen A3 und C3).

Obwohl eine Verallgemeinerung der Ergebnisse nicht erfolgen kann, sind folgende Feststellungen zu treffen:
- Beide Wege führen zu vergleichbaren Ergebnissen.
- Über den Weg herkömmlicher Abnahmeziehungen werden die standortspezifischen Besonderheiten nicht oder nur mit Einschränkungen gespiegelt.
- Unter- oder auch Überschätzungen des tatsächlichen Verstärkungspotenzials sind somit nicht auszuschließen.
- Bei mächtigen Sedimenten (C3) sind die dämpfenden Effekte so groß, dass das Felsspektrum im höherfrequenten Bereich signifikant unterschritten wird. Dieser Sachverhalt kann durch den Berechnungsweg über Abnahmebeziehungen nicht repräsentiert werden.
- Standortanalysen mittels Tiefenprofil (vgl. Abb. 3 und 4) sind in jedem Falle von höherem Aussagewert.

Demzufolge ist hier gegenwärtig eine Trennung zwischen Gefährdungsanalyse und standortspezifischer Einwirkungsbeschreibung (Standortanalyse am Tiefenprofil) folgerichtig, die zu einem mehrstufigen Bearbeitungsablauf führt, der in unterschiedlicher Form gestaltet werden kann. So bietet es sich an, Gefährdungsberechnungen für den Fels durchzuführen (Schritt a) und die ermittelten Felsspektren als Basiserregung für die Standortanalyse zu verwenden (Schritt b). Probabilistische Gefährdungsberechnungen (mit oder ohne Berücksichtigung von Unsicherheiten) erfordern somit für „Schritt b" ergänzende bzw. weiterführende Untersuchungen.

In diesem Zusammenhang werden auch Vorgehensweisen vorgeschlagen, die den Einfluss des Untergrundes über ein Entscheidungsbaum-Modell erfassen [27] oder frequenzabhängige Anpassungsfaktoren für den lokalen Untergrund einführen, mit dem die Felsspektrum zu multiplizieren (und in der Regel zu vergrößern) sind [28].

Gefährdungsberechnung und Einwirkungsbeschreibung können jedoch mit den probabilistischen Methoden auch in einem Schritt realisiert werden.

Die neue Qualität der Vorgehensweise wird im Sinne des übergeordneten Themas der vorliegenden

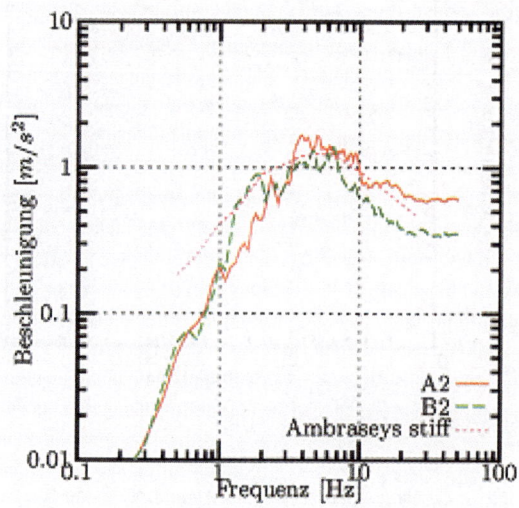

a) für steifen Baugrund (*stiff soil*) und Tiefenprofile (A2, B2)

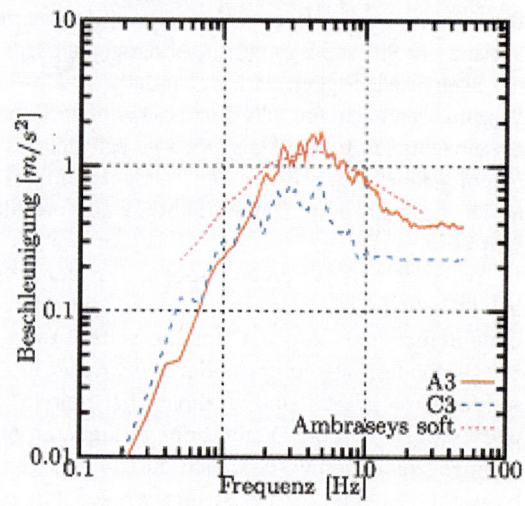

b) für weichen Baugrund (*soft soil*) und Tiefenprofile (A3, C3)

Abb. 4: Vergleich der standortspezifischen Spektren nach spektralen Abnahmebeziehungen von Ambraseys et al. [21] (5% Dämpfung) bzw. nach Berechnung unter Berücksichtigung von Unsicherheiten und nachgeschalteter Simulation der Scherwellen-Tiefenprofile für Modellstandort MP 6; T_R = 475 Jahre.

Beiträge darin bestehen, eine in sich konsistente Bearbeitung von Gefährdungsanalyse und standortspezifischer Einwirkungsbeschreibung zu gewährleisten und die Unsicherheiten in allen Bearbeitungsschritten zu verfolgen. Die Beiträge dieses Heftes vermitteln einen Eindruck, in welcher Form diese Bearbeitungsschritte zu gestalten sind.

Ein wesentliches Ziel weiterer Forschungsarbeiten wird darin liegen, die probabilistische Gefährdungsanalyse und der standortspezifischen Einwirkungsbeschreibung in einem Bearbeitungsschritt zu realisieren und die erforderlichen Hilfsmittel bereitzustellen, um dann im eigentlichen Sinne eine probabilistische standortspezifische Einwirkungsbeschreibung unter Berücksichtigung von Unsicherheiten zu ermöglichen.

Probabilistische standortspezifische Einwirkungsbeschreibung unter Berücksichtigung von Unsicherheiten

Der baupraktische Umgang mit Unsicherheiten wird durch normative Vorgaben oder Richtlinien geregelt. Es gehört zu den großen Herausforderungen einer neuen Generation von Baunormen bzw. Regelwerken, diese zu begründen und Unsicherheiten nicht ausschließlich zur Festlegung von Sicherheitszuschlägen, sondern vielmehr als Entscheidungsgrundlage heranzuziehen. In diesem Zusammenhang sind als forschungsstrategische Arbeiten bei der Gefährdungsberechnung weiterhin von Interesse:
• die Weiterentwicklung der seismotektonischen Modelle,
• die Streuung der regionalen Verteilung der Beben und die Berücksichtigung zukünftiger regionaler Verteilungen
• die Berücksichtigung der Instationarität der Bebentätigkeit,
• die Festlegung der oberen Grenzmagnitude.

Da bis dato die Korrelation zwischen den Spektralbewegungsgrößen bei verschiedenen Frequenzen vernachlässigt wird und die probabilistischen Gefährdungsanalysen zu unrealistisch energiereichen Spektren führen, bieten u. a. Arbeiten von Bazzurro [29] zur *vector-valued probabilistic seismic hazard analysis* einen interessanten Ansatz für die baupraktische Umsetzung.

[Anmerkung: Die Lage der in den Beispielrechnungen zugrunde gelegten Modellpunkte ist dem Beitrag *Konservativität der seismischen Bemessungsgrößen nach KTA 2201.1 am Maßstab probabilistischer Gefährdungsanalysen* (dort Abb. 2) zu entnehmen.

Berechnungen basieren auf dem Epizentrendichte-Modell (siehe Beitrag von J. Habenberger et al.: *Ein Modell zur Berücksichtigung der regionalen Seismizität in der probabilistischen Gefährdungsberechnung*, S. 165–171.)]

Literatur

[1] Hampe, E.; Schwarz, J.: *Entwurfsspektren zur seismischen Auslegung von Kernkraftwerken unter Berücksichtigung der Spezifik mitteleuropäischer Verhältnisse.* Gerlands Beiträge zur Geophysik 95 (1986) 4, S. 315–340.

[2] Hampe, E., Schwarz, J.: *Zur Bedeutung standortspezifischer Entwurfsspektren für die seismische Untersuchung von Tragwerken.* Bautechnik 65 (1988) 8, pp. 257–266.

[3] Schwarz, J: *Harmonisierung von seismischer Gefährdung und seismischen Einwirkungen in Erdbebenbaunormen – Gefährdungsbezogene Einwirkungsgrößen und Parameter.* DGEB-Publikation Nr. 7 Seismische Einwirkungen auf Bauwerke unterschiedlichen Risikopotentials. Europäische Regelwerke (Hrsg. E. Hampe und J. Schwarz), S. 79–96.

[4] DIN 4149: *Lastannahmen, Bemessung und Ausführung üblicher Hochbauten.* Vorgesehen als Ersatz für DIN 4149-1:1981-04 und DIN 4149-1/A1: 1992-12. Gelbdruck Oktober 2002.

[5] prEN 1998-1: *Eurocode 8: Design of structures for earthquake resistance. Part 1: General rules, seismic action and rules for buildings.* Draft No. 6, January 2003.

[6] Schwarz, J.; Grünthal, G.: *Aktuelle Probleme der Beschreibung und Harmonisierung von seismischen Einwirkungen in Erdbebenbaunormen.* Bautechnik 70 (1993) 11, S. 681–693

[7] Schwarz, J.: *Festlegung effektiver Beschleunigungen für probabilistische Gefährdungszonenkarten im Zusammenhang mit der nationalen Anwendung des EC 8.* DGEB-Publikation Nr. 9 (Hrsg. S. A. Savidis). *Paläoseismologie, Eurocode 8 und Schwingungsisolierung*, S. 45–58, Berlin, 1997.

[8] Schwarz, J., Lang, D., Golbs, Ch.: *Erarbeitung von Spektren für die DIN 4149 – neu unter Berücksichtigung der Besonderheiten deutscher Erdbebengebiete und der Periodenlage von Mauerwerksbauten.* Forschungsbericht, im Auftrag der Deutschen Gesellschaft für Mauerwerksbau. Bauhaus-Universität Weimar, September 1999

[9] Schwarz, J., Brüstle, W.: Protokoll der Sitzung des Normenausschusses Bauwesen NABau 00.06.00 des DIN in Stuttgart am 18. Oktober 1999 (unveröffentlicht); verarbeitet in: DIN 4149 (Entwurf 2000), 5. Norm-Vorlage, vorgesehen als Ersatz für DIN 4149-1 (April 1981).

[10] Brüstle, W., Schwarz, J.: *Untergrundabhängige Bemessungsspektren in deutschen Erdbebengebieten für die neue Erdbebenbauvorschrift DIN 4149.* In: Meskouris, K., Hinzen, K.-G. (Hrsg.) *Schutz von Bauten gegen natürliche und technische Erschütterungen.* DGEB-Publikation Nr. 11, S. 3–13, 2001.

[11] Schwarz, J., Grünthal, G.: *Zukunftsorientierte Konzepte zur Beschreibung seismischer Einwirkungen für das Erdbebeningenieurwesen.* Bautechnik 75 (1998) 10, S. 737–752.

[12] Schwarz, J.: *Evaluation of effective design spectra.* 6th SECED. *Seismic Design Practice into the Next Century.* (Ed. A. S. Elnashai). A. A. Balkema Rotterdam/ Brookfield, pp. 303–310, 1998.

[13] Ambraseys, N.; Smit, P.; Berardi, R.; Rinaldis, D.; Cotton, F.; Berge, C.: *Dissemination of European Strong-Motion Data*. CD-ROM collection, Council of European Communities, Einvironment and Climate Programme, ENVV4-Ct97-0397, Bruxelles, Belgium, 2000.

[14] Lang, D.H., Schwarz, J.: *Herausarbeitung lokaler Standorteffekte auf der Grundlage von Nachbebenregistrierungen und Aufzeichnungen der Bodenunruhe*. Thesis, Wissenschaftliche Zeitschrift der Bauhaus-Universität Weimar 47 (2001), Heft 1/2: *Ingenieurseismologie und Erdbebeningenieurwesen*, S. 100–116.

[15] Douglas, J.: *Reissue of ESEE Report No. 01-1: 'A comprhenesive worldwide summary of strong-motion attenuation relationships for peak ground acceleration and spectral ordinates (1969–2000)' with corrections and additions*. Department of Civil and Environmental Engineering. Imperal College London. 03 September, 2003.

[16] Schwarz, J., Habenberger J., Schott, C.: *Auswertung von Strong-Motion-Daten in den für deutsche Erdbebengebiete maßgebenden Magnituden- und Entfernungsbereichen*. Thesis, Wissenschaftliche Zeitschrift der Bauhaus-Universität Weimar 47 (2001), Heft 1/2: *Ingenieurseismologie und Erdbebeningenieurwesen*, S. 80–91.

[17] KTA 2201.1: *Auslegung von Kernkraftwerken gegen seismische Einwirkungen*. Teil 1: Grundsätze. (Fassung 6/90). Carl Heymanns Verlag KG, Köln und Berlin.

[18] Ahorner, L., Rosenhauer, W.: *Regionale Erdbebengefährdung*. Kap. 9 in: *Realistische Lastannahmen für Bauwerke II*. Abschlußbericht im Auftrage des Instituts für Bautechnik Berlin, Frankfurt/M. 1986.

[19] Grünthal, G., Schwarz, J.: *Hazard-consistent description of seismic action for a new generation of seismic codes: a case study considering low seismicity regions of Central Europe*. Proceed. 12th World Conference on Earthquake Engineering, Auckland, 2000, Paper 0443.

[20] Schwarz, J., Golbs, Ch., Grünthal, G.: *Gefährdungskonsistente Einwirkungen für deutsche Erdbebengebiete – Konsequenzen für die Normenentwicklung*. Thesis, Wissenschaftliche Zeitschrift der Bauhaus-Universität Weimar 47 (2001), Heft 1/2: *Ingenieurseismologie und Erdbebeningenieurwesen*, S. 50–69.

[21] Ambraseys, N.N., Simpson, K.A., Bommer, J. J.: *Prediction of horizontal response spectra in Europe*. Earthquake Engineering and Structural Dynamics 25 (1996), pp. 371–400.

[22] Cornell, C.A.: *Engineering seismic risk analysis*. Bul. Seism. Soc. Am. 58 (1968) 5, pp. 1583–1606

[23] *The Mathworks*, Inc.: MATLAB Release 12.1, 1984–2001.

[24] Reiter, L.: *Earthquake Hazard Analysis – Issues and Insights*. Columbia University Press, New York, 1991.

[25] Grünthal, G., Wahlström, R.: *New generation of probabilistic seismic hazard assessment for the area Cologne/Aachen considering the uncertainties of the input data*. Natural Hazards. Special Issue: German Research Network Natural Disasters (in press).

[26] Brüstle, W., Stange, S.: *Geologische Untergrundklassen zum Entwurf von Normspektren für DIN 4149 (neu). Modellrechnungen mit dem Programm SIMUL für synthetische Tiefenprofile der Scherwellengeschwindigkeit zur Klassifizierung des Untergrundes in deutschen Erdbebengebieten (Stand Juli 1999)*. Landesamt für Geologie, Rohstoffe und Bergbau Baden-Württemberg.

[27] Györi, E., Monus, T., Zsiros, T., Katona, T.: *Site effect estimations with nonlinear effective stress method at Paks NPP, Hungary*. XXVII. General Assembly EGS, Nizza, 2002.

[28] Abrahamson, N. et al.: *PEGASOS – a comprehensive probabilistic seismic hazard assessment for Nuclear Power plants in Switzerland*. 12th ECEE, Elsevier Science Ltd., Paper Reference 633, 2002.

[29] Bazurro, P.: *Probabilistic seismic damage analysis*. PhD Thesis, Stanford University, Department of Civil and Environmental Engineering, Stanford, CA, 1998.

Erdbebenauswertungen

Das Erdbeben vom 04. August 1940 in der Gegend von Göppingen

Silke Amstein
Jochen Schwarz

Vorbemerkung

Das Gebiet von Baden-Württemberg wurde im Laufe der letzten Jahrhunderte, insbesondere im 20. Jahrhundert, immer wieder von Erdbeben heimgesucht. Mit der zunehmenden Konzentration der Bevölkerung und Industrie in den Großstädten, unter anderem Stuttgart, Karlsruhe und Mannheim, steigt die Gefährdung dieser Gebiete aufgrund der im gleichen Maße wachsenden Wertsteigerung immer weiter an. Im Falle eines Erdbebens ist somit mit einem viel höheren Schaden zu rechnen, als dies zum Beispiel noch vor 100 Jahren der Fall war. Deshalb stellt sich die Aufgabe, wichtige Erdbeben, die für Schadensszenarien dieser Städte maßgebend sind, einer eingehenden Überprüfung zu unterziehen.

Für den Raum Stuttgart kommt dabei unter anderem das Erdbeben von Unterriexingen 1839 (s. Tabelle 1) in Frage. Es wurde bereits in einer eingehenden Studie genauer untersucht [3]. Aufgrund der vorgefundenen Quellen konnte die im Erdbebenkatalog von Leydecker angegebene Intensität von VII nicht bestätigt werden. Anhand der recherchierten Quellen wurde diesem Ereignis eine Intensität von V–VI zugeordnet.

Betrachtet man die Zone „Eastern Wuerttemberg (EW)" nach Leydecker & Aichele [1] (s. Abb. 1) weiter, gerät das Erdbeben im Schurwald 1940 unweigerlich in das Blickfeld der genauer zu untersuchenden Ereignisse. Es ereignete sich am 04. August 1940 und wird im Erdbebenkatalog von Leydecker [8] mit einer Intensität von V–VI angegeben. Dieses Erdbeben soll nachfolgend einer eingehenden Betrachtung, Überprüfung und Neubewertung seiner makroseismischen Schütterwirkungen anhand historischer Quellen sowie der aktuell gültigen Europäischen Makroseismischen Skala EMS-98 unterzogen werden.

1 Parameter nach bisheriger Quellenlage

Für die Neubewertung von historischen Erdbeben ist eine umfangreiche Quellenrecherche eine grundlegende Voraussetzung. Da die messtechnische

Tabelle 1: Maßgebende Erdbeben (Intensität ≥ V-VI) im Umfeld von Stuttgart [8]

Zone Leydecker	Datum	Uhrzeit		Longitude	Latitude	Intensität	Makroseismische Skala	Ort - Epizentrum
Radius 25 km um Stuttgart								
NW	07.02.1839	21^{h}00^{m}00^s	MEZ	9.0167	48.9000	(7.0) 5.5*	(MS) EMS-98	Unterriexingen
SA	04.04.1517	16^{h}00^{m}00^s	MEZ	9.0000	48.6667	6.0	MSK-64	Böblingen
EW	04.08.1940	16^{h}58^{m}00^s	GMT	9.4667	48.7333	5.5	MSK-64	Göppingen
Radius 50 km um Stuttgart								
SA	29.03.1655	00^{h}00^{m}00^s	MEZ	9.0667	48.5000	7.5	MSK-64	Tübingen
SA	11.04.1655	00^{h}00^{m}00^s	MEZ	9.0667	48.5000	7.0	MSK-64	Tübingen
SA	08.02.1828	14^{h}20^{m}00^s	MEZ	9.3167	48.4000	6.5	MSK-64	Tübingen
SA	14.10.1890	02^{h}30^{m}00^s	MEZ	9.1667	48.3333	5.5	MSK-64	Hechingen

* Neubewertung durch Fischer, Grünthal, Schwarz [3]

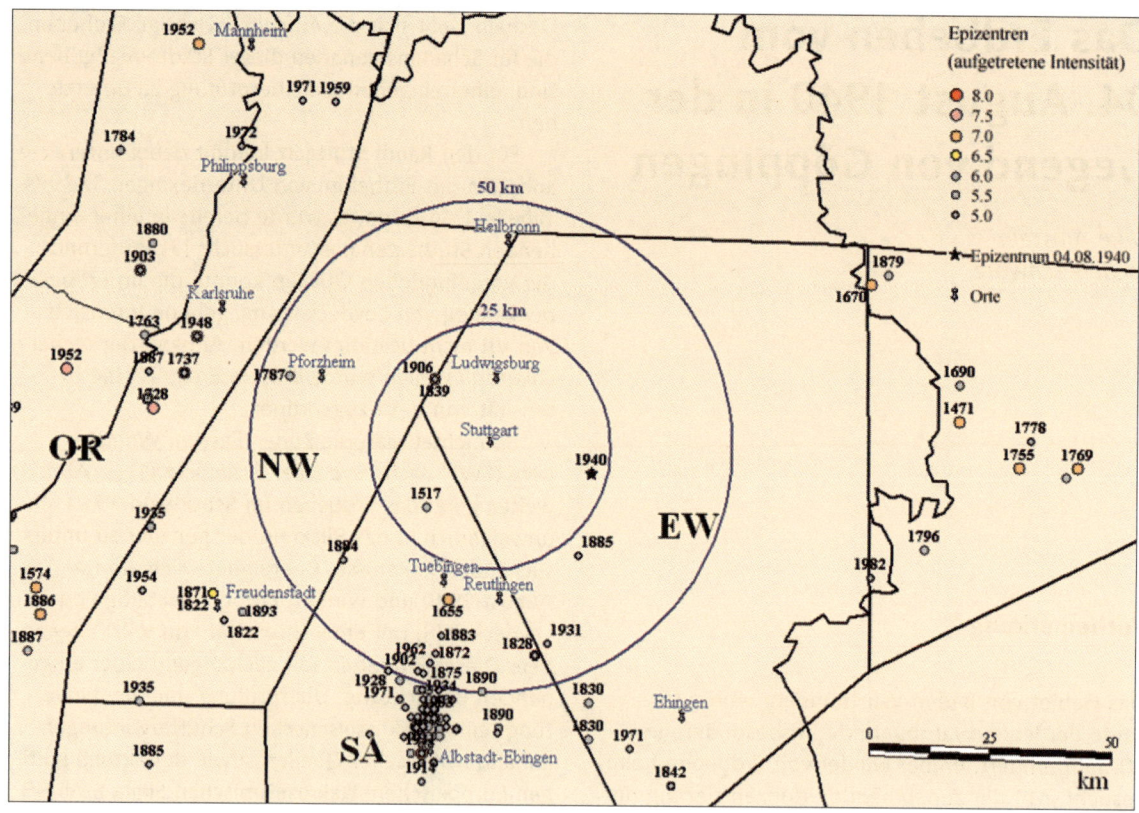

Abb. 1: Seismische Quellregionen nach Leydecker & Aichele [1] und betrachtetes Gebiet mit Epizentren der aufgetretenen Erdbeben nach Leydecker [8]

Erfassung der Erdbebenparameter erst zu Beginn des letzten Jahrhunderts begann, muss für frühere Ereignisse und solche, die messtechnisch nicht erfasst wurden, auf makroseismische Daten zurückgegriffen werden. Je besser die Informationen für eine erneute Betrachtung von Erdbeben sind, umso näher kommt die Bewertung den tatsächlichen Auswirkungen des Ereignisses. Doch auch die beste Recherche kann die Ungenauigkeiten, die unter anderem durch die subjektive Betrachtung der makroseismischen Wirkungen entstehen, nicht kompensieren. Es besteht immer noch ein gewisser Grad an Unsicherheit dem gewonnenen Ergebnis gegenüber. Das heißt, dass eine Neubewertung nie ein endgültiges Ergebnis ist. Vor allem durch weitere Quellen und neue Erkenntnisse in der Wissenschaft sowie der Einführung verbesserter makroseismischer Skalen ist eine Änderung der gewonnenen Erkenntnisse möglich.

Von Vorteil für die erneute Betrachtung des Schurwald-Erdbebens war es, dass die originalen Fragebögen des Erdbebendienstes in Baden-Württemberg eingesehen werden konnten [10]. Anhand der ursprünglichen Fragebögen aus dem Archiv des Landeserdbebendienstes Baden-Württemberg bestand die Möglichkeit, die Europäische Makroseismische Skala (1998) (EMS-98) auf die Originalquellen anzuwenden und eine Neubewertung durchzuführen. Aufgrund der damaligen Befragung ist eine relativ flächendeckende Bestandsaufnahme der makroseismischen Wirkungen vorhanden. Von großem Vorteil ist hierbei deren strukturierte Form nach den makroseismischen Deskriptoren. Die Formulierungen der Fragebögen orientieren sich an der damals gültigen makroseismischen Skala (Mercalli-Cancani-Sieberg (1917) (MCS, auch MS). Grundlage ist, dass der Augenzeuge mit Hilfe dieser Formulierungen seine Wahrnehmung und die Wirkungen auf seine Umwelt beschreibt. Noch heute werden in den makroseismischen Skalen ähnliche oder gleiche Ausdrücke verwendet, was den Vergleich der Daten erleichtert.

Aus den Daten und Anmerkungen, die vorgefunden wurden, ist zu schließen, dass dieses Erdbeben damals von W. Hiller bearbeitet wurde. Zur Auswertung der makroseismischen Effekte hat er vermutlich die MCS-Skala herangezogen. Diese entsprach zur Zeit des Bebens dem Stand der Technik und wurde in Deutschland allgemein verwendet. Er hat das Erdbeben hinsichtlich seiner makroseismischen Wirkungen ausgewertet und im Zuge dessen eine Karte des Schüttergebietes erstellt. Zu den Unterlagen des Erdbebendienstes zu diesem Beben zählen auch zahlreiche Zeitungsausschnitte. Jedoch fällt bei genauerer Betrachtung auf, dass es sich um eine Stellungnahme von Hiller handelt, die in den Lokalzeitungen von Baden-Württemberg abgedruckt wurde. Der Artikel gibt keine ausführlichen

Informationen über makroseismische Auswirkungen, nur, dass das Erdbeben in ca. 50 Gemeinden Württembergs verspürt wurde und die Abschätzung der wichtigsten, für die Bevölkerung interessanten Erdbebenparameter (s. Tabelle 2). Dieser Zeitungsartikel stellt die knappe Zusammenfassung der Ergebnisse aus der Auswertung der vorher genannten Quelle dar. Auf dieser fußen offenbar alle späteren Arbeiten, von denen hier die wichtigsten genannt sein sollen.

Zum einen ist dies die Dissertation von Fiedler 1954 [2]. Die in der Quelle angegebenen Ortschaften mit Intensitätsbewertungen stellen eine begrenzte Auswahl der in der Originalquelle von Hiller vorhandenen und ausgewerteten Fragebögen dar. Fiedler wendet ebenfalls die MS-Skala an. Der genaue Inhalt der Quelle lautet wie folgt:

„4.8.1940 17:58 Uhr
Erdbeben mit dem Herd in der Gegend von Plochingen. Stärke 5-6: Zell a.N., Strümpfelbach. Stärke 5: Reichenbach a.d.F., Eßlingen a.N. Stärke 4-5: Im ganzen Schurwald zwischen Fils und Rems. Stärke 4 in der Gegend von Stuttgart, auf den Fildern, in Kirchheim u.T.; Göppingen, Lorch und Winnenden. Stärke 3-4 in Tübingen, Pfullingen, Schwäb. Gmünd, Welzheim, Murrhardt und Marbach. Stärke 3 in Calw, Heilbronn, Ilsfeld, Ilshofen und Münsingen.
Makroseismisches Epizentrum: Schurwald bei Plochingen. I=5-6; R=45km; logE=18,5; M=3,6; E=3,17*10^{18}
keine Karte"

Zum anderen wird das Erdbeben vom 04.08.1940 im Erdbebenkatalog von Leydecker [8] geführt. Dieser Katalog stellt eine Sammlung von Daten aus den unterschiedlichsten Erdbebenkatalogen dar. Die dort aufgeführten Daten geben die wichtigsten Kennwerte für das Beben wieder, die folgendermaßen lauten:
• Datum (04.08.1940),
• Uhrzeit (16h58m (GMT)),
• Koordinaten des Epizentrums (N 48°44' E 9°28'),
• seismogeographische (Eastern Wuerttemberg) und politische Region (Baden-Württemberg),
• Herdtiefe (5 km),
• makroseismische Magnitude MK (3,8),
• makroseismische Skala (Medvedev-Sponheuer-Karnik MSK-64),
• Epizentralintensität (5,5),
• Radius der Wahrnehmbarkeit (45 km),
• Quelle der Daten (Schneider, G. (1977): Erdbebenkatalog SW-Deutschlands 1800–1965/Manuskript.)
• und die Ortsangabe zur Beschreibung des Epizentrums (Goeppingen).

Es wurden im Zuge der Bearbeitung des Erdbebens noch weitere Quellen recherchiert, die aufgrund ihres Umfanges hier nicht genannt sein sollen. Die ausführliche Bearbeitung kann in dem noch nicht veröffentlichten Bericht *Die methodische Bearbeitung historischer Erdbeben am Beispiel des Schurwald-Erdbebens vom 04.08.1940* [11] eingesehen werden.

Die Ausgangsdaten der vorher genannten Quellen sind unterschiedlicher Natur. In der Zusammenfassung der wichtigsten Daten in Tabelle 2 ist dies noch einmal deutlich zu sehen. Die im Archiv des Erdbebendienstes vorgefundenen Fragebögen und die zugehörige Intensitätskarte dienen diesem Artikel als wichtigste Datengrundlage.

Die recherchierten Daten wurden aufbereitet und den dort genannten Orten die jeweils zugehörigen Ortskoordinaten (Longitude E und Latitude N) zugeordnet. Einige Orte konnten nicht zweifelsfrei identifiziert werden. Gründe dafür können unter anderem sein:
• Ortsname kommt mehrfach vor und in der Quelle wird kein zugehöriger Landkreis oder eine Hauptgemeinde genannt,
• Eingemeindung in einen größeren Verbund oder eine Stadt,
• Änderung des Ortsnamens (beispielsweise Voranstellung von „Bad ...") oder
• falsche Schreibweise oder aber auch nicht zu identifizierende Buchstaben (handschriftlich).
Um zu garantieren, dass die Orte den originalen Quellen entsprechen, ist es vorteilhaft, möglichst ausführliche und präzise Angaben zu besitzen. Es ist daher ratsam, für die einzelnen Quellenangaben eine Plausibilitätskontrolle durchzuführen.

Tabelle 2: Übersicht vorhandener Quellen; im Anhang 1 sind weitere Quellenangaben (auszugsweise) aus [10] aufgeführt

Quelle	Württembergisches Statistisches Landesamt – Württembergischer Erdbebendienst [10]	Zeitungsnotiz verfasst von Dr. W. Hiller [10]	Fiedler [2]	Leydecker [8]
Datum	04.08.1940	04.08.1940	04.08.1940	04.08.1940
Uhrzeit	18h50m (MESZ)	18h50m (MESZ)	17h58m (MEZ)	16h58m (GMT)
Longitude				009°28' E
Latitude				48°44' N
Intensität	V-VI (V)	IV-V	V-VI	V-VI (MSK-64)
makroseismische Skala	MCS	MCS	MCS	MSK–64
Herdtiefe h_0		10–20 km		5 km
Schütterradius R		40–50 km für I = III 50–55 km für vereinzelte Beobachtungen	45 km	45 km
Ort – Epizentrum	Schurwald	Schurwaldgebiet	Schurwald bei Plochingen	Göppingen
Art der Daten	• Orte mit Angabe der Intensität • Makroseismische Karte von Hiller • Originale Fragebögen des Erdbebendienstes • Zuschriften aus der Bevölkerung • Zeitungsartikel (s. nächste Spalte)	• Zeitungsartikel	• Orte mit Angabe der Intensität	• Katalogeintrag unter Verwendung von Literaturangaben
Querverweise			Bezug auf Hiller	Schneider, G. (1977): Erdbebenkatalog SW-Deutschlands 1800–1965

2 Makroseismische Auswertung

Die verschiedenen recherchierten historischen Quellen wurden zu makroseismischen Analysen herangezogen. Die Auswertung der Quellenangaben erfolgte in tabellarischer Form und trotz der unterschiedlichen Art der Ausgangsdaten ermöglichte der Einsatz des GIS-Systems MapInfo®, die grafische Darstellung der Ergebnisse in vergleichbarer Form als makroseismische Karte des Schüttergebietes.

Die Umsetzung und Analyse der somit ermittelten Daten erfolgte mit dem GIS-System MapInfo® und dem Tool Vertical Mapper®. Für jede Quelle wurde eine makroseismische Karte erstellt. Diese bildete die Grundlage für weitergehende Untersuchungen des Erdbebens. Die umfangreiche Datenlage bildet eine gute Voraussetzung für eine umfassende Analyse. Die Abbildungen des folgenden Abschnittes zeigen einen Teil der erstellten Intensitätskarten und der ermittelten zugehörigen makroseismischen Kenngrößen.

Für jede der in den folgenden Abbildungen gezeigten Intensitätskarte wurde das makroseismische Epizentrum entweder neu bestimmt oder es war in der Originalkarte bereits eingezeichnet. Bei neu erstellten Karten erfolgte die Festlegung des Epizentrums mit Hilfe der Schwerpunktsbestimmung der Isoseistenflächen.

2.1 Befunde und Isoseistenkarten

Abbildung 2 zeigt die bearbeitete Karte nach dem Original von Hiller. Durch Nachbearbeitung der Karte sind Einzelheiten besser erkennbar. Weiterhin wurde die Grenze von Baden-Württemberg der Karte hinzugefügt und die Isoseisten wurden farbig hervorgehoben. Die Reproduzierbarkeit der historischen Karte ist gegeben, was die Überlagerung der Karte mit den Orten mit der Intensität > 2,5, deren Bewertung durch Hiller durchgeführt wurde, belegt. Die Orte sind, je nach aufgetretener Intensität, farbig markiert (s. Abb.-Legende). In der Darstellung sind zwei Epizentren enthalten. Das mit schwarzem Stern gekennzeichnete entspricht den Koordinaten, die Leydecker angibt, und liegt dem von Hiller eingezeichneten sehr nahe. Das mit rotem Stern markierte Epizentrum wurde mit Hilfe der Schwerpunktbestimmungen der Isoseistenfläche ermittelt. Dabei wird davon ausgegangen, dass die Abnahme der Intensität in Richtung der Hauptachsen des Schüttergebietes gleich ist und die Abstrahlung nicht in eine bestimmte Richtung tendiert. Dies kann man nur eindeutig klären, wenn der Herdvorgang des entsprechenden Erdbebens bekannt ist. Allerdings ist bei historischen Erdbeben solch ein genauer Kenntnisstand so gut wie ausgeschlossen.

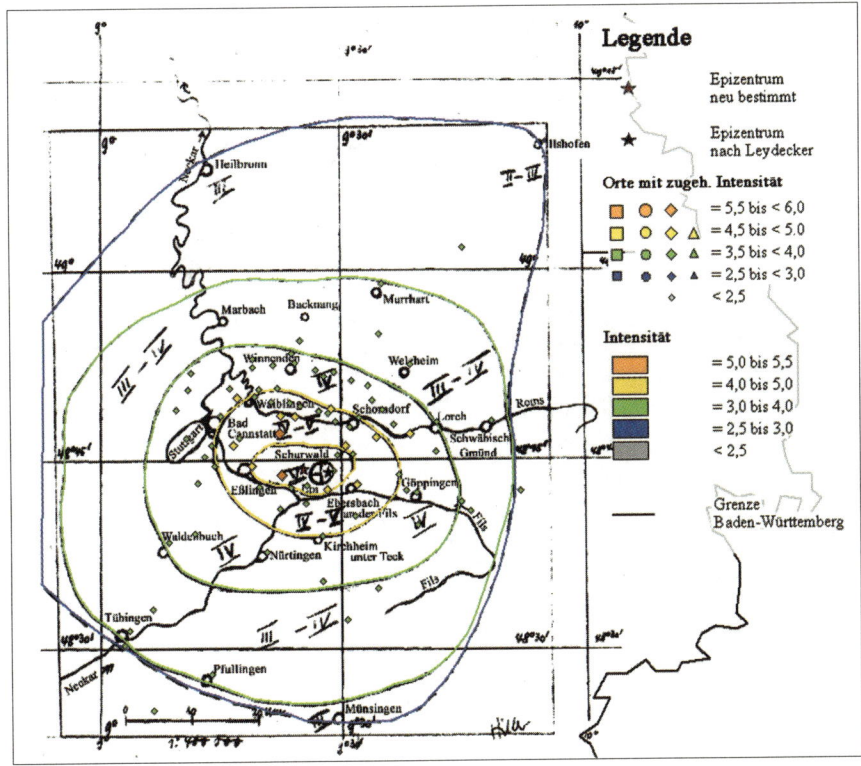

Abb. 2: Intensitätskarte nach Hiller – Originalkarte bearbeitet [10]

In Abbildung 3 ist die Intensitätskarte des Schüttergebietes des Schurwald-Erdbebens dargestellt, die mit Hilfe der Daten von Fiedler [2] gewonnen wurde. Die eingezeichneten Punkte entsprechen den in der Quelle angegebenen Ortschaften. Der Verlauf der Isoseisten zeigt einen ausgesprochen regelmäßigen Verlauf. Die Interpolation mit dem Programm Vertical Mapper® erzielte hier ein gutes Ergebnis, welches mit per Hand gezeichneten Intensitätskarten vergleichbar ist. Das kann unter anderem auf die relativ gleichmäßige Verteilung der einzelnen Orte mit zugehörigen Intensitätsangaben zurückgeführt werden. Es fällt ebenfalls auf, dass die Epizentren in fast gleichem Maße wie in der vorherigen Abbildung voneinander abweichen.

In Abbildung 4 ist das Ergebnis der makroseismischen Neubewertung des Schurwald-Erdbebens nach EMS-98 zu sehen. Die Karte ist das direkte und unbearbeitete Ergebnis, dass mit Hilfe des Programms Vertical Mapper® erzeugt wurde. Wie in den vorangegangenen Karten ist der Unterschied zwischen dem Epizentrum, angegeben bei Leydecker [8], und dem anhand der Schwerpunkte der Flächen neu ermittelten, nicht unerheblich. Im Schnitt beträgt der Abstand cirka 4 bis 9 km, wobei

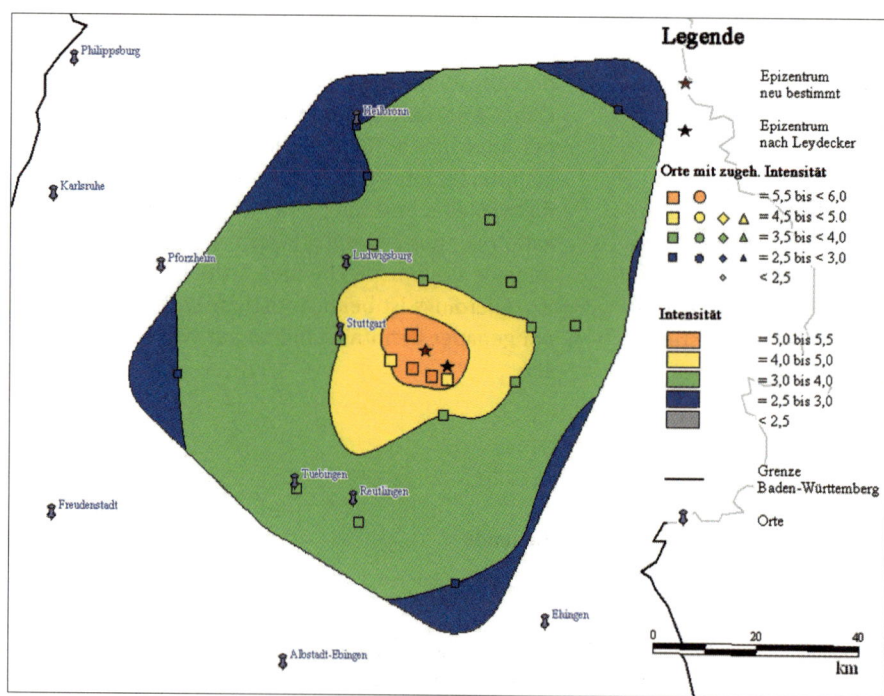

Abb. 3: Intensitätskarte nach Angaben der Quelle Fiedler [2]

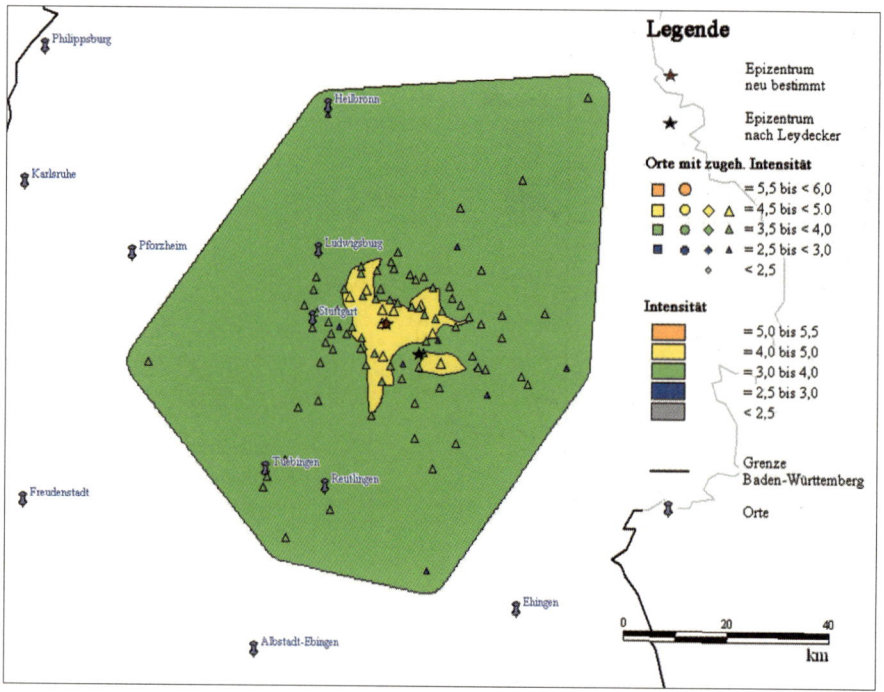

Abb. 4: Intensitätskarte nach mit Orten bewertet nach EMS-98 [10]

die 9 km in Abbildung 4 erreicht werden. Das neu bestimmte Epizentrum entspricht dem Ort mit der maximal aufgetretenen Schütterwirkung von V–VI. Nur hier wurden makroseismische Wirkungen verzeichnet, welche einer Intensität des Erdbebens von V entsprechen. Alle weiteren Ortschaften zeigen geringere Intensitäten, maximal IV–V.

Aufgrund der Neubestimmung der Epizentren musste eine Entscheidung getroffen werden, welches das Maßgebende ist oder ob eine Mittelwertbildung der Epizentren durchaus sinnvoll sein könnte. Aufgrund der nach der EMS-98 durchgeführten Neubewertung wird das zugehörige Epizentrum als das Wahrscheinlichste empfohlen, da das makroseismische Schütterzentrum dort gelegen ist und die maximal aufgetretene Intensität sich nur an diesem Standort lokalisieren lässt.

2.2 Intensitätsabnahme

Die Intensitätsabnahme vom Epizentrum zum jeweiligen Beobachtungspunkt wurde zur Herdtiefenbestimmung nach Sponheuer [9] herangezogen. Sie erfolgte aufgrund makroseismischer Eingangsgrößen. Der Algorithmus benötigt als Ausgangsgrößen die Epizentralintensität I_0, die aufgetretenen makroseismischen Intensitäten im betrachteten Gebiet I_n sowie die zugehörigen Schütterradien R_n. Von der Annahme ausgehend, dass die Intensität in konzentrischen Kreisen vom Epizentrum weg abnimmt, wird mit Hilfe der Beziehung der Absorptionskoeffizient α und die Herdtiefe h_0 bestimmt.

Die Darstellung in den folgenden Diagrammen bezieht sich auf die ermittelte Herdtiefe und die Absorptionskoeffizienten. Diese unterscheiden sich von Quelle zu Quelle aufgrund der unterschiedlichen Eingangsgrößen. Für die einzeln betrachteten Quellen wurde jeweils das makroseismische Epizentrum neu bestimmt. Dieses – und nicht das bei Leydecker [8] angegebene – wurde zur Bestimmung der Entfernungen zwischen den Orten und dem Epizentrum zugrunde gelegt.

In den Diagrammen ist erkennbar, dass die maximale Intensität infolge der makroseismischen Beobachtungen meist um einen 1/2 Grad niedriger ist als die hypothetische maximale Intensität. Die Regressionen der Werte in den folgenden Diagrammen deuten darauf hin.

Anhand der bewerteten Quellen beim Schurwald-Beben steht fest, dass eine Intensität von V eingetreten ist. Diese Intensität ist an einem Standort belegt (s. Anhang 1). Um dem Sachverhalt Rechnung zu tragen, dass möglicherweise nicht alle maximalen makroseismischen Beobachtungen festgehalten wurden, liegt es nahe, dem Beben außer der aufgetretenen maximalen Intensität $I_{0,max}$ = V eine hypothetische maximale Intensität $I_{0,hyp}$ = V–VI zuzuweisen. Ein solches Vorgehen wird gelegentlich auch dadurch begründet, dass das wirkliche Epizentrum in unbebautem Gebiet liegen kann und somit die makroseismischen Beobachtungsdaten dies nicht stützen können.

Die Herdtiefen in Abbildung 5 sind das Ergebnis unterschiedlicher maximaler Intensitäten. Für die maximal angenommene Intensität I_0 = V, folgt die Herdtiefe h_0 = 20 km. Die Intensität V folgt aus der Originalkarte von Hiller, der keinem Bereich des Schüttergebietes die Intensität V–VI zuweist. Entsprechend der Annahme nach Sponheuer [9], dass die hypothetische Intensität um einen halben Grad höher ist als die tatsächlich angenommene, wurde für die Intensität $I_{0,hyp}$ = V–VI die zugehörige Herdtiefe h_0 = 12,5 km bestimmt.

Die für Fiedler (1954) bestimmten Herdtiefen resultieren aus den unterschiedlichen Betrachtungen. Als Ausgangsgrößen der Schütterradien dienten zum einen die in der Quelle [2] angegebenen Orte (h_0 = 9 km) und zum anderen die in der Dissertation angegebenen Orte und die daraus ermittelte makroseismische Karte des Schüttergebietes mit dem Programm MapInfo® (h_0 = 13 km). Die Intensität I_0 ist in beiden Fällen V–VI gemäß der Angaben von Fiedler (1957).

Das Diagramm in Abbildung 7 zeigt die Datenmenge von Orten, die anhand der Fragebögen des Erdbebendienstes Baden-Württemberg neu bewertet werden konnte. Der Einzelpunkt, dem die Intensität V zugewiesen wurde, kennzeichnet den Ort Strümpfelbach. Er liegt ca. 700 m vom makroseismischen Epizentrum entfernt, wird aber im Diagramm bei einer Epizentraldistanz von 1 km eingezeichnet. Die Bestimmung der Herdtiefe h_0 erfolgte zum einen für die Orte (h_0 = 18 km), zum anderen für die aus der Intensitätskarte ermittelten äquivalenten Radien (h_0 = 11 km). Wie Abbildung 7 verdeutlicht, passt sich der Funktionsverlauf der Herdtiefe h_0 = 11 km besser an die Regressionen der Mittelwerte (Methode Sponheuer) und äquivalenten Radien (Methode Johnston) an. Es liegt daher nahe, diese Herdtiefe als die wahrscheinlichere anzunehmen.

2.3 Makroseismische Magnitudenbestimmung

Die Bestimmung der makroseismischen Magnituden erfolgte auf Grundlage mehrerer Beziehungen. Es wurde die Beziehungen nach Johnston (1996) und Hanks & Kanamori (1979) angewendet und zum Vergleich die Methode von Karnik (1969) und Sponheuer (1962) herangezogen. Die verwendeten Beziehungen wurden [5] entnommen.

Die Ermittlung der Ausgangswerte zur Bestimmung der makroseismischen Magnituden erfolgte entsprechend jeder Methode. Für Johnston dienten als Ausgangspunkt die makroseismischen Schütterflächen der aufgetretenen Intensitäten. Diese konnten mit Hilfe von MapInfo® direkt aus den erstellten

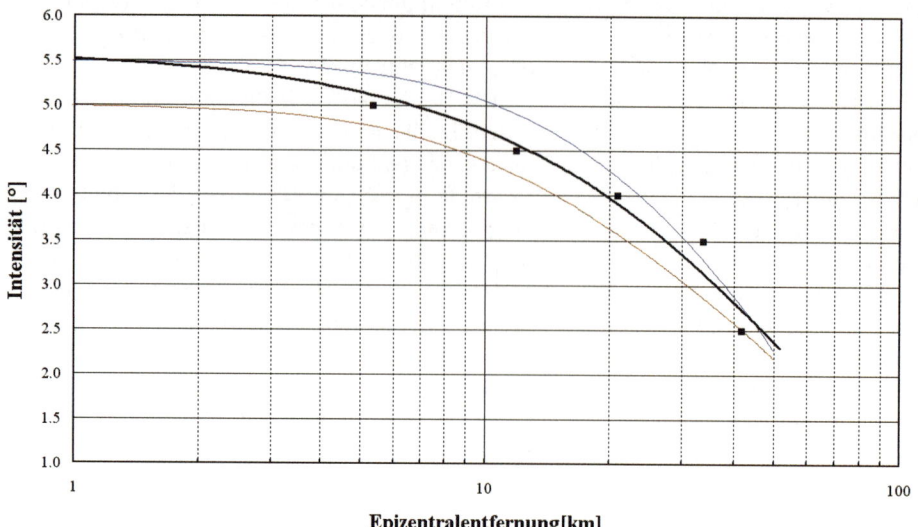

Abb. 5: Intensitätsabnahme nach Sponheuer (1960) für die Quelle „Hiller – Originalkarte" für die Herdtiefen $h_0 = 12,5$ km und $h_0 = 20$ km

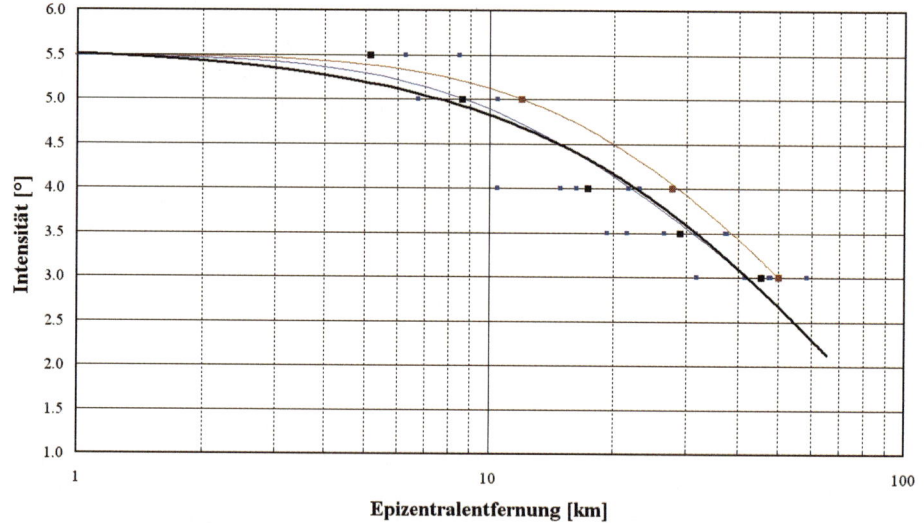

Abb. 6: Intensitätsabnahme nach Sponheuer (1960) für die Quelle „Fiedler (1954)" für die Herdtiefen $h_0 = 9$ km (Orte) und $h_0 = 13$ km (äquivalente Radien aus Kartierung Fiedler)

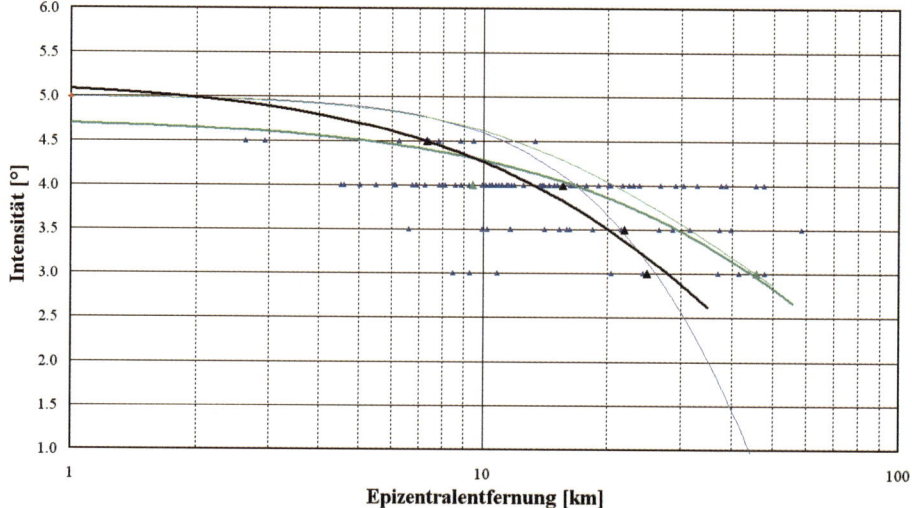

Abb. 7: Intensitätsabnahme nach Sponheuer (1960) für die Quelle „Neubewertung nach EMS-98" für die Herdtiefen $h_0 = 18$ km (Orte) und $h_0 = 11$ km (äquivalente Radien aus Schütterflächen nach Johnston)

Karten abgefragt werden. Für die Beziehung nach Sponheuer wurden die Werte aus der Herdtiefenbestimmung weiterverwendet. Die zugrunde gelegte Herdtiefe und die zugehörigen mittleren Radien sind anhand der Daten der Orte ermittelt worden. Falls dies nicht möglich war, wurden aus der Kartierung Rückschlüsse auf die mittleren Radien gezogen und somit die verwendete Herdtiefe bestimmt. Für die Beziehung nach Karnik wurde die so berechnete Herdtiefe ebenfalls verwendet.

Die Schwankungsbreite der ermittelten Magnituden ist trotz unterschiedlicher Datenbasis innerhalb einer Methode ist relativ gering. Die folgenden Diagramme zeigen den Vergleich zwischen den ermittelten Werten nach Johnston und Sponheuer. Die zugehörige Rechnung wird im Anhang 2 am Beispiel der Neubewertung nach EMS-98 aufgezeigt.

In Abbildung 8 und 9 werden die entsprechenden ermittelten Schütterradien einer jeden Quelle für die Methoden nach Johnston (1996) und Sponheuer (1962) miteinander verglichen. Es zeigt sich, dass die anhand der Ausgangsdaten ermittelten Werte (Hiller-Originalkarte und Neubewertung dieser Daten) auf eine maximale Intensität von V hindeuten. Die Quelle Fiedler passt sich diesem Bild nicht an, was möglicherweise durch die unzureichende Datenmenge (Orte) zu begründen ist.

Tabelle 3: Zusammenfassung der Ergebnisse der Magnitudenbestimmung für die dargestellten Isoseistenkarten gemäß Abb. 2–4

Quelle	Magnitude (Epizentralintensität)		
	Johnston (1996), Hanks & Kanamori (1979) M_{Wm}	Karnik (1969) M_{SMm}	Sponheuer (1962) M_{LMm}
Hiller Originalkartierung [10]	3,63 ($I_o = V$) (3,68) ($I_o = V–VI$)	4,15 ($I_o = V$) (4,20) ($I_o = V–VI$)	4,49 ± 0,23 ($I_o = V$) (4,33 ± 0,11) ($I_o = V–VI$)
Fiedler [2]	3,83	4,03	4,28 ± 0,10
Neubewertung auf Grundlage der Daten des Württembergischen Erdbebendienstes (Hiller) [10]	3,37	4,11	4,34 ± 0,31

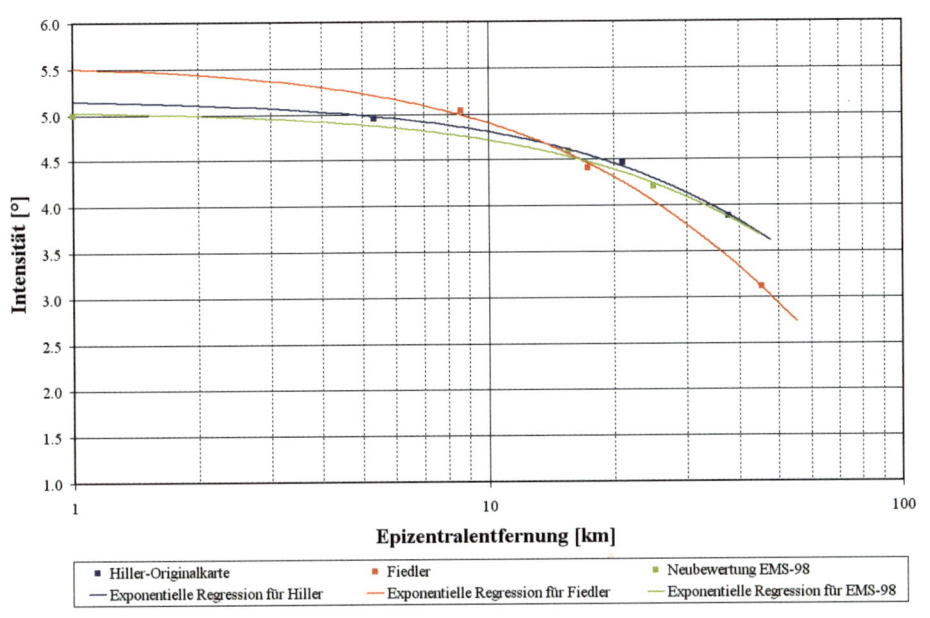

Abb. 8: Vergleich der Mittelwerte der Schütterradien nach Sponheuer für die Quellen „Originalkarte Hiller", „Fiedler (1954)" und „Neubewertung – EMS-98"

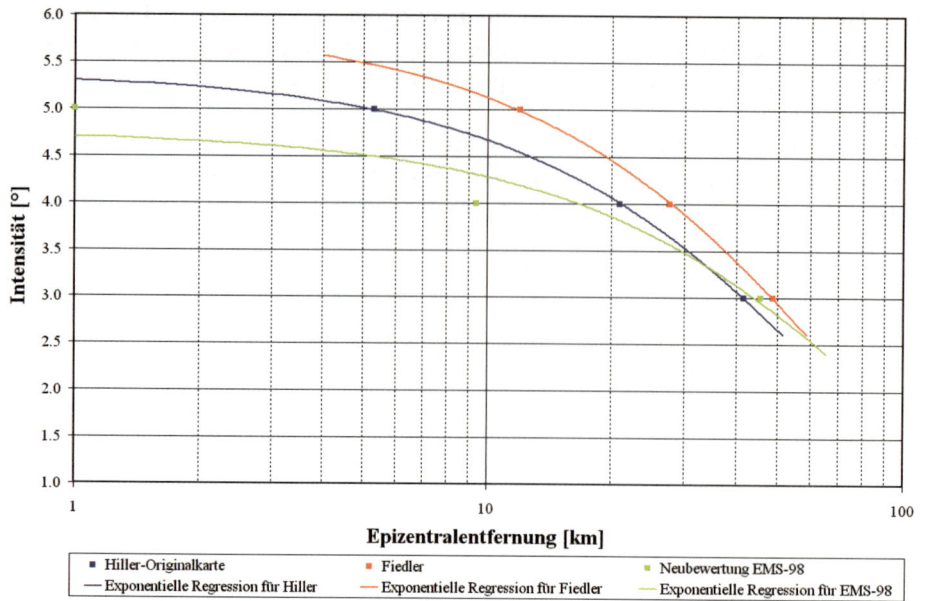

Abb. 9: Vergleich der Mittelwerte der äquivalente Radien nach Johnston für die Quellen „Originalkarte Hiller", „Fiedler (1954)" und „Neubewertung – EMS-98"

3. Neubewertung

Die Intensitätskarten sowie deren Auswertung und deren Darstellung in Diagrammen wurden dem noch nicht veröffentlichten Bericht *Die methodische Bearbeitung historischer Erdbeben am Beispiel des Schurwald – Erdbebens vom 04.08.1940* entnommen.

Anhand der vorgestellten Karten ist sehr gut erkennbar, wie stark sich die Ausgangsdaten auf das Endergebnis auswirken können. Die Verteilung der Ortschaften mit Rückmeldung ist meist inhomogen und führt oft zu keinem befriedigenden Ergebnis. Es ist deshalb unumgänglich, eine unabhängige Quellenrecherche sowie deren Interpretation nach aktueller Intensitätsskala (EMS-98) durchzuführen. Somit können historische Quellen hinsichtlich der tatsächlichen Intensität überprüft und gegebenenfalls korrigiert werden. Des Weiteren besteht die Möglichkeit, Karten, die mit Hilfe von Interpolationsverfahren erstellt wurden, zur Anfertigung einer neuen Karte des makroseismischen Schüttergebietes eines Erdbeben heranzuziehen. Die Kartierungen können ebenfalls als Hilfsmittel zur Auffindung von Intensitätsinseln dienen, die einer näheren Untersuchung hinsichtlich möglicher Standorteffekte bedürfen.

Tabelle 4 fasst die wichtigsten makroseismischen Kenngrößen für die einzelnen in diesem Bericht behandelten Quellen zusammen. Bei Betrachtung der Herdtiefe kann geschlussfolgert werden, dass die bei Leydecker angegebene von 5 km durch die ausgewerteten Quellen nicht gestützt wird. Ebenfalls zeigen sich in den ermittelten Herdtiefen starke Schwankungen im Vergleich zu den anderen, hier betrachteten makroseismischen Kenngrößen. Einerseits ist dies auf die verwendete Epizentralintensität I_0 zurückzuführen, andererseits auf die starken Schwankung der ermittelten Radien R_n der aufgetretenen Intensitäten I_n. Darin spiegelt sich der große Einfluss der Daten wieder. Die Orte mit den zugehörigen Intensitäten sind, wie zum Beispiel in Abbildung 4 sichtbar, über einen großen Bereich gestreut, der von in der Nähe des Epizentrums bis zum maximalen Schütterradius (Spürbarkeitsradius) reichen kann.

Auf Grundlage der recherchierten Quellen und der Neubewertung ist dem Schurwald-Erdbeben eine Intensität I_0 von V (EMS-98) zuzuordnen mit einer Herdtiefe h_0 von 11 km und einem zugehörigen mittleren Schütterradius R von 50 km. Die zugehörige Momentenmagnitude M_{Wm} nach Johnston wird mit einem Wert von 3.4 abgeschätzt.

Quelle	Karte	Epizentrum		verwendete Makroseismische Skala	Intensität I_0	Makroseismische Magnitude	Herdtiefe h_0 [km]	mittlerer Schütterradius R [km]
		Longitude E	Latitude N					
Hiller Original [10]	s. Abb. 2–4	in Originalkarte		MCS	V (V–VI)	$M_{Wm} = 3,8$ $M_{SMm} = 3,8$ $M_{LMm} = 4,3 \pm 0,4$	20 (12,5)	42
		9,4550	48,7322					
		Schwerpunkt Isoseisten						
		9,4161	48,7378					
Fiedler (?)	s. Abb. 2–4	9,4056	48,7606	MCS	V–VI	$M_{Wm} = 3,8$ $M_{SMm} = 4,9$ $M_{LMm} = 4,3 \pm 0,3$	9–13	45–50
Neubewertung auf Grundlage der Daten des Württembergischen Erdbebendienstes [10]	s. Abb. 2–4	9,3778	48,7855	EMS-98	V	$M_{Wm} = 3,4$ $M_{SMm} = 3,8$ $M_{LMm} = 4,1 \pm 0,2$	18–11	25–46
Empfohlene Werte		9,3778	48,7855	EMS-98	$I_{0,max} = V$ $I_{0,hyp} = V–VI$	$M_{Wm} = 3,4$ $M_{SMm} = 3,8$ $M_{LMm} = 4,1 \pm 0,2$	11	50

Tabelle 4: Ergebnisse der Berechnung auf Grundlage der Karten und Abfragen

Literatur

[1] Aichele, H.; Leydecker, G. (1998): *The Seismogeographical Regionalisation for Germany: The Prime Example of Third-Level Regionalisation*, 1998, Geologisches Jahrbuch, E 55, S. 85–98, Hannover

[2] Fiedler, G. (1954): *Die Erdbebentätigkeit in Südwestdeutschland in den Jahren 1800–1950*, 1954, Dissertation, TH Stuttgart, Stuttgart

[3] Fischer, J.; Grünthal, G.; Schwarz, J. (2001): *Das Erdbeben vom 7. Februar 1893 in der Gegend von Unterriexingen*, Thesis, Wissenschaftliche Zeitschrift der Bauhaus-Universität Weimar 47 (2001), Heft 1/2: Ingenieurseismologie und Erdbebeningenieurwesen, S. 8–30.

[4] Grünthal, G. et al. (1998): *European Macroseismic Scale*, 1998, Centre Européen de Géodynamique et de Séismologie, Data file, http://www.gfz-potsdam.de/pb5/pb53, Luxembourg

[5] Grünthal, G.; Schwarz, J. (2001): *Reinterpretation der Parameter des Mitteldeutschen Bebens von 1872 und Ableitung von Erdbebenszenarien für die Region Ostthüringen*, Thesis, Wissenschaftliche Zeitschrift der Bauhaus-Universität Weimar 47 (2001), Heft 1/2: Ingenieurseismologie und Erdbebeningenieurwesen, S. 31–48.

[6a] Johnston, C. (1996): *Seismic moment assessment of earthquakes in stable continental regions – I. Instrumental seismicity*, 1996, no124, pp. 381–414, Geophys. J. Int.

[6b] Johnston, C. (1996): *Seismic moment assessment of earthquakes in stable continental regions – II. Historical seismicity*, 1996, no125, pp. 639–678, Geophys. J. Int.

[7] Landesvermessungsamt Baden-Württemberg (2001): *Top50 – Amtliche Topographische Karten 1:50.000 Version 3.0*, 2001, Landesvermessungsamt Baden-Württemberg, Stuttgart

[8] Leydecker, G. (2001): *Erdbebenkatalog für die Bundesrepublik Deutschland und Randgebiete*, 2001, Data file – http://www.bgr.de/quakecat/index.html, Bundesanstalt für Geowissenschaften und Rohstoffe, Hannover

[9] Sponheuer, W. (1960): *Methoden der Herdtiefenbestimmung in der Makroseismik*, 1960, Akademie-Verlag, Berlin

[10] Württ. Statistisches Landesamt (Erdbebendienst) (1940): Fragebögen, Zeitungsartikel und weitere Notizen zum Erdbeben am 04.08.1940, 1940, Archiv des Landeserdbebendienstes Baden-Württemberg, Freiburg/Breisgau (Bearbeitung von Hiller)

[11] Amstein, S.: *Die methodische Bearbeitung historischer Erdbeben am Beispiel des Schurwald-Erdbebens vom 04.08.1940*, Bauhaus-Universität Weimar, Erdbeben-Zentrum am Institut für Konstruktiven Ingenieurbau (zur Veröffentlichung vorgesehen)

Weitere Literatur

Schwäbische Tageszeitung (1940): *Die beiden jüngsten Erdbeben in Württemberg – Neuer Erdbebenherd: Die Schurwaldverwerfung*, 16.08.1940, no 191, Stuttgart

Anhang

Auszug aus Originalquellen des Württembergischen Statistischen Landesamtes – Erdbebendienst

Tabelle A 1. Originalquellen der maximalen Schütterwirkungen im Detail [10]

Ort	Tag & Uhrzeit	Standort Beobachter	Standort Boden	Bewegung	Wirkungen der Erschütterung	Anzahl Beobachter	Notiz Fragebögen Hiller	Liste Hiller	EMS-98
Strümpfelbach (Weinstadt)	04.08.1940 18:50	Im 1. Stock des Schulhauses in Strümpfelbach in einem Klassenzimmer.	Fels	Von unten kurzer heftiger Ruck.	Klirren der Fensterscheiben, Krachen der Wände, Abbröckeln des Verputzes; sonstige Gebäudebeschädigungen wurden nicht bemerkt, doch war der Stoß so heftig, dass der Beobachter sich ins Freie begab.	nicht bekannt	5–(6)	5.5	V
Beutelsbach (Weinstadt)	04.08.1940 18:50	Ich befand mich im ersten Stock in der Küche sitzend, auf Steinboden.	Mein Haus ist auf ebener Lage. Bachsohle, direkt am Bach, Nebenfluss der Rems.	Von unten in südöstlicher Richtung kommend im erschütternder Rumpler.	Wäre ich im Wohnzimmer auf Holzboden gewesen, hätte ich natürlich auch eine stärkere Erschütterung gespürt. Meine Nachbarn südlich 200 m Entfernung, ebenfalls ebene Lage, befanden sich im Wohnzimmer, dort haben die Möbel gewankt, sogar ein Mann auf dem Sofa liegend, habe eine Schwankung gespürt.	Die Bewohner der Neubauten 200 m südlich von mir mit Namen ... stärker verspürt als bei mir.	4–5	4.5	IV–V
Ebersbach an der Fils	04.08.1940 18:50	Ich und meine Frau saßen im Wohnzimmer...		...Explosionsartiges Geräusch ...als ob eine Miene im Erdreich losging......	...das ganze Haus zitterte.		4–5	4.5	IV–V

Tabelle A.2 (Fortsetzung von Tabelle A.1)
Originalquellen der maximalen Schütterwirkungen im Detail [10] (Fortsetzung)

Ort	Tag & Uhrzeit	Standort Beobachter	Standort Boden	Bewegung	Wirkungen der Erschütterung	Anzahl Beobachter	Notiz Fragebögen Hiller	Liste Hiller	EMS-98
Endersbach (Weinstadt)	04.08.1940 um 19:00				...wurden wir durch einen starken Erdstoß erschreckt der Stoß war natürlich so heftig, daß man annehmen konnte es wäre eine schwere Bombe ins Erdreich geflogen, selbst die Miteinwohner vom obersten Stock im Hause verspürten starke Erschütterungen.	...in der Nachbarschaft Umfrage zu halten, wo wir dann von Leuten, die ebenfalls gerade zu Hause waren, auch die selbe Wahrnehmung machten, wie wir.	4-5	4.5	IV–V
Esslingen am Neckar	04.08.1940 ca. 18:48 bis 18:50			...es war ein richtiger Stoß...	...recht gut gespürt...stand... im Zimmer im 1. Stock. Da war mir's auf einmal, als würde im Parterre oder Keller ein grosser Gegenstand (Kasten oder Faß) umgeworfen...und das Haus und die Gegenstände im Zimmer klirrten.	...In unserer Straße haben es die meisten Bewohner bemerkt. Dagegen wussten Bekannte in anderen Stadtteilen (Oberesslingen, Mettingen, Eßlingen-Neckarstraße) gar nichts davon.	4-5	4.5	IV–V
Goeppingen	04.08.1940 kurz vor 19:00	in unserer Wohnung			..., daß im oberen Stock unseres Einfamilienhauses die Türe zufiel... Kurz darauf kam der zweite Stoß.		4	4.0	IV–V
Neustadt (Waiblingen)	04.08.1940			Das...Erdbeben war hier sehr deutlich zu bemerken	Unser Haus (3-stockig) zitterte sehr stark....		4-(5)	4.0	IV–V
Rohrbronn	04.08.1940 18:50	In einem Gebäude (Erdgeschoss)	Hang 2 m bis zur Felsunterlage	von unten kurzer Ruck	Schwanken der Sitzgelegenheit und unterirdisches Geräusch	viele	4	4.5	IV–V

Tabelle A.3 (Fortsetzung von Tabelle A.2)
Originalquellen der maximalen Schütterwirkungen im Detail [10]

Ort	Tag & Uhrzeit	Standort Beobachter	Standort Boden	Bewegung	Wirkungen der Erschütterung	Anzahl Beobachter	Notiz Fragebögen Hiller	Liste Hiller	EMS-98
Schlichten (Schorndorf)	04.08.1940 18:55	...wurde von verschiedenen Einwohnern, die gerade in den Wohnungen waren,...			..., ein starkes Erdbeben verspürt, der Ofen hat gewackelt, die Gläser im Schrank klirrten, im Freien wurde nichts gespürt, ich war selber auf dem Weg von Weiler nach Schlichten, habe aber nichts gemerkt.	... verschiedene Einwohner	4–5	4.5	IV–V
Schmieden (Fellbach)	04.08.1940 18:50	in der Wohnung			Wir saßen mit Bekannten beim Nachtessen, als wir plötzlich durch ein Klirren des Geschirrs und Schwanken auf unseren Stühlen ausgeschreckt wurden.		4+	4.5	IV–V
Schorndorf	04.08.1940 18:50	in der Wohnung (meines Sohnes) im Erdgeschoss, am Tisch sitzend, beim Abendbrot.	Ebene	Einmalige Erschütterung mit dumpfem Knall wie bei Explosion.	Zittern des Hauses, der Möbel, Klirren von Gläsern und Fenstern. Man hatte den Eindruck einer Explosion in der Nachbarschaft. Es kamen auch sofort Leute aus den Häusern, sahen sich erschreckt um und glaubten zunächst an einen Bombenabwurf.	anscheinend viele	4–(5)	4.0	IV–V
Stuttgart Nord (Am Weißenhof)	04.08.1940 18:50				In einem Bücherschrank sind Bücher umgefallen.				IV–V
Zell (Esslingen am Neckar)	04.08.1940 ca. 18:50	Im Garten..., Ehefrau lag im... im Bett (1. Stock)	Talsohle, unmittelbar am Hang, Lehmboden zäher Kies	Eine...Erschütterung, Richtung nicht feststellbar. – kurzer Ruck	Beobachter...Garten..., wo es ihm eine kurzen Ruck gab. Die Ehefrau lag im Bett...rief vom Fenster dann ihm zu: Vater hast du etwas gemerkt. Am Hausgiebel und First lösen sich Spierteile ab. Sonst nichts bemerkt. (Spier: kleine Spitzen, kleine Rundhölzer?)	einzelne	4–5 (5)	5.5	IV–V

Tabelle A.4
2. Magnitudenbestimmungen nach Johnston (1996) und Hanks & Kanamori (1979); zu Abb. 4 [6a, 6b]

Isoseiste	Gl	$log(M_0) =$	Intensität I	Fläche* A_I [km²]	$log(M_0) =$	M_W	äquival. Radius aus Fläche A_I [km]
Gesamtfläche des makorseism. Schüttergebietes	(1.1)	$17{,}31 + 0{,}959 * log(A_f) + 0{,}00126 * sqrt(A_f)$	3	6538.93	21.07	3.35	45.62
3	(1.2)	$17{,}59 + 1{,}020 * log(A_3) + 0{,}00139 * sqrt(A_3)$	3	6538.93	21.59	3.70	45.62
4	(1.3)	$18{,}10 + 0{,}971 * log(A_4) + 0{,}00194 * sqrt(A_4)$	4	278.64	20.51	2.97	9.42
5	(1.4)	$19{,}83 + 0{,}788 * log(A_5) + 0{,}00260 * sqrt(A_5)$	5	1.49	19.97	2.61	0.69
Maximale Intensität	(1.5)	$19{,}36 + 0{,}481 * I_{max} + 0{,}0244 * (I_{max})^2$	$I_{max}=$	5.00	22.38	4.22	
(1.6) $M_{Wm} = 2/3 * log(M_0) - 10{,}7$					Mittelwert $log(M_0) =$ 21.10	Mittelwert $M_{Wm} =$ 3.37	

* ermittelte Werte auf Grundlage der Projektion Gauß-Krüger Zone 3

Tabelle A.5
Magnitudenbestimmungen nach Karnik (1969) und Sponheuer (1962); zu Abb. 4

Gleichung	Intensität I	mittlerer Radius R_m [km]	Herdtiefe h_0 [km]	S_n [km]	α [km⁻¹]	Magnitude		I_n nach Sponheuer mit $k = 3.0$
Karnik (1969)								
(Gl. 2) $M_{SMm} = 0.5\, I_0 + log(h_0) + 0.35$	5.0		18.20			4.11		
Sponheuer (1962)								
(Gl. 3.1) $M_{LMm} = 0.52\, I_n + 1.56\, log(S_n) + 0.7\, \alpha\, S_n$ (Gl. 3.2) $I_n = I_0 - k\, log(S_n/h_0) - k\, log(e)\, \alpha\, (S_n - h_0)$								
	5.0	0.73	18.20	18.21	0.0067	4.65		5.00
	4.0	15.56	18.20	23.94	0.0067	4.34		4.59
	3.0	24.90	18.20	30.84	0.0067	4.03		4.20
				Mittelwert M_{LMm} 4.34	Standardabweichung 0.31			

The Cariaco, Venezuela, earthquake of July 09, 1997: strong-motion recordings, site response studies and macroseismic investigations

Dominik H. Lang
Mathias Raschke
Jochen Schwarz

Abstract

The paper tries to illustrate the broad variety of information collected during two missions of the German TaskForce for Earthquakes into the earthquake area of northeastern Venezuela. A group of seismologists and engineers started their first mission into the earthquake-affected region around the towns of Cariaco and Cumaná immediately after the mainshock of July 09, 1997. A comprehensive aftershock observation was carried out by the engineering group using 10 strong-motion accelerographs placed at different sites within the disaster-struck area. The instruments had been installed at locations of varying geological and topographical conditions, and especially in zones where spectacular damage cases had occurred or where the level of damage had increased significantly. Spectral characteristics of ground motion were obtained and compared to estimated building periods to gain insight into the damage enhancing effects caused by local subsoil conditions. These studies were supplemented by numerous analyses of the ambient seismic noise, which had been measured during a second investigation in 1999. An attempt is undertaken to reinterpret earthquake damage on buildings caused mainly by design defects coupled with important ground motion amplification by applying different seismic input data and different spectral techniques.

Comprehensive macroseismic studies were performed in different towns adopting the European Macroseismic Scale 92 (EMS-92). A maximum intensity I = VIII was estimated for the epicentral area around Cariaco. Intensity assignments are compared with those from other research groups. A detailed macroseismic investigation had been carried out in the urban area of Cumaná by the realization of a questionnaire.

Introduction

The Ms 6.8 (mb 6.3) Cariaco earthquake was the strongest seismic event in Venezuela since the Caracas earthquake in 1967 and, moreover, no damage effects related to seismic activity had been observed in the affected region of northeastern Venezuela since the Cumaná earthquake on January 17, 1929. Hence it can be concluded that many of those structures built during the last years did not strictly follow the principles of existing anti-seismic code regulations (COVENIN, 1982). With serious building damage having occurred even in epicentral distances of more than 70 km, it has to be supposed that site effects, but also the vicinity to the active fault, are mainly responsible for the disastrous effects. Most of the casualties were caused by the collapse of multi-story reinforced-concrete structures in Cariaco and Cumaná. Damage to simple residential housings with one or two stories was concentrated on the epicentral area in the villages of Cariaco, Campoma and Chiguana, where intensity reached I(EMS) = VIII. In this area structural damage can be attributed mainly to the traditional "Bahareque" building type, which can be described as a cane and mud-type construction, and to unreinforced masonry houses.

The economic loss caused by the earthquake of 1997 was estimated to have reached 2 billion US$ (EERI, 1997).

The mainshock of July 09, 1997 was succeeded by a number of appreciable aftershocks reaching magnitudes up to 5. But none of them resulted in further notable damage deterioration to the building stock.

Strong-motion data

Mainshock information

The Cariaco mainshock on July 09, 1997 had only been recorded by two stations located in the town of Cumaná, both being located in a distance of about 70 km to the epicenter. Unfortunately, acceleration records from stations closer to the epicenter are not available. The time-histories of both horizontal and vertical components of the mainshock as well as their corresponding amplification functions (normalized response spectra Sa/a) at station Universidad de Oriente (UDO) in Cumaná are presented in figure 2. The H1(L)-component reached a maximum peak ground acceleration of 0.10 g, at an epicentral distance of 73 km. The continuously-

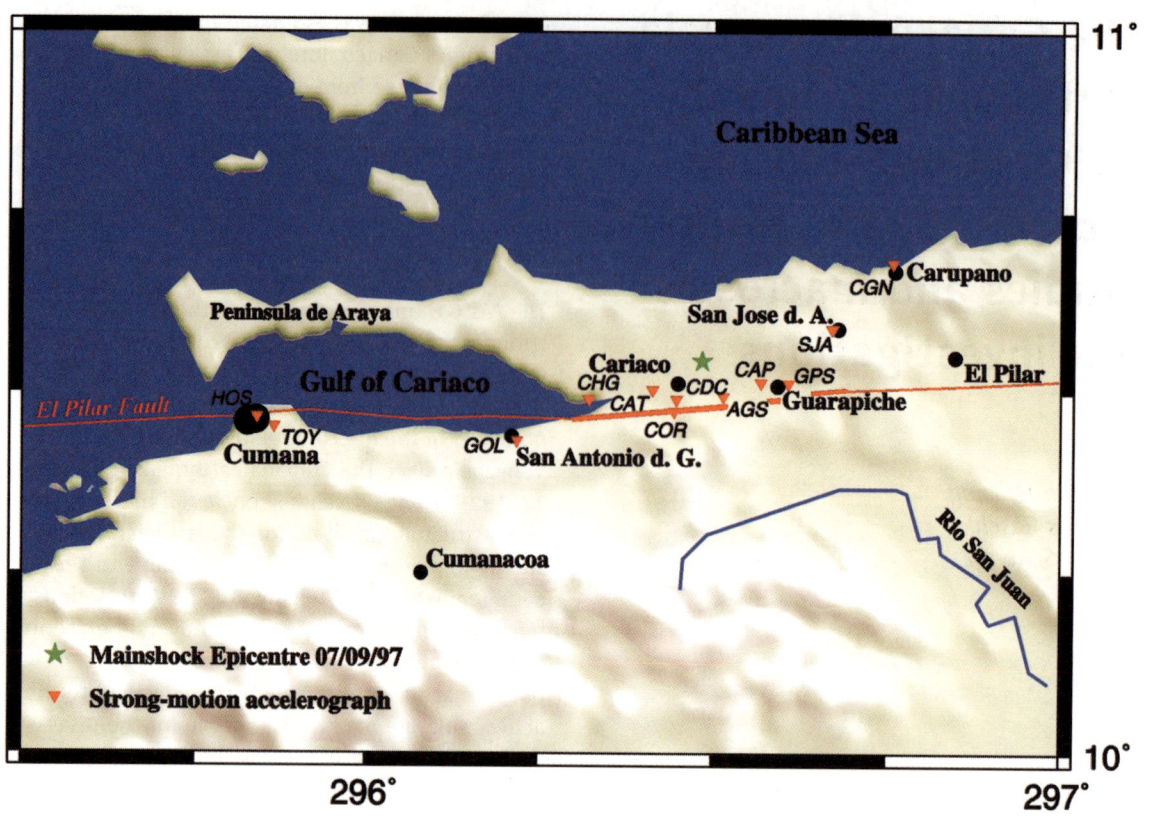

Fig. 1: Map of the earthquake area at the northeastern coast of Venezuela indicating sites of the strong-motion accelerographs installed by the Engineering Group of German TaskForce for aftershock recording

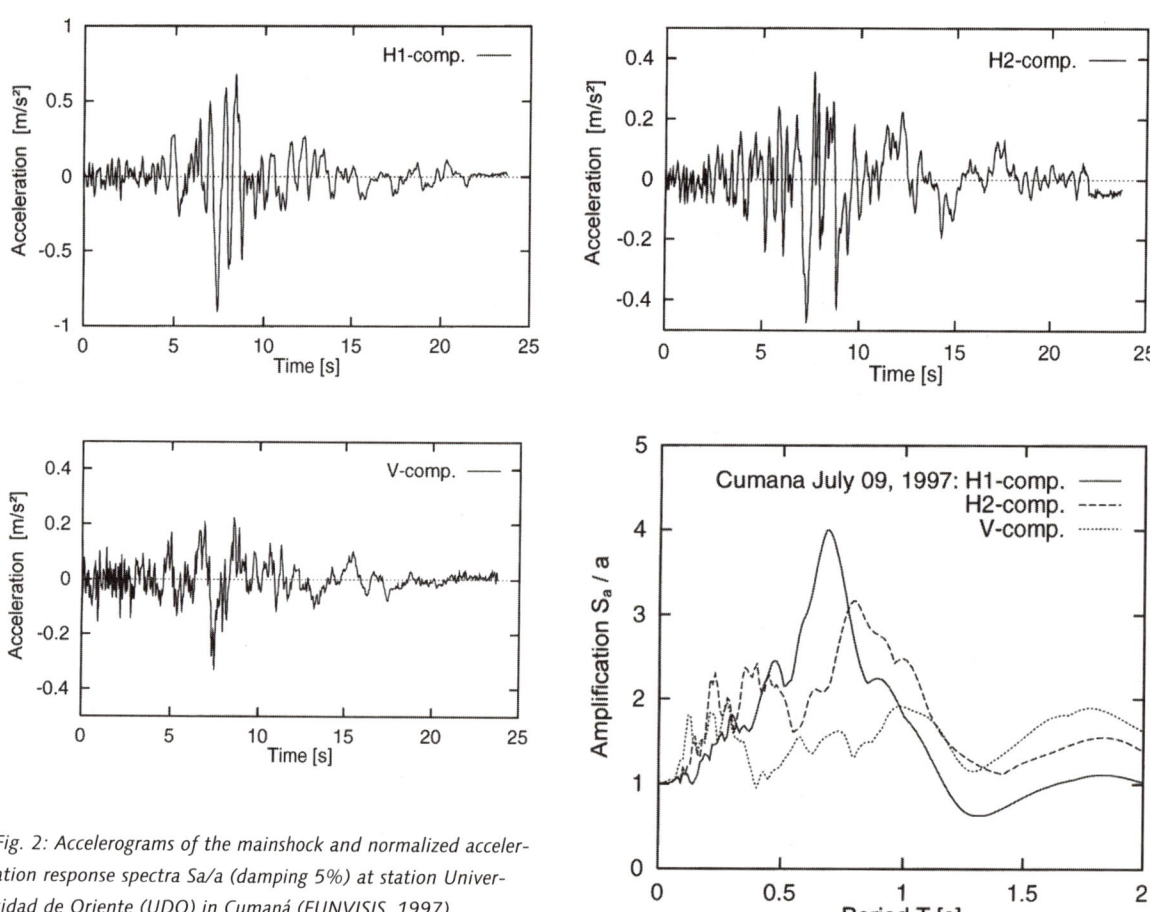

Fig. 2: Accelerograms of the mainshock and normalized acceleration response spectra Sa/a (damping 5%) at station Universidad de Oriente (UDO) in Cumaná (FUNVISIS, 1997)

operating strong-motion station referred to here was installed near to a multi-story building located on a gentle hill in the southwestern part of Cumaná. The local subsoil consists of pleistocene cobble alluvial sediments (Cerro del Medio, acc. to FUNVISIS, 1997).

A peak ground acceleration of 0.17 g in the transversal (H2-component) direction is reported for the mainshock, which was recorded at the second station in Cumaná (FUNVISIS, 1997). Further information about the spectral characteristics of the recordings are not given. Due to reasons concerning the differences between both recordings, for instance the differing directions of stronger peak ground acceleration, data does not seem to be representative of the real ground motion characteristics of the event and therefore should only be used with caution for forthcoming studies.

Seismic instrumentation and aftershock observation

The recording of aftershocks was carried out by several Kinemetrics ALTUS K2 strong-motion accelerographs (see figure 3), which were placed within the affected area at 12 different sites. The final positions of the installed instruments were selected in order to cover different topographic and geologic conditions and, moreover, to obtain ground motion data from zones where damage concentrations had been observed (see figure 1 and table 1). To allow a more precise evaluation of the amplification effects at the recording stations, local subsoil conditions have to be supplemented with geological profiles and shear wave velocities v_s.

During the total investigation period of 35 days, reaching from July 18 to August 21, 1997, about 71 different aftershock events were recorded by the temporary strong-motion network. Further details of the stronger events with magnitudes Ml > 3.5 are given by table 2. The distribution of aftershocks between July 19 and August 07, 1997 in dependence on magnitude is shown in figure 4.

Figure 5 presents the acceleration time-histories of one of the two strongest aftershocks recorded at the stations Casanay (CAP) and Agua Caliente (AGS). Even though both stations were placed only at a distance of 7 km in between, a tremendous difference between the level of ground acceleration amplitudes can be observed. The magnitude Ml 5.1 aftershock caused a horizontal peak ground acceleration of 2.5 m/s^2 in an epicentral distance of only 3 km (EW-component at station Casanay CAP).

The corresponding response spectra for the horizontal components H1 (N-S), H2 (E-W) and Hres (resulting comp.: determined as SRSS-values of H1 and H2) and the vertical component are presented in figures 6a and 6b for the stations CAP and AGS, respectively. Considering only the shape and amplitude level of these different spectra, preliminary conclusions about the amplification effects of the local subsoil can be derived. Nevertheless, further information about the stratigraphic profiles are required to verify the local amplification potential.

For a better understanding of the quality of aftershock data it is useful to compare their spectral characteristics with elastic design spectra as they are recommended in the current earthquake regulations (COVENIN, 1982). In figure 7, normalized horizontal response spectra, also called amplification functions Sa/a, of different aftershock events with magnitude Ml > 3.0 are given. Figure 7a shows the compiled amplification functions Sa/a for aftershock data recorded at station Agua Caliente (AGS) compared with the normalized design spectrum for subsoil class S1 according to the Venezuelan earthquake code COVENIN 1756–82 (COVENIN, 1982). This station was installed very close not only to the mainshock epicenter but also to the source of most aftershocks. Since consolidated soil materials seem to appear at this site (cf. table 1), a code design spectrum for hard subsoil materials (soil class S1) was chosen here. Amplification functions at station Cumaná Toyota (TOY), which was located at a distance of nearly 70 kilometers to the epicenter, are depicted in figure 7b. This station and site are of particular interest, because a reinforced-concrete frame structure situ-

Fig. 3: Example of the installed strong-motion accelerograph Kinemetrics Altus K2 at station Agua Caliente (AGS)

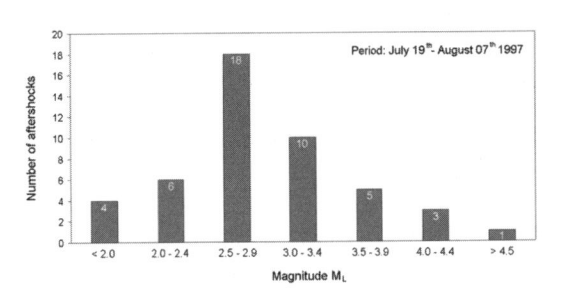

Fig. 4: Number of aftershocks in dependence on magnitude ML during the first 20 days of observation

Location	Index	Latitude	Longitude	Period of Installation	Ground conditions	Abbreviation[1]
Agua Caliente	AGS	N 10.4876°	W 63.4836°	21.7.–21.8.97	Holocene alluvial plain (travertine outcropping nearby)	R
Cumaná Toyota	TOY	N 10.4570°	W 64.1341°	18.7.–21.8.97	Infill with pleistocene sediments overlain by a holocene alluvial plain	A
San José de Areocuar	SJA	N 10.5983°	W 63.3285°	19.7.– 21.8.97	Coastal alluvial plain	A/R
Casanay Police Station	CAP	N 10.5011°	W 63.4176°	18.7.–21.8.97	Late pleistocene alluvial plain of Casanay river	A
Cariaco Defensa Civil	CDC	N 10.4974°	W 63.5519°	20.7.–06.8.97	Holocene alluvial plain	A
El Cordon	COR	N 10.4741°	W 63.5548°	19.7.–21.8.97	Cretaceous sedimentary rocks	R
Chiguana	CHG	N 10.4911°	W 63.6788°	19.7.–21.8.97	Pleistocene sediments rich in clay, low competence	A
Cumaná Hospital	HOS	N 10.4701°	W 64.1601°	18.7.–02.8.97	Holocene alluvial plain (old salt flats)	R
Querémene	CAT	N 10.5079°	W 63.5851°	04.8.–21.8.97	Soft sediments	A
San Antonio del Golfo	GOL	N 10.4469°	W 63.7817°	20.7.–21.8.97	Consolidated cretaceous rocks outcropping nearby	R
Carupano Guardia National	CGN	N 10.6734°	W 63.2415°	19.7.–31.7.97	Coastal alluvial plains	A
Guarapiche	GPS	N 10.5127°	W 63.3901°	01.8.–21.8.97	Holocene alluvial plain	A

[1] A – soft sediments (alluvium), R – consolidated materials (rock)

Table 1: Sites of the temporary strong-motion stations and their estimated local subsoil conditions (according to pers. communication with FUNVISIS Caracas).

ated on the grounds of the Toyota company, was heavily damaged during the mainshock (see figure 8). The locally observed damage was untypically high regarding the intensity attenuation elaborated for the entire region (figure 13) and the fact, that anti-seismic design principles were regarded. According to the information of local experts (pers. comm. with engineers of TOYOTA Venezuela), local site conditions are characterized by soft soil. Therefore, design spectra for medium (S2) and soft (S3) subsoil classes were selected to be laid over the instrumentally measured normalized response spectra at this site.

Modal analyses of the damaged structure shown in figure 8, carried out by the use of the programs ETABS NonLinear (Habibullah, 1997) and SLang (Bucher & Schorling, 1995), yield a fundamental eigenperiod $T_1 \approx 0.41$ sec. The determined fundamental periods T_i for the first three mode shapes are listed in table 3.

These theoretical results confirm the first assumption that torsional effects were mainly responsible for the high extent of structural damage. Figure 8e shows the schematic plan of ground floor with locations of structural damage. These agree well with the results of dynamic stress analysis per-

Event No.	Date	Time (UTC)	Latitude	Longitude	Focal depth [km]	Magnitude Ml
07	21-07-1997	02:14:59	N 10.499°	W 63.5925°	8.5	4.4
08	21-07-1997	07:26:21	N 10.5033°	W 63.6483°	5.8	4.0
13	23-07-1997	02:38:40	N 10.4958°	W 63.6637°	8.4	4.0
15	23-07-1997	16:30:10	N 10.5238°	W 63.2670°	4.7	3.6
22	24-07-1997	22:41:42	N 10.4928°	W 63.6692°	8.0	3.6
32	28-07-1997	14:43:07	N 10.5153°	W 63.9068°	10.9	3.9
39	30-07-1997	14:06:17	N 10.5170°	W 63.4417°	8.2	5.1
47	02-08-1997	03:31:10	N 10.5202°	W 63.7168°	12.0	3.9
63	12-08-1997	03:53:08	N 10.5057°	W 63.4865°	7.0	5.1
68	14-08-1997	14:04:12	N 10.5277°	W 63.3210°	6.2	4.5

Table 2: Strongest aftershock events with magnitudes Ml > 3.5 recorded by strong-motion equipment of German TaskForce Group (localization by GeoForschungsZentrum Potsdam).

formed for the structural model with the program SLang (figure 8f). Highest values for compression and tensile strength particularly occur in those columns where severest damages could be observed.

Since calculated fundamental periods of the structural model can be pigeonholed into the plateau range of the elastic design spectrum (figure 7b), highest site amplification can be bargained for these periods.

In addition, it can be seen in figure 7, that amplitudes of normalized response spectra for the frequency range of interest are more pronounced than those anticipated by the national Venezuelan code regulations. The amplifications at periods of 0.1 s and 0.3 s for station Cumaná Toyota (TOY) might give the impression that damage occurrence at the buildings in the immediate surroundings could not be prevented even by using these design spectra. It should be stressed that several investigations of weaker earthquakes (Schwarz et al., 2000) illustrate the fact that the amplification factors of aftershock data with smaller magnitudes are usually higher than those of the mainshock data itself. This widely accepted effect can be explained by non-linearities of the subsoil medium in near-surface layers. The additional phenomenon regarding the spectral shape of aftershocks shifting into the high-frequency range compared to mainshock data at the same recording site may also be taken into consideration if aftershock data is used to derive information about the amplification potential of the local subsoil at the time of the main event.

The statistical analysis of acceleration records and the generalization of spectra by spectral attenuation relationships require reliable information about the level of magnitude as well as the location of the earthquake source (epicentral distance and focal depth). Due to the inherent problems with respect to the different types of magnitude as well as to the uncertain or even divergent classification of subsoil conditions the presented results are of preliminary nature. The attenuation of ground response spectra acceleration for viscous damping of 5% are illustrated by figure 9. For each period typical building types can be assumed: period $T = 1.0$ sec seems to be representative for a slender, more flexible structure, periods in a range of $T = 0.1$ s correspond to the fundamental period of simple, stiffer structures with 1 or 2 stories. It has to be mentioned that only data from aftershocks with magnitudes $Ml = 3.0-4.0$ are implemented in figure 10. The variation of the calculated acceleration values represents the average of a period range $dT = T^* \pm 0.1 \cdot T^*$ (T^* - reference period: 0.01 sec, 0.30 sec, 1.0 sec). It is noteworthy, that the illustrated acceleration values rather represent the upper bound of acceleration level, as the higher SRSS-components of both horizontal components are used for the calculation. Nevertheless, a comparison with attenuation functions of different authors demonstrates that the level of observed acceleration values is considerably lower than the level which one might expect from mean values of statistical analyses.

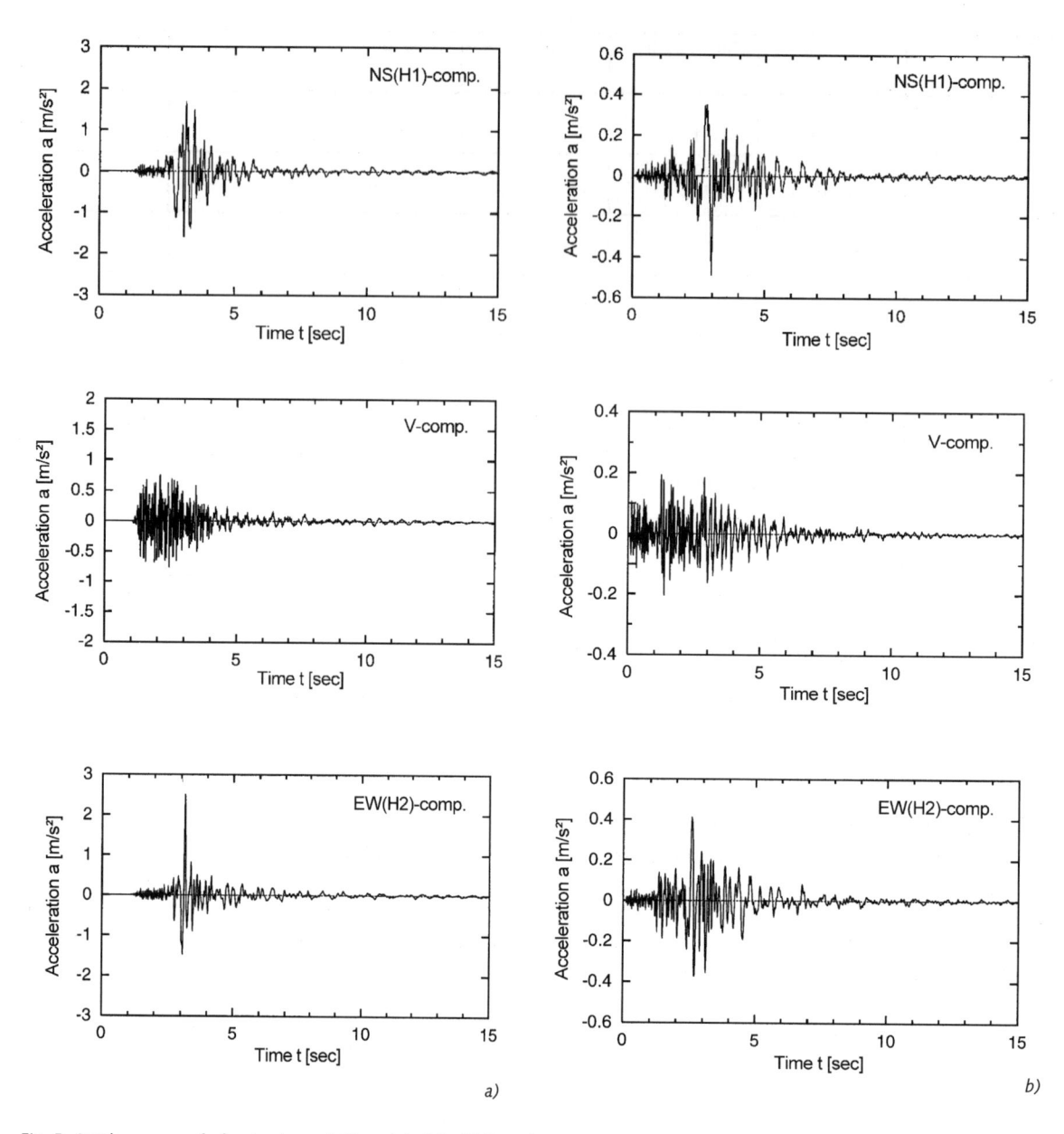

Fig. 5: Accelerograms of aftershock event 39 on July 30, 1997 at a) station Casanay Police Station (CAP) and b) station Agua Caliente (AGS)

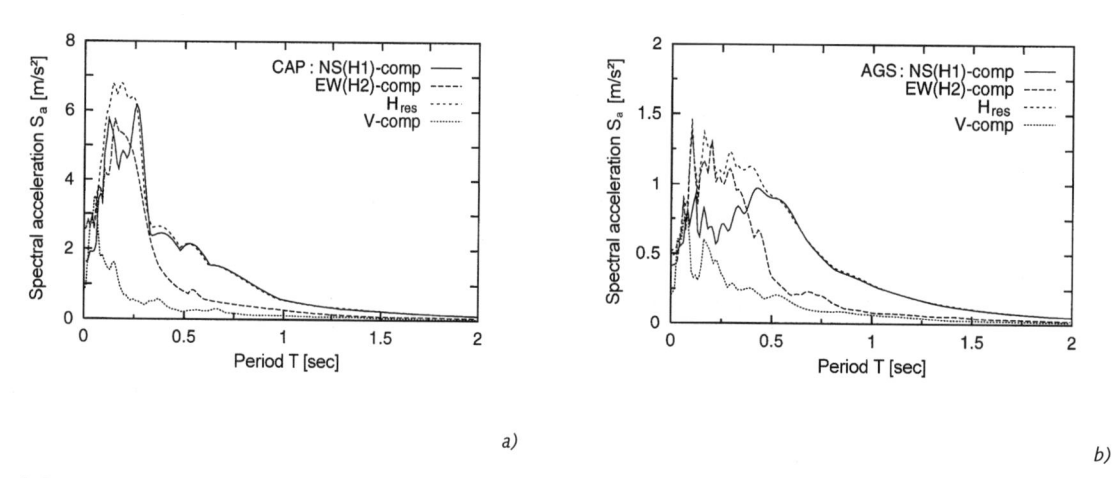

Fig. 6: Response spectra (damping 5%) of aftershock event 39 at a) station Casanay (CAP) and b) station Agua Caliente (AGS)

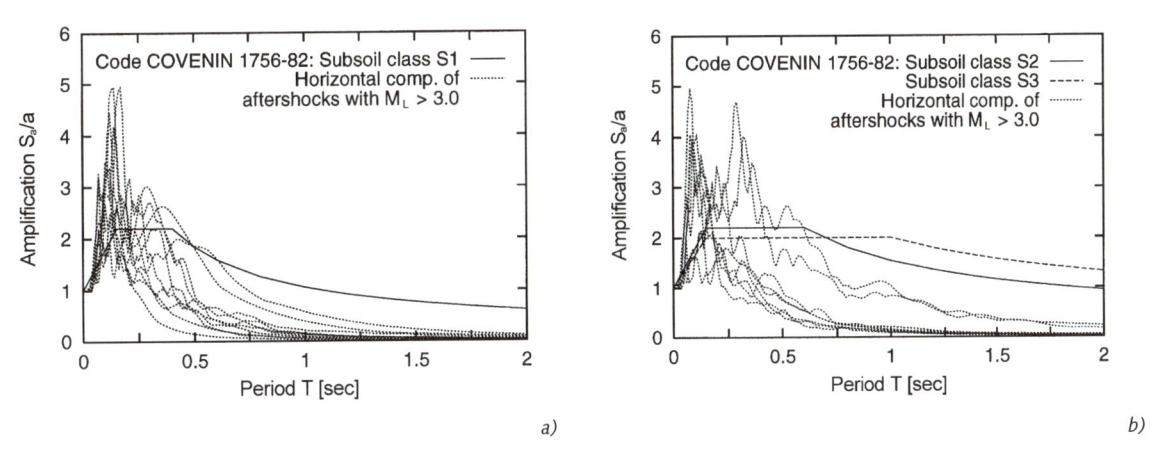

Fig. 7: Normalized acceleration response spectra Sa/a (damping 5%) of aftershocks with magnitudes Ml > 3.0 overlaid with design spectra of the valid Venezuelan Code (COVENIN, 1982) in dependence on different subsoil classes: a) station Agua Caliente (AGS) and b) station Cumaná Toyota (TOY)

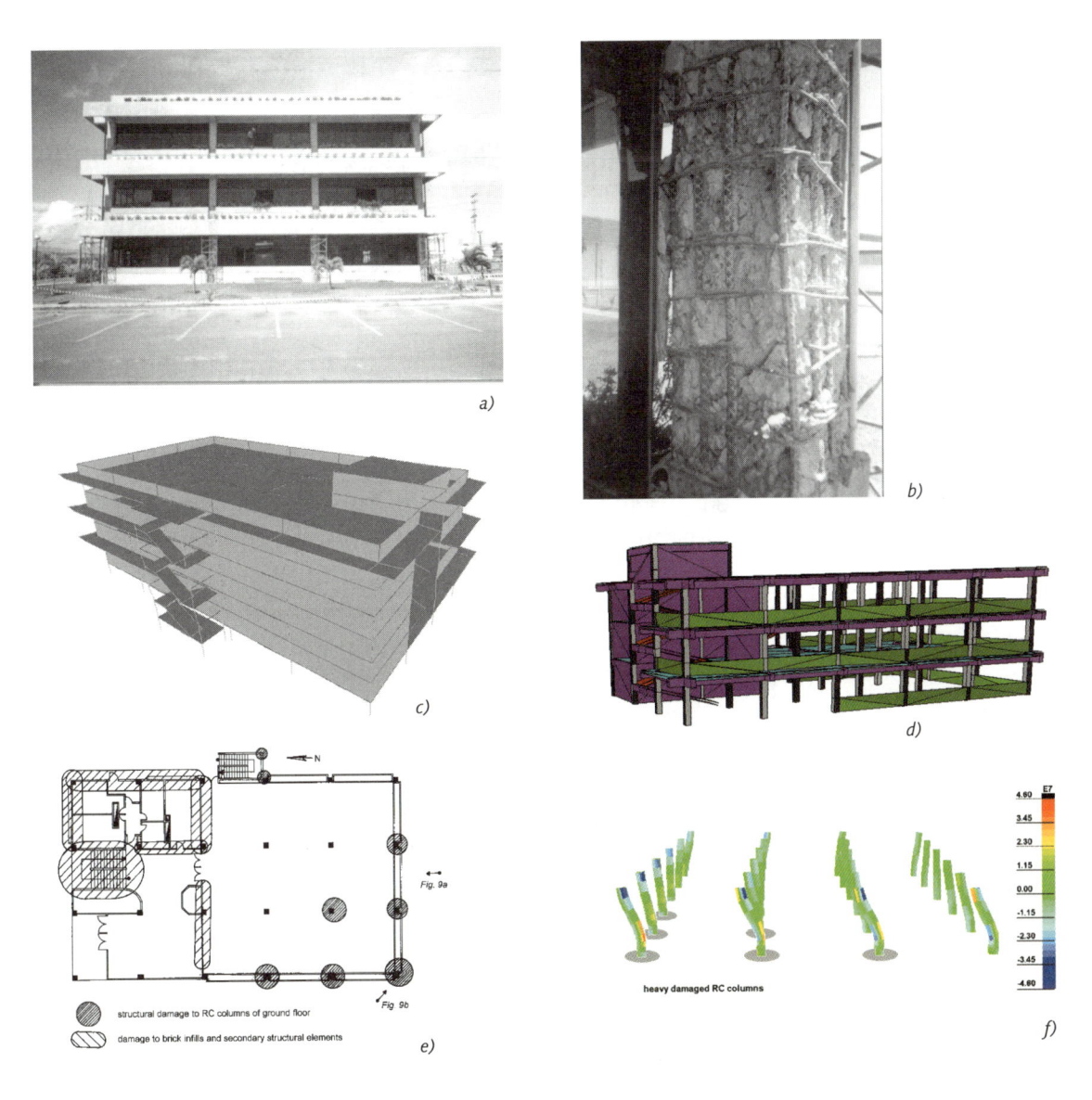

Fig. 8: Engineering analysis of the damaged Toyota-building in Cumaná: a) general view of the building immediately after the 1997 Cariaco earthquake, b) detailing of a damaged corner column of ground floor, c) & d) structural models using ETABS NonLinear and SLang, respectively, e) ground floor plan with damage concentration, f) results of a dynamic stress analysis for RC columns of ground floor

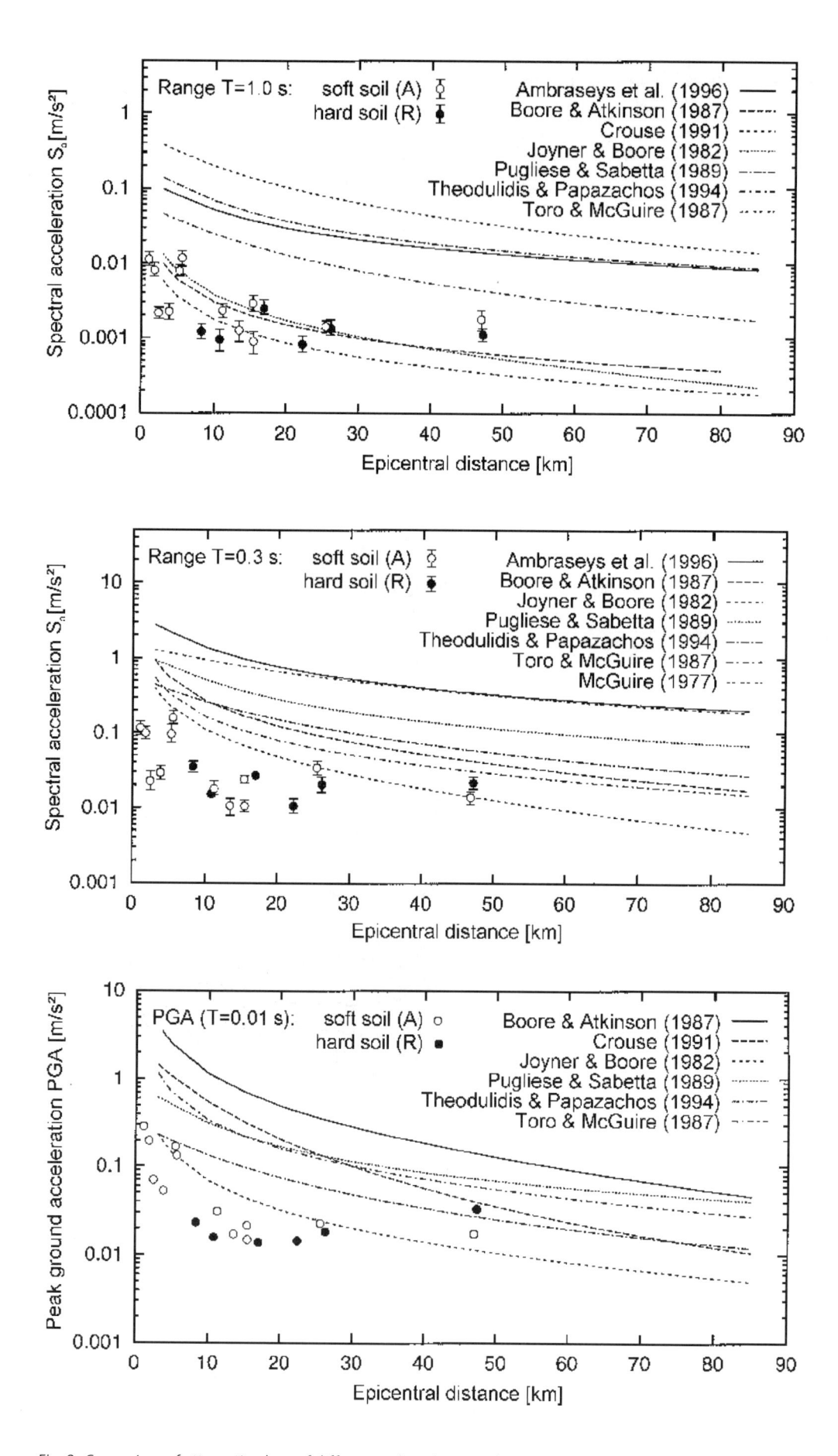

Fig. 9: Comparison of attenuation laws of different authors for natural periods in the range of T = 0.01, 0.30 and 1.0 sec for viscous damping 5% with values of recorded aftershocks

Mode shape i	ETABS		SLang	
	Period T_i [sec]	direction	Period T_i [sec]	direction
1	0.408	translational	0.416	torsional
2	0.317	torsional	0.301	translational
3	0.237	torsional	0.246	torsional

Table 3: Modal analysis results of the Toyota-building in Cumaná by the use of the programs ETABS NonLinear (Habibullah, 1997) and SLang (Bucher et al., 1995)

Site response studies

It is common practice to try to explain locally concentrated structural damage on buildings by the influence of site effects. Therefore, the existence or damage contributing impact of resonance conditions between structure and subsoil can, in a first step, be verified by comparing the eigenfrequencies of the structure with the spectral transfer characteristics of the site. Since recordings of the mainshock are usually not available for the building sites of interest or, moreover, recording stations within the earthquake affected areas are completely missing, a re-interpretation of building damage depends on the establishment of alternative methods of analysis.

In support of the first TaskForce mission and aftershock measurements performed immediately after the main event during a period of 6 weeks in July/August 1997, a second field investigation trip was carried out by the engineering group of German TaskForce in May 1999 (called as PETFINEV-99). During this mission, ambient noise measurements were realized at the sites of the strong-motion recorders as well as at 60 additional sites within the disaster-struck area around Cumaná and Cariaco (see figure 10). It is the purpose of ongoing research to compare the results of different types of seismic data in order to allow a more precise evaluation of site response characteristics. Recent publications (e.g. Rovelli et al., 1991; Lachet & Bard, 1994; Chávez-Garcia & Cuenca, 1998) dealing with microzonation techniques and test site studies have clearly shown that serious problems exist when trying to determine predomi-

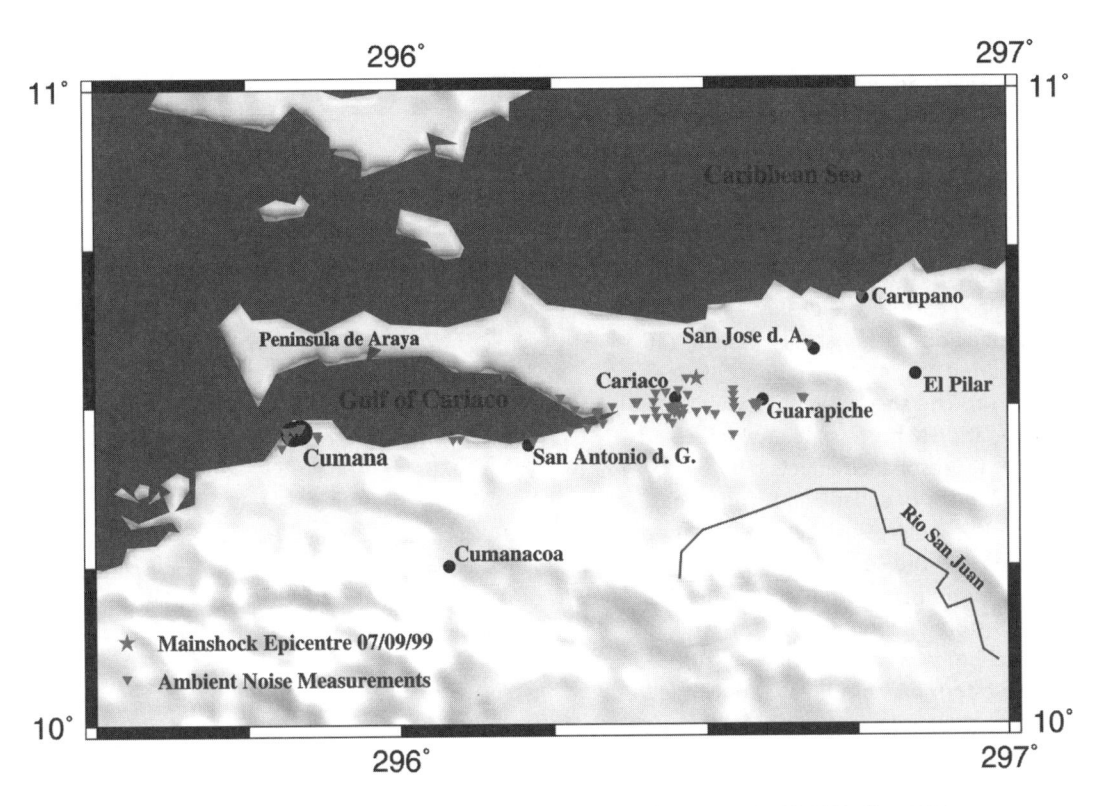

Fig. 10: Sites of the ambient-noise measurements during the post-earthquake mission PETFINEV in May 1999

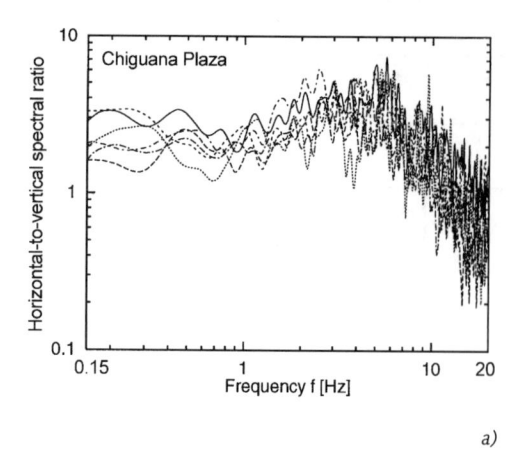

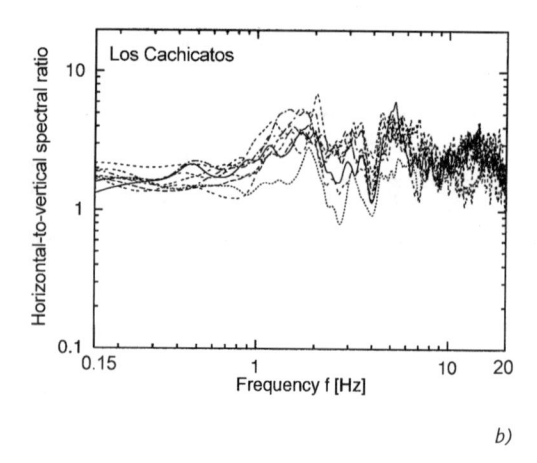

Fig. 11: Spectral H/V-ratios of ambient noise data at stations a) Chiguana Plaza and b) Los Cachicatos

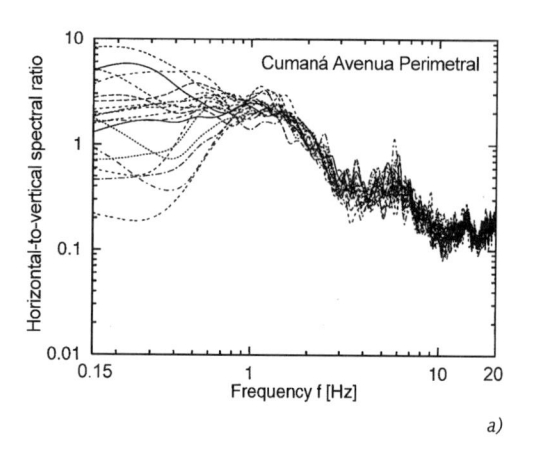

nant subsoil frequencies from seismic data. One method which consists in regarding the spectral H/V-ratios of ambient noise data recorded on the ground surface seems to provide the most reliable results. This technique, usually known as H/V-technique or Nakamura estimate (Nakamura, 1989), was applied on the seismic data recorded in 1999. Figure 11 shows spectral H/V-ratios on the basis of ambient noise data for two sites located at the north coast of the Gulf of Cariaco, exemplarily. During the Cariaco earthquake of July 1997 serious damage to adobe and brick masonry housings in the region occurred around the station Chiguana Plaza (figure 11a). The spectral ratios exhibit a predominant peak at 5 Hz for this area, which could be an indicator for resonance effects between predominant frequencies of subsoil and structure.

The comparison between structural damage actually suffered and the corresponding amplification of ground motion is illustrated by figure 12. The depicted 8-storey RC frame structure (still under construction) was founded on very soft sediments in the western part of Cumaná, only a few hundred meters away from the coastline of the Caribbean Sea. Such sites tend to amplify higher period motion. The results of the ambient noise studies (data was recorded next to the building and

Fig. 12: Station Cumaná Avenua Perimetral: a) H/V-ratio of ambient seismic noise, b) 8-storey reinforced-concrete structure with brick masonry infills and detailing of a damaged column of ground floor

is presented in figure 12a) also support this assumption. The evaluated predominant site frequency in the range of 1-1.5 Hz stands in good agreement with the results by Abeki et al. (1998). Furthermore, a fundamental frequency in the range of 1-1.5 Hz could also be a realistic assumption for the RC frame structure in figure 12b, caused by the soft base floor and the still lacking infills in many parts of the building.

Macroseismic studies

Macroseismic studies were performed by the German TaskForce Group using the European Macroseismic Scale EMS-92 (Grünthal et al., 1993). A maximum Intensity EMS) = VIII was assigned to the epicentral area. In figure 13 intensity assignments and the derived isoseismal map are compared with those from other field investigation teams (FUNVISIS, 1997). These studies lead to the conclusion, that shaking effects were more pronounced along the east-western direction following the orientation of the El Pilar fault. More detailed macroseismic investigations were performed in Cumaná, a town of about 200.000 inhabitants, 70 km from the epicenter. Figure 14 gives an impression of the urban area of Cumaná and the datapoints derived from the inquiry using questionnaires. After having classified locally observed shaking effects (according to the distributed questionnaires) into intensities, a kind of mezo- or microzoning map could be elaborated (using the MAPINFO-GIS-tools), which is presented in figure 15 (intensities were differentiated in steps of half intensity degrees). Comparing this map with the geologic or hydrogeologic conditions it can be concluded that the damage of buildings was more pronounced at alluvial sites (former river valleys), see figure 16. Because the intensity assignments are mainly based on the observed damage to buildings, data points are missing in sparsely populated areas and might complicate a reliable intensity assessment. Nevertheless, the damage is concentrated in areas where particular subsoil conditions have to be recognized. Regions of higher predominant site periods (acc. to Abeki et al., 1998) coincide well with zones of severer shaking effects (higher intensities).

In general, the investigated buildings can be subdivided into three main groups: RC frame structures (with masonry infill), wall structures of confined or unreinforced masonry and ordinary timber structures using wickerwork and clay as filling material (known as "Bahareque"-type). According to the Vulnerability Table of the recently published new edition of the European Macroseismic Scale EMS-98 (Grünthal et al., 1998) building types have to be classified into vulnerability classes taking into account the parameters affecting the vulnerability as well as design deficiencies predetermining different types of failure pattern. Within the EMS-98 a description of different damage grades is only given for masonry and reinforced concrete buildings covering the range from grade 1: "negligible to slight damage" (no structural damage, slight non-structural damage) to damage grade 5: "destruction" (very heavy structural damage).

Therefore, it is of practical importance (also for further macroseismic studies) to extend these valuable user tools onto other building types taking into account regional peculiarities in construction. From the observed damage of the building types „Bahareque" and „RC frames with more than one story" representative examples of the five EMS-damage grades are given by figure 17 and figure 18, respectively. According to the EMS-98 the damage to buildings of reinforced concrete can be classified for the entire structure but also for structural and non-structural elements. In Figure 18 photos of the whole building and single structural elements are combined for each grade of damage. The damage grade was assigned according to the following indicators within the EMS-98 (Grünthal et al., 1998):

- D1 (D-damage grade): negligible to slight damage (no structural damage, slight non-structural damage):
  fine cracks in plaster over frame members
- D2: moderate damage (slight structural damage, moderate non-structural damage):
  cracks in partitions and infill walls; fall of brittle cladding and plaster
- D3: substantial to heavy damage (moderate structural damage, heavy non-structural damage):
  cracks in columns and beam column joints; spalling of concrete cover, buckling of reinforcement rods
- D4: very heavy damage (heavy structural damage, very heavy non-structural damage):
  large cracks in structural elements with compression failure of concrete; tilting of columns
- D5: Destruction (very heavy structural damage):
  collapse of ground floor or parts of buildings

On the base of this photo collection the subjective classification of damage grades can be trained and harmonized. From the engineering point of view it should be emphasized that all damage grades (also the damage grade „D0: no damage") can be observed for a certain building type of vulnerability class A, if the shaking effects reach an intensity of I(EMS) = VIII. This is also true for buildings belonging to vulnerability class B, where single buildings can fail completely (collapse). This becomes evident when results of statistical damage analysis are considered in more detail. Relationships between the occurrence rate of damage grades and intensity in terms of damage distribution functions were established for different building types. Additionally, it was tested to which extent the idealized damage distributions according to the damage progression

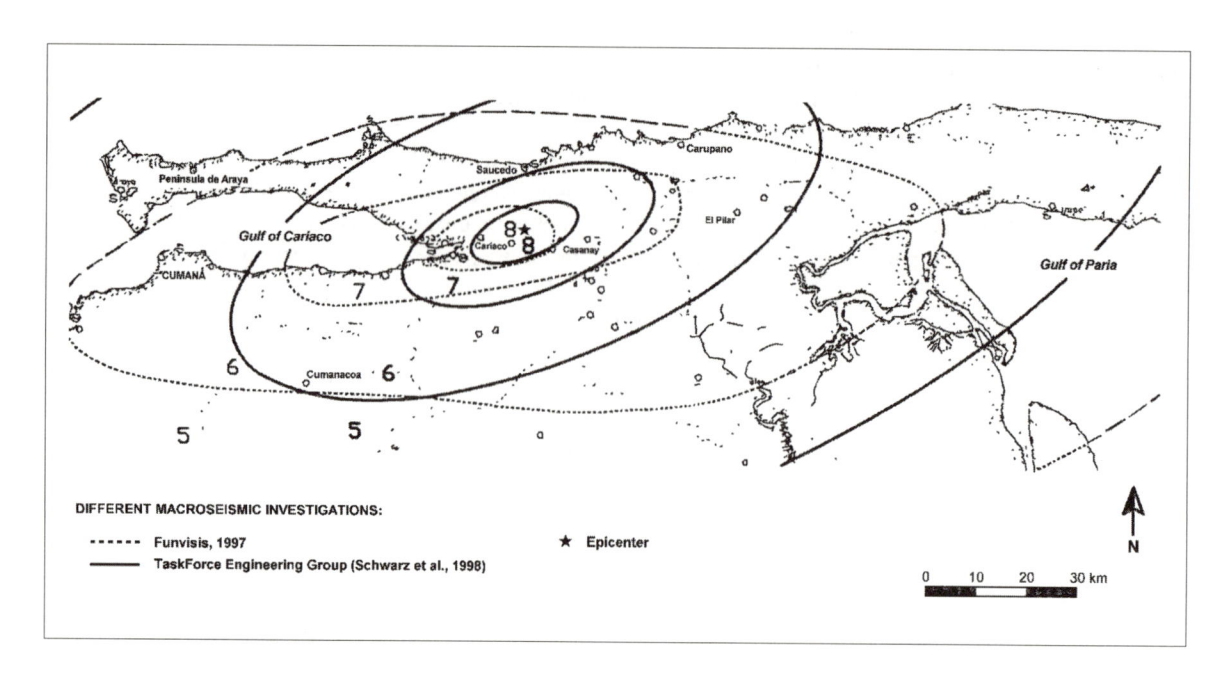

Fig. 13: Isoseismal map of the Cariaco earthquake on July 09, 1997 on the basis of results of different macroseismic investigations (Schwarz et al., 1998)

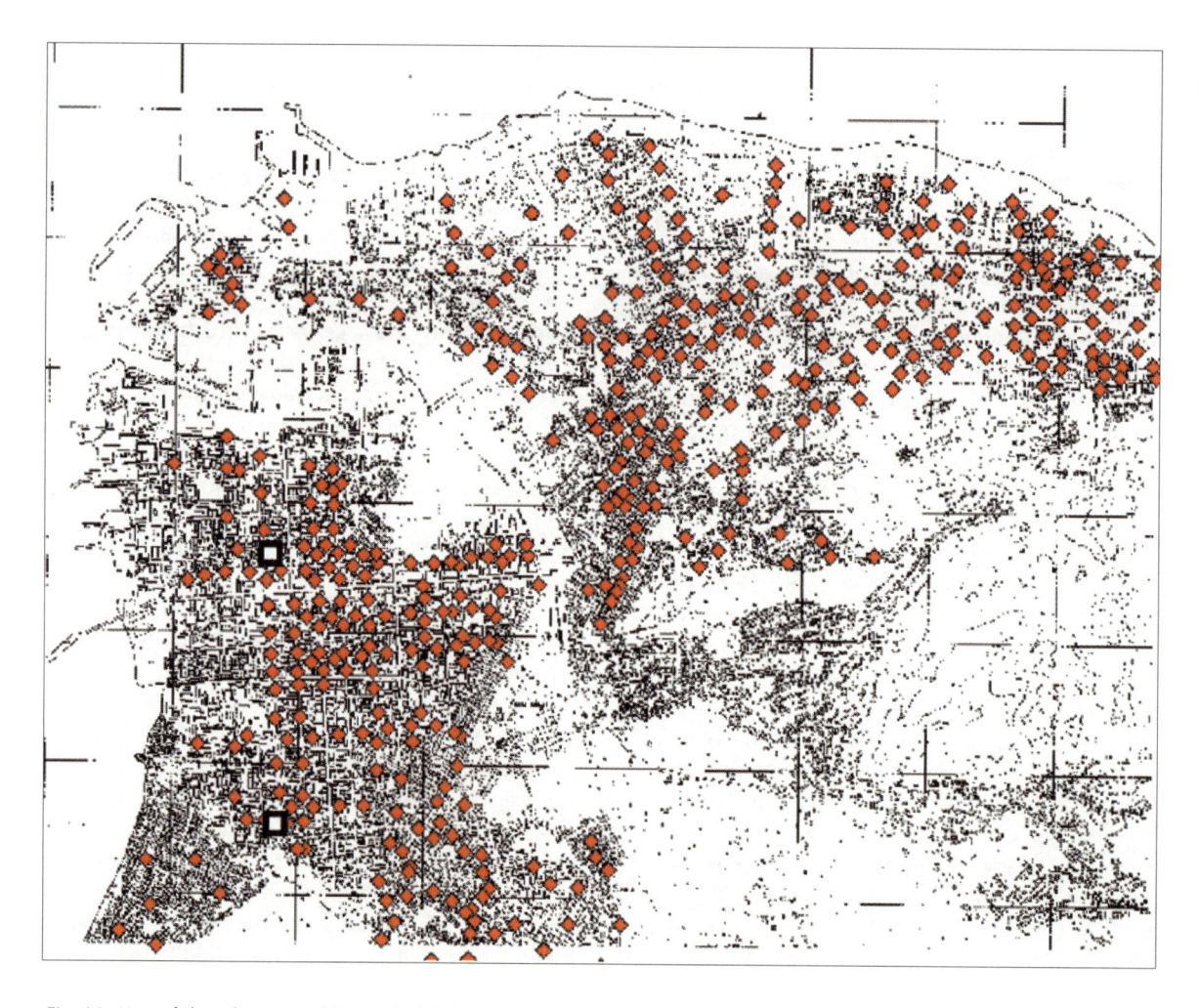

Fig. 14: Map of the urban area of Cumaná with datapoints of inquiry used for intensity assignments

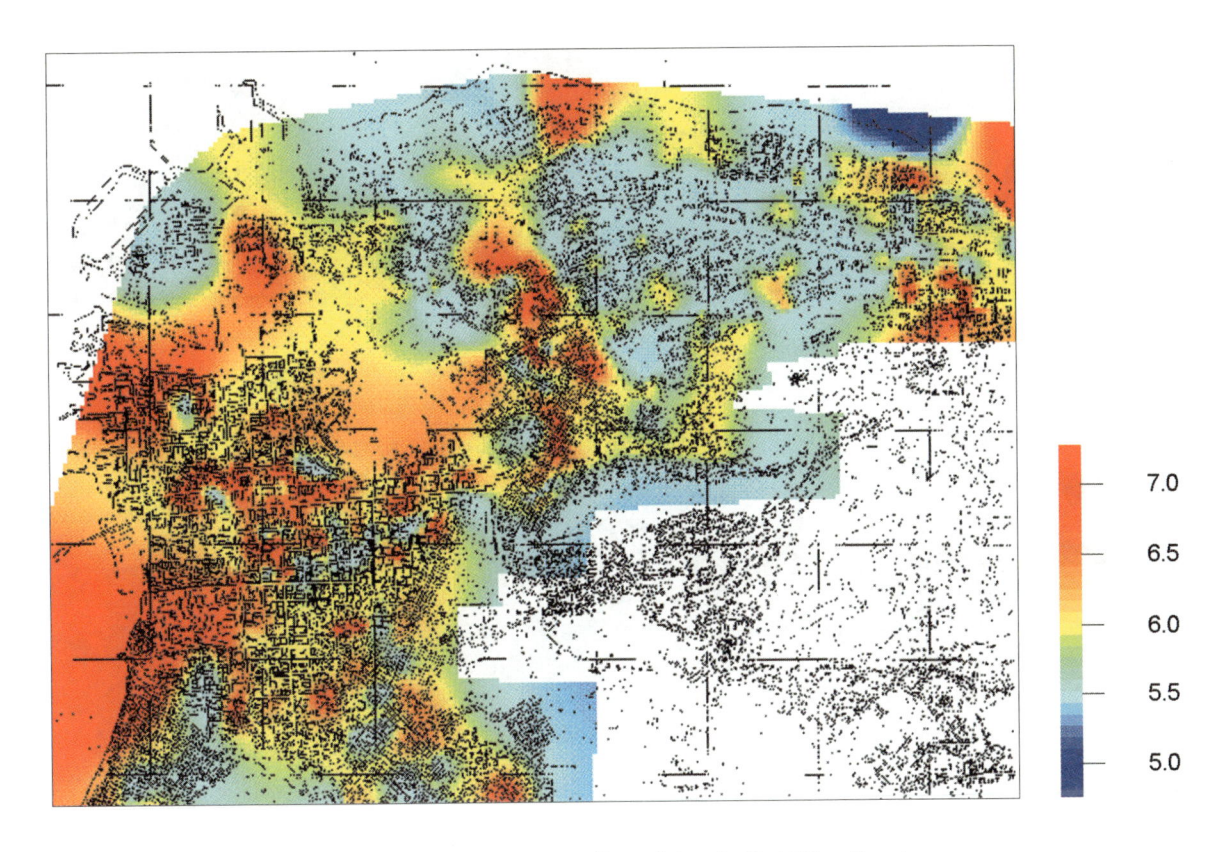

Fig. 15: Intensity map of Cumaná based on observed shaking effects of the July 09, 1997 earthquake

Fig. 16: Geological map of Cumaná showing zones of meanders and lagoons (according to Beltrán & Rodríguez, 1995)

■ Meander   ▨ Laguna

D 1  D 2  D 3

D 4  D 5

Fig. 17: Damage grades of "Bahareque"-type buildings according to the European Macroseismic Scale EMS-98 (Grünthal et al., 1998)

D 1  D 2  D 3

D 4  D 5

Fig. 18: Damage grades of RC frames with more than one story according to the European Macroseismic Scale EMS-98 (Grünthal et al., 1998)

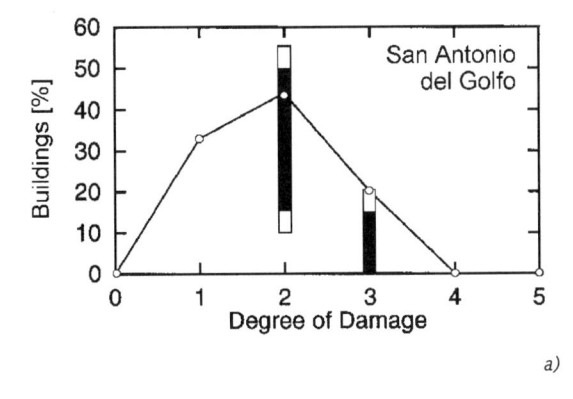

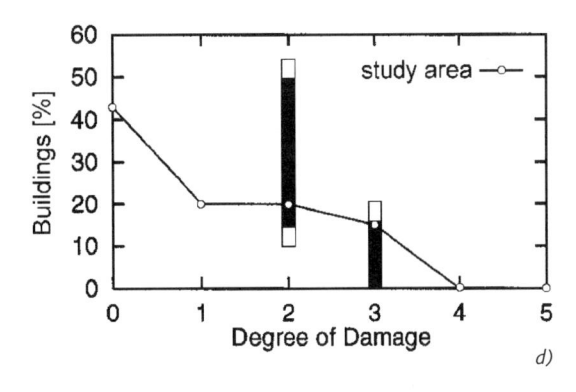

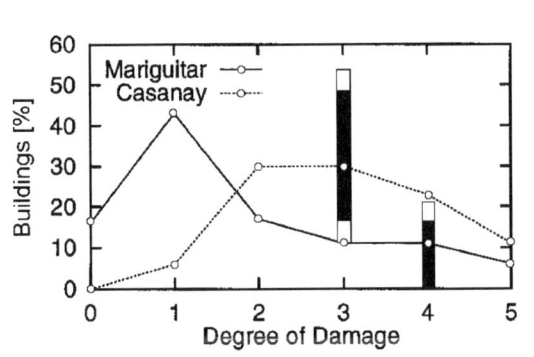

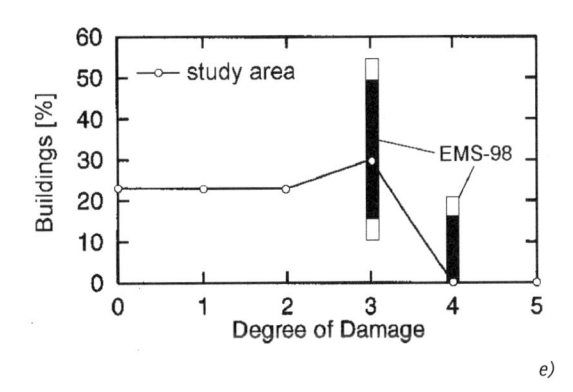

Fig. 19: Observed distribution of damage grades for different types of buildings; comparison with damage probabilities acc. to EMS-98 (Grünthal et al., 1998): adobe houses (vulnerability class VC A) for intensity I = 6 (a), I = 7 (b) and I = 8 (c); RC structures (vulnerability class VC B) for intensity I = 7 (d) and I = 8 (e)

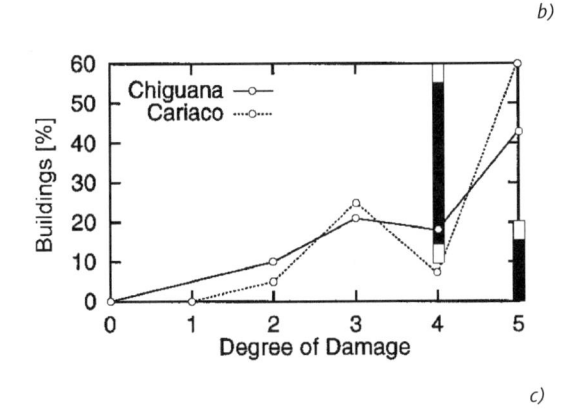

scheme of the EMS-98 agree with those derived from data of damage survey (Schwarz et al., 2000). The procedure is illustrated by figure 19 for selected localities for which the percentage of occurrence of single damage grades related to the entire amount of a certain building type could be determined. The observed data are inserted as open circles into the graphs. Figures 19a, b and c illustrate the damage distribution for adobe („Bahareque"-type) buildings, figures 19d and e refer to RC frame type buildings with more than one story. Examples for the damage grades can be taken from figures 17 and 18.

The EMS-98 describes the quantity of damage occurrence in a very rough way where the quantity „few" represents a range between 0 to 15% (up to 20%) and „many" a range between 20% (down to 15% and less) and 50% (up to 55% and more). These ranges are given by the vertical columns in figures 19a-e for the corresponding vulnerability classes of both buildings types. The white areas of the columns indicate the overlapping range between the quantities of the scale.

As a result of macroseismic studies, vulnerability functions were derived for predominant building types using data from different sites and for varying intensity levels (Schwarz et al., 1998; Schwarz et al., 2000).

Discussion and Conclusions

If ground motion records of the mainshock are not available, aftershock measurements can provide valuable information for the damage analysis and the re-interpretation of selected damage cases. Capable methods of site response studies can be applied to different types of input signals to detect predominant site frequencies and to a certain extent the local site amplification potential. For the earthquake area around the towns Cariaco and Cumaná recordings of stronger aftershocks (with magnitudes Ml > 3.0) and ambient seismic noise were applied. The investigations give an impression of the advantages and limits of spectral methods and especially of spectral H/V-technique.

Macroseismic studies on the basis of the European Macroseismic Scale EMS-92 were carried out on two levels: globally, for the entire region using single intensity assignments for villages and parts of towns, as well as regionally, for the town of Cumaná leading to a "mesozonation" of the populated area. The elaborated intensity distribution map coincides with particularities of subsoil conditions (like former river valleys or dried-out lagoons) which could be identified as zones where damage extent increased significantly.

For the first time a post-earthquake mission was carried out in 1999 by the engineering group of German TaskForce for Earthquakes. It was the declared aim of this investigation trip to confirm and assess the quality of the results from the previous one immediately after the damaging Cariaco earthquake on July 09, 1997. To gain more insight into the complex damage contributing factors and to explain phenomena of failed (engineered) RC structures, building vibration and ambient noise measurements were carried out.

Acknowledgments

The authors would like to thank the colleagues of the Venezuelan Foundation for Seismological Research FUNVISIS Caracas and of the Universidad de Oriente (UDO) Cumaná for the opportunity of being involved into the RESICA '97 project.

The authors are especially grateful to Dr. Michael Schmitz and to Mr. Jaime Avendaño for their organizational support, and to Mr. Natalio Reyes for his special encouragement during all field work. We also appreciate the contribution of Mr. Rommel Contreras and numerous students of the Universidad de Oriente by carrying out inquiries in Cumaná.

Thanks also to Dr. Michael Baumbach and Dr. Helmut Grosser from GeoForschungsZentrum Potsdam (GFZ Potsdam) for the localization of aftershocks, as well as to the colleagues of Earthquake Damage Analysis Center (EDAC).

This work has been financially supported by Hannover Re, Thuringian Ministry for Science, Research and Culture and by Earthquake Damage Analysis Center at Bauhaus-University Weimar.

References

Abeki, N., Watanabe, D., Hernandez, A., Pernia, A., Schmitz, M., Avendaño, J. (1998): *Microtremor observation in Cumaná City, Venezuela*. ESG Symposium, Yokohama, Japan.

Ambraseys, N. N., Simpson, K.A., Bommer, J. J. (1996): *Prediction of horizontal response spectra in Europe*. Earthquake Engineering and Structural Dynamics 25 (1996), pp. 371–400.

Atkinson, G. M., Boore, D. M. (1990): *Recent trends in ground motion and spectral response relations for North America*. Earthquake Spectra, Vol. 6, pp. 15–35.

Beltrán, C., Rodríguez, J. A. (1995): *Ambientes de sedimentaciones fluvio-deltaica y su influencia en la magnificación de danos por sismos en la ciudad de Cumaná, Venezuela*. II Coloquio Internacional de "Microzonificación Sísmica". Corporiente, Cumaná, Venezuela.

Boore, D. M., Atkinson, G. M. (1987): *Stochastic prediction of ground motion and spectral parameters at hard-rock sites in Eastern North America*. Bull. Seism. Soc. Am., Vol. 77, pp. 440–467.

Boore, D. M., Joyner, W. B., Fumal, T. E. (1994): *Estimation of response spectra and peak acceleration from Western North America: An interim report*, Part 2. U.S. Geolog. Surv. Open-File Rep. pp. 94–127.

Bucher, C., Schorling, Y. (1995): *SLang – The Structural Language. User's manual*, Version 2.3, October 1995. Institute for Structural Mechanics, Bauhaus-University Weimar.

Chávez-García, F. J., Cuenca, J. (1998): *Site Effects and Microzonation in Acapulco*. Earthquake Spectra, Volume 14, No. 1, pp. 75–93.

COVENIN (1982): COVENIN 1756–82 – *"Eificaciones Antisísmicas"*. Ministerio de Desarrollo Urbano – FUNVISIS. Caracas, Venezuela.

COVENIN (1998): COVENIN 1756–98 – *"Edificaciones Sismorresistentes"*. Ministerio de Desarrollo Urbano – FUNVISIS. Caracas, Venezuela.

Crouse, C. B., Vyas, Y. K., Schell, B. A. (1988): *Ground motion from subduction-zone earthquakes*. Bull. Seism. Soc. Am., Vol. 78, pp. 1–25.

Crouse, C. B. (1991): *Ground motion attenuation equations for earthquakes on the Cascadia subduction zone*. Earthquake Spectra, Vol. 7, pp. 201–236.

EERI (1997): *Learning from earthquakes. The July 9, 1997, Cariaco, Eastern Venezuela Earthquake*. EERI Newsletter, Vol. 31, No. 10.

FUNVISIS (1997): *Evaluación preliminar del sismo de Cariaco del 09 de Julio de 1997*, Estado Sucre, Venezuela (versión revisada). FUNVISIS, Caracas, Venezuela.

Grünthal, G., Musson, R. M. W., Schwarz, J., Stucchi, M. (1993): *European Macroseismic Scale 1992 (EMS-92)*. Volume 7. European Seismological Commission, Luxembourg.

Grünthal, G., Musson, R. M. W., Schwarz, J., Stucchi, M. (1998): *European Macroseismic Scale 1998 (EMS-98)*. Volume 15. European Seismological Commission, Luxembourg.

Habibullah, A. (1997): *ETABS NonLinear – Three Dimensional Analysis of Building Systems. User's Manual*. Version 6.2. Csi-Computers & Structures Inc.

Joyner, W. B., Boore, D. M. (1982): *Prediction of earthquake response spectra*. U.S. Geol. Survey, Open File Report 82–97.

Lachet, C., Bard, P.-Y. (1994): *Numerical and Theoretical Investigations on the Possibilities and Limitations of Nakamura's Technique*. J. Phys. Earth, Vol. 42, pp. 377–397.

Lang, D. H., Schwarz, J. (1998): *Cariaco, North Venezuela, Earthquake of July 09, 1997. Engineering Analysis of Earthquake Damage in Catalogue-like Form*. Report 98-1. EDAC-Earthquake Damage Analysis Center at Bauhaus-University Weimar.

Lang, D. H., Raschke, M., Schwarz, J. (1999): *The Cariaco (Venezuela) Earthquake of July 09, 1997: Aftershock Measurements, Macroseismic Studies and Engineering Analysis of Structural Damage*. VI Congreso Venezolano de Sismología e Ingeniería Sísmica, Mérida, Venezuela.

McGuire, R. K. (1977): *Seismic design spectra and mapping procedures using hazard analysis based directly on oscillator response. Earthquake Engineering and Structural Dynamics* 5, pp. 211–234.

Nakamura, Y. (1989): *A Method for Dynamic Characteristics Estimation of Subsurface using Microtremor on the Ground Surface.* Quarterly Report, Vol. 30, No. 1, RTRI, Japan.

Pugliese, A., Sabetta, F. (1989): *Stima di spettri di risposta da registrazioni di forti terremoti italiani. Ingegneria sismica* 6, Vol. 2, pp. 3–14.

Raschke, M., Schwarz, J. (1998): *Application of the EMS-92 to the Cariaco (Venezuela) Earthquake of July 09, 1997.* 26th General Assembly of the European Seismological Commission (ESC), Tel Aviv, Israel.

Rovelli, A., Singh, S. K., Malagnini, L., Amato, A., Cocco, M. (1991): *Feasibility of the Use of Microtremors in Estimating Site Response During Earthquakes: Some Test Cases in Italy. Earthquake Spectra*, Vol. 7, No. 4, pp. 551–561.

Schwarz, J., Lang, D., Raschke, M., Habenberger, J. (1997): *Cariaco (North Venezuela) Earthquake of July 09, 1997. Engineering Analysis of Earthquake Damage.* Report of German Task Force Group. EDAC-Earthquake Damage Analysis Center at Bauhaus-University Weimar.

Schwarz, J., Lang, D. H., Raschke, M. (2000): *Die Erdbeben in der Türkei am 17.08.1999 und 12.11. 1999 – Ein Beitrag zur Ingenieuranalyse der Schäden. Bautechnik* 77 (2000) 5, S. 301–324.

Schwarz, J., Lang, D., Habenberger, J., Raschke, M., Baumbach, M., Grosser, H., Sobiesiak, M., Welle, W., Bonato, M. A., Hernández, A., Romero, G., Schmitz, M., Avendaño, J. (1998): *The Cariaco, Venezuela, Earthquake of July 09, 1997: Engineering Analysis of Structural Damage.* 11th European Conference on Earthquake Engineering, Paris.

Schwarz, J., Lang, D. H., Raschke, M., Schmidt, H.-G., Wuttke, F., Baumbach, M., Zschau, J. (2000): *Lessons from recent earthquakes – field missions of German Task Force.* 12th World Conference on Earthquake Engineering, Auckland, New Zealand, Paper 1349, New Zealand Society for Earthquake Engineering.

Theodulidis, N. P., Papazachos, B. C. (1994): *Dependence of strong ground motion on magnitude, distance, site geology and macroseismic intensity for shallow earthquakes in Greece: II, horizontal pseudovelocity. Soil Dynamics and Earthquake Engineering* 13, pp. 317–343.

Toro, G. R., McGuire, R. K. (1987): *An investigation into earthquake ground motion characteristics in Eastern North America.* Bull. Seism. Soc. Am. 77, Vol. 2, pp. 468–489.

Seismologische Modelle und Grundlagen

Biasfreie Handformeln für die Schätzungen und die Schätzunsicherheiten der Erdbeben - Eintrittsraten

Werner Rosenhauer

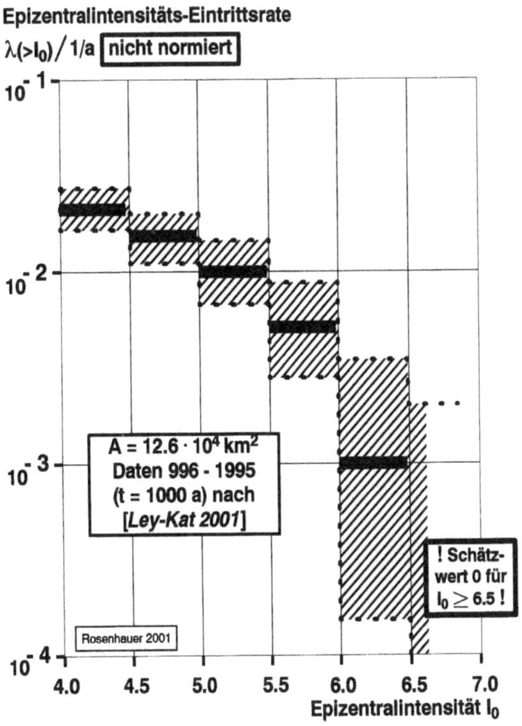

Abb. 1 Auszähl-Statistik (Balken) mit ungefähren statistischen Schätzunsicherheiten (schraffiert). Epizentralintensitäten I_0 im Gebiet 200 km um den Standort Grohnde bei Hameln

Zusammenfassung

Die kumulative Auszähl-Statistik, nach der die Erdbeben-Eintrittsraten λ meist bestimmt werden, weist prinzipielle Mängel auf, die mit der in der Arbeit dargestellten Anordnungs-Statistik für $\log_{10}(\lambda)$ ohne größeren Aufwand zu vermeiden sind. Nutzbar werden diese einfachen verteilungsfreien Schätzformeln dadurch, dass der größte Wert X eines Datensatzes für eine Periode t gleichzeitig der größte der NE Extremwerte in ihren Zeitabschnitten $T = t/NE$ ist. Biasfreie (erwartungstreue) Schätzung und zugehörige Standardabweichung bei X sind $\log_{10}(\lambda(>X)*t) = -0.2507 \pm 0.5570$.

Aus diesem Ergebnis können formelmäßig auch die Schätzwerte und Unsicherheiten von $\log_{10}(\lambda)$ bei den kleineren Extremwerten bis NE etwa 30 rekursiv berechnet werden, so dass die bisher verwendete Monte-Carlo-Simulation dieser Schätzgrößen nur noch bei größeren Extremwert-Anzahlen eingesetzt werden muss.

1 Einführung

Die Erdbebentätigkeit eines Gebiets wird quantitativ seit mehr als 50 Jahren durch die Eintrittsrate λ (genauer die Überschreitensrate) der Magnituden (der Herdstärken der Erdbeben) charakterisiert:

$$\lambda(>M) = \frac{N_{>M}}{t} \quad (1)$$

$N_{>M}$ Anzahl Magnituden $> M$ in einer Periode t

Üblicherweise (insbesondere bei ihrer zeichnerischen Darstellung) ist nicht die Magnituden-Eintrittsrate selbst gefragt, sondern ihr Logarithmus. Im Bereich der beobachteten Magnituden $M_1 \leq M_2 \leq ... \leq M_N$ kann meist die *„Gutenberg/Richter-Gerade"* angesetzt werden:

$$\log_{10}(\lambda(>M)*t) = a - b*M \quad (2)$$
$$M_1 \leq M \leq M_N$$

Die zugehörige Wahrscheinlichkeitsdichte $f(M)$ (vgl. Abschnitt 3) ist in logarithmischer Darstellung wieder eine Gerade mit dem gleichen Steigungsparameter b. Wohl deswegen werden manchmal (möglicherweise auch in Anlehnung an ursprüngliche Definitionen von λ) zunächst Klassenhäufigkeiten bestimmt und dann kumuliert, um Stützpunkte für $f(M)$ bzw. $\lambda(>M)$ zu erhalten. Offen bleibt dabei die Größe der Schätzunsicherheiten, ohne deren Angabe statistische Auswertungen nach heutigem Kenntnisstand nicht qualifiziert sind. Für die kumulative Auszähl-, die Anordnungs- sowie die Extremwert-Statistik wird keine Klasseneinteilung benötigt. Eine derartigen Datenreduktion könnte bei übergroßen Anzahlen von beobachteten Werten sinnvoll sein, wenn einige statistische Regeln und Mindestanforderungen beachtet werden, um systematische Verfälschungen zu vermeiden.

In probabilistischen seismischen Gefährdungsanalysen wird von allen Autoren ein von (2) abweichender, meist kurvenförmiger Verlauf von $\log_{10}(\lambda)$ verwendet, weil die Eintrittsrate für $M > M_N$ bis hin zu einer Magnitudenobergrenzen M_{max} mit $\lambda(> M_{max}) = 0$ benötigt wird.

Mit der üblichen Annahme einer zeitlich konstanten Eintrittsrate wird das stochastische Auftreten von Erdbeben modellmäßig durch einen Poisson-Prozess beschrieben. Der Erwartungswert für die Häufigkeit und die zugehörige Varianz sind für beliebige $\lambda(> M)$ bzw. $f(M)$ (d.h. verteilungsfrei):

$$
\begin{aligned}
<N_{>M}/t> &= \lambda(> M) \quad (3)\\
(\sigma(N_{>M}/t))^2 &= <(N_{>M}/t - \lambda(> M))^2>\\
&= \lambda(> M)/t
\end{aligned}
$$

Demnach ist die Eintrittsrate λ biasfrei (im Mittel korrekt) mit Hilfe der folgenden Auszähl-Statistik unmittelbar orientiert an der Defintion (1) zu ermitteln (Schätzunsicherheiten für beliebige $N_{>M}$ finden sich in [3]):

$$\lambda(> M) = N_{>M}/t \pm \sigma(N_{>M}/t) \quad (4)$$
$$(\sigma(N_{>M}/t))^2 \approx N_{>M}/t^2$$
$$(N_{>M} \text{ groß genug})$$

Zur Charakterisierung der Erdbebenstärken werden auch häufig die Epizentralintensitäten I_0 vgl. [5] mit einer Eintrittsrate $\lambda(> I_0)$ benutzt, für die alle vorangehenden Ausführungen und die Ergebnisse der folgenden Abschnitte ganz analog gelten. Die Anwendung von (4) darf nicht auf willkürlich gewählte Abfragewerte M bzw. I_0 beschränkt werden. Abb. 1 zeigt ein Beispiel für die konsequente Anwendung der Auszähl-Statistik, die in Intervallen, in denen keine Epizentralintensität aufgetreten ist, einen konstanten Schätzwert für $\lambda(> I_0)$ liefert.

Solche Balkenschätzungen (mathematisch eine Stufenfunktion) sind ungünstiger als Punktschätzungen (Abschnitte 2 bis 5), wenn ein Kurvenverlauf angepasst werden soll. Schwer wiegender ist, dass für $\log_{10}(\lambda)$ mit den logarithmierten Häufigkeiten keine biasfreie Schätzung vorliegt, d.h., es tritt ein systematischer Schätzfehler auf:

$$<\log_{10}(N_{>M}/t)> \neq \log_{10}\lambda(> M) \quad (5)$$

Deswegen ist für $\log_{10}(\lambda)$ die Angabe von zugehörigen statistischen Schätzunsicherheiten konzeptionell fraglich und nicht nur quantitativ falsch, wenn sie vereinfachend (wie in Abb. 1) durch Logarithmieren des oberen und des unteren 1σ-Werts gemäß (4) gebildet werden.

Von den genannten statistischen Unzulänglichkeiten ist insbesondere der Bereich der seltenen großen Werte betroffen, der maßgeblich dafür ist, ob eine Gerade analog zu (2) angepasst werden darf bzw. wie die erforderliche Extrapolation von λ vorzunehmen ist. Die wichtigsten Daten sind mit der Auszähl-Statistik nicht richtig nutzbar. Der Schätzwert $\lambda = 0$ für den größten Wert (im Beispiel $I_0 = 6.5$, Abb. 1) ist z.B. logarithmiert noch nicht einmal einzutragen, ein Mangel, der mit Hilfe konservativer Obergrenzen (hier $\lambda(> I_0) = 2.00/t$, gestrichelt in Abb. 1) nicht behoben werden kann. Das gängige Argument, Erdbebendaten seien sowieso unsicher, ist nicht geeignet, um anfechtbare Auswertungsmethoden zu verteidigen.

Die Gesamtheit der Daten kann einwandfrei nach der biasfreien Anordnungs Statistik ausgewertet werden (Abschnitte 3 und 5), wobei der Begriff „Handformeln" die Benutzung eines Taschenrechners nicht ausschließen soll. Mit einigen der bei dieser Datengrundlage häufigen Schwierigkeiten (hier nicht diskutiert) sind die Extremwerte (Abschnitt 4) nicht behaftet. Der Einfluss von unzulänglichen Daten auf die Ergebnisse einer Gefährdungsanalyse ist in jedem Fall erst in einer nachgeschalteten Unsicherheitenanalyse zu bestimmen, was allerdings voraussetzt, dass belastbare Methoden und Bestschätzungen eingesetzt werden.

2 Mathematische Grundformeln

Betrachtet seien N zufällige Werte gemäß einer beliebigen kumulativen Wahrscheinlichkeitsverteilung $F(x)$, die angeordnet werden, $x_1 \leq x_2 \leq ... \leq x_N$. Die Wahrscheinlichkeitsdichte $f_i(x)$ für den i-ten angeordneten Wert ist (siehe z.B. [1], S. 43 oder [2], S. 74) mit $f(x) = F'(x)$:

$$
\begin{aligned}
f_i(x) &= \binom{N}{i} F(x)^{i-1} f(x)(1-F(x))^{N-i} \quad (6)\\
i\binom{N}{i} &= \frac{N*(N-1)...(N-i+1)}{(i-1)!}\\
&= \frac{N!}{(N-i)!*(i-1)!}
\end{aligned}
$$

Der Erwartungswert $<H(x_i)>$ für eine mit dem i-ten angeordneten Wert x_i gebildete Größe $H(x_i)$ wird, da $f_i(x)$ bezüglich x auf 1 normiert ist, wie üblich definiert durch

$$<H(x_i)> = \int H(x) f_i(x) dx \quad (7)$$

Einige wichtige Resultate erhält man (hier nicht wiedergegeben, [1]), wenn Größen betrachtet werden, in die der i-te angeordneten Wert x_i nicht direkt, sondern nur über die Verteilungsfunktion $F(x)$ eingeht, allgemein $H(x_i) = K(F(x_i))$. Einsetzen in (7) mit $s = F(x)$ und $ds = f(x)dx$ ergibt:

$$
\begin{aligned}
<K(F(x_i))> &= \int K(F(x)) f_i(x) dx \quad (8)\\
&= \frac{N!}{(N-i)!*(i-1)!}\\
&\quad * \int_0^1 K(s) s^{i-1}(1-s)^{(N-i)} ds\\
&= a_N(i)
\end{aligned}
$$

Diese Erwartungswerte hängen von der Verteilung $F(x)$ nicht mehr ab, sondern (wie bezeichnet) nur von i und N, d.h., sie sind verteilungsfrei.

Es gilt eine einfache Rekursionsformel, die in Abschnitt 4 erlaubt, ausgehend von $a_m(m)(m =$

1,2,...) die Größen $a_m(i)$ absteigend für die kleineren $i < m$ bis $i = 1$ zu berechnen, wenn die Größen $a_{m-1}(i)$ für alle i bekannt sind:

$$a_m(i-1) = \frac{(m*a_{m-1}(i-1)-(i-1)*a_m(i))}{m-i+1} \quad (9)$$

Eine andere (ebenfalls einfach zu programmierende) Rekursion erhält man durch Auflösen von (9) nach $a_m(i)$:

$$a_m(i) = \frac{(m*a_{m-1}(i-1)-(m-i+1)*a_m(i-1))}{i-1} \quad (10)$$

(10) erlaubt in Abschnitt 3, die $a_m(i)$ aufsteigend für die größeren $i > 1$ bis $i = m$ ausgehend von $a_m(1)$ zu berechnen.

3 Anwendung auf die Magnituden-Gesamtheit

Eine Statistik der Magnituden M gibt es nur in Form von bedingten Verteilungen $F(M)$ für Werte ab einer Mindestmagnitude $M_{min}(M > M_{min})$

$$\begin{aligned} F(M) &= 1-W(\text{Magnitude} > \frac{M}{M} > M_{min}) \quad (11) \\ &= 1 - \frac{\lambda(>M)}{\lambda(>M_{min})} \end{aligned}$$

mit der Dichte $f(M) = -\lambda'(>M)/\lambda(>M_{min})$. Betrachtet wird die Gesamtheit der angeordneten N Magnitudenwerte $M_i > M_{min}$ in einer Periode t ($M_1 \leq M_2 \leq \cdots \leq M_N$). Mit $f_i(M)$ analog zu (6) bildet man nach (8) die folgenden Erwartungswerte, wobei die Startwerte $a_m(1)$ für die aufsteigende Rekursion (10) ausrechenbar sind ($m = 1, 2, \ldots$):

$$\begin{aligned} &< -\ln\left(\frac{\lambda(>M_i)}{\lambda(>M_{min})}\right) > \quad (12) \\ &= \;<-\ln(1-F(M_i))> \;= \\ a_N(i) &= \frac{N!}{(N-i)!*(i-1)!} \\ &\quad * \int_0^1 -\ln(1-s)s^{i-1}(1-s)^{N-i}ds \\ a_m(1) &= 1/m \end{aligned}$$

Nach (10) hat man mit (12) für $i > 1$

$$\begin{aligned} a_2(2) &= 2a_1(1) - a_2(1) = 2 - \frac{1}{2} = \frac{3}{2} \quad (13) \\ a_3(2) &= 3a_2(1) - 2a_3(1) = \frac{3}{2} - \frac{2}{3} = \frac{5}{6} \\ a_3(3) &= \frac{(3a_2(2) - a_3(2))}{2} = \frac{\frac{9}{2} - \frac{5}{6}}{2} = \frac{11}{6} \\ &\text{usw.} \end{aligned}$$

und als durch eine vollständige Induktion beweisbares Ergebnis allgemein (z.B. [1], S. 232):

$$\begin{aligned} &< -\ln\frac{\lambda(>M_i)}{\lambda(>M_{min})} > \quad (14) \\ &= \;<-\ln(1-F(M_i))> \\ &= a_N(i) \\ &= \sum_{j=N-i+1}^{N} \frac{1}{j} \\ &= \frac{1}{N-i+1} + \frac{1}{N-i+2} + \cdots + \frac{1}{N} \end{aligned}$$

Das zweite Moment ist ebenfalls für alle i formelmäßig berechenbar:

$$\begin{aligned} &< [-\ln(1-F(M_i))]^2 > \quad (15) \\ &= b_N(i) \\ &= \frac{N!}{(N-i)!(i-1)!} \\ &\quad * \int_0^1 [-\ln(1-s)]^2 (1-s)^{i-1} s^{N-i} ds \end{aligned}$$

Die Startwerte für eine Rekursion analog zu (13) gemäß (10) sind $b_m(1) = 2/m^2$. Wieder durch vollständige Induktion beweist man allgemein:

$$\begin{aligned} &< [-\ln(1-F(M_i))^2 > \quad (16) \\ &= b_N(i) \\ &= (a_N(i))^2 + \sum_{j=N-i+1}^{N} (1/j^2) \\ &= (a_N(i))^2 + \frac{1}{(N-i+1)^2} + \frac{1}{(N-i+2)^2} \\ &\quad + \cdots + \frac{1}{(N)^2} \end{aligned}$$

Die Anwendung der Ergebnisse (14) und (16) wird in Abschnitt 5 erläutert.

4 Auswertung von Magnituden-Extremwerten

Meist ist es angemessener (hier nicht diskutiert), statt der Gesamtheit aller N Magnituden M in einer Periode t die Extremwerte auszuwerten. Dazu wird t in NE gleiche Zeitabschnitte T aufgeteilt ($t = NE*T$) und in jedem Zeitabschnitt die größte Magnitude M_i (vereinfachend keine neue Bezeichnung) gesucht, der T-Extremwert (z.B. der Zehnjahresextremwert, $T = 10a$). Der Zusammenhang der kumulativen Verteilung $G_T(M)$ der T-Extreme mit der Eintrittsrate $\lambda(>M)$ ist (u.a. [3]):

$$\lambda(>M) = -(1/T)\ln G_T(M) \quad (17)$$

Die Extremwerte sollen wieder angeordnet sein ($M_1 \leq M_2 \leq \cdots \leq M_{NE}$). Zu berechnen sind die Erwartungswerte (8) jetzt mit $K(s) = -\ln(-\ln s)$:

$$\begin{aligned} <-\ln(\lambda(>M_i)*T> &= \frac{NE!}{(NE-i)!*(i-1)!} \\ &\quad \int_0^1 -\ln(-\ln s)s^{i-1} \\ &\quad (1-s)^{NE-i}ds \\ &= p_{NE}(i) \quad (18) \\ p_m(m) &= \ln m + E \\ E &= 0{,}577216\ldots \quad \text{(Eulersche Zahl)} \end{aligned}$$

Durch eine absteigende Rekursion (9) mit einfacheren Startwerten $p'_m(m) = \ln m = p_m(m) - E$ wird

$p'_{NE}(i) = p_{NE}(i) - E$ für $i < NE$ berechnet, hier nur für sehr kleine Extremwert-Anzahlen $NE = 1$ bis 3:

$$\begin{aligned}
p'_1(1) &= \ln 1 = 0 \quad (19)\\
p'_2(2) &= \ln 2 = 0.6931\\
p'_2(1) &= \frac{(2p'_1(1) - 1 * p'_2(2))}{1}\\
&= -\ln 2 = -0.6931\\
p'_3(3) &= \ln 3 = 1.0986\\
p'_3(2) &= \frac{(3p'_2(2) - 2p'_3(3))}{1}\\
&= 3\ln 2 - 2\ln 3 = -0.1178\\
p'_3(1) &= \frac{(3p'_2(1) - 1p'_3(2))}{2}\\
&= \frac{(-3\ln 2 - 3\ln 2 + 2\ln 3)}{2}\\
&= -3\ln 2 + \ln 3 = -0.9808
\end{aligned}$$

usw.

Auch für das zweite Moment können die Startwerte $q_m(m) (m = 1, 2, ...)$ der absteigenden Rekursion (9) ausgerechnet werden:

$$\begin{aligned}
q_{NE}(i) &= <[-\ln(\lambda(>M_i)*T)]^2> \quad (20)\\
&= \frac{NE!}{(NE-i)!*(i-1!)}\\
&\quad \int_0^1 (-\ln(-\ln s))^2 * s^{i-1}(1-s)^{NE-i} ds\\
q_m(m) &= \pi^2/6 + E^2 + 2E\ln m + (\ln m)^2
\end{aligned}$$

Mit einfacheren Startwerten $q'_m(m) = (\ln m)^2 = q_m(m) - \pi^2/6 - E^2 - 2E*\ln m$ wird $q'_{NE}(i) = q_{NE}(i) - \pi^2/6 - E^2 - 2E*p'_{NE}(i)$ nach (9) rekursiv berechnet. Die formelmäßigen Ergebnisse für sehr kleine $NE = 1$ bis 3 sind geeignet, eine entsprechende Programmierung zu überprüfen:

$$\begin{aligned}
q'_1(1) &= (\ln 1)^2 = 0 \quad (21)\\
q'_2(2) &= (\ln 2)^2 = 0.4805\\
q'_2(1) &= \frac{(2q'_1(1) - 1 * q'_2(2))}{1} = -(\ln 2)^2 = -0.4805\\
q'_3(3) &= (\ln 3)^2 = 1.2069\\
q'_3(2) &= \frac{3q'_2(2) - 2q'_3(3)}{1} = 3(\ln 2)^2 - 2(\ln 3)^2\\
&= -0.9725\\
q'_3(1) &= \frac{3q'd2(1) - 1q'd3(2)}{2}\\
&= \frac{(-3(\ln 2)^2 - 3(\ln 2)^2 + 2(\ln 3)^2)}{2}\\
&= -3(\ln 2)^2 + (\ln 3)^2 = -0.2344
\end{aligned}$$

usw.

(18) heißt, dass die Größen $p_{NE}(i)$ biasfreie Schätzungen von $-\ln(\lambda(>M_i)*T)$ sind, für die die erwarteten statistischen Schätzunsicherheiten durch die Standardabweichungen $\sigma_{NE}(i)$ gegeben sind:

$$\ln(\lambda(>M_i)*T) = -p_{NE}(i) \pm \sigma_{NE}(i) \quad (22)$$

Die $\sigma_{NE}(i)$ sind aus den Varianzen mit (20) zu berechnen:

$$\begin{aligned}
[\sigma_{NE}(i)]^2 &= <[-\ln(\lambda(>M_i)*T)]^2> \quad (23)\\
&\quad - <-\ln(\lambda(>M_i)*T)>^2\\
&= q_{NE}(i) - (p_{NE}(i))^2\\
&= q'_{NE}(i) + \pi^2/6 - (p'_{NE}(i))^2
\end{aligned}$$

Die Standardabweichung des größten Extremwerts hängt nicht von der Anzahl NE der Extremwerte ab, $\sigma_{NE}(NE) = 1.2825$. Umgerechnet auf $\log_{10}(\lambda)$ - es gilt $\log_{10}(.) = 0.43429 \ln(.)$ - bekommt man für kleine Anzahlen NE von Extremwerten die folgenden biasfreien „Plotting-Positionen" mit den zugehörigen Unsicherheiten:

$$\log_{10}(\lambda(>M_i)T) = \log_{10}e(-p_{NE}(i) \pm \sigma_{NE}(1)) \quad (24)$$

$NE=1$:	i	$= 1$	-0.2507 ± 0.5570
$NE=2$:	i	$= 2$	-0.5225 ± 0.5570
	i	$= 1$	-0.0503 ± 0.3592
$NE=3$:	i	$= 3$	-0.7278 ± 0.5570
	i	$= 2$	-0.1995 ± 0.3524
	i	$= 1$	$+0.1753 \pm 0.2870$
$NE=4$:	i	$= 4$	-0.8527 ± 0.5570
	i	$= 3$	-0.3530 ± 0.3506
	i	$= 2$	-0.0461 ± 0.2800
	i	$= 1$	$+0.2491 \pm 0.2369$
$NE=5$:	i	$= 5$	-0.9496 ± 0.5570
	i	$= 4$	-0.4651 ± 0.3499
	i	$= 3$	-0.1848 ± 0.2767
	i	$= 2$	$+0.0464 \pm 0.2413$
	i	$= 1$	$+0.2998 \pm 0.2318$

usw.

Abb. 2 zeigt vier Beipiele für eine Anwendung der Schätzung (22) auf Extremwertlisten – zwei davon gemäß (24) für $NE = 5$ Extreme. Das eingetragene Endergebnis 11/97 (durchgezogene Linie in Abb. 2) für die Magnituden-Eintrittsrate des in Abschnitt 1 schon betrachteten Gebiets ($A = 12.6 * 10^4 km^2$) ist aus den Extremwerten für verschiedene Perioden aus insgesamt 18 Extremwertlisten mit dem Programm GUMBEL [6] ermittelt worden, wobei $M_{max} = 6.0$ als Magnitudenobergrenze mit $\lambda(>M_{max}) = 0$ bei der Auswertung angesetzt wurde. Dargestellt sind die biasfreien Schätzwerte für den Logarithmus der normierten (auf eine Normierungsfläche $A_0 = 10^4 km^2$ bezogenen) Eintrittsrate $\lambda_0(>M)$:

$$\begin{aligned}
&\log_{10}(\lambda_0(>M_i)*1a) \quad (25)\\
&= \log_{10}((A_0/A)*\lambda(>M_i)*T*1a/T)\\
&= \log_{10}(\lambda(>M_i)*T) - 1.100 - \log_{10}(T/a)
\end{aligned}$$

(19) und (21) zeigen nur ansatzweise, dass die Rekursion darauf hinausläuft, numerisch oder formelmäßig eine Summe mit einer immer größeren Anzahl von

Summanden mit alternierenden Vorzeichen (Differenzen von großen, fast gleichen Zahlen) zu berechnen. Die Formeln hätte man auch direkt durch Einsetzen der Summe für $(1-s)^{NE-i}$ im Integranden von (18) bzw. (20) gemäß der binomischen Formel erhalten.

Magnituden-Eintrittsrate [normiert, $A_0 = 10^4$ km^2]
$\lambda_0(>M_L) / 1/a$

Extreme 1735 - 1994
- ● T = 10 a   NE = 26
- ○ 9 Lücken / 2 Werte und 7 geschätzte < 2.5
  Statistische Unsicherheiten schraffiert
- □ T = 60 a   NE = 5

Extreme 1250 - (1999)
- ● T = 50 a   NE = 15
- ○ 2 Lücken / 1 geschätzter Wert < 2.5
- ■ T = 150 a   NE = 5

— Endergebnis 11/97
(M_{max} = 6.0   0.20 MWh/a)

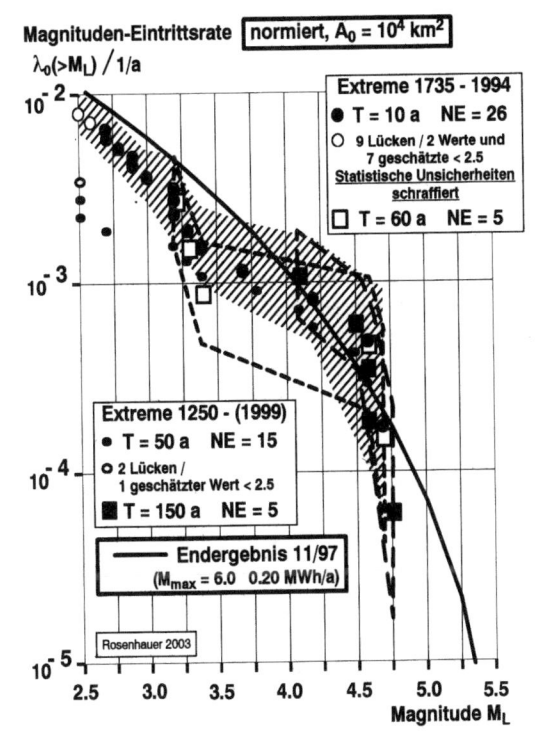

Rosenhauer 2003

Abb. 2 Beispiele für biasfreie Plotting-Positionen nach der Extremwertstatistik. Daten [4] des Gebietes 200 km um den Standort Grohnde bei Hameln, Schätzunsicherheiten schraffiert/gestrichelt umrahmt.

Beide Berechnungsverfahren versagen für größere Anzahlen von Extremwerten (sicher ab etwa $NE = 30$) aufgrund der numerischen Ungenauigkeiten. Die Größen $p_{NE}(i)$ und $\sigma_{NE}(i)$ sind verteilungsunabhängig. Sie können mit einer frei wählbaren Verteilung ermittelt werden. Kern des Programms GUMBEL ist ihre für alle NE mit der gewünschten Genauigkeit durchführbare Monte-Carlo-Simulation mit der Gleichverteilung $G_T(M) = M$ für „Magnituden-Extremwerte" $0 \leq M \leq 1$.

5 Schlussfolgerungen für die Magnituden-Gesamtheit

(14) und (16) aus Abschnitt 3 liefern zunächst nur für den Logarithmus der Überschreitenswahrscheinlichkeit $1 - F(M_i)$ der i-ten angeordneten Magnitude M_i bei insgesamt N Magnituden $> M_{min}$ eine biasfreie Schätzung:

$$\ln(1-F(M_i)) = \ln \frac{\lambda(> M_i)}{\lambda(> M_{min})} \quad (26)$$

$$= -\sum_{j=N-i+1}^{N} 1/j \pm \sigma_N(i)$$

$$\sigma_N(i)^2 = <[\ln(1-F(M_i))]^2> - <\ln(1-F(M_i))>^2$$

$$= \sum_{j=N-i+1}^{N} 1/j^2$$

Man rechnet leicht nach, dass die Abhängigkeit von der Mindestmagnitude M_{min} bei der Varianz herausfällt und damit $\sigma_N(i)$ auch die Standardabweichung des Logarithmus der Eintrittsrate bei der i-ten angeordneten Magnitude M_i in der Periode t ist, die sich gut und problemlos z.B. mit einem Taschenrechner sukzessiv (beginnend bei $i = 1$) berechnen lässt:

$$[\sigma_N(i)]^2 = <[\ln(\lambda(> M_i) * t)]^2> \quad (27)$$
$$- <\ln(\lambda(> M_i) * t)>^2$$
$$\sigma_N(1) = 1/N$$
$$[\sigma_N(i+1)]^2 = [\sigma_N(i)]^2 + 1/(N-i)^2$$

Auch bei der aus (26) abzuleitenden analogen sukzessiven Berechnung der logarithmischen Plotting-Positionen der Eintrittsrate wird $\lambda(> M_{min})$ nicht benötigt:

$$\ln(\lambda(> M_{i-1}) * t) = \ln(\lambda(> M_i) * t) \quad (28)$$
$$+ \frac{1}{(N-i+1)}$$

Die größte Magnitude M_N in der Periode t, bei der diese Berechnung beginnen muss (X in der Zusammenfassung), ist gleichzeitig der größte T-Extremwert M_{NE} bei einer beliebigen Unterteilung von t in $NE = 1, 2, ...$ Extremwert-Bezugszeiten T ($t = NE * T$ wie in Abschnitt 4). Hieraus ergibt sich nach (12), (14) und (22) eine Beziehung für $\ln \lambda(> M_{min})$, die NE nicht enthält und es erlaubt, diese Größe zu eliminieren:

$$\ln(\lambda(> M_{min}) * t) = \sum_{j=1}^{N} 1/j - E \quad (29)$$
$$<\ln(\lambda(> M_N) * t)> = -E$$

Die resultierende biasfreie Schätzung für den Logarithmus der Eintrittsrate ist daher

$$\ln(\lambda(> M_i) * t) = \ln(\lambda(> M_N) * t) + \sum_{j=1}^{N-1} \frac{1}{j} \pm \sigma_N(i) \quad (30)$$
$$(i < N)$$

$$\ln(\lambda(> M_N) * t) = -E = -0.57721567...$$
$$(\sigma_N(i))^2 = \sum_{j=N-i+1}^{N} \frac{1}{j^2}$$

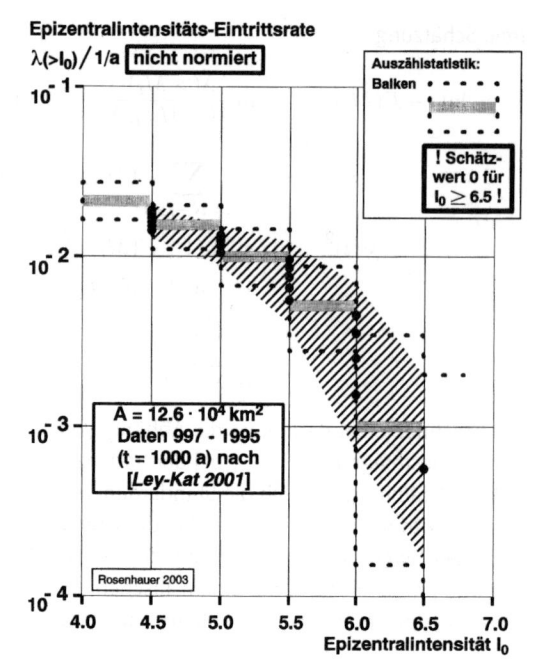

Abb. 3 Biasfreie Schätzung (Punkte) nach der Anordnungsstatistik (Unsicherheiten schraffiert). Epizentralintensitäten I_0 im Gebiet 200 km um den Standort Grohnde bei Hameln

Die Standardabweichung $\sigma_N(N)$ des größten Werts ist geringfügig kleiner (z.B. 1.2212 für $N = 6$) als die des größten Extremwerts $\sigma_{NE}(NE) = 1.2825$ (Abschnitt 4) und erreicht diesen Wert erst bei $N \to \infty$. Dies ist plausibel, d.h., die in praktischen Anwendungen sicher erfüllte Voraussetzung für den größten Extremwert M_{NE} ist implizit, dass er die größte von sehr vielen (mathematisch von unendlich vielen) Magnituden in der Periode t ist.

In Abb. 3 sind die Plotting-Positionen (23) mit den erwarteten Unsicherheiten wieder am Beispiel der Epizentralintensitäten für die Grohnde-Umgebung (Abb. 1) dargestellt. Die Unzulänglichkeiten der Auszählstatistik (Abschnitt 1) insbesondere im für die Anwendungen wichtigsten Bereich der selteneren größten Werte treten bei dieser biasfreien Auswertung nicht auf.

Literatur

[1] Statistics of Extremes. E. J. Gumbel, Columbia University Press, New York and London, 1958

[2] Mathematische Statistik. B. L. van der Waerden, ETH Zürich, Springer-Verlag Berlin, Heidelberg, New York 1957, 1965, 1971

[3] Spezielle Untersuchungen zur Magnituden-Häufigkeits-Relation für die seismische Risikoanalyse. W. Rosenhauer und L. Ahomer, IV. Kolloquium Erdbeben-Ingenieurwesen, Nationale Gruppe für Erdbebeningenieurwesen, Telegrafenberg, Potsdam und Deutsche Gesellschaft für Erdbeben-Ingenieurwesen und Baudynamik e. V. (DGEB), Potsdam, 09. -11.01.91

[4] Regionale Liste der Erdbeben im Umkreis von 200 km um den Standort Grohnde. Prof. Dr. L. Ahomer, Bergisch Gladbach, Bearbeitungsstand 11.10.1997

[5] European Macroseismic Scale 1998. G. Grünthal (Editor): Cahiers du Centre Europeen de Geodynamique et de Seismologie, Vol. 15, CONSEIL DE L'EUROPE, Luxembourg 1998

[6] Benutzungs-Anleitung für das Extremwertstatistik-Programm GUMBEL. W. Rosenhauer, Bericht im Auftrag des RWE, Rösrath, Juli 1998

[7] Earthquake Catalogue for the Federal Republic of Germany and Adjacent Areas for the Years 800 -1995, for Damaging Earthquakes till 2000. –Datafile. G. Leydecker, Federal Institute for Geosciences and Natural Resources, Hannover, Germany, Last Update March 26, 2001

Modelle zur Beschreibung der Magnituden-Häufigkeit-Beziehung

Jörg Habenberger
Mathias Raschke
Jochen Schwarz

1 Vorbemerkungen

Durch die Magnituden-Häufigkeit-Beziehung wird die Verteilung der Stärke der Erdbeben in einem bestimmten Zeitraum für eine gegebene Erdbebenquelle (Verwerfung, seismische Region) beschrieben. Eine Grundannahme der probabilistischen, seismischen Gefährdungsberechnung (PSHA, probabilistic seismic hazard analysis) ist, dass die Magnituden-Häufigkeit-Beziehungen vergangener Erdbeben auch für die Zukunft zutreffen und für die Vorhersagen der Erdbebenaktivität verwendet werden können.

Für die PSHA wird vorwiegend die Gutenberg-Richter-Beziehung verwendet (Abschnitt 2). Diese geht von einem linearen Zusammenhang zwischen dem Logarithmus der mittleren Häufigkeit λ_m des Überschreitens der Magnitude m in einem bestimmten Zeitraum (meist jährlich) und der Magnitude m aus:

$$\lambda_m(m \leq M) = a - bm \qquad (1)$$

Die Parameter a und b werden meist durch eine Regressionsanalyse bestimmt. Dafür ist es notwendig, eine ausreichende Anzahl von unabhängigen Ereignissen (keine Nachbeben) zur Verfügung zu haben. Da oftmals historische und auch mit Geräten registrierte Beben verwendet werden, sind Umrechnungen zwischen verschiedenen Magnitudenskalen und zwischen der Intensität und den einzelnen Magnitudenskalen notwendig. Weiterhin ist die Vollständigkeit der Registrierung von Erdbeben bestimmter Stärke in dem betrachteten Zeitraum zu berücksichtigen.

Für die Gutenberg-Richter-Beziehung wurden mehrere Modifizierungen vorgeschlagen. Das sind insbesondere die Einführung einer unteren und/oder oberen Magnitudengrenze.

Mit extremwertstatistischen Untersuchungen ist es möglich, die oben genannten Schwierigkeiten bei der Aufstellung der Magnituden-Häufigkeit-Beziehung teilweise zu umgehen (Abschnitt 3). Diese treten insbesondere in schwach seismischen Regionen (Deutschland) auf. Von Rosenhauer [8] wird dazu die Gumbel-III-Verteilung verwendet. Diese eignet sich besonders zur Beschreibung der Magnituden-Häufigkeiten bei extremwertstatistischer Auswertung der Erdbebendaten. Weiterhin beschreibt sie besser die Magnituden-Häufigkeit-Beziehung von Ereignissen, die mit großen Wiederkehrperioden verbunden sind.

In Abschnitt 4 dieses Beitrags werden die Einflüsse der Verteilungstypen auf die Ergebnisse der Gefährdungsberechnung untersucht.

2 Expotentialverteilung (Gutenberg-Richter-Beziehung)

2.1 Grundlagen

Die Glg. der von Gutenberg und Richter [3] abgeleiteten Beziehung zur Beschreibung der Magnituden-Häufigkeit lautet:

$$\lambda_m(m \leq M) = 10^{a-bm} \qquad (2)$$

bzw. mit $\alpha = \ln(10)a$ und $\beta = \ln(10)b$:

$$\lambda_m(m \leq M) = e^{\alpha - \beta m} \qquad (3)$$

mit der mittleren, jährlichen Häufigkeit λ für das Auftreten von Magnituden (oder Intensitäten) $\geq m$.

In dieser Form gilt die Glg. 3 für einen Magnitudenbereich $-\infty \leq m \leq +\infty$. Zur Bestimmung der seismischen Einwirkungen im Erdbebeningenieurwesen sind kleine Magnituden ($m \leq 4.0$) ohne Bedeutung. Wird eine untere Magnitudengrenze m_0 eingeführt (McGuire und Arabasz [7]), so lautet die Beziehung:

$$\lambda_m(m \leq M) = \nu e^{-\beta(m - m_0)} \qquad (4)$$

mit $\nu = e^{\alpha - \beta m_0}$. Die Verteilungsfunktion der Magnituden lautet:

$$P(m > M || m \geq m_0) = \frac{\lambda_0 - \lambda_m}{\lambda_0} \qquad (5)$$

$$P(m > M || m \geq m_0) = 1 - e^{-\beta(m - m_0)} \qquad (6)$$

Die Dichtefunktion ergibt sich daraus:

$$p(m = M || m \geq m_0) = \frac{d}{dm} P(m > M || m \geq m_0) \qquad (7)$$

$$p(m = M || m \geq m_0) = \beta e^{-\beta(m - m_0)} \qquad (8)$$

Nach Glg. 4 ist theoretisch das Auftreten von Magnituden bis zu einer Stärke von ∞ möglich. Tatsächlich ist in Abhängigkeit von der Erdbebenquelle die maximale Magnitude begrenzt. Wenn diese bestimmt werden kann, so lautet die Magnituden-Häufigkeit-Beziehung (McGuire und Arabasz [7]):

$$\lambda_m(m \leq M) = \nu \frac{e^{\alpha - \beta(m-m_o)} - e^{\alpha - \beta(m_{max}-m_o)}}{1 - e^{\alpha - \beta(m_{max}-m_o)}} \quad (9)$$

Die Verteilungs- und Dichtefunktion ergeben sich daraus wie folgt:

$$P(M < m \| m_o \leq m \leq m_{max}) = \frac{1 - e^{-\beta(m-m_o)}}{1 - e^{-\beta(m_{max}-m_o)}} \quad (10)$$

$$p(m) = \frac{\beta e^{-\beta(m-m_o)}}{1 - e^{-\beta(m_{max}-m_o)}} \quad (11)$$

2.2 Schätzung der Parameter

Meist werden die Parameter α und β aus einer Regressionsanalyse bestimmt. Da die Glg. 8 die Form der Expotentialverteilung besitzt, ist es möglich, unter dieser Voraussetzung mit der Maximum-Likelihood-Methode den Wert von β zu bestimmen.

Für die Region 2 nach Abb. 1 wurden die Parameter der Gutenberg-Richter-Beziehung bestimmt. Die Region hat vier Eckpunkte mit den Koordinaten 7.5° ö.L., 47.5° n.B.; 7.5° ö.L., 50.0° n.B.; 10.0° ö.L., 50.0° n.B. und 10.0° ö.L., 47.5° n.B..

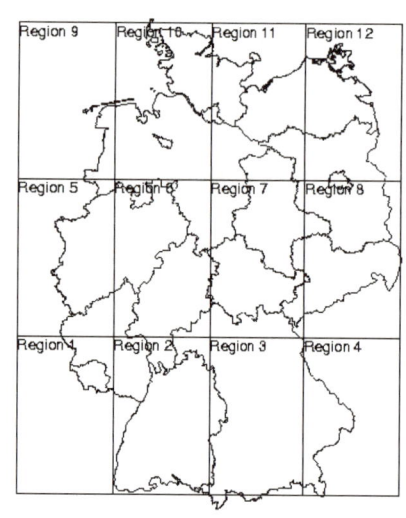

Abb. 1: Seismische Regionen für Deutschland bei der Berechnung mit Dichtefunktionen (s. a. Habenberger u. a. [4])

Als Datenbasis wird der Erdbebenkatalog von Leydecker [6] verwendet. Es werden ausschließlich seismische Ereignisse aus dem Katalog benutzt. Zur Kennzeichnung der Erdbebenstärke wird die Lokalmagnitude (Richter-Magnitude) M_L verwendet. Dazu sind zum Teil Umrechnungen zwischen der Epizentralintensität und M_L notwendig:

$$M_L = 0.5180 I_o + 0.9056 \quad (12)$$

Die Beziehung wurde aus den Daten des Katalogs abgeleitet (Regression). Die Nachbeben sind in den verwendeten Daten noch enthalten. Ihre Anzahl dürfte begrenzt sein, da ausschließlich Magnituden $M_L \geq 3.0$ verwendet werden.

Als Vollständigkeitszeiträume wurden die Angaben von Grünthal, Mayer-Rosa und Lenhardt [2] verwendet (Tab. 1). Für zukünftige Untersuchungen ist es erforderlich, die Datenbasis weiter zu verbessern (s.a. Abschnitt 4).

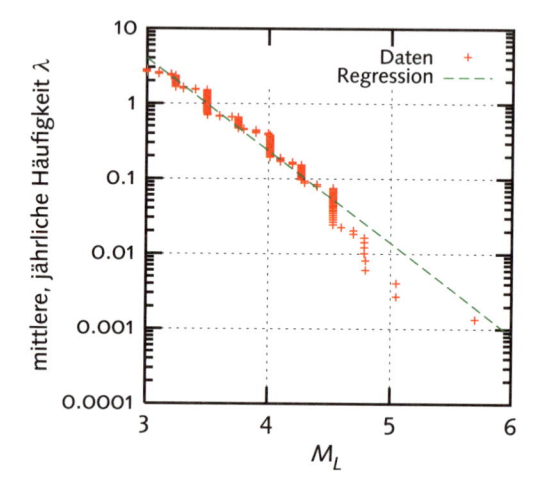

Abb. 2: Magnituden-Häufigkeit-Beziehung für Region 2

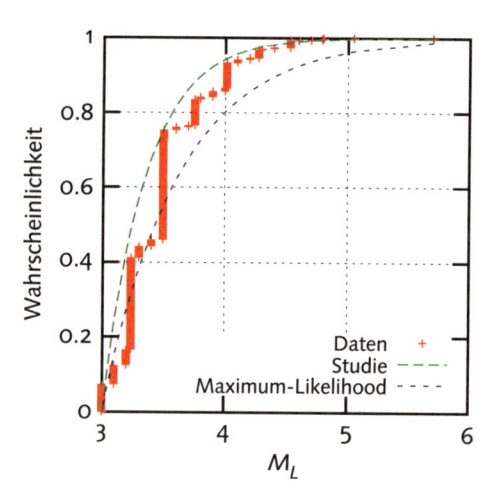

Abb. 3: Überschreitenswahrscheinlichkeiten $\frac{\lambda_{m_o} - \lambda_m}{\lambda_{m_o}}$ der Daten (Punkte) und zugehörige Verteilungsfunktion $P(M \leq m | m \geq m_o) = 1 - e^{-\beta(m-m_o)}$ nach Methode der kleinsten Quadrate (Regression) und Maximum-Likelihood-Methode (Linien)

3 Gumbelverteilung

3.1 Zusammenhang zwischen den Wahrscheinlichkeiten

In jedem Zeitraum $T = const.$ hat ein Erdbebenereignis die größte Stärke M (Magnitude oder Intensität).

I_0	IV	V	VI	VII	VIII	IX
Rheingebiet	1875	1825	1775	1500	1250	1250
Sachsen/Thüringen	1850	1770	1700	1400		
übriges Deutschland	1925	1875	1875	1750	1625	

Tabelle 1: Vollständigkeitszeiträume für die angegebenen Intensitäten (nach Grünthal et al. [2])

(a) Dichtefunktion

(b) Häufigkeit

(c) Verteilungsfunktion

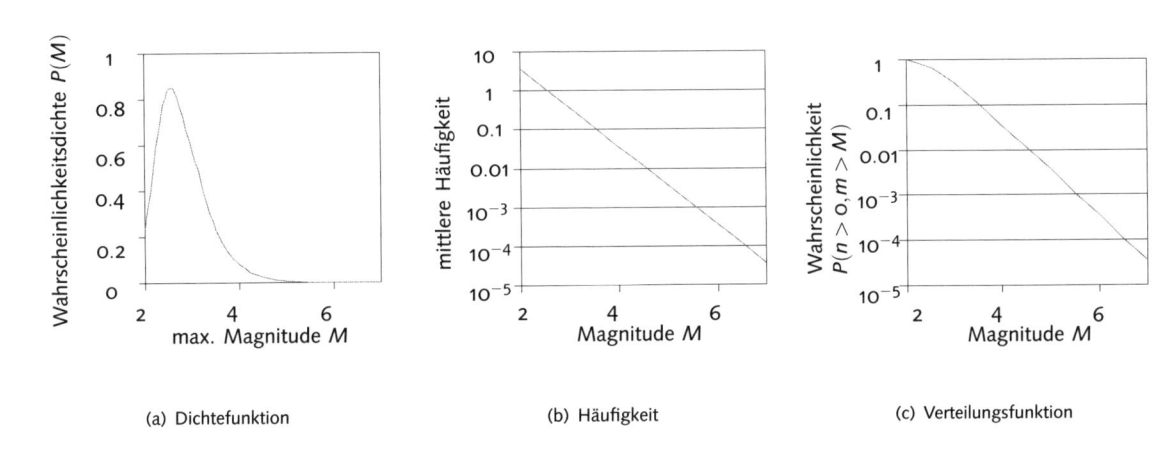

Abb. 4: Verschiedene Wahrscheinlichkeiten und Größen der Erdbebenhäufigkeit

Es ist der Extremwert aller aufgetretenen Ereignisse. Verschiedene, gleich lange Zeiträume T weisen verschieden große Extremwerte auf. Ihr Auftreten kann mit der Wahrscheinlichkeit $P(m \leq M)$ beschrieben werden. Weiterhin impliziert das größte Ereignis mit der Stärke M, dass kein Ereignis mit einem größeren M auftritt ($n = 0$). Dabei ist zu unterscheiden zwischen der Extremwertwahrscheinlichkeit $P(m \leq M)$ (Abb. 4(a)), der Auftretenswahrscheinlichkeit $P(n, m \geq M)$ (Abb. 4(c)) und der mittleren Häufigkeit (Abb. 4(b)) der Ereignisse.

Der oben genannte Zusammenhang lässt sich auch ausdrücken mit:

$$P_{extrem} = P_{Auftreten}(n > 0, m \leq M) \quad (13)$$

$$P_{extrem} = P_{Auftreten}(n = 0, m \geq M) \quad (14)$$

Wenn davon ausgegangen wird, dass $P_{Auftreten}(n, m \geq M)$ eine Poisson-Verteilung ist, so gilt für $n = 0$:

$$P(m \leq M) = e^{-n_{Mittel}(m)} \quad (15)$$

mit der Anzahl der Beben n mit der Magnitude $m \geq M$ im Zeitraum T und der mittleren Häufigkeit der Beben mit der Magnitude $m \geq M$ im Zeitraum T. In der Abb. 5 wird versucht, diesen Zusammenhang nochmals zu veranschaulichen.

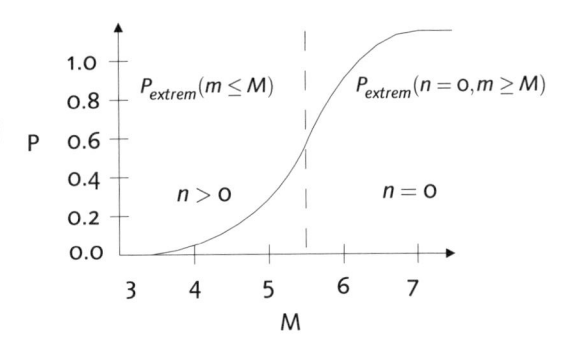

Abb. 5: Zusammenhang zwischen der Wahrscheinlichkeit des Extremwertes mit der Auftretenswahrscheinlichkeit der Magnitude

Wenn die Extremwertverteilung als Gumbel-III-Verteilung angenommen wird, gilt nach Glg. 13, 14 und 15:

$$P_{extrem}(m \leq M) = e^{-\left(\frac{a-M}{b}\right)^c} \quad (16)$$

$$e^{-\left(\frac{a-M}{b}\right)^c} = e^{-n_{Mittel}(M)} \quad (17)$$

Die mittlere Häufigkeit der Beben kann entsprechend beschrieben werden mit:

$$n_{Mittel}(m \geq M) = \left(\frac{a-M}{b}\right)^c \quad (18)$$

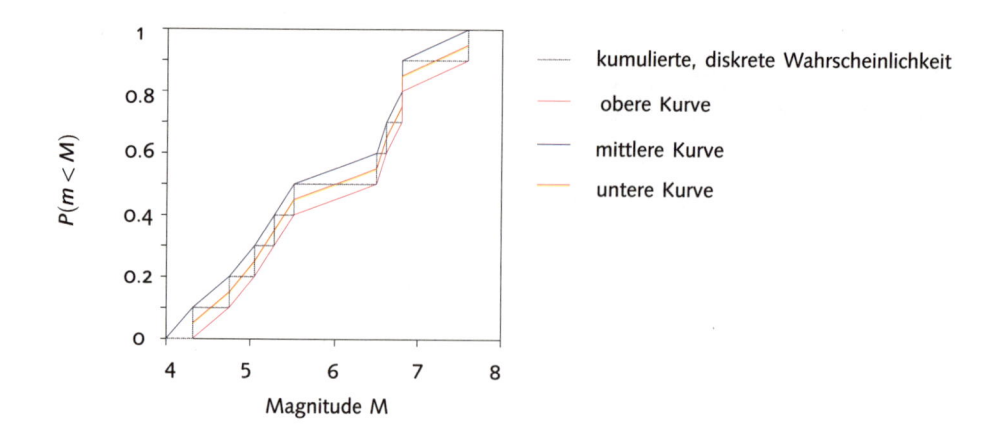

Abb. 6: Beschreibung der eigentlich stufenförmigen, kumulierten Wahrscheinlichkeit mit einer Kurve

3.2 Ermittlung der mittleren Bebenhäufigkeiten der Stichprobendaten

Der Vorteil der Extremwertstatistik ist, dass nicht alle Ereignisse in einem Zeitraum erfasst werden müssen, sondern nur die maximalen Ereignisse. Dabei wird eine betreffende Erdbebenzeitreihe in gleich lange Zeiträume T eingeteilt. Jeder Zeitraum besitzt ein maximales Beben, den Extremwert. Die Extremwerte aller Zeiträume bilden die Stichprobe für die Ermittlung der Extremwertverteilung. Dafür werden die Magnituden $M_i(T)$ der Größe nach geordnet, so dass gilt:

$$M_1(T) \leq M_2(T) \leq \ddot{\leq} M_{N(T)-1}(T) \leq M_{N(T)}(T) \quad (19)$$

wobei $N(T)$ die Anzahl der Zeiträume T ist. Die Wahrscheinlichkeit $P_{extrem}(M_i(T) \leq M)$ ist dabei:

$$P_{extrem}(M_i(T) \leq M) = \frac{i - 0.5}{N(T)} \quad (20)$$

Dieses Vorgehen wird mit der Mittelung der Kurven (s.a. Abb. 6, obere und untere Kurve) begründet, welche die diskrete Verteilung der Stichprobe umhüllen. Die obere bzw. untere Kurve haben den Abstand in Richtung der Wahrscheinlichkeitsachse von $1/N(T)$ zueinander. Entsprechend muss eine mittlere Kurve mit $1/(2N(T))$ verschoben werden, womit sich $P(M_1(T) \leq M) = 1/(2N(T))$ und $P(M_{N(T)}(T) \leq M) = 1 - 1/(2N(T))$ sowie Glg. 20 ergibt.

Aus den Wahrscheinlichkeiten $P(M_i(T) \leq M)$ lässt sich die mittlere Häufigkeit $n_{Mittel}(M_i(T) \geq M)$ nach Glg. 20 ermitteln:

$$n_{Mittel}(M_i(T) \geq M) = -\ln\left(P(M_i(T) \leq M)\right) \quad (21)$$

Auf den Zeitraum T von einem Jahr bezogen, ist die mittlere Häufigkeit:

$$n_{Mittel}(M_i(T=1) \geq M) = \frac{n_{Mittel}(M_i(T) \geq M)}{T} \quad (22)$$

Nun können alle mittleren Häufigkeiten $n_{Mittel}(M_i(T=1) \geq M)$ aller Stichproben mit verschiedenen Zeiträumen T zusammengefasst und einer Regressionsanalyse unterzogen werden.

3.3 Regressionsanalyse der Stichprobendaten - Ermittlung der Häufigkeitsfunktion

Die Funktion der mittleren Häufigkeit ist nicht linear (Glg. 18). Durch Probieren wurde ein einfacher Algorithmus entwickelt, der anhand objektiver Kriterien eine gute Schätzung der Parameter der Funktion zulässt.

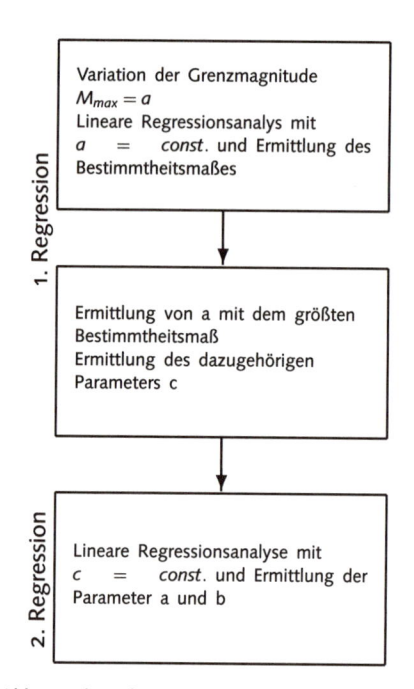

Abb. 7: Algorithmus zur Bestimmung der Parameter der Funktion: $n_{Mittel}(m \geq M) = \left(\frac{a-M}{b}\right)^c$

Auch wurde versucht zu prüfen, welche Regressionsmethode hier bessere Ergebnisse liefert: die Methode der kleinsten Quadrate mit $n(M)$ (der Fehler liegt bei

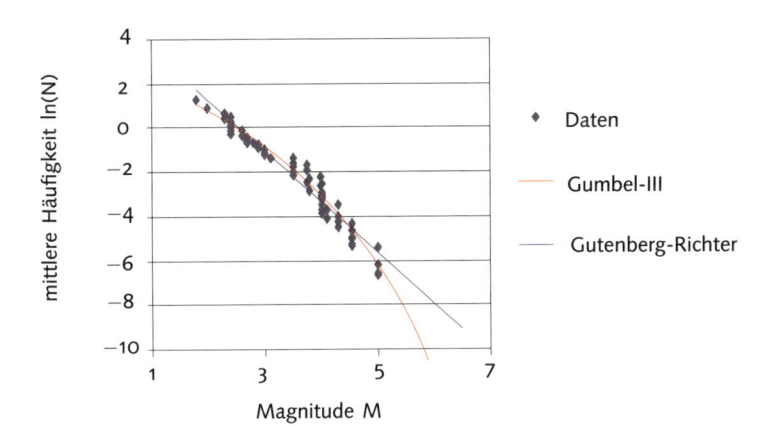

Abb. 8: Datenpunkte und ermittelte Funktion

Funktion	Gutenberg-Richter	Gumbel
	$n_{Mittel}(m \geq M) = e^{-2.3022M+5.8721}$	$n_{Mittel}(m \geq M) = \left(\frac{6.7643M}{4.2750}\right)^{7.1444}$

Tabelle 2: Parameter der Häufigkeitsfunktionen des Beispiels (Abb. 8)

n) oder $M(n)$ (der Fehler liegt bei M) oder die orthogonale Regression. Es stellte sich heraus, dass die Methode der kleinsten Quadrate mit $n(M)$ und die orthogonale Regression ähnlich gute Ergebnisse liefern, obwohl die Parameter etwas voneinander abweichen. Der Einfachheit halber wird die Methode der kleinsten Quadrate favorisiert. Der Algorithmus ist in der Abb. 7 dargestellt. Das Kriterium zur Festlegung der Parameter ist das Bestimmtheitsmaß. Somit kann die Häufigkeitsfunktion aus den Extremwertdaten ermittelt werden. Eine Prüfung der Ergebnisse anhand der Häufigkeitsdaten ist sehr einfach möglich und wünschenswert.

3.4 Qualität der ermittelten Funktion

Die Qualität der Regression wird im Allgemeinen mit dem Regressionskoeffizienten bzw. dem Bestimmtheitsmaß ausgedrückt. Da aber der angewandte Algorithmus zwei Regressionsanalysen beinhaltet, können die genannten Parameter nicht zur Qualitätsbeschreibung herangezogen werden. Aber man kann die empirischen Daten mit vorhersagten, berechneten Häufigkeiten bzw. Wahrscheinlichkeiten vergleichen und einen Residuenplot oder eine Regressionsanalyse durchführen.

Die Qualität einer linearen Regressionsanalyse steigt, wenn in der Funktion:

$$x_{Funktion} = u x_{Daten} + v \quad (23)$$

u gegen 1 und v gegen 0 gehen. Ein Beispiel soll das veranschaulichen. Für einen empirischen Datensatz wurde die Häufigkeitsfunktion über den Ansatz der

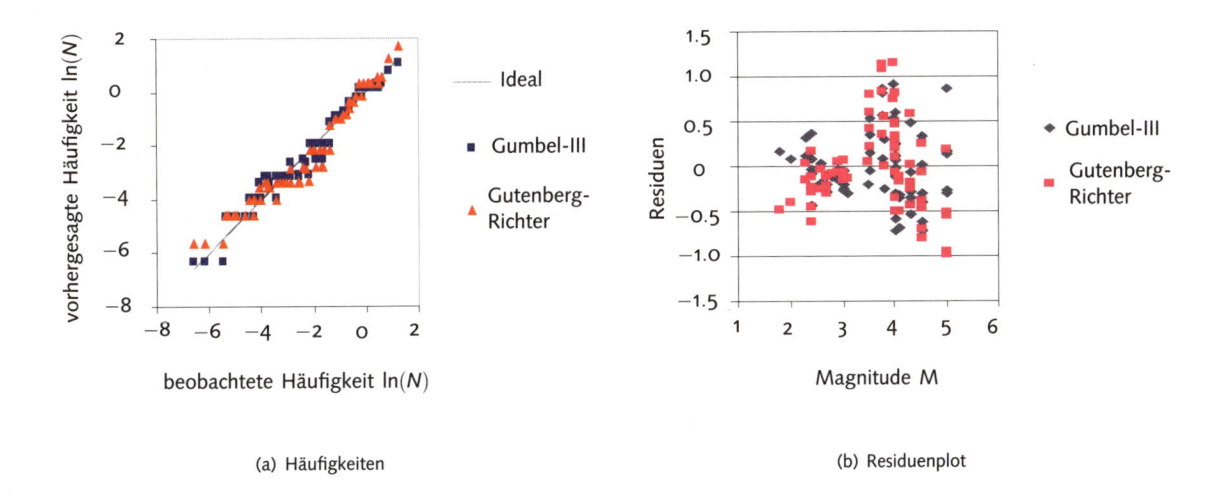

(a) Häufigkeiten

(b) Residuenplot

Abb. 9: Vergleich der Qualität der vorhergesagten Häufigkeiten (Auftretensraten)

(a) Wahrscheinlichkeiten

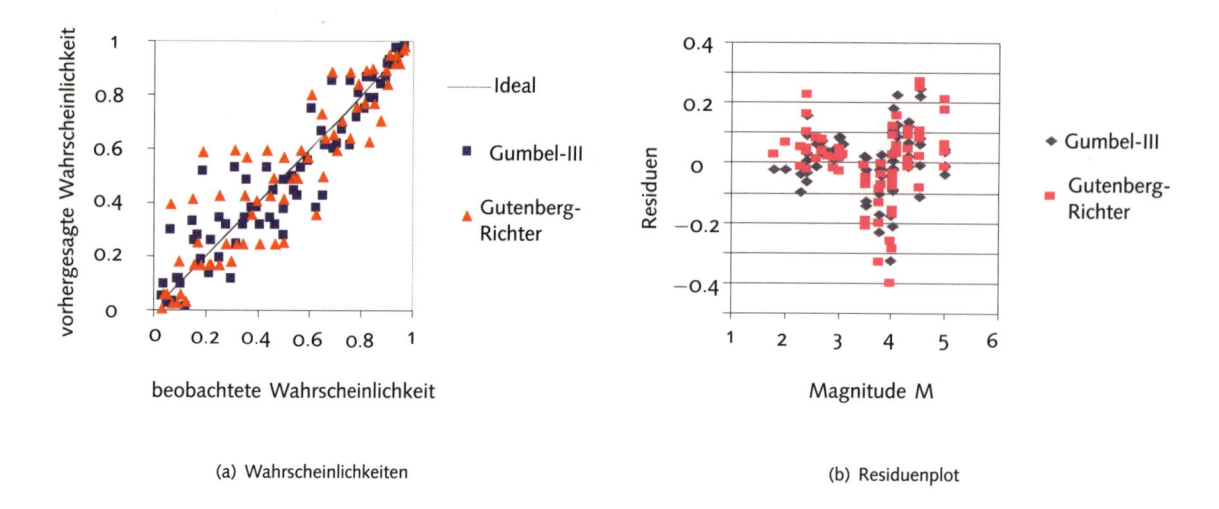

(b) Residuenplot

Abb. 10: Vergleich der Qualität der vorhergesagten Wahrscheinlichkeiten der Extremwerte

Gumbel-Verteilung und der Gutenberg-Richter-Beziehung bestimmt (s. Abb. 8 und Tab. 2).
Die Ergebnisse in Abb. 9 und 10 sowie Tab. 3 machen deutlich, dass der Ansatz über die Gumbelverteilung eine viel genauere Vorhersage der Häufigkeiten bzw. Wahrscheinlichkeiten der Beben ermöglicht. Auch das Auftreten der kleineren Magnituden kann besser vorhergesagt werden, wie am Residuenplot (Abb. 9(b) und 10(b)) zu erkennen ist.

4 Anwendungen und Schlußfolgerungen

4.1 Magnituden-Häufigkeit-Beziehung

Für die Region 2 nach Abb. 1 werden die Magnituden-Häufigkeit-Beziehungen unter Verwendung der Expotential- (Abschnitt 2) und der Gumbel-III-Verteilung (Abschnitt 3) ermittelt und gegenübergestellt. Dazu wird der Erdbebenkatalog von Leydecker [6] verwendet (s.a. Abschnitt 2).

Die Ermittlung der Parameter der Expotentialverteilung (Gutenberg-Richter-Beziehung) wird mit einer Regressionsrechnung durchgeführt. Es wird die Gutenberg-Richter-Beziehung mit unterer und oberer Magnitudengrenze nach Glg. 9 verwendet. Die obere Grenzmagnitude wird für beide Verteilungen $M_L = 7.0$ gesetzt. Zur Ermittlung der Parameter der Expotentialverteilung werden nur Magnituden $M_L \geq 3.0$ verwendet. Damit wird ein großer Teil der Nachbeben ausgeschlossen.

Zur Bestimmung der Parameter der Gumbel-III-Verteilung werden die Extremwerte für Zeiträume von $T = 133/100/50/20/10/5/2$ und 1 Jahre ermittelt. Ihnen sind $N = 3/4/5/7/10/8/25$ bzw. 45 Ereignisse und damit Zeiträume zugeordnet.
In der Abb. 11 sind die Magnituden-Häufigkeit-Beziehungen und die zugehörigen Daten dargestellt. Die verschiedenen Verteilungsfunktionen unter-

	Gutenberg-Richter	Gumbel
Mittel der quadrierten Residuen der Häufigkeiten	0.2274	0.1463
Bestimmtheitsmaß der Häufigkeit	0.9418	0.9626
Anstieg u der Häufigkeiten	0.9418	0.9579
Verschiebung v der Häufigkeiten	-0.1424	-0.0919
Mittel der quadrierten Residuen der Wahrscheinlichkeiten	0.0163	0.0109
Bestimmtheitsmaß der Wahrscheinlichkeiten	0.8120	0.8703
Anstieg u der Wahrscheinlichkeiten	0.9074	0.9176
Verschiebung v der Wahrscheinlichkeiten	0.0462	0.0323

Tabelle 3: Qualitätsparameter der Vorhersagen (u und v nach Glg. 23)

scheiden sich nur bei größeren Magnituden $M_L \geq 6.0$ maßgebend voneinander. Das ändert sich, wenn bei der Ermittlung der Gutenberg-Richter-Beziehung auch Magnituden $M_L < 3.0$ verwendet werden. Die Expotentialverteilung (Gutenberg-Richter) und die damit verbundene Methode zur Bestimmung ihrer Parameter (Abschnitt 2) ist weitaus empfindlicher gegenüber Änderungen der Datenbasis als die Extremwertstatistik.

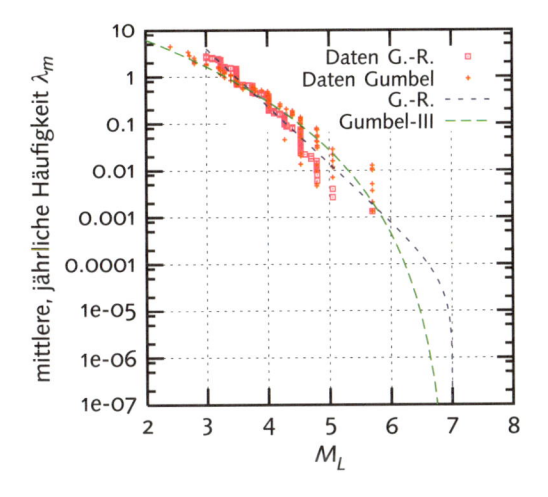

Abb. 11: Magnituden-Häufigkeit-Beziehung für die Region 2 nach Abb. 1 bei Expotential- bzw. Gumbel-III-Verteilung

Die im Zusammenhang mit der Extremwertstatistik verwendete Gumbel-III-Verteilung ist ebenfalls von den Vollständigkeitszeiträumen (Tab. 1) unabhängig. Durch die Auswertung der Extremereignisse der betrachteten Zeiträume ist es nicht notwendig, Nachbebenereignisse bzw. voneinander abhängige Beben herauszufinden. Damit ergeben sich wesentliche Vorteile gegenüber der Gutenberg-Richter-Beziehung insbesondere in seismisch schwachen Gebieten (z.B. Deutschland).

4.2 Gefährdungsberechnung

Mit den ermittelten Magnituden-Häufigkeit-Beziehungen wird eine Gefährdungsberechnungen unter Verwendung der Dichtefunktionen für die Erdbebenepizentren (siehe Beitrag „Ein Modell zur Berücksichtigung der regionalen Seismizität in der probabilistischen Gefährdungsberechnung") durchgeführt. Den Berechnungen wird die Abnahmebeziehung von Ambraseys u. a. [1] für Fels zugrunde gelegt. In der Abb. 12 sind die ermittelten Antwortspektren an einem Standort in Region 2 (siehe Abb. 1) für die Wiederkehrperioden von 10^3, 10^4 und $10^5\,a$ dargestellt.

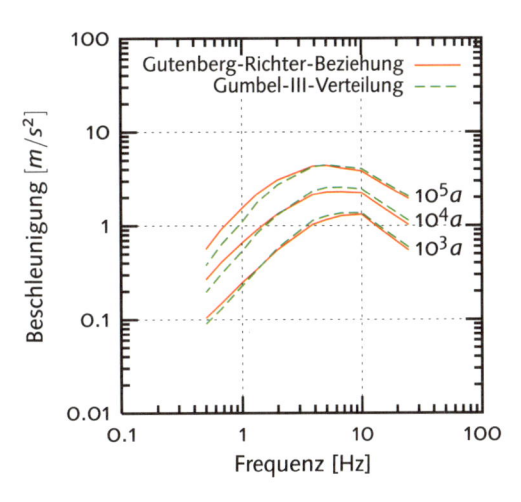

Abb. 12: Spektren für den Standort in Region 2 (Abb. 1) (49.25° lat, 8.44° lon) mit Gumbel-III-Verteilung und Gutenberg-Richter-Beziehung berechnet

Es ist zu erwarten, dass bei geringen Wiederkehrperioden ($\leq 10^3\,a$) die Unterschiede gering sein werden. Bei den verwendeten Magnituden-Häufigkeit-Beziehungen treten aber selbst bei hohen Wiederkehrperioden ($10^5\,a$) nur geringe Unterschiede in den Spektralwerten auf. Wie bereits beschrieben, ist die Gutenberg-Richter-Relation sehr von den verwendeten Daten und deren Auswertung und Aufbereitung abhängig. Wenn Magnituden $2.0 \leq M_L < 3.0$ in die Auswertung einbezogen werden, so würden weitaus größere Unterschiede bei höheren Wiederkehrperioden auftreten.

5 Danksagung

Der vorliegende Beitrag entstand im Ergebnis des durch den SA „AT" unter der VGB-Nr. 46/00 geförderten Vorhabens „Gefährdungskonsistente horizontale und vertikale Erdbebeneinwirkungen auf der Grundlage probabilistischer Methoden der seismischen Gefährdungseinschätzung".

Literatur:

[1] AMBRASEYS, N.N., K.A. SIMPSON, and J.J. BOMMER: *Prediction of horizontal response spectra in Europe.* Earthquake Engineering and Structural Dynamics, 25:371–400, 1996.

[2] GRÜNTHAL, G., D. MAYER-ROSA und W. A. LENHARDT: *Abschätzung der Erdbebengefährdung für die DACH-Staaten - Deutschland, Österreich, Schweiz.* Bautechnik, 75(10):19–33, 1998.

[3] GUTENBERG, B. and C.F. RICHTER: *Frequency of earthquakes in california.* Bull. Seism. Soc. of Am., 34(4):1985–1988, 1944.

[4] HABENBERGER, J., M. RASCHKE und J. SCHWARZ: *Ein Modell zur Berücksichtigung der regionalen Seismizität in der probabilistischen Gefährdungsberechnung.* In: *Seismische Gefährdungsanalyse und Einwirkungsbeschreibung*, Band 116 der Reihe

Schriftenreihe der Bauhaus-Universität Weimar. Universitätsverlag, 2003.

[5] KRAMER, S. L.: *Geotechnical Earthquake Engineering*. Prentice Hall, 1. edition, 1996.

[6] LEYDECKER, G.: *Earthquake catalogue for the Federal Republic of Germany and adjacent areas for the years 800-1994*, 2001. Data file.

[7] MCGUIRE, R. K. und W. J. ARABASZ: *Gefährdungskonsistente Erdbebeneinwirkungen für deutsche Erdbebengebiete-Konsequenzen für die Normenentwicklung*. In: WARD, S.H. (Herausgeber): *Geotechnical and Enviromental Geophysics*, Band 1, Seiten 333–353. Society of Exploration Geophysicists, 1990.

[8] ROSENHAUER, W.: *Benutzungsanleitung für das Extremwertstatistik-Programm GUMBEL*. Technischer Bericht, Bericht im Auftrag der RWE, 1998.

Verteilungsfunktionen maximal erwarteter Magnituden mit Anwendungen auf Südwestdeutschland

Gottfried Grünthal

Zusammenfassung

Maximal erwartete Magnituden M_{max} sind ein kritischer Parameter bei probabilistischen Gefährdungsabschätzungen. Unterschiedliche Definitionen von M_{max} sind in Gebrauch, die einleitend gegenübergestellt werden. Die verschiedenen Methoden zur Abschätzung maximal erwarteter Magnituden und deren Grenzen werden kurz vorgestellt. Da sich der Parameter M_{max} nicht durch einen einzigen Wert für eine Region beschreiben lässt, sondern eine prinzipielle Unschärfe besitzt, ist es folgerichtig, M_{max} in Form einer Verteilungsfunktion anzugeben. Die hierzu entwickelte Methodik zur Berechnung der Verteilungsfunktionen von M_{max} wird vorgestellt. Hierbei wird die limitierte Zeitspanne von Katalogaufzeichnungen durch Raum ersetzt. Schließlich folgt eine Anwendung dieser Methodik, d. h. die Berechnung von Verteilungsfunktionen maximal erwarteter Magnituden für fünf ausgewählte seismische Quellregionen Südwestdeutschlands. Die diskretisierten Werte der Verteilungsfunktionen für die behandelten Quellregionen überdecken den M_{max}-Bereich von 5,6 bis 7,5.

Abstract

The maximum expected magnitude M_{max} is a critical parameter in probabilistic seismic hazard assessments. Different definitions of M_{max} are in use, which are compared. Different methods for assessing M_{max} and their limits are briefly presented. Since the parameter M_{max} cannot be described in form of one single value, but is principally attested by an uncertainty, M_{max} is adequately specified in form of a distribution function. The methodology to calculate distribution functions of M_{max} is presented. With this method, limitations in the time span of catalogued records is replaced by space. Finally, an application of this method is given; i.e. the calculation of a distribution function for five selected seismic source zones in SW Germany. The discretized values of the distribution functions for the treated source zones cover the M_{max} range from 5.6 to 7.5.

1 Einführung

Einer der Eingangsparameter für probabilistische seismische Gefährdungsabschätzungen ist die maximale erwartete Bebenmagnitude M_{max} in den einzelnen seismischen Quellregionen. Während der Einfluss dieses Parameters auf das Resultat probabilistischer Gefährdungsabschätzungen für jährliche Eintretenswahrscheinlichkeiten bis ca. 10^{-3}–10^{-4} p. a. gering ist (Grünthal u. Bosse, 1997; Grünthal u. Wahlström, 2001), gewinnt dieser Parameter für kleinere Eintreffenswahrscheinlichkeiten an Bedeutung. Für extrem kleine Eintreffenswahrscheinlichkeiten ist dies ein entscheidender Parameter. Die Inkremente zur Angabe von M_{max} in Bezug auf die maximal beobachteten Magnituden einer Region können bis zu einer ganzen Magnitudeneinheit oder sogar mehr betragen.

Maximale Magnituden werden in der seismologischen Literatur in unterschiedlicher Weise definiert. Der hier behandelte Parameter *maximal erwarteter Magnituden* wird auch als *oberes Grenzerdbeben* (upper bound earthquake) bezeichnet und beschreibt die obere Grenze einer Erdbebenstärke in einer Region, deren Eintreffen eine gegen Null gehende Eintreffenswahrscheinlichkeit besitzt ($P(I>i)$ ➤ 0) und damit die obere Integrationsgrenze probabilistischer Erdbeben-Gefährdungsabschätzungen darstellt.

Das *maximal denkbare Erdbeben* ist das maximale Erdbeben, das ein Gebiet oder eine tektonische Störung fähig ist hervorzubringen (keine Änderungen des tektonischen Regimes vorausgesetzt) – aber mit sehr kleiner Eintreffenswahrscheinlichkeit. Das maximal denkbare Erdbeben ist vornehmlich Bestandteil deterministischer Analysen.

Das *maximal wahrscheinliche Erdbeben* ist das maximale Erdbeben, das auf probabilistischer Grundlage in einem Gebiet oder an einer Störung in einer spezifischen Zeitspanne mit einer bestimmten Wahrscheinlichkeit in der Zukunft zu erwarten ist.

Das *maximale Entwurfserdbeben* ist das maximale Erdbeben, das nach Expertenbewertung angemessen ist für die Betrachtung einer Lokation und dem Konstruktionsentwurf einer Anlage.

Diese verschiedenen Definitionen verdeutlichen, dass Abschätzungen zum maximalen Beben ein schwieriges und teilweise kritisches Unterfangen darstellen. Dies ist bedingt durch die Begrenztheit der Länge der Beobachtungsreihen in Gebieten mit moderater Seismizität. Die Erdbebenkataloge umfassen in aller Regel nicht den vollständigen seismischen Zyklus unter Einbeziehung des für die Region größten möglichen Bebens. Es ist einleuchtend, dass eindeutige Schätzungen des Parameters M_{max} für eine Quellregion nicht möglich sind. Methodisch folgerichtig ist demzufolge, nicht anstreben zu wollen, diesem Parameter einen einzigen Wert zuzuordnen, sondern ihn in Form einer Verteilungsfunktion zu beschreiben. Die Methodik, auf die hier für eine Anwendung auf seismische Quellregionen Südwestdeutschlands zurückgegriffen wird, wurde von Cornell (1994) und Coppersmith (1994a, b) entwickelt. Prinzip dieser Methodik ist es, die zeitliche Begrenztheit der Beobachtungsreihe durch Raum zu substituieren; d. h., Gebiete der kontinentalen Kruste mit vergleichbaren Eigenschaften werden in die Betrachtung einbezogen.

Seitens des Autors wird diese Methodik seit 1998 genutzt (interne Forschungsberichte); bzw. veröffentlicht in Grünthal u. Wahlström (2001), Wahlström u. Grünthal (2000, 2001), Grünthal u. Wahlström (2003, 2004). In diesem Beitrag wird die Methodik erläutert und eine konkrete Umsetzung für eine Reihe seismischer Quellregionen in Südwestdeutschland beschrieben. Im Folgenden werden grundsätzlich Momentmagnituden betrachtet.

2 Methoden zur Abschätzung maximal erwarteter Magnituden

Die relativ kurze Zeitspanne von Erdbebenkatalogen im Hinblick auf geologisch-tektonische Prozesse macht es plausibel, dass diese das maximale Beben, das eine Region hervorbringen kann, nicht enthalten. Diese Chance, dass in historischer Zeit das maximale Beben auftrat, steigt in Gebieten hoher Bebenaktivität, wie z. B. in Italien.

Paläoseismologische Befunde sind prinzipiell hilfreich, das maximale Beben einzugrenzen, wobei Unschärfen und Interpretationsprobleme im Hinblick auf die Befunde eine generelle Begrenztheit auch dieser Methode bedeuten. Eine weitere Einschränkung besteht in dem Umstand, dass geeignete neotektonische Sedimentationsbedingungen nur in begrenzten Arealen existieren.

2. 1 Inkrement-Addition

Die Addition eines Inkrements zum größten beobachteten Beben in jeder Region kann als eine Ausdehnung der Beobachtungsreihe angesehen werden. Würde solch eine Verlängerung der Beobachtungsreihe als konstant angenommen werden, müsste das Inkrement abhängig vom b-Wert (dem Anstiegsparameter der Gutenberg-Richter-Relation $logN = a - bM$) sein. Dies wird gewöhnlich vernachlässigt und das Inkrement konstant angenommen. Eine Standardprozedur aus der Anfangszeit probabilistischer Gefährdungsabschätzungen und damals empfohlen von der IAEA (International Atomic Energy Association) war die Addition von 0,5 Magnitudeneinheiten oder einem Intensitätsgrad zum maximal beobachteten Beben. Inkremente von bis zu 1,5 Magnitudeneinheiten sind in Gebrauch, letztere z. B. in schlecht katalogisierten, nahezu unbesiedelten Territorien von Kanada. Dagegen können in Gebieten mit hoher Bebenaktivität und Katalogen, die Zeitspannen von Jahrtausenden umfassen, die Inkremente niedrig sein. Dies ist z. B. der Fall in Italien, wo die Wahrscheinlichkeit groß ist, dass in verschiedenen Gebieten in den letzten 2.000 Jahren das maximale Beben dokumentiert ist. Das Inkrement wird daher in Teilen Italiens mit Null angesetzt oder aber mit bis zu 0,3 Magnitudeneinheiten (z. B. Slejko u. Rebez, 2002).

2. 2 Extrapolation der Magnituden-Häufigkeitskurve

Eine frühe Methode zur Abschätzung von M_{max} nutzt die Magnituden-Häufigkeitskurve für ein spezifisches mittleres Wiederkehrintervall (z. B. von 1.000 Jahren) und normiert auf z. B. 30.000 oder 100.000 km^2 (Nuttli, 1981). Zu bedenken ist hierbei, ob die Magnituden-Häufigkeit für eine solche Fragestellung wirklich linear zu behandeln ist, d. h., ob ein solcher physikalischer Zusammenhang nicht komplexer ist als das Gutenberg-Richter-Häufigkeitsmagnitudenmodell. So fanden Youngs u. Coppersmith (1985) aus dem Vergleich der exponentiellen Bebenverteilung mit neotektonischen Indikationen zum charakteristischen Beben, dass die exponentielle Kurve etwa eine Magnitudeneinheit im Vergleich zu M_{max} kleine Werte lieferte. Zum Modell der charakteristischen Beben finden sich zumindest in Mitteleuropa keine Hinweise. Sogar paläoseismologische Befunde zu großen Beben in der Niederrheinischen Bucht mit M = 6,4 – 6,9 mit einer mittleren Widerholungsperiode von ca. 1.500 Jahren (Pelzing, pers. Mitt.) fügen sich perfekt ein in die beobachtete Magnituden-Häufigkeit.

2. 3 Statistische Verfahren

Die Gumbel-Typ III Statistik wurde in den 1970er und 1980er Jahren häufig zur Abschätzung von M_{max} verwandt. Obwohl in die Extremwertstatistik nur die Maxima in bestimmten Zeitspannen eingehen, sind für die Fragestellung der Abschätzung von M_{max} die Datensätze in den meisten Fällen untauglich, stabile Lösungen zu erhalten. Sogar die gesamten Bebendaten der östlichen Vereinigten Staaten von Amerika sind nicht geeignet zur Ableitung einer zuverlässigen M_{max}-Abschätzung nach diesem Verfahren (McGuire, 1977). Erst recht sind M_{max}-Angaben für einzelne Herdregionen schwer möglich. Auch die statistischen Verfahren nach Kijko und Graham (1998) sowie Kijko (2003), die letztlich auf der Magnituden-Häufigkeit beruhen, zeigen in Anbetracht der zur Verfügung stehenden Bebendatensätze keine stabile, zuverlässige Lösung für M_{max}. In vielen Fällen sind die erhaltenen Inkremente unmotiviert klein, manche Regionen erhalten dagegen viel zu große Inkremente.

2. 4 Strain-Rate

Geologisch oder geodätisch bestimmte Bewegungsraten, Momentfreisetzungen und die Strain-Akkumulation können sowohl auf Brüche als auch auf deformierte Volumina angewandt werden. Die klassische Form der Umsetzung der maximalen Momentbestimmung sind Darstellungen der kumulativen Energiefreisetzung einer tektonischen Einheit mit der Zeit, die Benioff-Kurven. Diese werden heute eher als Time-Evolution- oder Hurst-Methode bezeichnet. Mit dieser klassischen und wieder neu aufgelegten Methode konnten auch in mitteleuropäischen Bebengebieten stabile Ergebnisse erzielt werden (Grünthal, 1991).

Generell wäre zu den Strain-Raten zu bemerken, dass sie eher die Länge eines Wiederkehrintervalls, aber nicht notwendigerweise M_{max} kontrollieren.

2. 5 Seismizität und Bruchausdehnung

Die Seismizitätsverteilung kann die Ausdehnung einer Bruchzone kennzeichnen und so die mögliche maximale Bebenstärke. Solche Zusammenhänge sind in der kontinentalen Kruste nur schwer zu verifizieren. Offenbar scheinen die Zusammenhänge, die sich aus Plattengrenz-Regionen ableiten lassen, auch für kontinentale Gebiete zuzutreffen.

2. 6 Tektonische Analogien

Die Nutzung tektonischer Analogien bringt Spezifika tektonischer Charakteristika aus unterschiedlichen Gebieten in stabilen kontinentalen Regionen weltweit zusammen, sofern diese verschiedenen Gebiete bestimmte Ähnlichkeiten aufweisen (Super Domänen; vgl. Kapitel 3). Die Wahrscheinlichkeit, ein adäquates M_{max} für eine Region abzuschätzen, vergrößert sich bei Verwendung von Daten von diesen größeren Einheiten, d. h. durch Substitution von Raum durch Zeit. Diese Information wird schließlich mit Seismizitätscharakteristika kombiniert, um für einzelne Regionen M_{max} zu berechnen. Obwohl diese Klassifikation gewisse Unsicherheiten aufweist, wird diese Methode von Coppersmith (1994b) und Cornell (1994) bevorzugt. Seitens des Autors wird diese Methode seit 1998 favorisiert.

3 Verteilungsfunktion

Gegenstand vorliegender Untersuchung ist die Methodik der tektonischen Analogien (Abschnitt 2. 6) zur Berechnung der Verteilungsfunktionen maximal erwarteter Magnituden. Diese Methode wurde im Rahmen eines Projektes des Electric Power Research Institutes (EPRI), USA, entwickelt und im zugehörigen Projekt-Report beschrieben. Der Autor war seit 1992 in das Projekt zur Datenanalyse einbezogen worden und mit der Methodik bereits zu einem früheren Zeitpunkt vertraut. Die hauptsächlichen Teile dieser Methodik werden beschrieben bei Coppersmith (1994a, b), Cornell (1994), während Johnston (1994a, b) und Kanter (1994) die Datengrundlagen legten und beschrieben.

3. 1 Globale Verteilungsfunktionen maximal beobachteter Magnituden

Die Methodik nach Coppersmith (1994b) und Cornell (1994) basiert auf der Annahme, dass ein Krustentyp ein Indikator für M_{max} ist. In der weltweiten kontinentalen Erdkruste wurden tektonische Domänen nach spezifischen tektonischen Eigenschaften, nach gemeinsamem Alter und gemeinsamer Entwicklung identifiziert – ohne die Seismizität als Indikator heranzuziehen. Kanter (1994) klassifizierte so 73 Domänen mit Weitungstektonik (extended crust) und 89 ohne Weitungstektonik (non-extended crust) innerhalb der globalen stabilen kontinentalen Erdkruste. Hierbei weist jede Domäne eine maximale beobachtete Magnitude von $M_w \geq 4{,}5$ auf. Mehr als 800 Beben nach diesem Magnitudenkriterium fanden sich in den historischen Bebenkatalogen, die diese Domänen überdecken. Domänen, die diesem Magnitudenkriterium nicht genügen, blieben unberücksichtigt. Die Verteilung dieser maximal beobachteten Magnituden innerhalb der Weitungstektonik-Domänen ergibt ein $M_w = 5{,}87 \pm 0{,}87$ mit dem Maximum bei 8,3, während in den Domänen ohne Weitungstektonik $M_w = 5{,}53 \pm 0{,}61$ ist mit dem Maximum bei 6,8. Dies repräsentiert quasi den Roh-Datensatz.

Innerhalb dieser beiden unterschiedenen Domänentypen wurden schließlich diejenigen mit ähnlichen Eigenschaften zu so genannten Superdomänen zusammengefasst. Dabei wurden u. a. folgende Kriterien berücksichtigt: Krusten-Untertyp, geologisches Alter sowie Spannungsregime. Auf diese Weise ergaben sich 55 Superdomänen vom Weitungstyp und 15 vom Nicht-Weitungstyp. Die angenommene Normalverteilung der maximal beobachteten Magnituden M_{maxobs} ergibt sich hiermit zu $M_w = 6{,}04 \pm 0{,}84$ (aus 390 Beben) für die Kruste vom Weitungstyp und $M_w = 6{,}2 \pm 0{,}5$ (aus 450 Beben) für die Kruste vom Nicht-Weitungstyp. Sodann erfolgte eine Anpassung bzw. Normierung infolge der unterschiedlichen Vollständigkeiten bzw. Beobachtungszeitspannen der Daten in den verschiedensten Teilen der globalen kontinentalen Kruste. Die sich so ergebenden globalen prior Verteilungsfunktionen maximal beobachteter Magnituden zeigt Abbildung 1 mit den in Tabelle 1 zusammengestellten Parametern.

Tabelle 1: Globale prior Verteilungsfunktionen für maximal beobachtete Magnituden (nach Coppersmith, 1994b)

Typ kontinentaler Kruste	M_w, Mittelwert μ	Standardabweichung σ
Weitungstektonik	6,4	0,8
Nicht-Weitungstektonik	6,3	0,5

3.2 Regionale Likelihood-Verteilungsfunktionen

Die Verknüpfung der globalen prior Verteilungsfunktionen mit den Spezifika einer seismischen Quellregion erfolgt über den Parameter β der Exponentialverteilung der Magnituden-Häufigkeit sowie der normierten Anzahl n von Beben oberhalb eines spezifischen minimalen Bebens (Cornell, 1994):

$$L(M) = \begin{cases} 1-\exp(-\beta(M-M_{min})) & \text{für } M \geq M_{max\,obs} \\ 0 & \text{für } M < M_{max\,obs} \end{cases} \quad (1)$$

Je größer n ist, umso kleiner ist die Wahrscheinlichkeit des Auftretens eines überraschenden Bebens in dieser Zone; d. h. umso kleiner fällt M_{max} aus.

Der Einfluss von β ist invers: Je größer β, umso höher ist das Potenzial großer Beben in der Zone, da diese in den Aufzeichnungen fehlen könnten, infolge deren kleinerer Auftretenswahrscheinlichkeit im Vergleich zu Zonen mit kleinem β.

Die prinzipielle Gestalt der regionalen Likelihood-Verteilungsfunktion zeigt ebenso Abbildung 1.

3.4 Posterior Funktion

Die Multiplikation der globalen prior Verteilungsfunktion mit der regionalen Likelihood-Verteilungsfunktion sowie entsprechender Normierung ergibt die posterior Wahrscheinlichkeitsdichtefunktion maximal erwarteter Magnituden für eine Quellregion (Cornell, 1994):

wobei μ der Mittelwert und σ die Standardabweichung der prior Funktion sind. Die Gestalt solcher posterior Funktionen und das Prinzip der Berechnung illustriert die Abbildung 1.

Wie bereits in den früheren Anwendungen der Methodik in Grünthal u. Wahlström (2001) sowie Wahlström u. Grünthal (2000, 2001) wird im Gegensatz zu Coppersmith (1994b) die Fläche unter der posterior Funktion in fünf gleich große Flächen geteilt und der jeweilige Schwerpunkt dieser Flächen ermittelt. Diese Werte repräsentieren eine optimale Diskretisierung der posterior Funktion und können direkt als Eingabegrößen für probabilistische Gefährdungsberechnungen genutzt werden.

4 Verteilungsfunktionen maximal erwarteter Magnituden für ausgewählte seismische Quellregionen Südwestdeutschlands

4.1 Die betrachteten Quellregionen

Nach seismotektonischen Kriterien entwickelte seismische Quellregionen unter Einbeziehung Südwestdeutschlands wurden im Rahmen des D-A-CH-Forschungsvorhabens als Eingangsmodelle für probabilistische Gefährdungsabschätzungen entwickelt (Grünthal u. a., 1998). Diese fanden ebenso Eingang in die GSHAP-Arbeiten seitens des Autors (Grünthal u. a., 1999) und bildeten in jüngster Zeit die Grundlagen weiterer Gefährdungsanalysen (Jimenez u. a., 2001, 2002, 2003). Dieses Quellregionenmodell (Abb. 2), das sich in o. g. Untersuchungen bewährte, findet auch hier Anwendung.

Die im Rahmen dieser Analyse näher untersuchten seismischen Quellregionen sind (1) der südliche Oberrheingraben, (2) Ost-Schwarzwald/Neckar, (3) Albstadt, (4) Böblingen und (5) Altmühl/Donau (vgl. Abb. 2).

Für die Anwendung der EPRI-Methodik ist zunächst zu bewerten, welchem tektonischen Typ die Quellregionen zuzuordnen sind. Lediglich die seismische Quellregion (1) besitzt einen signifikanten Anteil von aktuo-tektonischer Weitungstektonik. In den übrigen hier behandelten Quellen ist dieser Anteil nicht signifikant, so dass in diesen Quellen die prior Funktion vom Nicht-Weitungstyp zur Anwendung kommt. Die Seismizitätsdaten, die hier zugrunde gelegt werden, fußen auf dem M_w-basierten Bebenkatalog von Grünthal u. Wahlström (2003). Als untere Grenzmagnitude zur Bestimmung der Beben-Anzahl für die regionale Likelihood-Verteilungsfunktion wird die Magnitudenklasse von

$$f(M) = \begin{cases} A \cdot (1-\exp(-\beta(M-M_{min}))) \cdot \exp\left\{-\frac{(M-\mu)^2}{2\sigma^2}\right\} & \text{für } M \geq M_{max\,obs} \\ 0 & \text{für } M < M_{max\,obs} \end{cases} \quad (2)$$

Erdkruste ohne Weitungstektonik
(M_{maxobs} = 6.3±0.5)

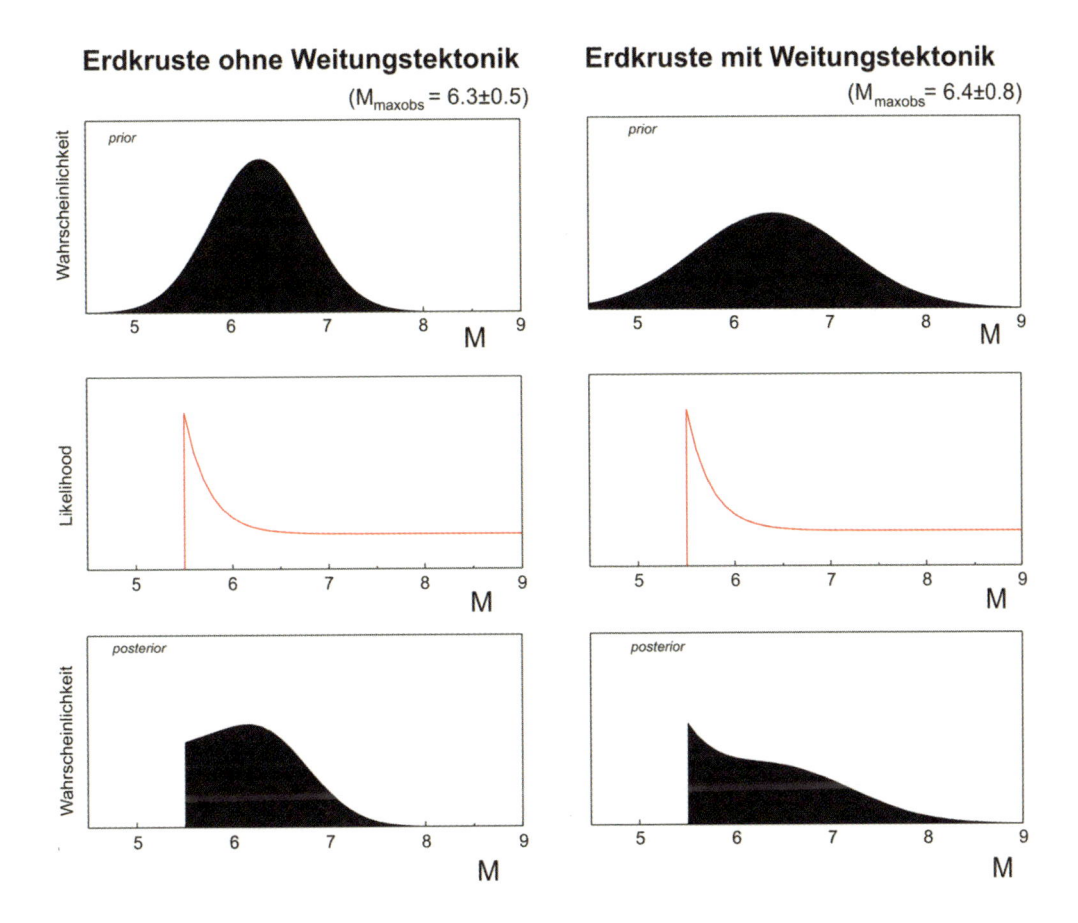

Erdkruste mit Weitungstektonik
(M_{maxobs} = 6.4±0.8)

Abb. 1: Globale prior Verteilungsfunktionen für maximal beobachtete Magnituden (oben) für die kontinentale Kruste mit und ohne Weitungstektonik; regionale Likelihood-Verteilungsfunktionen (Mitte) und posterior Verteilungsfunktion als Produkt der prior und der Likelihood Funktion

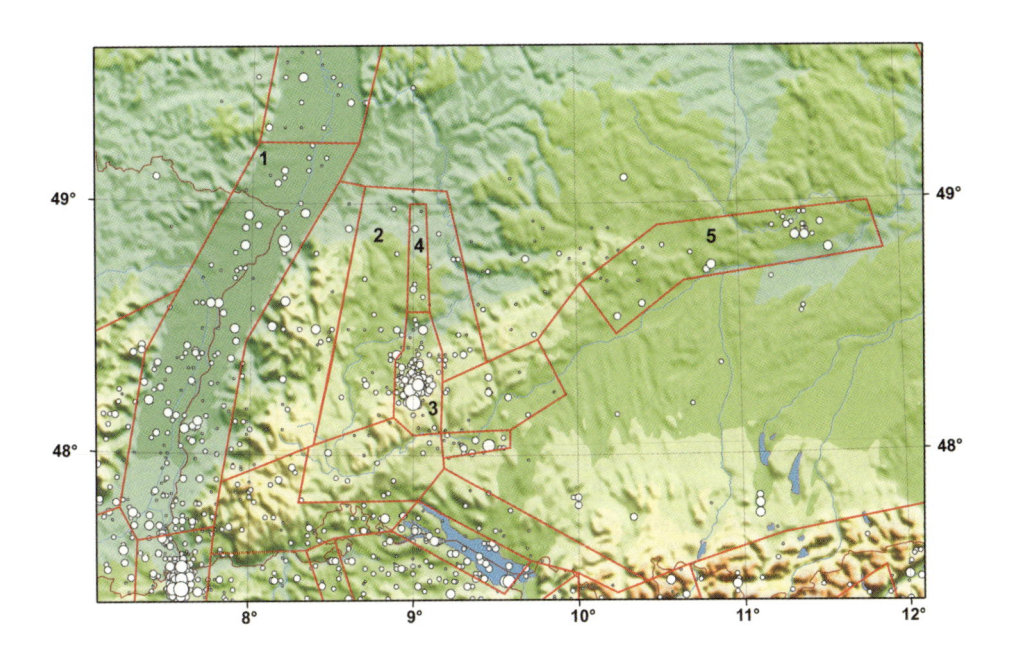

Abb. 2: Seismische Quellregionen nach Grünthal u. a. (1998) sowie die Verteilung der Epizentren nach Grünthal u. Wahlström (2003); die Ziffern in ausgewählten seismischen Quellregionen bezeichnen die Quellregionen, die hier näher hinsichtlich der M_{max}-Verteilungen untersucht werden: 1 südlicher Oberrheingraben, 2 Ost-Schwarzwald/Neckar, 3 Albstadt, 4 Böblingen und 5 Altmühl/Donau.

73

$M_w = 4{,}0$ herangezogen. Der Parameter β wird mit Hilfe der Maximum-Likelihood-Methode unter Beachtung der üblichen Konventionen bestimmt.

4.2 Maximale Magnituden in den Quellregionen

Momentmagnituden M_w besitzen in dem für Mitteleuropa gängigen Magnitudenbereich von 3 bis 6

Tabelle 2. Maximal beobachtete Beben in den hier untersuchten Quellregionen

Quellregion	maximal beobachtete Beben	M_w
1 Südlicher Oberrheingraben	1279/09/02	5,5
2 Ost-Schwarzwald/Neckar	1978/09/03	4,3
3 Albstadt	1911/11/16	5,7
4 Böblingen	1517/04/04	4,0
5 Altwinkel/Donau	1769/08/04	4,7

im Mittel 0,4 Magnitudeneinheiten kleinere Werte als M_L (z. B. beim Roermond-Erdbeben 1992 ist $M_w = 5{,}3$, während $M_L = 5{,}9$ ist). In Tabelle 2 sind die maximal beobachteten Magnituden für die hier betrachteten 5 Quellregionen zusammengefasst.

Wie man anhand der maximal beobachteten Beben in den betrachteten Quellregionen (Tab. 2) sofort sieht, sind in den Quellregionen 2, 4 und 5 die größten historisch aufgetretenen Beben soweit vom Schwerpunkt der *prior* Funktionen entfernt, dass die Likelihood Funktion die Gestalt der *posterior* Verteilungen nicht merklich zu verändern vermag. Hinzu kommt, dass in diesen Quellen die Bebenaktivität recht gering ist.

Für den südlichen Oberrheingraben wird ein b-Wert von 0,993 (±0,075) errechnet; für die Herdregion Albstadt beträgt b = 0,872 (±0,066). Damit ergeben sich für diese beiden Quellregionen, die in Abbildung 3a und b dargestellten Verteilungsfunktionen maximal erwarteter Magnituden. Die Abbildung 3c zeigt den Verlauf der M_{max}-Verteilungsfunktion für die übrigen hier behandelten Regionen 2, 4 und 5, welche quasi die *prior* Funktion repräsentieren.

Die Diskretisierung der Verteilungsfunktion, wie oben beschrieben (vgl. Abb. 3), ist in Tabelle 3 zusammengefasst.

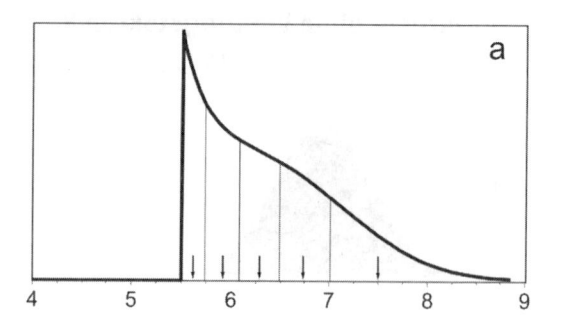

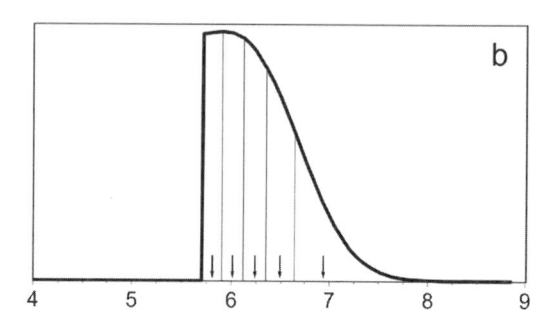

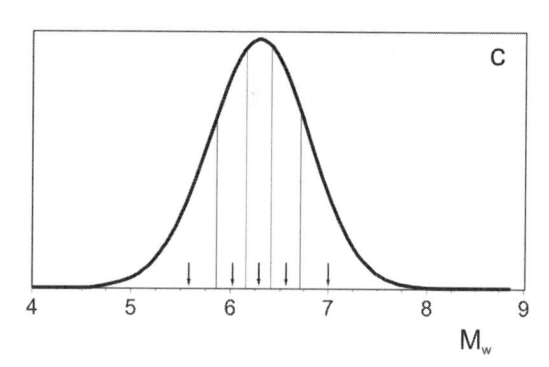

Abb. 3: Verteilungsfunktion maximal erwarteter Magnituden M_{max} für ausgewählte Quellregionen SW-Deutschlands; a – für die seismische Quellregion südlicher Oberrheingraben; b – für die Quellregion Albstadt; c – für die Quellregion 2, 4 und 5 (vgl. Abb. 2). Die Pfeile zeigen die jeweils ermittelten fünf Werte für M_{max} als Umsetzung der Verteilungsfunktionen (vgl. Text).

Tabelle 3. Diskretisierung der Verteilungsfunktionen

Quellregion	M_{max1}	M_{max2}	M_{max3}	M_{max4}	M_{max5}
1 südlicher Oberrheingraben	5,6	5,9	6,3	6,7	7,5
3 Albstadt	5,8	6,0	6,2	6,5	6,9
2, 4 und 5	5,6	6,0	6,3	6,6	7,0

5 Schlussfolgerungen

Die maximale Magnitude in einer seismischen Quelleregion ist ein Parameter, der sich nur schwer in Form eines speziellen Wertes quantifizieren lässt.

Von Seiten der physikalisch begründeten Seismotektonik existiert natürlich solch eine Obergrenze erwarteter Bebenmagnituden. Verfahren, die sich hinreichend gut in Gebieten von Plattengrenzen nutzen lassen, versagen oftmals in Intra-Plattenbereichen wie in Mitteleuropa.

Bisher in Intra-Plattengebieten genutzte Verfahren oder als Expertenschätzungen klassifizierte Vorgehensweisen erweisen sich als wenig zufriedenstellend. Von Seiten der Nutzung des Parameters M_{max} in seismischen Gefährdungsabschätzungen ist die Bestimmung von M_{max} nicht sonderlich kritisch, da die Gefährdungsabschätzungen für die gängigen Gefährdungsniveaus nur unwesentlich von M_{max} abhängen. Die Bestimmung von M_{max} wird erst für Abschätzungen für sehr kleine Eintreffenswahrscheinlichkeiten kritisch (Grünthal u. Wahlström, 2001).

Um die prinzipielle Unschärfe der Angabe von M_{max} für ein Herdgebiet zu berücksichtigen, ist es unumgänglich, die mögliche Bandbreite dieses Parameters in die Betrachtungen einzubeziehen. Fehlende Beobachtungszeiträume werden in der hier vorgestellten und angewandten Methodik durch Raum bzw. Fläche kompensiert. Die erhaltenen Ergebnisse sind plausibel.

Praktiker des Erdbebeningenieurwesens mögen verwundert sein über die großen hier erhaltenen Werte der Fraktilen von M_{max} für Regionen mit teilweise sehr kleiner Bebenaktivität und maximal bisher beobachteten Magnituden. Zu berücksichtigen ist hierbei jedoch, dass diese großen M_{max}-Beträge nur eine Wichtung kleiner 0,5 aufweisen und dass Erdbebenquellzonen mit derartigen Eigenschaften einen nur kleinen Aktivitätsparameter a ($logN = a - b\ M$) besitzen und damit nur einen kleinen Beitrag zur Gesamtgefährdung einer Region besitzen.

Literatur

Coppersmith, K. J. (1994a): *Introduction*. In: *The Earthquakes of Stable Continental Regions*, Vol. 1: Assessment of Large Earthquake Potential. Electric Power Research Institute (EPRI) TR-102261-V1, 1-1–1-10.

Coppersmith, K. J. (1994b): *Conclusions regarding maximum earthquake assessment*. In: *The Earthquakes of Stable Continental Regions*, Vol. 1: Assessment of Large Earthquake Potential. Electric Power Research Institute (EPRI) TR-102261-V1, 6-1–6-24.

Cornell, C. A. (1994): *Statistical analysis of maximum magnitudes*. In: *The Earthquakes of Stable Continental Regions*, Vol. 1: Assessment of Large Earthquake Potential. Electric Power Research Institute (EPRI) TR-102261-V1, 5-1–5-27.

Grünthal, G. (1991): *Die seismische Gefährdung im östlichen Teil Deutschlands und deren Berücksichtigung in erdbebengerechten Baunormen*. Tagungsband Kolloquium Erdbebeningenieurwesen, Potsdam, 7.–9.1.1991. Knoll, P. und Werner, D. (Hrsg.), DGEB-Publ. Nr. 6, S. 9–38, Potsdam 1991.

Grünthal, G., Mayer-Rosa, D. und W. A. Lenhardt (1998): *Abschätzung der Erdbebengefährdung für die D-A-CH-Staaten – Deutschland, Österreich, Schweiz. Bautechnik* 75, 10, S. 753–767, Berlin.

Grünthal, G. und Ch. Bosse (1997): *Seismic hazard assessment for low-seismicity areas – Case study: Northern Germany*. Natural Hazards 14, pp. 127–139.

Grünthal, G. und R. Wahlström (2001): *Sensitivity of Parameters for Probabilistic Seismic Hazard Analysis Using a Logic Tree Approach*. Journal of Earthquake Engineering, Vol. 5, No. 3, pp. 309–328.

Grünthal, G. und R. Wahlström (2003): *An Mw Based Earthquake Catalogue for central, northern and northwestern Europe using a hierarchy of magnitude conversions*. Journal of Seismology 7, pp. 507–531.

Grünthal, G. und R. Wahlström (2004): *Assessment of seismic hazard in the Cologne area*. Natural Hazards, accepted manuscript.

Jiménez, M. J., Giardini, D., Grünthal, G. and SESAME Working Group (2001): *Unified seismic hazard modelling throughout the Mediterranean region*. Bolletino di Geofisica Teorica ed Applicata, Vol. 42, No. 1–2.

Jiménez, M. J., Giardini, D., Grünthal, G. and the SESAME Working Group (2002): *Unified seismic hazard modeling throught the Mediterranean region*. Bull. Geof. Teor. Appl. 42, pp. 3–18.

Jimenez, M.-J., Giardini, D. and Grünthal, G. (2003): *The ESC-SESAME Unified Hazard Model for the European-Mediterranean region*. csem-emsc Newsletter N°, 19. April 2003, pp. 2–4.

Johnston, A. C. (1994a): *Seismotectonic interpretations and conclusions from the stable continental region seismicity database*. In: *The Earthquakes of Stable Continental Regions*, Vol. 1: Assessment of Large Earthquake Potential. Electric Power Research Institute (EPRI) TR-102261-V1, 4-1–4-103.

Johnston, A. C. (1994b): *The stable continental region earthquake database*. In: *The Earthquakes of Stable Continental Regions*, Vol. 1: Assessment of Large Earthquake Potential. Electric Power Research Institute (EPRI) TR-102261-V1, 3-1–3-80.

Kanter, L. R. (1994): *Tectonic interpretation of stable continental crust*. In: *The Earthquakes of Stable Continental Regions*, Vol. 1: Assessment of Large Earthquake Potential. Electric Power Research Institute (EPRI) TR-102261-V1, 2-1–2-98.

Kijko, A. (2003): *Estimation of the maximum earthquake magnitude, mmax*. Pure Appl. Geophys., in press.

Kijko, A. and G. Graham (1998): *Parametric-historic procedure for probabilistic seismic hazard analysis. Part I: Estimation of maximum regional magnitude mmax*. Pure Appl. Geophys. 152, pp. 413–442.

McGuire, R. K. (1977): *Effects of uncertainty in seismicity on estimates of seismic hazard for the eastern United States*. Bull. Seism. Soc. Am. 67, pp. 827–848.

Nuttli, O. W. (1981): *On the problem of the maximum magnitude of earthquakes*. Proc. of Conference XIII, Evaluation of Regional Seismic Hazard and Risk. U.S. Geological Survey,

Open-File Report 81–437, pp. 876–885.

Slejko, D. und A. Rebez (2002): *A robust seismic hazard assessment for NE Italy*. 50th Anniversary of the European Seismological Commission (ESC), 28. General Assembly, Genoa 1–6 September 2002, 125 (Abstract; information from poster).

Youngs, R. R. und K. J. Coppersmith (1985): *Implications of fault slip rates and earthquake recurrence models to probabilistic seismic hazard estimates*. Bull. Seism. Soc. Am. 75, pp. 939–964.

Wahlström, R. und G. Grünthal (2000): *Probabilistic seismic hazard assessment for Sweden, Finland and Denmark using different logic tree approaches. Soil Dynamics and Earthquake Engineering 20*, pp. 45–58, 2000.

Wahlström, R. und G. Grünthal (2001): *Probabilistic seismic hazard assessment (horizontal PGA) for Fennoscandia using the logic tree approach for regionalization and non-regionalization. Seismological Research Letters*, Vol. 72, 1, pp. 33–45.

Abnahmebeziehungen

Subsoil classification of strong-motion recording sites in Turkish earthquake regions

Dominik H. Lang
Jochen Schwarz
Clemens Ende

1 Introduction

In order to provide reliable seismic design loads for a selected site, the identification of its amplification potential has to be carried out. Seismic site amplification depends on the characteristics of local subsoil rather than on the level of seismic excitation. A reliable categorization of site conditions should therefore be ensured.

A variety of classification schemes are generally given in different international earthquake codes. Many of them are based largely on the soil consistency of the upper 30 m (100 ft), of the soil profile which in turn assumes that (dynamic) material parameters of the soil layers are available. These soil-describing specifics can only be obtained by geotechnical or seismic exploration methods, which usually are time- and cost-consuming.

For this reason, a reliable seismic site assessment on the basis of stiffness-related classification schemes, as for example proposed by the 1997 Uniform Building Code [5] or Ambraseys et al. [1], can neither be performed in case of missing subsoil information nor for large areas with varying underground conditions. Latter being constricted by the high level of inconvenience.

In contrast to these classification procedures only regarding stiffness of the near-surface layers, stiffness-and-depth-related classification schemes have come into practice. Their main distinguishing feature to the stiffness-related classification schemes insists in additionally regarding the total thickness of overlying sediments. This basic approach is contained in a few scientific works, such as the proposal by Bray & Rodríguez-Marek [2], or the German earthquake code DIN 4149 [3]. Both are dealing with so called site-specific subsoil classes, considering the dynamic shear-wave velocities v_s of the soil layers as well as their ranges of total thickness H.

This work will introduce a hybrid procedure of seismic site assessment, called Method of an Experimental Seismic Site Assessment *mESSIAs* [10]. Based on instrumental site investigations, a more refined classification of the subsoil regarding the deep stratigraphy can be carried out. A standardization of the explored sites is realized by the provisions of the German code DIN 4149 [3], subdividing into 6 (7*) site-specific subsoil classes SC.

(*Note: Schwarz et al. [15] proposed a subdivision into 7 different site-specific subsoil classes, complementing class C2.)

2 Site classification schemes

2.1 Stiffness-related site classification schemes (shear-wave velocity-based)

Provided that the subsoil characteristics of a site are available, a site classification procedure as applied in most of the standard earthquake codes can be carried out. Some of these "conventiona" site classification schemes are mainly based on the average shear-wave velocities v_s of the upper 30 m of a soil profile. The criteria for the classification schemes according to Hosser & Klein [4] as well as Ambraseys et al. [1] are presented in Table 1.

Table 1: Comparison between different site classification schemes

Grade of soil stiffness	Ambraseys et al. [1]		Hosser & Klein [4]	
	Site class	Shear-wave velocity $v_{s,30}$ [m/s]	Site class	Shear-wave velocity $v_{s,30}$ [m/s]
1 (very low)	very soft	$v_{s,30} < 180$	A	$v_{s,30} < 400$
2 (low)	soft	$180 < v_{s,30} < 360$	A	$v_{s,30} < 400$
3 (medium)	stiff	$360 < v_{s,30} < 760\ (800)$	M	$400 < v_{s,30} < 1100$
4 (high)	rock	$v_{s,30} > 760\ (800)$	R	$v_{s,30} > 1100$

Recent earthquake code provisions such as the 1997 Uniform Building Code of the United States [5] also make use of this type of site classification, partially. Further criteria, like for example the results of Standard Penetration Testings (SPT) or the level of undrained shear strength of the soil materials lead to a more refined site categorization. The 6 different site classes according to the 1997-UBC [5] as well as their typical parameter ranges are reproduced in Table 2.

2. 2 Stiffness-and-depth-related classification schemes

Besides the intensity level of earthquake excitation, seismic site response is most notably affected by the queueing soil conditions. One of the main site-characterizing parameters is the fundamental (predominant) site frequency f_s (resp. the reciprocal value: the natural site period T_s) which depends not only on the dynamic stiffness of the soil materials but also on the total depth of sedimentary layers.

The strong amplification effects of seismic ground motion at sites being characterized by thin layers (< 25 m) of soft sediments over a half space are considered in most international earthquake codes. These effects are taken into account by the allocation of higher values for soil amplification factor S describing the amplification level of the respective elastic design spectrum.

In contrast to this, stiffness-related code provisions do not account for damping effects of soft sedimentary layers with larger thicknesses. In that case, a conventional site classification only regarding the upper 30 m of soil leads to an invalid estimation of the site response.

Table 2: Site classification according to the 1997 Uniform Building Code [5]

Site class	Site class description	Average soil properties for uppermost 30 m of soil profile		
		Shear-wave velocity $v_{s,30}$ [m/s]	Standard penetration test N [blows/ft]	Undrained shear strength u_s [kPa]
A	Hard rock, eastern United States sites only	> 1500	not applicable	not applicable
B	Rock	760–1500	not applicable	not applicable
C	Very dense soil and soft rock	360–760	$N \geq 50$	≥ 100
D	Stiff soils	180–360	$15 \leq N \leq 50$	$50 \leq u_s \leq 100$
E	Soft soil, profile with more than 3 m of soft clay defined as soil with plasticity index PI > 20, moisture content w > 40%	< 180	N < 15	$u_s < 50$
F	Soils requiring site specific evaluations: 1. Soil vulnerable to potential failure or collapse under seismic loading, e.g. liquefiable soils, quick and highly sensitive clays, and collapsible weakly cemented soils. 2. Peats and/or highly organic clays: 3 m or thicker layer. 3. Very high plasticity clays: 8 m or thicker layer with PI > 75. 4. Very thick soft/medium stiff clays: 36 m or thicker layer.	not specified	not specified	not specified

An innovative site classification scheme meeting both, dynamic stiffness and total sediment thickness of the investigation site was presented by Bray & Rodríguez-Marek [2]. The proposed classification is summarized in Table 3, primarily based on stiffness (i.e. average shear-wave velocity v_s) and depth to bedrock H. A further sub-classification is realized by regarding the depositional age (Holocene or Pleistocene) and the soils' cohesive level.

Table 3 additionally indicates spectral ranges of the fundamental site frequency f_s. These values are obviously based on calculations for possible combinations between average shear-wave velocities v_s and total sediment thicknesses H. Compared to other site response studies, predominant site frequencies, especially of (very) deep sedimentary soil profiles (e.g. site class D-1, D-2, D-3) in many cases are significantly smaller than the specified frequency ranges as indicated in Table 3.

Another site classification scheme regarding the influence of a globally described subsoil as well as the geological profile at depth is comprised in the German earthquake code provision DIN 4149 [3]. Consequently, a differentiation between i) geological subsoil classes (A, B, C) representing the total thickness of overlying stratum, and ii) soil condition classes (1, 2, 3) representing the consistency and stiffness of subsoil materials is undertaken.

Geological subsoil class A can be characterized by missing or overlying sediments with maximum thicknesses of 25 m, whereas class C is described by deep, mostly Quaternary alluvial layers reaching depths between 100 and 1000 m. Geological subsoil class B is representing the transition zones between classes A and C as well as shallow basin structures with thicknesses of sedimentary layers between 25 and 100 m.

According to DIN 4149 [3] the three soil condition classes can be characterized in the following way:
1 – firm to medium-firm soil with shear-wave velocities v_s > 800 m/s
2 – loose soil (gravel to coarse sands, marls) with 350 < v_s < 800 m/s
3 – fine-grained soil (fine sands, loesses) with v_s < 350 m/s

Table 3: Site classification on the basis of simplified geotechnical site categories (Bray & Rodríguez-Marek [2]; table reproduced after Rodríguez-Marek et al. [14])

Site	Site class description	Comments	Site frequency f_s (predominant peak)
A	Hard rock	Hard, strong, intact rock: v_s > 1500 m/sec	≥ 10.0 Hz
B	Rock	Most "unweathered" California rock cases: v_s ≥ 760 m/sec or H < 6 m of soil.	≥ 5.0 Hz
C-1	Weathered/soft rock	Weathered zone: H = 6–30 m; v_s > 360 (700) m/sec.	≥ 2.5 Hz
C-2	Shallow stiff soil	Soil depth: H = 6–30 m.	≥ 2.0 Hz
C-3	Intermediate depth stiff soil	Soil depth: H = 30–60 m.	≥ 1.25 Hz
D-1	Deep stiff holocene soil, either S (sand) or C (clay)	Soil depth: H = 60–200 m. Sand has low fines content (< 15%) or non-plastic fines (PI < 5). Clay has high fines content (> 15%) and plastic fines (PI > 5).	≥ 0.7 Hz
D-2	Deep stiff pleistocene soil, S or C	Soil depth: H = 60–200 m. See D-1 for S or C sub-categorization.	≥ 0.7 Hz
D-3	Very deep stiff soil	Soil depth: H > 200 m.	≥ 0.5 Hz
E-1	Medium depth soft clay	Thickness of soft clay layer: H = 3 - 12 m.	≥ 1.4 Hz
E-2	Deep soft clay layer	Thickness of soft clay layer: H > 12 m.	≥ 0.7 Hz
F	Special, e.g. potentially liquefiable sand or peat	Holocene loose sand with high water table (z_w < 6 m) or organic peat.	≈ 1.0 Hz

The geological conditions of Germanys earthquake regions only admit some possible combinations between geological subsoil classes A, B, C and soil condition classes 1, 2, 3. The 7 different combinations of the so-called site-specific subsoil classes (SC) are illustrated by Figure 1.

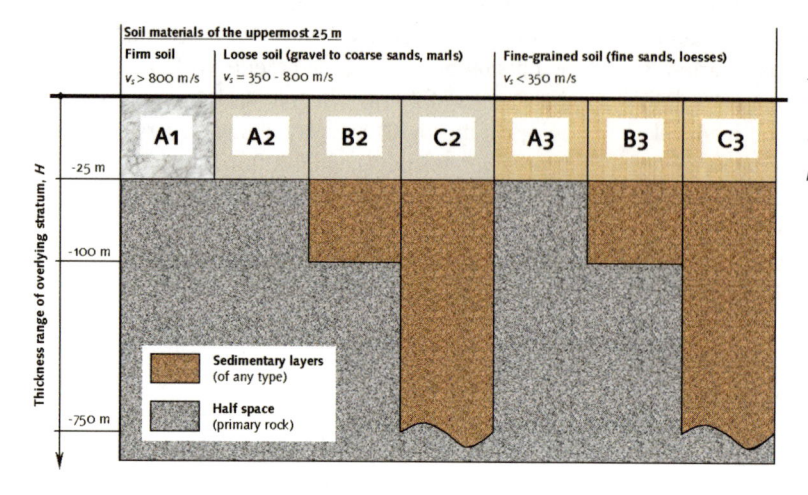

Figure 1: Possible combinations of site-specific subsoil classes (SC) according to the German Code DIN 4149 [3] (Note: SC C2 is not considered in the present draft of DIN 4149 [3])

3 Method of an Experimental Seismic Site Assessment (mESSIAs)

After the strong Turkey earthquakes on both August 17, and November 12, 1999 great efforts were undertaken in the region in order to enlarge the existing seismic network. Along the western segment of the Northanatolian fault zone, a densely distributed network of strong-motion recorders was established by different institutions. In addition to the continuous operating net by the General Directorate of Disaster Affairs Ankara (AFET) and the Kandilli Observatory Istanbul (KOERI), several temporary strong-motion recorders (e.g. by German TaskForce for Earthquakes GTFE) were installed within the affected provinces directly after the strong events in 1999. Recording stations used for further investigations are listed in Table 4.

For most of the recording sites a stiffness-related site classification has already been performed. Assuming that information of surface geology is available, a more or less precise classification of the sites can be carried out. Not only data of borehole or seismic exploration methods but also estimates of the geological conditions may have lead to the stiffness-related site classification as shown in Table 4. In addition to the coarse classification into rock, stiff and soft soil conditions [9] [17] [20], stations of KOERI were arranged according to the scheme of 1997 Uniform Building Code [5].

In order to carry out a sophisticated site classification including the effects of subsoil stratigraphy at depth, the "conventional" schemes based on the upper 30 m are insufficient. In this case the application of a site-specific classification scheme appears to be more favorable. As experience shows, data of deep geological borings are usually missing at most of the recording sites, leading to the fact that a stiffness-and-depth-related classification scheme will not be applicable, too.

Obviously, a seismic site classification regarding both, soil stiffness and total depth to geological bedrock can only be performed combining the results of different fields of investigation. The herein presented Method of an Experimental Seismic Site Assessment mESSIAs [10] correlates instrumental results with those of theoretical investigations for modeled subsoil profiles. As a result, subsoil classification can be realized even for sites where only coarse information about local subsoil conditions are available.

The instrumental investigations within mESSIAs are primarily concentrated on the horizontal-to-vertical spectral ratios of ambient seismic noise (noise, microtremors) recorded at the ground surface. Since geotechnical or seismic exploration methods (e.g. deep borehole drillings, seismic refraction/reflection) are time- and cost-consuming, the so-called spectral H/V-method on microtremors has become

---

Table 4: Subsoil classification of strong-motion sites in Northanatolian Turkey

1) according to the 1997-UBC classification scheme (see chapter 2.1)

2) according to the simplified classification scheme of the uppermost 30 m, e.g. Ambraseys et al. [1] in Youd et al. [20]

3) assumed or determined subsoil classification for elaboration of site-dependent attenuation laws in Schwarz et al. [17] [18]

4) according to own estimation of the queueing subsoil conditions

Instit.	Station	Index	Station coordinates		Stiffness-related classification			Stiffn.-+-depth-rel.class.
			Lat [° N]	Lon [° E]	KOERI[1]	EERI[2]	EDAC[3]	DIN 4149 [3]
KOER	Arcelik	ARC	40.82360	29.36074	C	stiff	stiff soil	
KOER	Ambarli Termik S.	ATS	40.98092	28.69260	D	soft	soft soil	
KOER	Botas	BTS	40.99196	27.97956	C	stiff	stiff soil	
KOER	Bursa Tofas Fabr.	BUR	40.26053	29.06803	D	soft	soft soil	
KOER	Cekmece	CNA	41.02377	28.75943	D	stiff	stiff soil	
KOER	Hava Alani	DHM	40.98229	28.81995	D	stiff	stiff soil	
KOER	Fatih	FAT	41.01966	28.95003	D	soft	soft soil	
KOER	Heybeli	HAS	40.86882	29.08753	C		stiff soil	
KOER	Istanbul	KMP	41.00322	28.92846	D		soft soil	
KOER	Yapi Kredi	YKP	41.08112	29.01117	B	rock	rock	
KOER	Yarimca	YPT	40.76390	29.76200	D	soft	soft soil	
KOER	Istanbul	GB	41.01939	28.96947	D		soft soil	
KOER	Darica	DAR	40.75693	29.36730	D		soft soil	
KOER	Adapazari	1409	40.76238	30.35453	D		stiff soil	
KOER	Arifiye	1410	40.70973	30.39525	D		soft soil	
KOER	Adapazari	1411	40.78633	30.39067	D		soft soil	
KOER		1414	40.74957	30.53257	D		soft soil	
KOER	Adapazari	1415	40.73687	30.37865	D	stiff	rock[4]	
KOER	Adapazari	1417	40.77320	30.39777	D		soft soil	
KOER		1412	40.77873	30.67853	D		soft soil	
KOER	Adapazari	GEN	40.78487	30.39228	D		soft soil	
KOER	Adapazari	SEK	40.78468	30.37982	D		soft soil	
KOER	Yalova	Hil	40.64730	29.26450	D		soft soil	
KOER	Yalova	Bah	40.65160	29.28240	D		soft soil	
KOER	Yalova	Bag	40.65367	29.27431	D		soft soil	
KOER	Yalova	GIR	40.65625	29.29565	D		soft soil	
KOER	Yalova	Has	40.65260	29.26315	D		soft soil	
KOER	Yalova	Kas	40.65700	29.29145	D		soft soil	
KOER	Yalova	RAD	40.65042	29.32542	D		soft soil	
KOER	Yalova	Ruz	40.64740	29.27678	D		soft soil	
KOER	Yalova	Tar	40.65810	29.24763	D		soft soil	
KOER	Aydin Hayvan Hast.	AYD	40.75262	31.11323	B		rock	
KOER		BAL	40.77993	31.10185	D		soft soil	
KOER		FCM	40.82653	31.18988	D		soft soil	
KOER		GON	40.81680	31.20963	D		soft soil	
GTFE	Adapazari	ADA	40.73700	30.38000			rock[4]	A2
GTFE	Adapazari	APA	40.71400	30.38600			soft soil[4]	B3
GTFE	Adapazari	AZA	40.75600	30.39000			stiff soil[4]	A2
GTFE	Akyazi	AKY	40.67000	30.62300			soft soil[4]	B3
GTFE	Caybasi	CAY	40.69000	30.44000			soft soil[4]	A3–B3
GTFE	Duezce	DUZ	40.84400	31.14800			soft soil[4]	B3
GTFE	Gebze	GEB	40.78200	29.41600			rock[4]	A1
GTFE	Gölyaka	GOY	40.77900	31.00300			soft soil[4]	B3
GTFE	Hendek	HEN	40.79500	30.73500			rock[4]	A1
GTFE	Eregli	KAR	40.70000	29.67000			stiff soil[4]	B2
GTFE	Sapanca	SAP	40.68900	30.25700			stiff soil[4]	C2
GTFE	Seymen	SEY	40.71000	29.90700			stiff soil[4]	A2
GTFE	Yalova (Ciftlikköy)	YAL	40.66100	29.32400			stiff soil[4]	A2
AFET	Duezce	DZC	40.84400	31.14800	D	soft	soft soil[4]	B3
AFET	Gebze	GBZ	40.78600	29.44500		stiff/rock	rock[4]	A1
AFET	Izmit	IZT	40.79000	29.95500		rock	rock[4]	A1
AFET	Iznik	IZN	40.43700	29.69100		soft	soft soil	
AFET	Sakarya	SKR	40.73700	30.38400		stiff/rock	rock[4]	A2
AFET	Bolu	BOL	40.74600	31.60800		soft	soft soil[4]	C3
AFET	Mudurnu	MDR	40.46300	31.18200				
AFET	Göynük	GYN	40.38000	30.73000				
AFET	Maslak	MSK	41.10400	29.01900		rock	rock	
AFET	Zeytinburnu	ZYT	40.98600	28.90800		stiff	stiff soil	

more popular in order to obtain information about the sites' subsoil. This "single-station" method was first introduced by Nogoshi & Igarashi [13] and later enhanced by Nakamura [12] who suggested that spectral H/V-ratios of microtremors (HVNR) represent the "Quasi-Transfer Spectrum" of the recording site. Even though the given theoretical background of the technique seems to be questionable to many scientists till today, stability as well as plausibility of results are almost convincing.

In general, the spectral H/V-method is based on the ratios of horizontal relative to vertical Fourier amplitude spectra (FFT) of microtremor data simultaneously recorded at the same site. It is assumed that microtremors, also denoted as ambient seismic noise, mainly consist of Rayleigh waves propagating in a horizontally stratified soil over a half-space. Additionally it is supposed, that noise waves coming from very local sources neither affect the horizontal nor the vertical component of ground motion at the soil basement. According to Nakamura [12], dividing the horizontal by the vertical component of ground motion at the surface leads to eliminating the source as well as Rayleigh wave effects. Thus the spectral H/V-ratio provides a reliable estimate of the S-wave transfer function.

Lachet & Bard [7] showed that spectral H/V-ratios of microtremors are suited for the identification of the fundamental site frequency, whereas amplification level of the frequency peaks should be only qualitatively regarded.

4 Application of the method

In order to check MESSIAs' applicability, a variety of sites covering all possible subsoil conditions has to be investigated. During recent field missions by German TaskForce reconnaissance teams to Turkish earthquake regions [8] [16] [19], microtremor recordings have been performed at selected sites within the Northanatolian provinces Kocaeli, Sakarya and Bolu as well as the Southanatolian region Adana (Ceyhan) (Figures 2 and 3, resp.). In this regard investigating the sites of strong-motion instruments was of particular interest. On the basis of these recording sites, the application of MESSIAS [10] will be exemplarily carried out. Its single steps of performance can be described as follows:

Step 1: Generation of possible subsoil profiles
The experimental site assessment is mainly based on the site-specific classification scheme as indicated in the code provisions of DIN 4149 [3]. A variety of subsoil profiles are modeled meeting the conditions therein specified. In this regard, attention should be paid to the upper and lower bounds of ranges for soil stiffness and sediment thickness in order to cover all possible combinations.

Step 2: Calculation of theoretical transfer functions
On the basis of the model profiles for each site-specific subsoil class theoretical transfer functions are calculated. The possible locations of predominant peaks within one site-specific subsoil class are marked in the spectral domain (as exemplarily done for site-specific subsoil class SC B2 in Figure 4).

Step 3: Application of the spectral H/V-technique on microtremor data
Aside, instrumental data recorded at the different sites is subjected to the spectral H/V-ratio technique. In order to eliminate possible misinterpretations caused by temporary disturbances during noise recording, observation periods of 30 minutes or more at each site are strictly recommended. Care has also been taken in view of topographic effects or local site peculiarities, e.g. artificial soil replenishments, floor coverings, paved or tarmac roads, elevated structures etc. [10].

Step 4: Allocation of the different recording sites into site-specific subsoil classes
By comparing the shapes of spectral H/V-ratios with theoretical transfer function or simply the positions of the predominant frequency peaks of the different methods, a coarse classification of the site into site-specific subsoil classes can be carried out. Figure 5 shows an arrangement of selected spectral H/V-ratios into the 7 different site-specific subsoil classes. (Note: each curve represents the arithmetic mean function of several H/V-spectra for succeeding time periods of registration at the same site.)

Step 5: Calibration of a selected model-profile on the instrumental H/V-ratio
Once a site-specific subsoil class could be allocated according to the coincidence between theoretical with experimental results, a calibration of the best-fitting model-profile by variation of stiffness and/or sediment depth can be realized. Thus resulting in a more precise classification of the site. Three different examples are presented in Figure 6.

In case of available information about the geological site conditions, e.g. detailed geological maps or borehole data of adjacent sites, a more refined generation of the subsoil profile is possible leading to a "closer-to-reality" modeling of the site (Figure 7).

During recent field missions of German TaskForce reconnaissance teams into the Northanatolian provinces, a large database of aftershocks could be collected at several recording sites (see Table 4, stations GTFE). On the basis of available information and own estimations, strong-motion recording stations of German TaskForce for Earthquakes (GTFE), Kandilli Observatory Istanbul (KOERI), and Istanbul Technical University (ITU) could be categorized according to the conventional classification

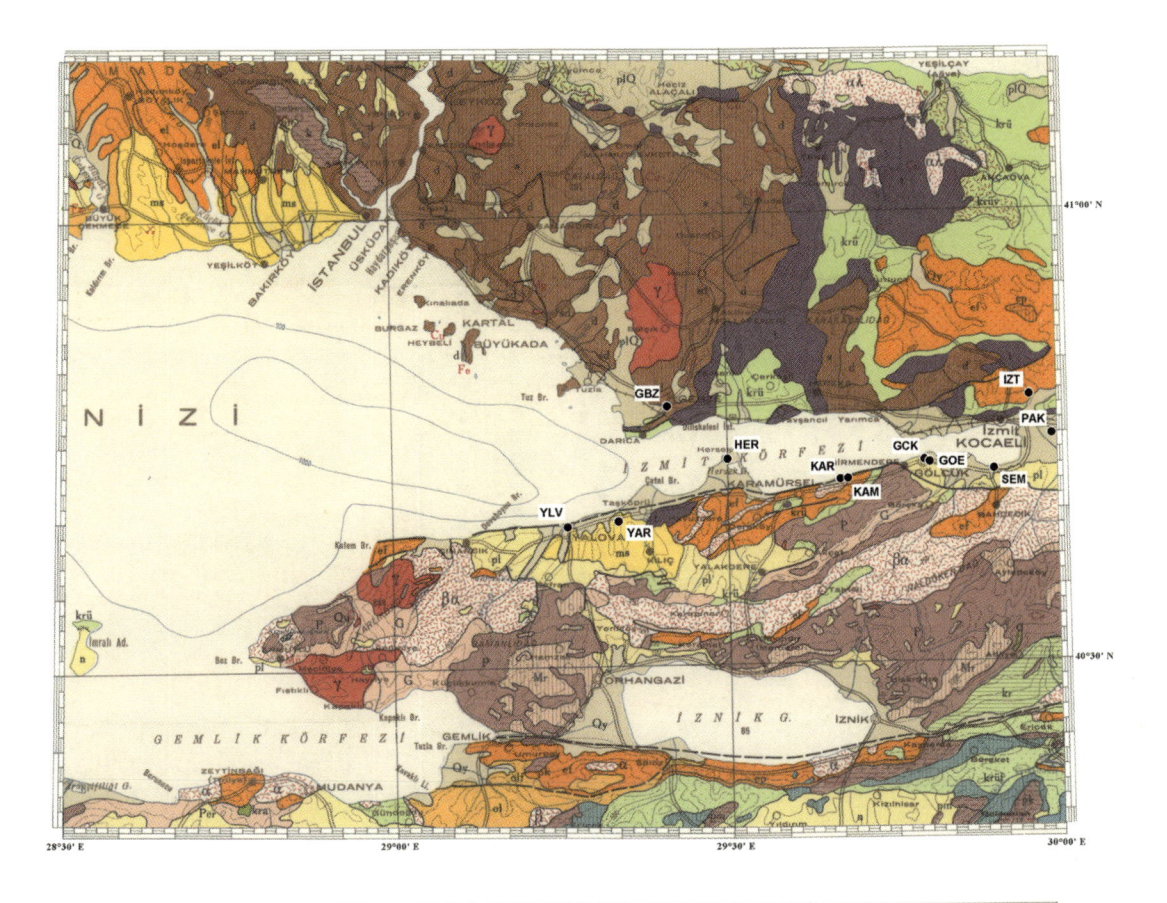

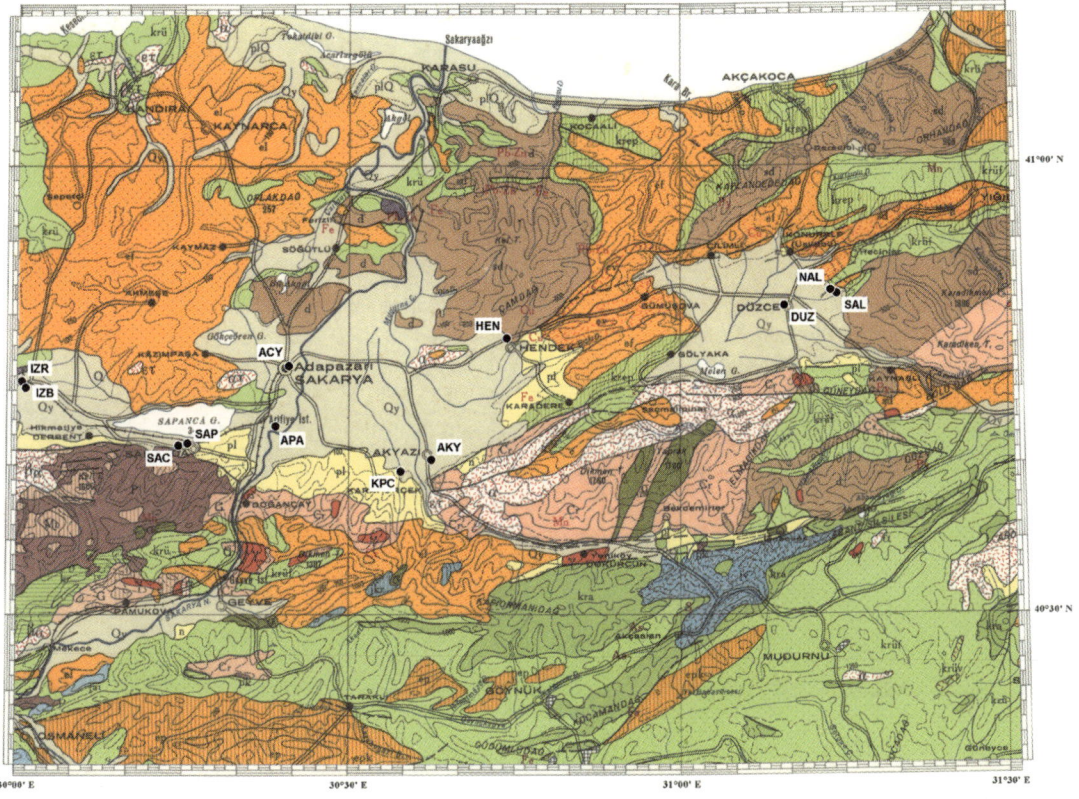

Figure 2: Geological map of the provinces Kocaeli (top), Sakarya and Bolu (bottom) along the western section of the Northanatolian fault line and microtremor recording sites (Note: figure on the top represents the western part, while figure on the bottom indicates the eastern part of the map. Modified maps after Maden Tetkik ve Arama Genel Müdürlüğü [11]).

Figure 3: Geological map of the Southanatolian region around the city of Adana and recording sites of microtremors. (Modified map after Maden Tetkik ve Arama Genel Müdürlüğü [11]).

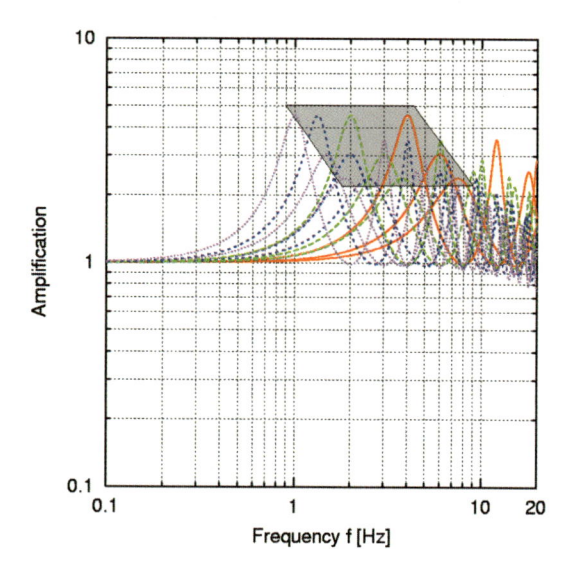

Figure 4: Theoretical transfer functions for several model profiles of site-specific subsoil class B2. The gray-shaded area marks the possible locations of predominant peaks.

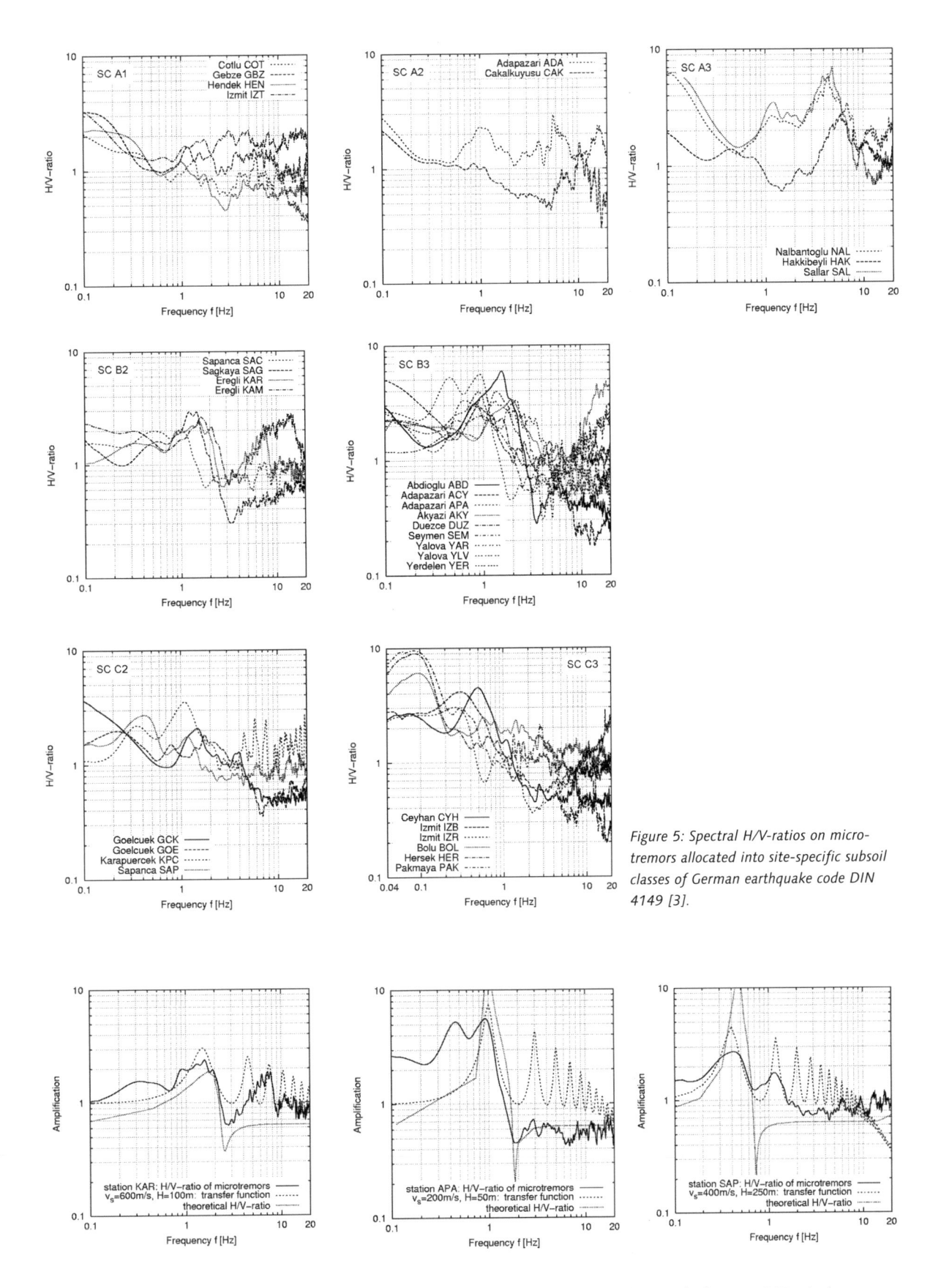

Figure 5: Spectral H/V-ratios on microtremors allocated into site-specific subsoil classes of German earthquake code DIN 4149 [3].

Figure 6: Calibration of code model profiles by approximating theoretical investigation results (transfer function, H/V-ratio for Rayleigh waves) on instrumental H/V-ratio of microtremors for selected recording sites:
a) B2 - Karamürsel (KAR),
b) B3 - Adapazari (APA),
c) C2 - Sapanca (SAP).

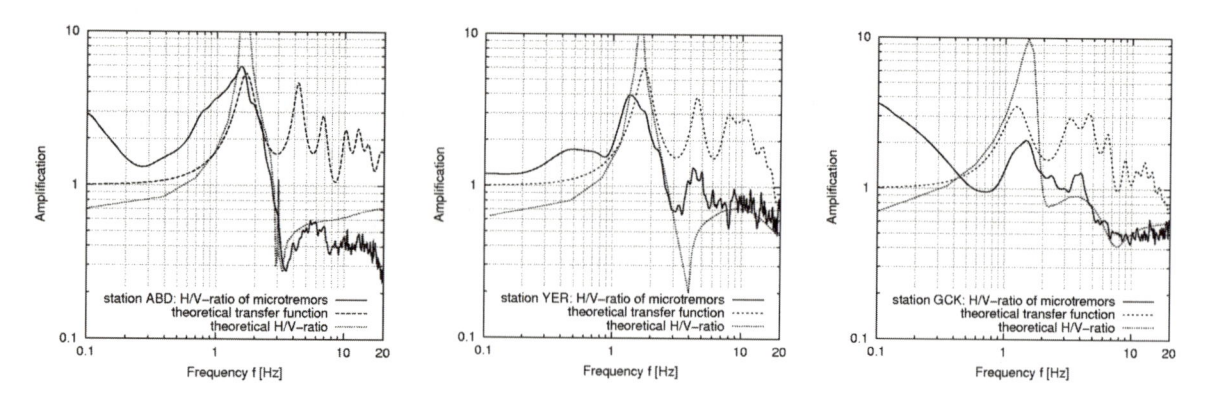

Figure 7: Calibration of available geological site informations by approximating theoretical investigation results (transfer function, H/V-ratio for Rayleigh waves) on instrumental H/V-ratio of microtremors for selected recording sites:
   a) Abdioglu (ABD),   *b) Yerdelen (YER),*   *c) Goelcuek (GCK).*

procedure into rock, stiff and soft soil sites. Figure 8 shows the magnitude-distance relationships of the database in dependence on the three different site classes.

In a first step, site-dependent attenuation laws were elaborated for these strong-motion data-sets being composed of main- and aftershock recordings of the 1999 Izmit/Kocaeli and Duezce/Bolu earthquakes [6] [17] [18].

On the basis of MESSIAS a further step of sub-classification of these recording sites could be carried out taking into account the total depth of sedimentary layers. As it is illustrated in Table 4, only a subset of all installed recording stations in the region could be subjected to the site-specific subsoil classification until now.

It will be the task for ongoing investigations to instrumentally investigate the remaining strong-motion stations in order to include as many strong-motion data as possible. Thus leading to a more detailed elaboration of spectral as well as ground acceleration attenuation laws.

5 Conclusions

The investigation herein show that stiffness-related site classification schemes as used in many international earthquake codes have some disadvantages with respect to their application in engineering practice. A seismic site assessment using one of these procedures is primarily connected with the following deficiencies:

• the requirement of available geotechnical and dynamic soil parameters at least of the uppermost 30 m, combined with the involved efforts and costs;
• the non-consideration of possible damping effects of mighty sedimentary layers in terms of elaborating a site-dependent design spectrum.

The latter can be obviated by the application of a stiffness-and-depth-related classification scheme, as for instance proposed by Bray & Rodríguez-Marek [2] or Germanys earthquake code DIN 4149 [3], referring also to the total depth of sedimentary layers over geological bedrock.

On the basis of the classification scheme included in DIN 4149 [3] an experimental procedure,

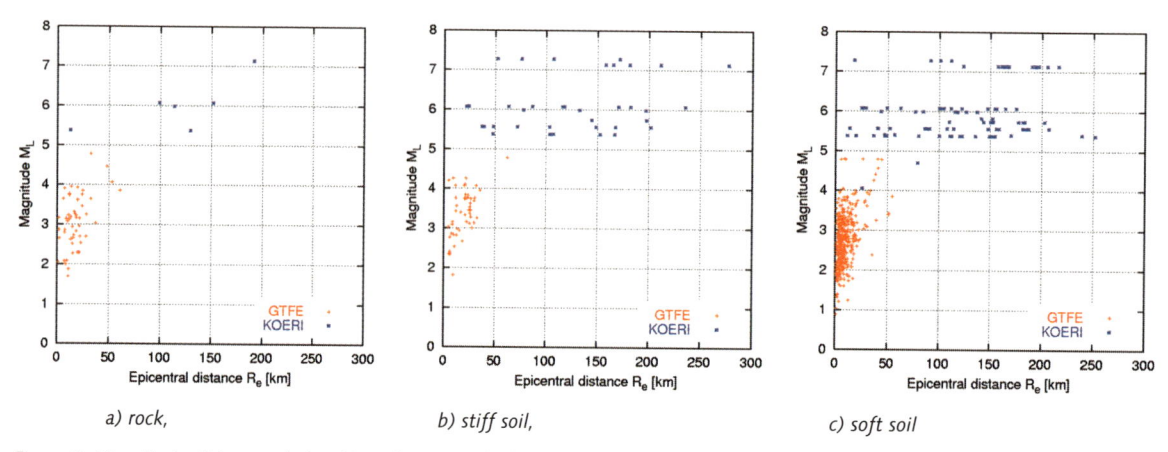

a) rock,   *b) stiff soil,*   *c) soft soil*

Figure 8: Magnitude-distance relationships of main- and aftershock database according to [21] in dependence on different subsoil conditions

called MESSIAS [10] is introduced. The instrumental recording of ambient seismic noise at the site of interest is a basic necessity for the method. By the application of spectral H/V-technique on microtremor data, a correlation between the resulting quasi-transfer function of the site and theoretical transfer functions for model profiles is carried out. In case of additional information of local subsoil conditions a more detailed assessment of the site can be realized.

In order to elaborate site-dependent attenuation laws considering not only the stiffness of near-surface sedimentary layers but also their total depth, a practical application of MESSIAS is found.

6 Acknowledgment

The authors would like to thank the Hannover Rückversicherungs AG Eisen und Stahl for co-sponsoring TaskForce missions since the year 1994. Continuous support by the General Directorate of Disaster Affairs (AFET Ankara) during recent field missions of German TaskForce Engineering Group is kindly appreciated. Special thanks also to the Seismology Group of German TaskForce at GFZ Potsdam for localizing aftershocks and organizational aid.

Additional strong-motion data incorporated in the elaborations was provided by Kandilli Observatory of Boğaziçi Üniversitesi İstanbul (KOERI) [6].

References

[1] N. N. Ambraseys, K. A. Simpson, and J. J. Bommer: *Prediction of horizontal response spectra in Europe.* Earthquake Engineering and Structural Dynamics 25:371-400, 1996.

[2] J. D. Bray and A. Rodríguez-Marek: *Geotechnical site categories.* In *First PEER-PG&E Workshop on Seismic Reliability of Utility Lifelines*, San Francisco/CA, 1997.

[3] Deutsches Institut für Normung, Berlin: *DIN 4149, Bauten in deutschen Erdbebengebieten.* National code provision, 2002.

[4] D. Hosser and K. Klein: *Realistische seismische Lastannahmen für Bauwerke mit erhöhtem Sekundärrisiko.* Technical report, Frankfurt/M., 1983.

[5] International Conference of Building Officials (ICBO), Whittier/CA, United States. 1997. Uniform Building Code (1997-ICBO). National code provision, 492 pp., 1997.

[6] Kandilli Observatory and Earthquake Research Institute (KOERI): *Strong-motion database of 1999 Turkish main- and aftershocks.* <http://jeofizik.koeri.boun.edu.tr/>, Kandilli Rasathanesi ve Deprem Arastirma Enstitüsü, Boğaziçi Üniversitesi, İstanbul/Türkiye.

[7] C. Lachet and P.-Y. Bard: *Numerical and theoretical investigations on the possibilities and limitations of Nakamura's technique.* J. Phys. Earth, 42:377-397, 1994.

[8] D. H. Lang and J. Schwarz (2000): *A comparison of site response estimation techniques: Case studies in earthquake-affected areas.* In *6th International Conference on Seismic Zonation*, Palm Springs/CA, United States, 2000.

[9] D. H. Lang, J. Schwarz, and C. Ende: *The reliability of site response estimation techniques.* In *12th European Conference on Earthquake Engineering*, London, 2002.

[10] D. H. Lang: *Damage potential of seismic ground motion considering local site effects.* PhD thesis, Institute for Structural Engineering, Bauhaus-University Weimar, 2004.

[11] Maden Tetkik ve Arama Genel Müdürlügü (MTA): *Geological maps of Turkey (1:500.000)*, compiled by Z. Ternek, <http://www.mta.gov.tr>.

[12] Y. Nakamura: *A method for dynamic characteristics estimation of subsurface using microtremor on the ground surface.* QR of RTRI, 30, No. 1, February 1989.

[13] M. Nogoshi and T. Igarashi: *On the amplitude characteristics of microtremor (Part 2).* Jour. seism. Soc. Japan, 24:26-40, 1971 (in Japanese with English abstract).

[14] A. Rodríguez-Marek, J. D. Bray, and N. A. Abrahamson: *An empirical geotechnical seismic site response procedure.* Earthquake Spectra, 17, No. 1, pp. 65-87, 2001.

[15] J. Schwarz, D. H. Lang, and Ch. Golbs: *Erarbeitung von Spektren für die DIN 4149 - neu unter der Berücksichtigung der Besonderheiten deutscher Erdbebengebiete und der Periodenlage von Mauerwerksbauten.* Technical report, Studie im Auftrag der Deutschen Gesellschaft für Mauerwerksbau e.V. Bauhaus-Universität Weimar, Institut für Konstruktiven Ingenieurbau, 1999.

[16] J. Schwarz, D. H. Lang, M. Raschke, H.-G. Schmidt, F. Wuttke, M. Baumbach, and J. Zschau: *Lessons from Recent Earthquakes – Field Missions of German Task Force.* In *12th World Conference on Earthquake Engineering*, Auckland/New Zealand, 2000.

[17] J. Schwarz, C. Ende, J. Habenberger, D. H. Lang, and M. Raschke: *Engineering analysis of strong-motion data recorded during German TaskForce missions to Turkey (1998-2000).* 27th General Assembly of the European Geophysical Society, Nice, 2002.

[18] J. Schwarz, C. Ende, J. Habenberger, D. H. Lang, M. Baumbach, H. Grosser, C. Milkereit, S. Karakisa, and S. Zünbül: *Horizontal and vertical response spectra on the basis of after-shock recordings from the 1999 Izmit (Turkey) earthquake.* 28th General Assembly of the European Seismological Commission, Genoa/Italy, 2002.

[19] J. Schwarz, C. Ende, J. Habenberger, D. H. Lang, and M. Raschke: *Lessons from German TaskForce missions to Turkey: Engineering aspects.* Hazards Symposium 2002, Antalya/Turkey, 2002.

[20] T. L. Youd, J.-P. Bardet, and J.D. Bray (ed.): *Earthquake Spectra – Supplement A to Volume 16: Kocaeli, Turkey, earthquake of August 17, 1999 reconnaissance report.* Earthquake Engineering Research Institute (EERI), 2000-03 edition, 2000.

[21] C. Ende, J. Schwarz: *Spektrale Abnahmebeziehungen zur Bestimmung seismischer Bemessungsgrößen auf Grundlage von Starkbebenregistrierungen in der Türkei* (in diesem Heft).

Spektrale Abnahmebeziehungen zur Bestimmung seismischer Bemessungsgrößen auf Grundlage von Starkbebenregistrierungen in der Türkei

Jochen Schwarz
Clemens Ende

1 Zur Entwicklung und zu den Besonderheiten spektraler Abnahmeziehungen

Bis in die späten 70er Jahre hinein war es für die Auslegung in deutschen Erdbebengebieten üblich, auf Erdbebendaten aus Kalifornien zurückzugreifen. Auch in Gutachten zur Festlegung seismischer Lastannahmen für sicherheitsrelevante bauliche Anlagen wurden entweder Standard-Antwortspektren Kaliforniens oder ausgewählte Zeitverläufe dieser Region herangezogen.

Die Situation veränderte sich grundlegend mit der Einführung untergrundbezogener Spektren. Die Notwendigkeit der Berücksichtigung der Untergrundbedingungen initiierte in der Folgezeit vielfältige Untersuchungen von verfügbaren Starkbebendaten (vgl. [13]).

Für europäische Erdbebengebiete stellen die Bebenserie in Norditalien 1976 und nachfolgende Ereignisse in 1980 einen Meilenstein für die Aufbereitung seismischer Lastannahmen dar. Die veränderte Datensituation dürfte auch als maßgeblicher Ausgangspunkt des vom Instituts für Bautechnik Berlin in zwei Phasen durchgeführten Forschungsvorhabens „Realistische seismische Lastannahmen für Bauwerke mit erhöhtem Sekundärrisiko" gewesen sein, das von König und Heunisch de facto koordiniert wurde ([17], [16]). Wesentliches Ergebnis war die praktische Umsetzung eines Konzeptes intensitäts- und untergrundbezogener Spektren, auf das in den Folgejahren auch von [23] im Zusammenhang mit der Entwicklung einer Baunorm für das Territorium der DDR zurückgegriffen wurde.

Dennoch ist festzustellen, dass in den letzten Jahren das Konzept der intensitäts- und untergrundbezogenen Spektren – nicht zuletzt aufgrund des Fehlens von Intensitätsangaben zu den jeweiligen Aufzeichnungsstationen – international nicht weiter verfolgt wurde, sondern sich gleichrangig und verstärkt Konzepte durchgesetzt haben, die von einer Beschreibung des Bemessungsbebens in Parametern der Magnitude (Erdbebenstärke) bzw. Entfernung (Abnahme der Bodenbewegung) ausgehen.

Eine Vielzahl von Abnahmebeziehungen wurde aufbereitet, die den Versuch unternehmen, den Zusammenhang zwischen Magnitude, Entfernung und Bodenbeschleunigung bzw. den Spektralbewegungsgrößen über statistisch repräsentative Beziehungen und Korrelationskoeffizienten widerzuspiegeln. Voraussetzung bildet ein Datensatz von Beschleunigungsdaten, der einerseits möglichst umfangreich, andererseits für die Zielregion repräsentativ sein sollte. Eine erste Übersicht zu diesen Abnahmebeziehungen wurde durch [13] gegeben, dann durch [20] ergänzt und – als neues Qualitätsmerkmal – die mögliche Verknüpfung mit den modernen Methoden der probabilistischen Gefährdungsanalyse (in Form von gefährdungskonsistenten Spektren oder auch: *uniform hazard spectra*) aufgezeigt. Spektrale Abnahmebeziehungen stellen heute eine allgemein anerkannte Grundlage für die Beschreibung seismischer Einwirkungsgrößen dar.

In den letzten Jahren ist eine bemerkenswerte, kaum noch verfolgbare Zunahme derartiger Abnahmebeziehungen (zur Bestimmung von Bemessungsspektren) zu verzeichnen, die sich aus der verbesserten Instrumentierung weltweiter Starkbebengebiete, aber auch aus dem Auftreten der Schadensbeben in diesen Gebieten und dem verbesserten Datenzugang selbst erklären lässt.

Es ist das Verdienst von Ambraseys et al. [1], im Rahmen verschiedener, EU-geförderter Forschungsvorhaben eine Kollektion europäischer Erdbebendaten initiiert und abgeschlossen zu haben. (Dabei ist nicht zu übersehen, dass weiterhin eine Vielzahl der tatsächlich registrierten Beschleunigungsdaten nicht verfügbar ist, der Datenzugriff u.a. aufgrund der hohen Kosten für die Inbetriebnahme und Unterhaltung der Geräte nach Wirtschaftlichkeitskriterien geregelt wird.) Eine Übersicht zu solchen Abnahmebeziehungen, die insgesamt über 267 publizierte Auswertungen umfasst, wird in [7] vorgelegt.

Mit der Bereitstellung einer Bibliothek europäischer Starkbebendaten stehen erstmals in größerem Umfang Bebendaten zur Verfügung, die sich dem international üblichen Klassifikationsschema folgend, den Untergrundklassen Fels (*rock*), steifen Untergrund (*stiff soil*) und weichen Untergrund (*soft soil*) zuordnen lassen.

Zur Einordnung der Bedeutung dieser Entwicklung darf angemerkt werden, dass für deutsche Erdbebengebiete nach wie vor keine herdnahen Beschleunigungsaufzeichnungen von Beben mit der Stärke der maßgebenden Bemessungsbeben zur Verfügung stehen. Die Instrumentierung grenznaher Gebiete in Baden-Württemberg und Nordrhein-Westfalen kann zu einer ersten Datenmenge für die Ableitung solcher Abnahmebeziehungen beitragen. In diesem Zusammenhang sei auch auf eine unlängst aus den Bebenregistrierungen des Schweizerischen Erdbebendienstes abgeleitete Abnahmebeziehung verwiesen [5]. Sie zeichnet sich durch die Besonderheit einer Datenbasis aus, die vornehmlich durch herdnahe Ereignisse mit geringen Magnituden geprägt ist.

In [25] werden Strong-Motion-Daten für felsigen Untergrund in den für deutsche Erdbebengebiete maßgebenden Magnituden- und Entfernungsbereichen ausgewertet. Spektrale Abnahmebeziehungen und die Ergebnisse der statistischen Auswertung der nach vorgegebenen Magnituden- und Entfernungsintervallen selektierten Erdbebendaten werden in ähnlicher Form auch für steifen (*stiff soil*) und weichen Untergrund (*soft soil*) vorgelegt [24], wobei eine einstufige Regressionsmethode verfolgt wird. (Es ist darauf hinzuweisen, dass die Art der Datenauswertung nach unterschiedlichen Regressionstechniken erfolgen kann, die sich im Wesentlichen auf die von Joyner und Boore [15] oder die später von Ambraseys entwickelte Vorgehensweise beziehen (vgl. auch [8]).

Ein Schwachpunkt der europäischen, aber auch anderer Datenbanken besteht darin, dass die Bebendaten von sehr heterogener Qualität sind und oft keine Informationen zum jeweiligen Aufzeichnungsstandort oder dem Tiefenprofil an der Registrierstation vorliegen. Insofern können mit diesen Daten weiterhin nicht die Besonderheiten an Standorten mit mächtigen Lockersedimenten gespiegelt werden. Hier sind anderweitige Überlegungen angezeigt, die auch eine andere Form der Datenrecherche erforderlich machen. In einem Begleitbeitrag von Lang et al. [18] wird dargestellt, in welcher Form Registrierstandorte hinsichtlich des Tiefenprofils durch instrumentelle Standortuntersuchungen klassifiziert werden können. Diese Arbeit stützt sich auf jene Standorte, an denen nach dem Kocaeli (Izmit)-Beben 1999 durch Strong-Motion-Geräte der Deutschen Task Force Erdbeben eine Vielzahl von Nachbeben aufgezeichnet werden konnte. Erste Auswertungen des gewonnenen Datensatzes wurden in [26], in Erweiterung dieser Studie um eine Vielzahl von Nachbebenaufzeichnungen dieser Region in [22] ergänzt und erneut ausgewertet.

Nachdem ein Großteil der registrierten Ereignisse lokalisiert und durch Magnitudenangaben präzisiert werden konnte [19], sind die Voraussetzungen für eine systematische Auswertung der Daten und für eine grundlegende Überprüfung des in der Chronologie der Auswertungen nun nahezu vollständig komplettierten Datensatzes gegeben. Dabei geht es vornehmlich um die Klärung der Frage, welchen Einfluss die Zusammensetzung der Datenbasis auf die daraus abgeleiteten Abnahmebeziehungen nimmt und welche Besonderheiten Abnahmebeziehungen aufweisen, die sich auf Beben moderater oder geringer Stärke in Herdnähe beziehen.

Die nachfolgenden Untersuchungen tragen bereits dadurch unikalen Charakter, dass sie sich ausschließlich auf Bebendaten einer Region (die Beben 1999 in der Türkei) konzentrieren und eine bemerkenswerte Datenqualität (durch den Bezug auf die Task Force Geräte und Betreuung im Sinne der eigenen Datenbasis) gewährleistet erscheint.

Neben dem Einfluss der Datenbasis werden nachfolgend diskutiert: die untere Magnitudengrenze und die Herdtiefe sowie die Einordnung der Ergebnisse in andere Abnahmebeziehungen. Untere Magnitudengrenze und Herdtiefe sind auch von Bedeutung, wenn es um die Durchführung einer regional differenzierten probabilistischen Gefährdungsanalyse geht.

2 Zusammensetzung und Parameter der Erdbebendaten

2.1 Verwendete Datensätze

Die Qualität spektraler Abnahmebeziehungen hängt von der Qualität der verwendeten Strong-Motion-Daten, der Parameteridentifikation, ihrer Zusammensetzung (bezüglich möglichst breit abgedeckter Magnituden- und Entfernungsintervalle) sowie ihrer ausgewogenen Besetzung durch Registrierungen für unterschiedliche Untergrundbedingungen ab.

Im Beitrag werden folgende Datensätze, die als Datenbasen (DB) bezeichnet werden, untersucht:

Datenbasis I:
Der Datensatz beinhaltet ausschließlich die durch die Gruppe der TaskForce-Ingenieure gewonnenen Nachbebenaufzeichnungen des Kocaeli-Erdbebens (August-September 1999). Die Daten zeichnen sich durch:

- die Qualität der Messgeräte (*Kinemetrics*) und eigene Wartung der Stationen,

- die gute Kenntnis der Untergrundbedingungen (nicht zuletzt durch entsprechende Untersuchungen bei PostTaskForce-Missionen [26]) sowie

- die präzise Bestimmung der Bebenmagnituden, Herd- bzw. Epizentralkoordinaten durch die Seismologen der TaskForce vom GeoForschungsZentrum Potsdam [19]

aus.

(a) Datenbasis I

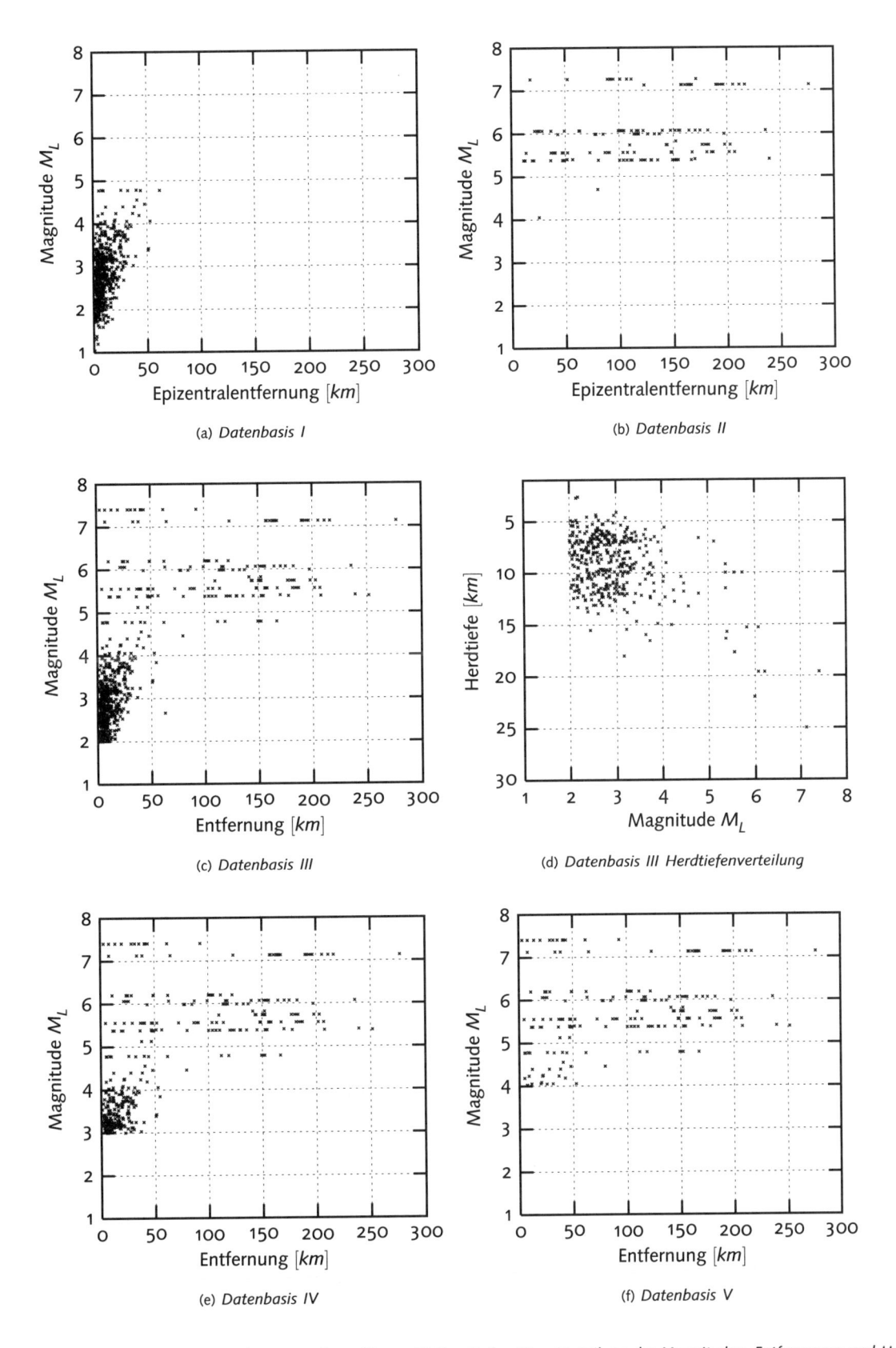

(b) Datenbasis II

(c) Datenbasis III

(d) Datenbasis III Herdtiefenverteilung

(e) Datenbasis IV

(f) Datenbasis V

Abb. 1: Zusammensetzung der verwendeten Strong-Motion-Datensätze; Verteilung der Magnituden, Entfernungen und Herdtiefen der untersuchten Datenbasen

Daten-basis	Magnitude	mittlere Magnitude	mittlere Entfernung [km]	Aufzeich-nungen	Untergrundklassen		
					Rock	Stiff	Soft
I	$M_L \geq 0.8$	2.8	10	538	53	52	433
II	$M_L \geq 4.0$	6.0	117	145	6	36	103
I+II	$M_L \geq 0.8$	3.5	34	693	59	88	536

Tabelle 1: Verteilung der Ereignisse und Untergrundbedingungen der Datenbasen I und II

Daten-basis	Magnitude	mittlere Magnitude	mittlere Entfernung [km]	Erdbeben	Aufzeich-nungen
III	$M_L \geq 2.0$	3.8	38	394	665
IV	$M_L \geq 3.0$	4.7	60	148	386
V	$M_L \geq 4.0$	6.0	99	29	205

Tabelle 2: Verteilung der Ereignisse innerhalb der Datenbasen III bis V

Wie Abb. 1 und Tab. 1 verdeutlichen, dominieren Schwachbeben mit Magnituden M_L kleiner 5.0 im Nahfeldbereich. Die Datendichte bei den herdnahen Registrierungen ist als Qualitätsmerkmal hervorzuheben.

Stationen der Deutschen TaskForce waren ausschließlich als Freifeldstationen eingerichtet; sie sind in diesem Sinne frei von Einflüssen durch die Bauwerksreaktion oder Effekte einer Wechselwirkung zwischen Baugrund und Bauwerk.

Datenbasis II:

Um Datenbasis I zu vervollständigen, wurde auf Aufzeichnungen von türkischen Stationen des 1999 Kocaeli- und Düzce-Hauptbebens und stärkere Nachbeben zurückgegriffen (Abb. 1b). Diese Bebenaufzeichnungen stammen vom stationären Starkbebennetz des *Kandilli Observatory and Earthquake Research Institute* in Istanbul (KOERI) [14] entlang der nordwestanatolischen Verwerfungszone.

Datensatz I und Datensatz II sind hinsichtlich der Untergrundbedingungen klassifiziert worden [18], so dass spektrale Abnahmebeziehungen für unterschiedliche Untergrundklassen vorgelegt werden können (siehe Abb. 2). Untersucht werden zunächst Datenbasis I sowie die Kombination von Datenbasis I + II. Als Entfernungsparameter geht die Epizentralentfernung ein.

Datensätze I und II bestehen vorwiegend aus Aufzeichnungen auf *soft soil* (vgl. Tab. 1), diese Untergrundklasse ist somit dominant vertreten. (Auf das Ungleichgewicht zwischen der großen Anzahl von Schwachbeben und der geringen Anzahl von Starkbeben ist hinzuweisen.)

Datenbasis III*:

Die entstandene Datenkombination (I+II) wurde nach Verfügbarkeit weiterer Starkbeben- und Nachbebenaufzeichnungen nochmals erweitert und durch Aufzeichnungen von AFET-Stationen [1] und zwischenzeitlich lokalisierter TaskForce Daten ergänzt. Die Entfernung wird für die beiden Hauptbeben (Kocaeli- und Düzcebeben) über die Entfernung zur Verwerfung (*fault distance*) beschrieben, bei den anderen Beben (Datensatz I + II) wird weiterhin von den Angaben zur Epizentralentfernung ausgegangen.

Zu den stationären, von unterschiedlichen türkischen Institutionen betreuten Stationen ist anzumerken, dass sie in der Regel in Gebäuden aufgebaut und somit nicht als Freifeldstationen zu betrachten sind.

Die so entstandene Grundmenge an Aufzeichnungen wurde schrittweise reduziert, indem für die untere Magnitude drei Grenzwerte festgelegt wurden, die letztlich folgende Datensätze begründen:

Datenbasis III:

DB III folgt aus Datensatz III* unter Beschränkung auf Lokalmagnituden $M_L \geq 2$ (vgl. auch Abb. 1c und 1d).

Datenbasis IV:

DB IV folgt aus Datensatz III* unter weiterer Beschränkung auf Lokalmagnituden $M_L \geq 3$ (vgl. auch Abb. 1e).

Datenbasis V:

DB V folgt aus Datensatz III* unter Beschränkung auf Lokalmagnituden $M_L \geq 4$ (vgl. auch Abb. 1f).

Die Anzahl der in den Datensätzen III bis V jeweils verbliebenen Aufzeichnungen bzw. Erdbeben sowie die mittlere Magnitude und Entfernung der Daten sind Tab. 2 zu entnehmen. Es ist feststellen, dass sich durch die Einführung unterer Magnitudengrenzwerte der Datenschwerpunkt deutlich in Richtung entfernter Beben verschiebt. Dieser Sachverhalt ist bei der Interpretation der Ergebnisse zu berücksichtigen.

Die verwendeten Zeitverläufe wurden lediglich basislinien-korrigiert; weitere Datenfilter oder Instrumentenkorrekturen sind nicht zur Anwendung gebracht worden. (Die damit verbundenen möglichen Effekte einer Überbewertung der Spitzenbodenbeschleunigung sind den Autoren bewusst. Durch die Betrachtung des Frequenzbandes von 0.5 bis 20 Hz wird versucht, den Übertragungseigenschaften der Geräte gerecht zu werden, mögliche langperiodische Effekte auf die Spektralordinaten sind aber nicht ausgeschlossen.)

Klassifikation	Kriterium (Scherwellengeschwindigkeit V_s)	E DIN 4149	UBC-97
rock	$V_s > 800\ m/s$	A1 (A2)	
	$V_s = 760 - 1500\ m/s$		B
stiff soil	$V_s = 350 - 800\ m/s$	(A2), B2, C2	
	$V_s = 360 - 760\ m/s$		C
soft soil	$V_s < 350\ m/s$	A3, B3, C3	
	$V_s = 180 - 360\ m/s$		D

Tabelle 3: Zuordnung der Untergrundklassen

2.2 Magnitude

Die Bebenstärke der Task-Force-Registrierungen wird über die Lokalmagnitude M_L beschrieben und folgt den Ermittlungen gemäß [19].

Da den meisten Aufzeichnungen von AFET [1] und KOERI [14] keine Lokalmagnituden zugeordnet sind, werden Formeln zur Umrechnung in M_L nach Ambraseys [2], hier Beziehung 1, und Grünthal und Wahlström [11], hier Beziehung 2, zugrunde gelegt:

$$M_s = 1.33 M_L - 1.733 \quad (1)$$

$$M_w = ((M_L + 0.722)^2) 0.9 + 1.65 \quad (2)$$

Die Darstellungen in Abb. 1 und Tab. 2 beziehen sich bereits auf die so vereinheitlichte Magnitudenart. Mit der Umrechnung der Mag-nituden möglicherweise verbundene Ungenauigkeiten können nicht quantifiziert werden, sind aber für die grundlegenden Aussagen (z.B. zum Einfluss der unteren Magnitudengrenze) eher von untergeordneter Bedeutung.

2.3 Lokale Untergrundbedingungen

Im Oktober 2000 sind im Rahmen eines *Post* TaskForce Einsatzes Bodenunruhe-Messungen an den Standorten des temporären Messnetzes des TaskForce Einsatzes von 1999 und an ausgewählten Stationen von AFET [22] durchgeführt worden. Wie in [18] dargestellt wird, konnten die Standorte auf der Grundlage der ermittelten H/V-Spektren jeweils einer charakteristischen Kombination von geologischer Untergrund- und Baugrundklasse zugeordnet werden, wobei das zwischenzeitlich auch in die Neufassung der DIN 4149 [6] eingeführte Einteilungsschema zugrunde gelegt wird. Der Untergrund an den temporären Messstationen der TaskForce wurde im Detail untersucht und Besonderheiten des Tiefenprofils herausgearbeitet. Aufgrund der spezifischen Standortbedingungen und in Anlehnung an andere Abnahmebeziehungen (z.B. [4]) wurde eine Vereinfachung durch die Grobeinteilung in die drei Klassen *rock*, *stiff soil* und *soft soil* vorgenommen.

Die Klassifikation der Untergrundbedingungen der KOERI-Stationen folgt dem Klassifikationsschema des UBC-97; entsprechende Zuordnungen konnten dem *Header* der Zeitverlaufsdateien [14] entnommen werden. Tab. 3 gibt eine Zuordnung der verschiedenen Normen-Einteilungen zu dem hier gewählten Klassifikationsschema.

2.4 Herdtiefe

Von allen in dieser Studie zugrunde gelegten Beben sind die Herdtiefen bekannt bzw. angegeben. Es besteht somit die Möglichkeit, den Einfluss der Herdtiefe auf die Spitzenbodenbeschleunigung *PGA (Peak Ground Acceleration)* bzw. die Spektralbeschleunigung S_a (für ausgewählte Perioden) zu untersuchen. Dabei wird nachfolgend auf Datenbasis III zurückgegriffen (Abb. 1c). Die Magnituden-Herdtiefenverteilung des Datensatzes III geht aus Abb. 1d hervor. Es ist eine Konzentration der Daten im Bereich zwischen 5 und 15 km zu konstatieren, also in dem Herdtiefenbereich, der auch für die Haupterdbebengebiete in Deutschland repräsentativ sein sollte.

2.5 Entfernung

Für alle Aufzeichnungen der Datenbasen I und II sind Epizentralentfernungen verwendet worden. Der kürzeste Abstand zwischen der Verwerfung und der Station für die Aufzeichnungen des Kocaeli/Izmit- und Düzce/Bolu- Erdbebens wird in den Datenbasen III bis V verwendet. Entsprechende Angaben zu den Entfernungen der KOERI-Stationen wurden aus [9] übernommen. Für die AFET-Stationen finden sich Angaben in [1]. Es ist zu wiederholen, dass bei den Aufzeichnungen von Erdbeben geringerer Magnitude (alle Nachbeben) die Epizentralentfernung zugrunde gelegt wird. Es wird unterstellt, dass die Beben geringerer Magnitude mit einer kleineren Herdfläche in Verbindung stehen und dass somit die Entfernung zum lokalisierten Epizentrum etwa mit der Entfernung zur Verwerfung (*fault distance*) gleich gesetzt werden kann.

3 Regressionsmethode

Zur Ermittlung der Abnahmebeziehung für die maximale horizontale Boden- und die Spektralbeschleunigung (Y) wird folgende Grundgleichung verwendet:

$$log(Y) = C_1 + C_2 M_L + C_4 log(R) + C_r S_r + C_a S_a + C_s S_s + \sigma P \quad (3)$$

mit: $R = \sqrt{Re^2 + h_0^2}$, R_e -*fault distance* bzw. Epizentraldistanz (h_0 kann als Herdtiefe gesehen werden), σ

- Standardabweichung; $P = 0$ für die 50 % - Fraktile und $P = 1$ für die 84 % - Fraktile; C_r, C_a, C_s - Koeffizienten für die Untergrundklassen *rock*, *stiff soil*, *soft soil*; S_r, S_a, S_s nehmen für die gesuchte Untergrundklasse den Wert eins an, sind anderenfalls null zu setzen.

Als Ausgangswerte für die statistische Auswertung stehen für den Parameter Y die Bodenbeschleunigung PGA und die Spektralbeschleunigung S_a im Periodenbereich von $T = 0.05$ bis 2.0 s jedes Zeitverlaufs (gekennzeichnet durch die Herdparameter Magnitude, Entfernung, Herdtiefe sowie durch die Untergrundklasse) bereit. Die Bodenbeschleunigung PGA steht für den Maximalwert aus beiden Horizontalkomponenten, die Spektralbeschleunigung S_a für den Maximalwert der für 5 % kritische Dämpfung ausgewerteten Beschleunigungsspektren infolge der beiden Horizontalkomponenten.

Zur Bestimmung der Koeffizienten gemäß Beziehung 3 kommen unterschiedliche Regressionsmethoden zur Anwendung, die u. a. in [8] hinsichtlich ihrer Leistungsfähigkeit und Anwendungsgrenzen diskutiert werden.

Für Datenbasis I und die Datenkombination (I + II) sollen untergrundabhängige Abnahmebeziehung vorgelegt werden. Die Koeffizienten werden mittels einstufiger Regression nach der Methode der kleinsten Quadrate bestimmt. Dabei werden C_1, C_2, C_4 und h_0 in einem Schritt berechnet.

Die zur Differenzierung des Untergrundeinflusses vorgesehenen Koeffizienten C_r (*rock*), C_a (*stiff soil*) und C_s (*soft soil*) werden nach der Regressionsanalyse in einem weiteren, zweiten Schritt durch die Berechnung der Mittelwerte der Residuen der Messwerte bezüglich des ermittelten Modells abgeschätzt [4].

Die praktische Anwendung ist einfach. Um beispielsweise die Boden- und Spektralbeschleunigung für Fels (*rock*) zu bestimmen, ist der Hilfsparameter S_r mit 1 und die beiden anderen, d.h. S_a (*stiff soil*) und S_s (*stiff soil*), mit null einzuführen. Für die beiden anderen Untergrundbedingungen sind die Hilfsparameter analog zu schalten.

Anhand der Datenbasen III, IV und V sollen der Einfluss der unteren Magnitudengrenze und der Einfluss der Herdtiefe untersucht werden. Zum Einsatz kommt die von Joyner und Boore [15] eingeführte zweistufige Regressionsanalyse. Die Ermittlung der Koeffizienten C_1, C_2, C_4 und h_0 erfolgt dabei zunächst ebenfalls nach der Methode der kleinsten Quadrate über die Variation von h_0 mit dem Ziel der Minimierung von Standardabweichung σ, jedoch in zwei voneinander getrennten Schritten, wobei im zweiten Schritt nur noch Ereignisse berücksichtigt werden, von denen mehr als eine Aufzeichnung zur Verfügung steht.

Zu bemerken ist, dass bei diesen hier gemachten Untersuchungen der Untergrundeinfluss nicht berücksichtigt wird. In Beziehung 3 entfallen dadurch die Koeffizienten C_r, C_a und C_s.

Um den Einfluss der Herdtiefe herauszuarbeiten, wird h_0 in Glg. 3 durch die tatsächliche Herdtiefe des Erdbebens h ersetzt (s.a. Abschnitt 4.3).

4 Ergebnisse

Die Koeffizienten der Abnahmebeziehungen für die Boden- bzw. Spektralbeschleunigung nach Beziehung (3) sind für die ausgewerteten Datenbasen im Anhang A bis F dargestellt.

4.1 Einfluss der Datenzusammensetzung und des Untergrundes (Datenbasen I und II)

Abb. 2a,c und e zeigen die Abnahme der Spitzenbodenbeschleunigung mit der Entfernung, wobei für die drei Untergrundklassen die Magnituden $M_L = 3$, 4 und 5 ausgewertet werden. Beschleunigungsspektren für Magnituden $M_L = 3.5$, 4.5 und 5.5 und eine Epizentralentfernung von $R_e = 20$ km sind den Abb. 2b,d und f zu entnehmen. Neben den Ergebnissen für Datenbasis I und Datenbasis (I+II) werden zum Vergleich auch die entsprechenden Kenngrößen nach den Abnahmebeziehungen von Ambraseys [4] [3] aufbereitet, wobei die Umrechnung von M_L in M_S nach Beziehung 1 erfolgt und die zugehörigen M_S-Werte den Kurven in Abb. 2 zugewiesen sind.

Folgende Feststellungen lassen sich treffen:

- Der Unterschied zwischen den Ergebnissen infolge Datenbasis I (herdnahe Ereignisse geringerer Magnitude) und denen infolge der um Starkbebenregistrierungen erweiterten Datenbasis (I + II) sind gering und für die drei untersuchten Untergrundklassen vergleichbar. Unterschiede prägen sich mit Zunahme der Magnitude offensichtlich stärker aus.

- Standortabhängigkeiten sind nur im geringen Maße feststellbar; die Abnahmebeziehungen der PGA für *rock* und *stiff soil* zeigen ähnliche Werte. Für *soft soil* werden die größten Beschleunigungen ermittelt. Die Spektren zeigen ein leicht verändertes Bild. Hier besitzen die Spektren für *stiff soil* und *soft soil* (mit Ausnahme des höherfrequenten Bereichs größer 10 Hz) ähnliche Werte, die Spektren für *rock* sind geringer.

- Die Ergebnisse infolge Datenbasis I liefern im Vergleich mit den anderen Auswertungen offensichtlich die geringsten Beschleunigungen und Spektren.

- Die Spektren infolge der türkischen Erdbebendaten für Datenbasis I und die Kombination (I + II) unterscheiden sich vornehmlich im höherfrequenten Bereich, aber auch im niederfrequenten Bereich, stimmen aber im mittleren Bereich überein. Überraschend ist die erkennba-

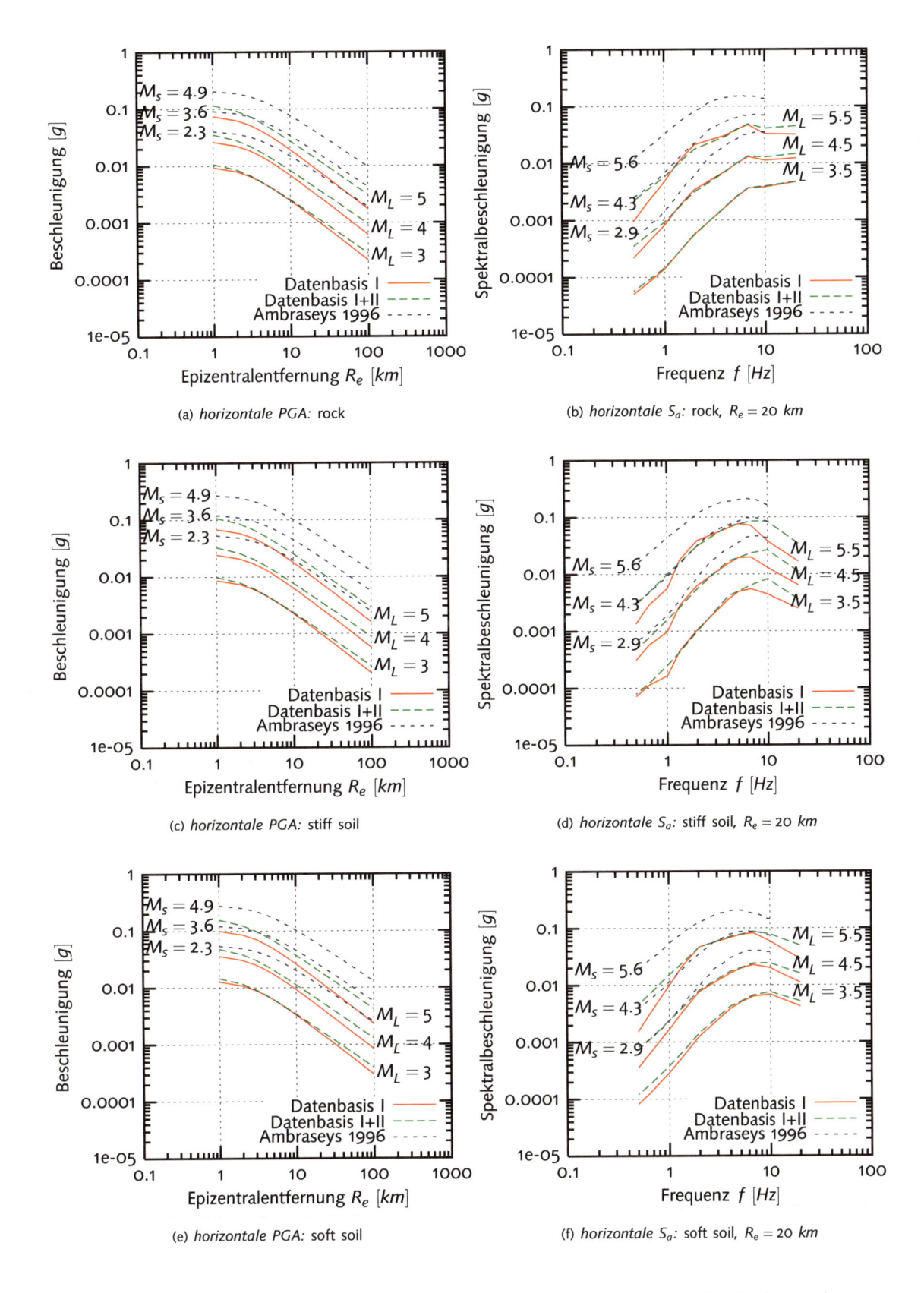

Abb. 2: Untergrundabhängige Abnahmebeziehungen für Spitzenbodenbeschleunigungen und Spektren für die Datenbasis I und II

re Tendenz zur Unterschätzung der Spektralbeschleunigungen bei Frequenzen größer etwa 7 bis 8 Hz. (Anmerkung: Bodenbewegungen von schwachen und herdnahen Ereignissen weisen erfahrungsgemäß gerade in diesem Frequenzbereich ausgeprägte Spektralamplituden auf. Was hier jedoch durch die Abnahmebeziehungen infolge der Datenbasis I nicht zum Ausdruck kommt.)

- Auffällig ist in Abb. 2b, dass sich bei kleinen (für die Ingenieurpraxis zweifellos weniger bedeutsamen Magnituden) infolge der Abnahmebeziehungen für Fels auch bei 20 Hz noch kein Abfall auf das Niveau der Bodenbeschleunigung abzeichnet.

Das auffälligstes Ergebnis ist jedoch der signifikante Unterschied zwischen den Ergebnissen dieser Studie und denen infolge der Abnahmebeziehungen von Ambraseys [4] [3]. Grundsätzlich führen die aus Datenbasis I bzw. der Kombination (I + II) abgeleiteten Abnahmebeziehungen zu deutlich geringeren Beschleunigungswerten. Ursachen können in den Unterschieden der ausgewerteten Datenbasis liegen. Bei Ambraseys [4], [3] dominieren Ereignisse größer Magnituden, die in den hier untersuchten Datenbasen nicht (I) oder nur gering besetzt (I + II) sind. Des Weiteren ist der Bereich herdnaher Schwachbeben in der von Ambraseys [4] ausgewerteten Datenbasis nur durch sehr wenige Aufzeichnungen vertreten. Es lohnt sich in diesem Zusammenhang darauf hinzuweisen, dass die während des Kocaeli-Bebens 1999 registrierten Beschleunigungsamplituden (PGA und S_a) weitaus geringer waren, als dies für die Stärke und das Schadensausmaß vielleicht zu erwarten gewesen wäre. (Außerdem wird von Ambraseys [4] als Entfernungsparameter die *fault distance* verwendet, die mit Blick auf die bis in die 70er Jahre und weiter zurück reichende Datenbasis durchaus als problematisch, weil oft nicht bekannt oder reproduzierbar, zu betrachten sein dürfte.)

Zusammenfassend ist hervorzuheben, dass es gelungen ist, mit einem für türkische Erdbebenregionen repräsentativen Datensatz Abnahmebeziehungen der Boden- und Spektralbeschleunigung aufzubereiten.

Die Abnahmebeziehung infolge von der Datenbasis I ist für eine wirklichkeitsnahe Abschätzung der Beschleunigungen (PGA und S_a) außerhalb des ausgewerteten Magnitudenbereichs offensichtlich weniger geeignet.

4. 2 Einfluss der unteren Magnitudengrenze (Datenbasen III bis V)

Der Einfluss der Magnitudenuntergrenze auf die Spitzenbodenbeschleunigung (PGA) und die (periodenabhängige) Spektralbeschleunigung S_a wird hier durch eine Verhältnisbildung zwischen den magnitudenabhängigen Ergebnisflächen der Datenbasis III und IV zur Datenbasis V dargestellt. Die Spitzenbodenbeschleunigung (PGA) findet sich am unteren Periodenrand. Untersuchungen werden für die Magnituden M_L=4.0 (Abb. 3 und Abb. 4), M_L=5.0 (Abb. 5 und Abb. 6) und M_L=6.0 (Abb. 7 und Abb. 8) durchgeführt.

Die Abbildungen 3 bis 8 zeigen die Relation der Spektralwerte für gleiche Magnituden, Entfernungen und Bezugsperioden, wobei die Koeffizienten der Abnahmebeziehungen gemäß der Tabellen im Anhang A bis F in Ansatz gebracht werden:

- Rote und gelbe Bereiche kennzeichnen Parameterkombinationen, bei denen die Datenbasis mit der jeweils kleineren unteren Magnitudengrenze zu größeren Spektralwerten führt.

- Blaue Konturen bzw. Bereiche stehen für eine Unterschätzung der Ergebnisse.

- Grüne Konturen deuten auf vernachlässigbare Ergebnisunterschiede.

Aus den Auswertungen lassen sich folgende Schlussfolgerungen ableiten:

- Der Einfluss von Schwachbeben (Beben kleiner Magnitude) ist im Nahfeld ausgeprägt. Aus dem Vergleich der Verhältnisse DB III / DB V (Abb. 3, 5 und 7) geht hervor, dass in einer Datenbasis, die Ereignisse ab einer Magnitude $M_L \geq 2.0$ berücksichtigt, die PGA im Nahfeldbereich (0 bis 7 km) deutlich überschätzt. Im Gegensatz dazu werden die Spektralbeschleunigungen bereits bei kleinen Perioden (ab 0.15 s) deutlich unterschätzt.

- Diese Tendenz stellt sich analog bzw. ähnlich dem Vergleich der Verhältnisse DB IV / DB V (Abb. 4, 6 und 8) dar. Auch eine Datenbasis, die Ereignisse ab einer Magnitude $M_L \leq 3.0$ berücksichtigt, führt gegenüber dem Referenzdatensatz ($M_L \geq 4$) – wenn auch weniger ausgeprägt – zu den bereits genannten Effekten.

Damit gewinnt bei der Selektion von Erdbebendaten die Fragestellung an Bedeutung, ob bei der Ableitung von Abnahmebeziehungen auf ein Übergewicht von Schwachbeben in der Datenbasis verzichtet werden sollte oder in praktischer Umsetzung dieser Forderung, eben Beben unter einer bestimmten Grenzmagnitude, z.B. $M_L \leq 4$, auszuklammern sind. Diese Grenzmagnitude könnte aus Sicht des Erdbebeningenieurwesens (wohl etwas vorschnell) in Verbindung zu den Auslegungserdbeben oder schadensverursachenden Ereignissen festgelegt werden. Aus Sicht der Ingenieurseismologie, die eine gefährdungskonsistente Einwirkungsbeschreibung (im Ergebnis probabilistischer Gefährdungsanalysen) zu gewährleisten hat, muss die Antwort anders ausfallen, da gerade auch die Beben unterer Magnitude für die realistische Spiegelung von Ereignissen höherer Eintrittsrate von Bedeutung sind (vgl. [10]).

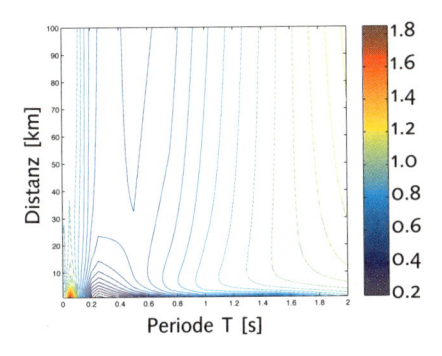

Abb. 3: Verhältnis DB III zu DB V für $M_L = 4.0$

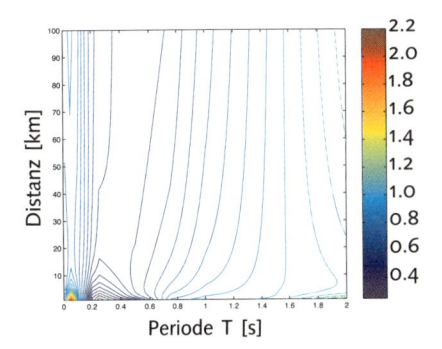

Abb. 4: Verhältnis DB IV zu DB V für $M_L = 4.0$

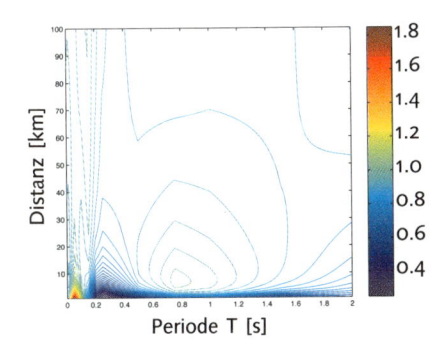

Abb. 5: Verhältnis DB III zu DB V für $M_L = 5.0$

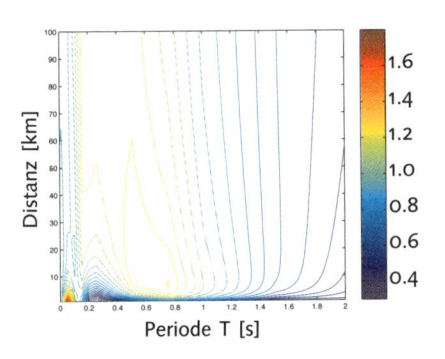

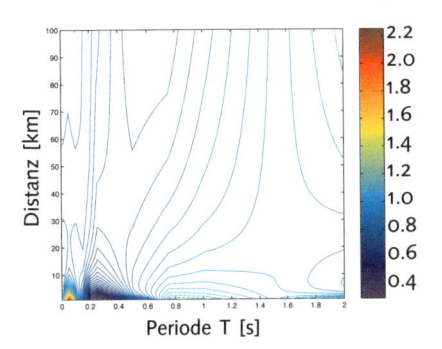

Abb. 6: Verhältnis DB IV zu DB V für $M_L = 5.0$

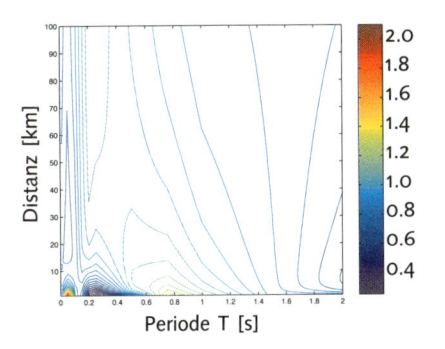

Abb. 7: Verhältnis DB III zu DB V für $M_L = 6.0$

Abb. 8: Verhältnis DB IV zu DB V für $M_L = 6.0$

Auch hier ließe sich im Umkehrschluss fragen, ob ein Datensatz, der ausschließlich auf Starkbeben abhebt, eine bessere Eignung besitzen sollte. Insofern bleibt offen, über welchen Bereich der zugrunde liegenden Datenbasis hinaus Abnahmebeziehungen extrapoliert werden dürfen. Die Autoren weisen in diesem Zusammenhang auf die Problemstellung und den erkennbaren Bedarf an weiterführenden Untersuchungen hin.

4.3 Einfluss der Herdtiefe (Datenbasis III)

Der Einfluss der Herdtiefe wird anhand von Datenbasis III untersucht, die in der Magnituden-Herdtiefenverteilung die größte Bandbreite besitzt (Abb. 1d). Die zweistufige Regression für die Datenbasis III wird in der Form wiederholt, dass h_0 in Beziehung 3 nicht variiert wird, sondern die für jedes Erdbeben gegebene Herdtiefe h in die Berechnung einfließt. Die so neu bestimmten Koeffizienten sind in Anhang F zusammengefasst.

Ausgewertet wird die Abnahme der Bodenbeschleunigung für Magnitude $M_L = 5.0$ und Herdtiefen von 7, 10, 12 und 15 km (Abb. 9a). Abbildung 10a und 10b zeigen die Beschleunigungsspektren für die gleichen Herdtiefen und Magnitude-Entfernungsvorgaben von $M_L = 5.0$ und $R = 5$ km bzw. von $M_L = 6.0$ und $R = 10$ km.

Es ist an dieser Stelle darauf hinzuweisen, dass bereits Ambraseys [3] den Einfluss der Herdtiefe auf die Abnahme der Bodenbeschleunigung untersucht hat und unter Zugrundelegung eines völlig verschiedenen Datensatzes europäischer Starkbeben zu qualitativ durchaus vergleichbaren Ergebnissen gekommen ist. Dies wird durch Abb. 9b für Magnitude $M_L = 5.0$ und Herdtiefen von 7 bzw. 15 km veranschaulicht. Dargestellt wird die Relation $h/h*$ in Abhängigkeit von der Entfernung, wobei h für die Bodenbeschleunigung unter Berücksichtigung der Herdtiefe (Anhang

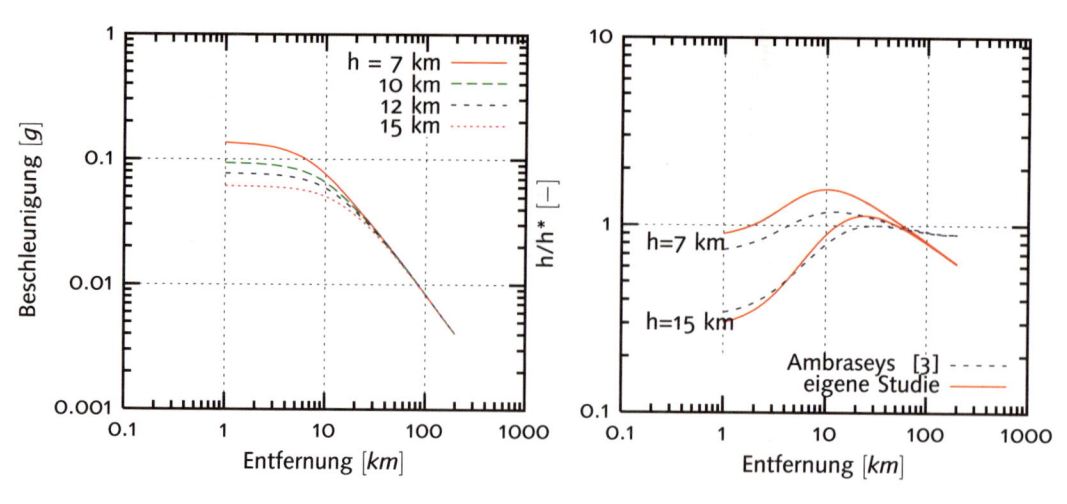

(a) Herdtiefenabhängige Abnahmebeziehung der horizontalen PGA für $M_L = 5.0$

(b) Verhältnis von Herdtiefen abhängiger (h) zu unabhängiger (h∗) Abnahmebeziehung für die horizontale PGA

Abb. 9: Herdtiefenabhängige horizontale Abnahmebeziehungen der Bodenbeschleunigung PGA

F) und h∗ für die Ergebnisse infolge der herdtiefenunabhängigen Abnahmebeziehung (Anhang C) stehen sollen. Die Relationen der eigenen Studie (unter Verwendung ausschließlich türkischer Erdbebendaten) und der nach Ambraseys [3] bestätigen, dass im Nahfeldbereich (kleiner 20 km) herdtiefenunabhängige Abnahmebeziehungen dann zu überhöhten Beschleunigungen führen, wenn die maßgebliche Herdtiefe des zu beschreibenden Bemessungsbebens in Tiefen ab 10 km und größer anzunehmen ist. Anders ausgedrückt, können herkömmliche (herdtiefenunabhängige) Abnahmebeziehungen zur deutlichen Überschätzung der Boden- und Spektralbeschleunigungen beitragen. Im Beispiel von Abb. 9b lässt sich zeigen, dass die Überhöhung bei $h = 15$ km in beiden hier zitierte Auswertungen bzw. Studien den Faktor 3 (bei $R = 1$ bis 2 km), 2 (bei $R = 5$ km) und noch den Faktor 1.2 (bei R etwa 10 km) erreichen. Bei Herdtiefen von 15 km und größer sollten nicht zuletzt aus Plausibilitätsgründen herdtiefenabhängige Beziehungen zur Anwendung kommen oder zumindest eine Ergebniskritik bzw. -korrektur vorgenommen werden.

Da auch bei probabilistischen Gefährdungsanalysen Annahmen zur regionalen Verteilung der Herdtiefen und die Einführung entsprechender Abnahmebeziehungen von Bedeutung sind, dürften die in Anhang F vorgelegten Koeffizienten mustergültig für weiterführende Arbeiten sein, in deren Ergebnis letztlich auch nach den Untergrundklassen differenzierten Koeffizienten vorzulegen wären.

5 Zusammenfassung

Im Beitrag werden für eine in sich geschlossen und umfängliche Datenbasis von Nachbebenregistrierungen in der Türkei untergrundabhängige Abnahmebeziehungen abgeleitet. Die Wiederholung der Datenregression mit einem um die Haupt- und weitere Starkbebenaufzeichnungen ergänzten Datensatz führt mit erheblichen Einschränkungen im höherfrequenten Bereich zu vergleichbaren Ergebnissen. Die Spektren und Beschleunigungen liegen für alle untersuchten Magnituden-Entfernungsbedingungen deutlich unter den Vergleichsgrößen, dies sich aus den verschiedenen Abnahmebeziehungen von Ambraseys und Mitarbeitern [4], [3] ermitteln lassen. Das bedeutet, dass diese vornehmlich auf einem recht heterogenen (und vorwiegend durch europäische Starkbebenregistrierungen dominierten) Datensatz basierende Abnahmebeziehungen durch die aktuellen Starkbebenaufzeichnungen in den türkischen Erdbebengebieten nicht bestätigt werden oder für diese Regionen nicht geeignet sind. Auf ein ähnliches Ergebnis kommen Gülkan und Kalkan [12], die vornehmlich Starkbebenregistrierungen von allen schweren Beben in der Türkei seit 1992 ausgewertet haben. (Ein Abgleich mit diesen Ergebnissen wird durch die Autoren in [21] gegeben, wobei auch hier signifikante Unterschiede bezüglich der Entfernungsabnahme zu verzeichnen sind.)

Parameteruntersuchungen konzentrieren sich neben der Datenzusammensetzung auf den Einfluss des Untergrundes, der unteren Magnitudengrenze und der Herdtiefe. Erstmals werden herdtiefenabhängige Regressionskoeffizienten zur Bestimmung horizontaler Beschleunigungsantwortspektren vorgelegt. Sie bestätigen, dass eine realistische Einwirkungsbeschreibung bei größeren Herdtiefen entsprechend differenzierte Abnahmebeziehungen voraussetzt.

Der Einfluss der Datenzusammensetzung wird in zwei Richtungen untersucht. Zum einen wird ein bestehender qualitätsgesicherter Datensatz um Starkbebendaten erweitert; zum anderen wird ein Datensatz durch Einführung unterer Magnitudengrenzen

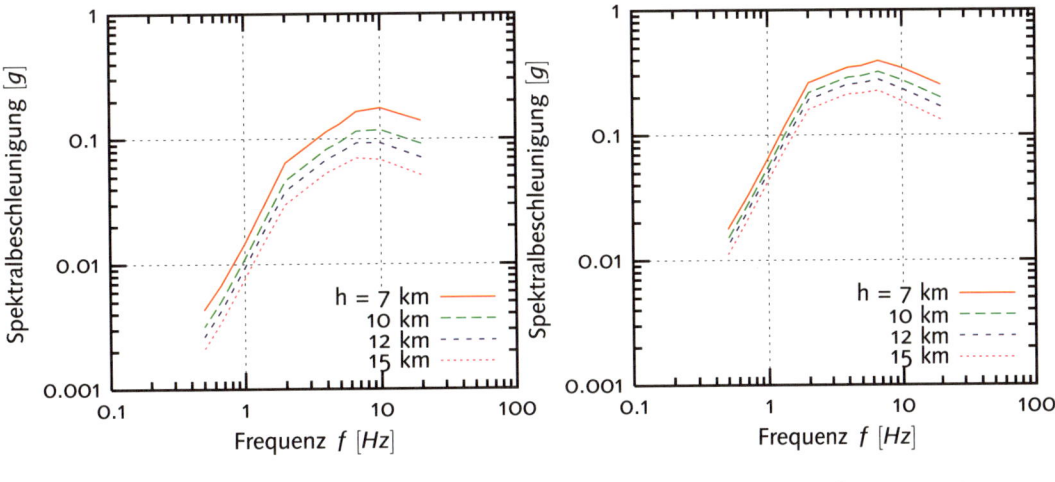

(a) Herdtiefenabhängige Spektren für $M_L = 5.0$, $R = 5$ km

(b) Herdtiefenabhängige Spektren für $M_L = 6.0$, $R = 10$ km

Abb. 10: Herdtiefenabhängige horizontale Beschleunigungsspektren

qualitativ und quantitativ verändert. Aus der Datenbeschränkung erwachsen Effekte, die nicht nur auf den Magnitudeneinfluss zurückgeführt werden können. Der Beitrag verdeutlicht die Notwendigkeit, hier durch weiterführende Untersuchungen zu einer Handlungs- und Entscheidungsgrundlage zu kommen. Dabei wird es darauf ankommen, die weitere Verwendung der Abnahmebeziehungen (deterministische Festlegung von Bemessungsbeben oder probabilistische Gefährdungseinschätzungen) zu berücksichtigen.

Literatur

[1] AMBRASEYS, N., P. SMIT, R. SIGBJÖRNSSON, P. SUHADOLC, and B. MARGARIS: *Internetsite for European strong-motion data.* http://www.isesd.cv.ic.ac.uk/, 2001.

[2] AMBRASEYS, N.N.: *Uniform magnitude re-evaluation of Europen earthquakes associated with strong-motion records.* Journal of Earthquake Engineering and Structural Dynamics, 19:1–20, 1990.

[3] AMBRASEYS, N.N.: *The prediction of earthquake peak ground acceleration in Europe.* Earthquake Engineering and Structural Dynamics, 24:467–490, 1995.

[4] AMBRASEYS, N.N., K.A. SIMPSON, and J.J. BOMMER: *Prediction of horizontal response spectra in Europe.* Earthquake Engineering and Structural Dynamics, 25:371–400, 1996.

[5] BAY, F.: *Ground motion scaling in Switzerland: implications for hazard assessment.* PhD thesis, ETH, Zürich, 2002.

[6] DEUTSCHES INSTITUT FÜR NORMUNG, BRD: *DIN 4149, Teil 1, Bauten in deutschen Erdbebengebieten*, 1981.

[7] DOUGLAS, J.: *Ground motion estimation equations 1964-2003.* Technical report, Imperial College London, Dep. of Civil and Environmental Engineering, Soil Mechanics, 2003. Reissue of ESEE Report No. 01-1.

[8] ENDE, C. und J. SCHWARZ: *Einfluss von Analysemethoden auf spektrale Abnahmebeziehungen der Bodenbewegung.* In: Schriftenreihe der Bauhaus-Universität Weimar Nr. 116. Seismische Gefährdungsberechnung und Einwirkungsbeschreibung, Erdbebenzentrum am Institut für Konstruktiven Ingenieurbau, Weimar, 2004 (dieses Heft).

[9] FUKUSHIMA, Y., O. KÖSE, T. YÜRÜ, P. VOLANT, E. CUSHING, and R. GUILLANDE: *Attenuation characteristics of peak ground acceleration from fault trace of the 1999 Kocaeli (Turkey) earthquake and comparision of spectral acceleration with seismic design code.* Journal of Seismology, 6:379–396, 2002.

[10] GRÜNTHAL, G. and CH. BOSSE: *Seismic hazard assessment for low-seismicity areas - case study: Northern Germany.* Natural Hazards, 14:127–139, 1997.

[11] GRÜNTHAL, G. and R. WAHLSTRÖM: *Sensitivity of parameters for probabilistic seismic hazard analysis using a logic tree approach.* Zweites Forum Katastrophenvorsorge "Folgen, Vorsorge, Werkzeuge", Leipzig, 24.-26. September 2001, Bonn & Leipzig, 2002.

[12] GÜLKAN, P. and E. KALKAN: *Attenuation modeling of recent earthquakes in Turkey.* Journal of Seismology, 6:397–409, 2002.

[13] HAMPE, E. und J. SCHWARZ: *Zur Bedeutung standortspezifischer Entwurfsspektren für die seismische Untersuchung von Tragwerken.* Band 65, Seiten 257–266, 1988.

[14] HTTP://WWW.KOERI.BOUN.EDU.TR/: *Turkish Strong-Motion Database*, 2002.

[15] JOYNER, W.B. and D.M. BOORE: *Peak horizontal acceleration and velocity from strong-motion records including records from the 1979 Imperial Valley, California, earthquake.* Bulletin of the Seismological Society of America, 71:2011–2038, 1981.

[16] KÖNIG und HEUNISCH: *Realistische seismische Lastannahmen für Bauwerke II.* Technischer Bericht, IfBT, 1983. Abschlussbericht.

[17] KÖNIG und HEUNISCH: *Realistische seismische Lastannahmen für Bauwerke mit erhöhtem Sekundärrisiko.* Technischer Bericht, IfBT, 1983. Abschlussbericht.

[18] LANG, D. H., J. SCHWARZ, and C. ENDE: *Subsoil classifications of strong-motion recording sites in turkish earthquake regions.* In Schriftenreihe der Bauhaus-Universität Weimar Nr. 116. Seismische Gefährdungs-

berechnung und Einwirkungsbeschreibung, Erdbebenzentrum am Institut für Konstruktiven Ingenieurbau, Weimar, 2004 (dieses Heft).

[19] MILKEREIT, C.: *Lokalisierung von Nachbeben*. Technischer Bericht, SABOnet Group, 1999-2000.

[20] SCHWARZ, J.: *Harmonisierung von seismischer Gefährdung und seismischen Einwirkungen in Erdbebenbaunormen - Gefährdungsbezogene Einwirkungsgrößen und Parameter*. DGEB-Publikation Nr. 7, Seiten 79–96, 1993.

[21] SCHWARZ, J., C. ENDE, J. HABENBERGE, D.H. LANG, and M. RASCHKE: *Lessons from German TaskForce missions to Turkey: Engineering aspects*. In *Hazards Symposium Antalya/Turkey*, 2002.

[22] SCHWARZ, J., C. ENDE, J. HABENBERGER, D. LANG, and M. RASCHKE: *Engineering analysis of strong motion data recorded during German TaskForce missions to Turkey (1998-2000)*. In *27th General Assembly of the European Geophysical Society (EGS)*, Nice, France, 2002.

[23] SCHWARZ, J., G. GRÜNTHAL und B. SCHÖBEL: *Aktuelle Probleme der Beschreibung und Harmonisierung der seismischen Einwirkungen in Erdbebennormen*. Band 2: IDNDR - Internationale Dekade zur Katastrophenvorbeugung, Seiten 73–90. (Hrsg. J. Schwarz), 1992.

[24] SCHWARZ, J., J. HABENBERGER und C. SCHOTT: *Auswertung von Strong-Motion-Daten in den für deutsche Erdbebengebiete massgebenden Magnituden- und Entfernungsbereichen. Fallstudie für steifen und weichen Untergrund*. In: Schriftenreihe der Bauhaus-Universität Weimar Nr. 116. Seismische Gefährdungsberechnung und Einwirkungsbeschreibung, Erdbebenzentrum am Institut für Konstruktiven Ingenieurbau, Weimar, 2004 (dieses Heft).

[25] SCHWARZ, J., J. HABENBERGER und C. SCHOTT: *Auswertung von Strong-Motion-Daten in den für deutsche Erdbebengebiete maßgebenden Magnituden- und Entfernungsbereichen*. In: Thesis Wissenschaftliche Zeitschrift der Bauhaus-Universität, Seiten 80–91, Heft 1/2. 2001 47. Jahrgang.

[26] SCHWARZ, J., D. LANG, and J. HABENBERGER: *Strong motion data recording during missions of German TaskForce*. In XXVII General Assembly of the European Seismological Commission (ESC), Lisbon, Portugal, 2000.

Anhang A: Koeffizienten der Datenbasis I

T [s]	C_1	C_2	C_4	σ	h_0	C_R	C_A	C_S
PGA	-2.7742	0.4479	-1.0628	0.2859	2.75	-0.1006	-0.1364	0.0287
0.05	-2.2095	0.4156	-1.2480	0.3066	3.50	-0.0658	-0.2194	0.0183
0.10	-2.1085	0.4656	-1.3104	0.3110	5.75	-0.2051	-0.1446	0.0425
0.15	-2.5233	0.5553	-1.2425	0.3270	7.00	-0.2083	-0.0301	0.0291
0.20	-2.8527	0.5947	-1.1741	0.3594	7.50	-0.2676	0.0266	0.0296
0.25	-3.1457	0.6233	-1.1176	0.3731	7.25	-0.3059	0.0125	0.0359
0.50	-4.1056	0.7837	-1.2000	0.3579	5.00	-0.3014	-0.0428	0.0420
0.75	-4.5299	0.7962	-1.1905	0.3543	5.25	-0.2892	-0.0335	0.0394
1.00	-4.9292	0.7651	-1.0096	0.3490	4.00	-0.2732	-0.2080	0.0359
1.50	-5.2924	0.7031	-0.8228	0.3355	2.75	-0.2092	-0.0398	0.0304
2.00	-5.3455	0.6360	-0.7621	0.3185	2.75	-0.1783	-0.0315	0.0256

Anhang B: Koeffizienten der Datenbasis II

T [s]	C_1	C_2	C_4	σ	h_0	C_R	C_A	C_S
PGA	-3.0815	0.5161	-0.9501	0.3193	2.00	-0.1620	-0.1078	0.0355
0.05	-2.6398	0.4876	-1.0518	0.3387	2.00	-0.0165	-0.1371	0.0243
0.10	-2.4436	0.5058	-1.1295	0.3314	4.50	-0.2417	-0.0723	0.0385
0.15	-2.7300	0.5602	-1.0855	0.3478	6.00	-0.2286	0.0110	0.0233
0.20	-3.0872	0.5874	-0.9720	0.3720	6.00	-0.2796	0.0159	0.0282
0.25	-3.3142	0.6111	-0.9336	0.3896	6.75	-0.3370	0.0322	0.0424
0.50	-4.4357	0.7504	-0.8318	0.3896	2.75	-0.3552	-0.1134	0.0577
0.75	-5.0358	0.7826	-0.7261	0.3884	1.75	-0.3537	-0.1237	0.0592
1.00	-5.3878	0.7981	-0.6757	0.3980	1.50	-0.3544	-0.1257	0.0596
1.50	-5.7566	0.7982	-0.6280	0.4036	1.00	-0.2929	-0.1314	0.0538
2.00	-5.9185	0.7851	-0.6137	0.4041	0.75	-0.2719	-0.1336	0.0519

Anhang C: Koeffizienten der Datenbasis III

T [s]	C_1	C_2	C_4	σ	h_0
PGA	-2.9533	0.4964	-1.0516	0.3522	2.75
0.05	-2.4752	0.4737	-1.1957	0.3731	2.75
0.10	-2.2882	0.4745	-1.2113	0.3589	5.25
0.15	-2.5899	0.5383	-1.1658	0.3659	7.00
0.20	-2.9433	0.5847	-1.0973	0.3886	7.50
0.25	-3.2396	0.6309	-1.0781	0.4048	7.50
0.50	-4.4624	0.7767	-0.9373	0.4063	3.00
0.75	-5.0561	0.8061	-0.8348	0.4075	2.25
1.00	-5.3699	0.8060	-0.7838	0.4117	2.00
1.50	-5.6387	0.7967	-0.8161	0.4023	2.25
2.00	-5.6838	0.7743	-0.8810	0.3874	2.75

Anhang D: Koeffizienten der Datenbasis IV

T [s]	C_1	C_2	C_4	σ	h_0
PGA	-3.1337	0.5348	-1.0420	0.3269	2.50
0.05	-2.6131	0.4871	-1.1475	0.3414	2.00
0.10	-2.3322	0.4888	-1.2186	0.3270	5.50
0.15	-2.6110	0.5439	-1.1693	0.3350	6.75
0.20	-3.0354	0.6085	-1.1049	0.3580	7.00
0.25	-3.3984	0.6587	-1.0624	0.3718	5.75
0.50	-4.4955	0.7848	-0.9422	0.3869	1.75
0.75	-5.1072	0.8190	-0.8398	0.3922	0.75
1.00	-5.5002	0.8385	-0.7874	0.4009	0.75
1.50	-5.9595	0.8726	-0.8136	0.3963	0.75
2.00	-6.0845	0.8683	-0.8753	0.3813	1.50

Anhang E: Koeffizienten der Datenbasis V

T [s]	C_1	C_2	C_4	σ	h_0
PGA	-2.8804	0.5023	-1.0870	0.3010	3.50
0.05	-2.4723	0.4760	-1.1872	0.3110	5.00
0.10	-2.0753	0.4564	-1.2660	0.2920	6.25
0.15	-2.1754	0.4614	-1.1758	0.3020	5.75
0.20	-2.3701	0.4837	-1.1180	0.3086	3.50
0.25	-2.5967	0.5187	-1.0985	0.3233	2.00
0.50	-3.7832	0.6392	-0.9001	0.3583	0.75
0.75	-4.6090	0.7028	-0.7651	0.3656	0.75
1.00	-5.2154	0.7677	-0.7324	0.3863	0.75
1.50	-5.9037	0.8578	-0.8056	0.3887	0.75
2.00	-6.2032	0.9053	-0.9261	0.3815	2.25

Anhang F: Koeffizienten der Datenbasis III (herdtiefenabhängig)

T [s]	C_1	C_2	C_4	σ
PGA	-2.4056	0.5239	-1.4387	0.3597
0.05	-1.8522	0.5040	-1.6316	0.3847
0.10	-1.9184	0.5230	-1.5528	0.3569
0.15	-2.4091	0.5867	-1.3989	0.3632
0.20	-2.8250	0.6269	-1.2763	0.3880
0.25	-3.1300	0.6690	-1.2398	0.4050
0.50	-4.0069	0.7961	-1.2460	0.4098
0.75	-4.6049	0.8145	-1.1097	0.4144
1.00	-4.9232	0.8153	-1.0608	0.4178
1.50	-5.1837	0.8116	-1.1140	0.4077
2.00	-5.2246	0.7967	-1.2025	0.3901

Einfluss von Analysemethoden auf spektrale Abnahmebeziehungen der Bodenbewegung

Clemens Ende
Jochen Schwarz

1 Vorwort

Abnahmebeziehungen werden benutzt, um an Standorten, denen es an Erdbebenaufzeichnungen fehlt, Bodenbeschleunigungen abschätzen zu können. Sie sind wichtiger Bestandteil seismischer Gefährdungsberechnungen. Im vorliegenden Bericht werden Abnahmebeziehungen der Spitzenboden- (*PGA*) und Spektralbeschleunigung (S_a) für Fels mit verschiedenen Analyse-Methoden berechnet. Ziel dabei ist es, den Einfluss verschiedener Analysemethoden auf Abnahmebeziehungen von der maximalen Horizontal-Beschleunigungs-Komponente zu untersuchen, um Erdbebenlasten für Bauwerke, die auf Fels oder felsigem Untergrund stehen, möglichst genau zu erfassen und für diesen Datensatz die bestmöglich angepasste Abnahmebeziehung herauszuarbeiten. Des Weiteren wird dieser Beziehung eine weitere Abnahmebeziehung für die resultierende Horizontal-Beschleunigungs-Komponente gegenübergestellt. Zur Berechnung der Beziehungen wurde ergänzend das ©Matlab-Programm regression.m von [4] herangezogen.

2 Datenbasis

Die verwendeten Aufzeichnungen und zugehörigen erdbebenspezifischen Kenngrößen (Magnitude, Entfernung, seismotektonisches Regime, lokale Untergrundbedingungen am Aufzeichnungsstandort, etc.) sind der im Jahr 2000 veröffentlichen Internet-Datenbank für europäische Starkbebenaufzeichnungen [1] entnommen. Insgesamt wurden 304 Dreikomponenten-Freifeldaufzeichnungen auf Fels von 126 Erdbeben über die folgenden Auswahlkriterien zugrunde gelegt: Magnitudenbereich $4 \leq M_w \leq 7.6$, Entfernungsbereich $1 \leq d \leq 220\ km$ (*'faultdistance'*, wenn gegeben, sonst Epizentraldistanz), Herdtiefe $h \leq 50\ km$ sowie eine Mindestbodenbeschleunigung von 0.1 m/s^2 (Stand ISESD [1] Mai 2003). Durch die Wahl der unteren Magnitudengrenze werden Schwachbeben ausgeschlossen, die auf die Abnahmebeziehungen von *PGA* und S_a negativen Einfluss haben. Werden Schwachbeben berücksichtigt, zeigen Studien, dass die Beschleunigungswerte (*PGA* und S_a) im Nahbereich überschätzt und im Fernbereich unterschätzt werden ([3], [9]). Zurückzuführen ist dies auf das schnellere Abklingverhalten der Beschleunigungsamplituden mit der Entfernung bei schwachen Erdbeben.

Die Begrenzung der Bodenbeschleunigung $PGA \geq 0.1\ m/s^2$ schließt Aufzeichnungen aus, die aus ingenieurtechnischer Sicht uninteressant sind, da sie in der Regel keine Schäden an Bauwerken erzeugen. Die Herdtiefe wurde auf 50 km begrenzt, um für mitteleuropäische Regionen untypische Tiefbeben herauszufiltern.

Wie die Abbildungen 1a und b verdeutlichen, konzentrieren sich die Daten auf den Bereich von $4.5 \leq M_w \leq 6.0$ und $10 \leq d \leq 80\ km$. Außerhalb dieser Bereiche nimmt die Datendichte ab. Weitere Informationen zu der Datenbasis sind in Anhang A enthalten.

3 Korrektur der Starkbebenaufzeichnungen

Die Korrektur der Aufzeichnungen stellt einen wesentlichen Schritt in der Weiterverarbeitung der Zeitverläufe dar. Liegen keine digitalen Zeitverläufe vor, müssen die analogen Aufzeichnungen digitalisiert werden. Bei Kenntnis der Übertragungseigenschaften des Instruments kann der zugehörige Zeitverlauf korrigiert werden. Eine Verschiebung der Basislinie wird durch eine Baisislinienkorrektur beseitigt. Weiterhin ist es möglich, Frequenzbereiche, die für das Untersuchungsziel uninteressant oder fehlerhaft sein können, herauszufiltern.

Die hier verwendeten Aufzeichnungen sind von den Bearbeitern der Datenbank bereits mit einem Korrekturalgorithmus behandelt worden [1]. Die Basislinie wurde durch Subtraktion einer linearen, in den unkorrigierten Beschleunigungszeitverlauf eingepassten Funktion in die Nulllage gebracht. Danach sind die Zeitverläufe mit einer elliptischen Bandpassfunktion 8. Ordnung (Eckfrequenzen: 0.25 - 25 Hz) gefiltert worden und weisen einheitlich die Abtastfrequenz von 100 Hz auf.

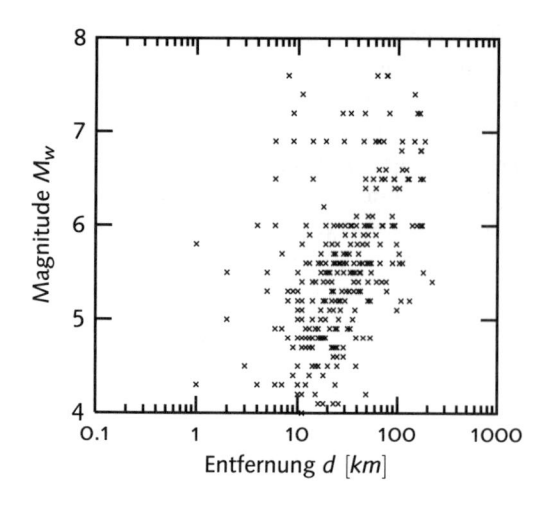

(a) Zusammensetzung der Datenbasis

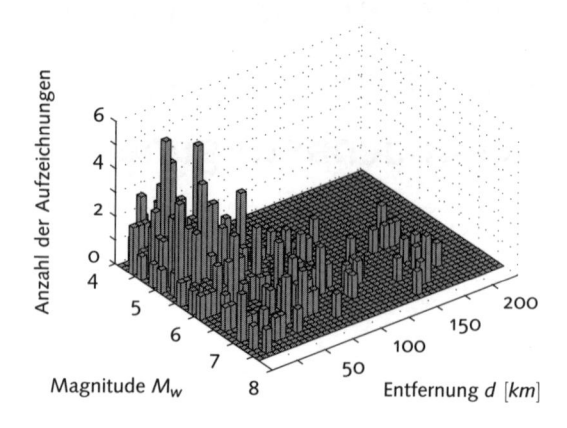

(b) Häufigkeitsverteilung der Magnituden-Entfernungskombinationen der Datenbasis

Abb. 1: Eigenschaften der Untersuchten Datenbasis für Fels

4 Mathematisches Modell

Modelle zur Beschreibung der Abnahme der Bodenbewegung (PGA und S_a) beinhalten folgende grundlegende Merkmale: die Beschreibung der Erdbebenquelle, den zurückzulegenden Weg, lokale Verstärkungseffekte und einen Fehlerterm. Die hier verwendeten Merkmale setzen sich aus einer Konstanten C_1, einem linearen Magnitudenterm $C_2 M_w$ zur Beschreibung der Erdbebenquelle und einem entfernungsabhängigen Term $C_4 log_{10}(R)$, der die geometrische Dämpfung beschreibt, und den Fehlerterm σ zusammen. Da der Datensatz aus Aufzeichnungen einer Untergrundkategorie besteht, wird auf einen Term zur Beschreibung des lokalen Untergrundes verzichtet. Diese Modellüberlegungen können durch Glg. 1 zusammengefasst werden:

$$log_{10}(Y) = C_1 + C_2 M_w + C_4 log_{10}(R) + \sigma P \quad (1)$$

Dabei sind: Y die vorherzusagende Variable (PGA oder S_a); M_w die Momentenmagnitude; $R = \sqrt{d^2 + h_0^2}$ die Entfernung, wobei d die Epizentralentfernung für Beben kleiner Magnitude als auch *faultdistance* für Beben mittlerer bis großer Magnitude ist; h_0 kann als Herdtiefe interpretiert werden und wird während der Regressionsanalyse abgeschätzt; σ die Standardabweichung und P gleich null für den 50%-Fraktilwert und P gleich eins für den 84%-Fraktilwert an. Die Koeffizienten C_1, C_2, C_4 und h_0 werden hier durch verschiedene Analysemethoden ermittelt und verglichen (siehe Tab. 1).

5 Methoden zur Berechnung von Abnahmebeziehungen

Die im mathematischen Modell (Glg. 1) genannten Koeffizienten C_n beschreiben die Abnahme der Bodenbeschleunigung nicht exakt, sondern es treten Restwerte (Residuen) auf. Um die Koeffizienten C_n so zu bestimmen, dass die Residuen Minimalwerte annehmen, werden Regressionsrechnungen verschiedener Methoden und Typen angewendet. Die hier benutzten Methoden sind die der kleinsten Quadrate (MKQ) und die *Maximum-Likelihood-Methode*

Regressionsmethode	Regressionstyp	Quelle	Kurzbezeichnung
Methode der kleinsten Quadrate (MKQ)	zweistufig	Joyner & Boore [6]	A
Methode der kleinsten Quadrate (MKQ)	zweistufig	Joyner & Boore [7]	B
Maximum-Likelihood (ML)	einstufig	Joyner & Boore [8]	C
Maximum-Likelihood (ML)	einstufig	Chen & Tsai [2]	D
Methode der kleinsten Quadrate (MKQ)	einstufig	Schwarz et al. [10]	E

Tabelle 1: Übersicht zu den angewendeten Analysemethoden

(a) Abnahme der hor. Spitzenbodenbeschleunigung PGA

(b) Abnahme der hor. Spektralbeschleunigung $S_a(0.25\ s)$

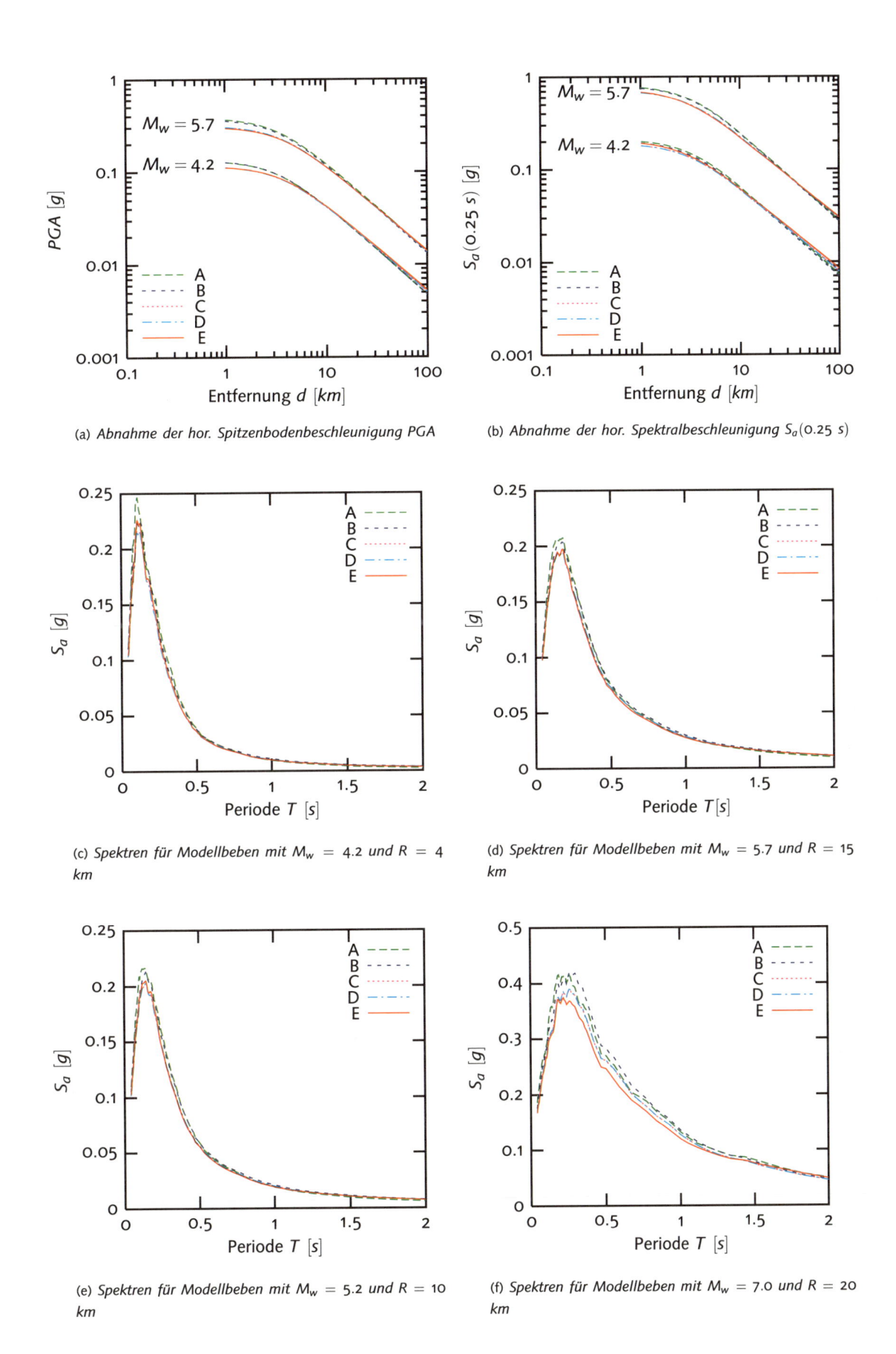

(c) Spektren für Modellbeben mit $M_w = 4.2$ und $R = 4$ km

(d) Spektren für Modellbeben mit $M_w = 5.7$ und $R = 15$ km

(e) Spektren für Modellbeben mit $M_w = 5.2$ und $R = 10$ km

(f) Spektren für Modellbeben mit $M_w = 7.0$ und $R = 20$ km

Abb. 2: Vergleich der Analysemethoden für unterschiedliche Modellbeben

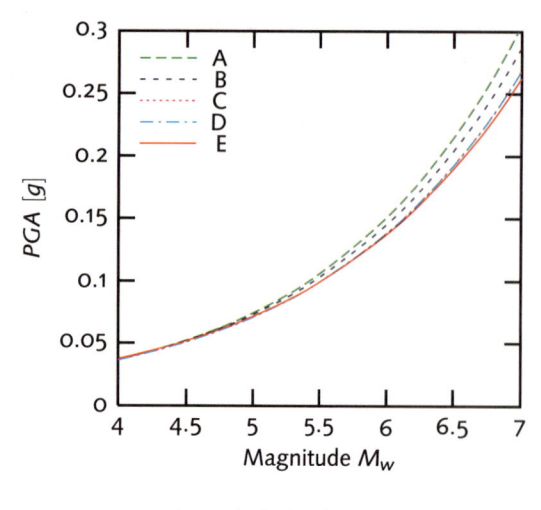

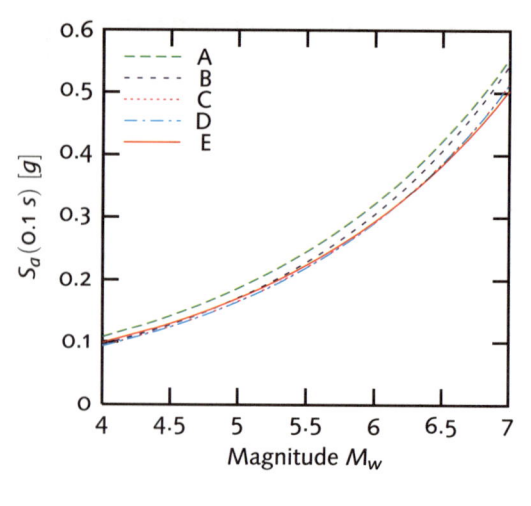

(a) *Spitzenbodenbeschleunigung PGA*

(b) *Spektralbeschleunigung $S_a(0.1\,s)$*

Abb. 3: Vergleich der Analysemethoden in Abhängigkeit von M_w bei konst. Entfernung $d = 10$ km

(ML). Weiterhin wird in der Literatur zwischen ein- und zweistufigen Regressionstypen unterschieden. Der geläufigste Typ ist die einstufige Regression, bei der die Koeffizienten in einem Schritt berechnet werden. In der zweistufigen Regression werden im ersten Schritt entfernungsabhängige Koeffizienten (C_4 und h_0) zusammen mit Amplitudenfaktoren (einen für jedes Erdbeben) ermittelt. Diese Faktoren werden im zweiten Schritt als vorherzusagende Variablen zur Berechnung der magnitudenabhängigen Koeffizienten (C_1 und C_2) eingesetzt.

Die in dieser Arbeit verwendeten Kombinationen aus Regressionsmethode und -typ, deren Literaturquellen und ihre Kurzbezeichnungen sind in Tab.1 zusammengestellt.

Wichtig für die Weiterverwendbarkeit der Abnahmebeziehungen, welche den Mittelwert abschätzen, ist die Standardabweichung σ.

Diese setzt sich in den verwendeten Analysemethoden aus unterschiedlichen σ-Werten zusammen. Die resultierende Standardabweichung σ wird durch die Quadratwurzel der Summe der Quadrate der einzelnen σ_i-Werte berechnet.

Bei der einstufigen Regression (MKQ) (verwendet in [10]) wird nur ein Wert für die Standardabweichung gegeben, da dem Modell ein Gesamtfehler zugeordnet wird. Bei den zweistufigen Regressionen (MKQ) nach [6] und [7] wird von einem entfernungs- und magnitudenabhängigen Fehler ε_1 und ε_2 ausgegangen. Die einstufige Methode (ML) nach [8] geht von Unterschieden zwischen den einzelnen Erdbeben (ε_1) und den Aufzeichnungsstandorten (ε_2) aus. Chen und Tsai [2] fügen diesem Modell noch einen weiteren Fehlerterm hinzu, der die Unterschiede zwischen den einzelnen Aufzeichnungen berücksichtigt (ε_3).

6 Ergebnisse

6.1 Vergleich der Analysemethoden

Die Tabellen im Anhang B bis G zeigen die mit verschiedenen Analysemethoden ermittelten Koeffizienten und Standardabweichungen. In den Abb. 2 bis 4 sind die Ergebnisse verschiedener Auswertungen der Glg. 1 unter Verwendung der berechneten Koeffizienten sowie die Standardabweichungen der Analysemethoden grafisch gegenübergestellt. Für nachfolgende Untersuchungen werden für einen Modellstandort in Südwestdeutschland drei nach deterministischer Vorgehensweise bestimmte Modellbeben über jeweils charakteristische Magnituden-Entfernungskombinationen zugrunde gelegt. Zusätzlich wird ein für diese Region rein hypothetisches Ereignis untersucht, um den Einfluss der Analysemethode auf die Spektralbewegungsgrößen zu verdeutlichen. Abb. 2a und Abb. 2b zeigen

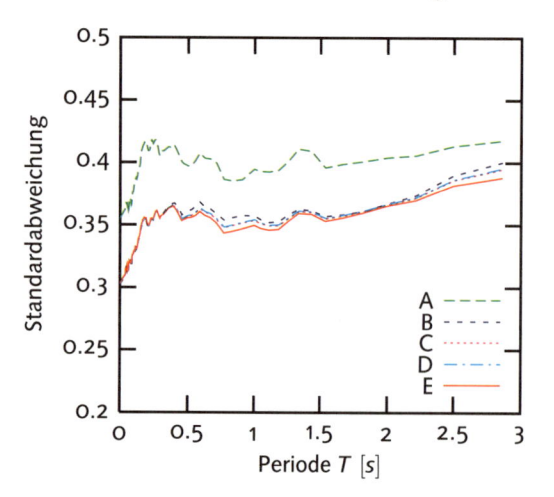

Abb. 4: Vergleich der resultierenden Standardabweichungen der verschiedenen Analysemethoden für den untersuchten Periodenbereich

die Abnahme der Spitzenbodenbeschleunigungen PGA und der Spektralbeschleunigung $S_a(0.25\,s)$ mit der Entfernung für die Magnituden $M_w = 4.2$ und $M_w = 5.7$. Deutlich werden Unterschiede der Beschleunigungswerte in Herdnähe, wobei sich die zweistufigen Regressionsmethoden nach [6], [7] gegenüber denen der einstufigen Methoden nach [2], [8] und [10] durch größere Werte abheben. Dieser Trend wird auch durch die Abb. 2c bis f bestätigt, in denen die Beschleunigungsspektren für die postulierten Modellbeben aufbereitet sind.

Um diesen Sachverhalt näher zu untersuchen, wurden die Spitzenbodenbeschleunigung PGA und die Spektralbeschleunigung $S_a(0.1\,s)$ nach (Glg. 1) für eine Entfernung von $d = 10\,km$ in Abhängigkeit von der Magnitude ausgewertet. Abb. 3 bestätigt die sich mit zunehmender Magnitude ausprägenden Abweichungen.

Die Ursachen für diese Unterschiede sind in der Zusammensetzung der Datenbasis in Kombination mit dem angewendeten Regressionstyp (einstufig oder zweistufig) zu sehen. Die einstufigen Methoden [2], [8] und [10] geben allen Aufzeichnungen eine gleiche Wichtung, wohingegen die zweistufigen Methoden im zweiten Schritt, in dem die magnitudenabhängigen Koeffizienten ermittelt werden, nur Daten von Erdbeben berücksichtigen, die von mehreren Geräten aufgezeichnet wurden (*multi-recorded events*). Da dieser Datensatz aber zum größten Teil aus Erdbeben besteht, die an einem Standort (Aufzeichnungsstation) aufgezeichnet wurden, ist die im zweiten Schritt verwendete Datenmenge erheblich kleiner.

Abb. 4 stellt die resultierenden Standardabweichungen der unterschiedlichen Analysemethoden gegenüber. Die Standardabweichung ist ein Maß für die Güte der Abnahmebeziehung. Alle Funktionen zeigen Ähnlichkeiten im Verlauf, jedoch Unterschiede in σ. Die zweistufige Regressionsmethode (MKQ) nach [6] führt zu den größten Werten. Die Standardabweichungen der anderen 4 Analysemethoden (B - E) weisen im Periodenbereich von 0.04 s bis 0.45 s vergleichbare Werte auf. Oberhalb dieses Bereiches liefert die Standardabweichung nach Analysemethode E die geringsten Werte.

Es kann geschlussfolgert werden, dass für Datensätze mit großer Anzahl von Einzelaufzeichnungen

(a) Abnahme der hor. Spitzenbodenbeschleunigung PGA

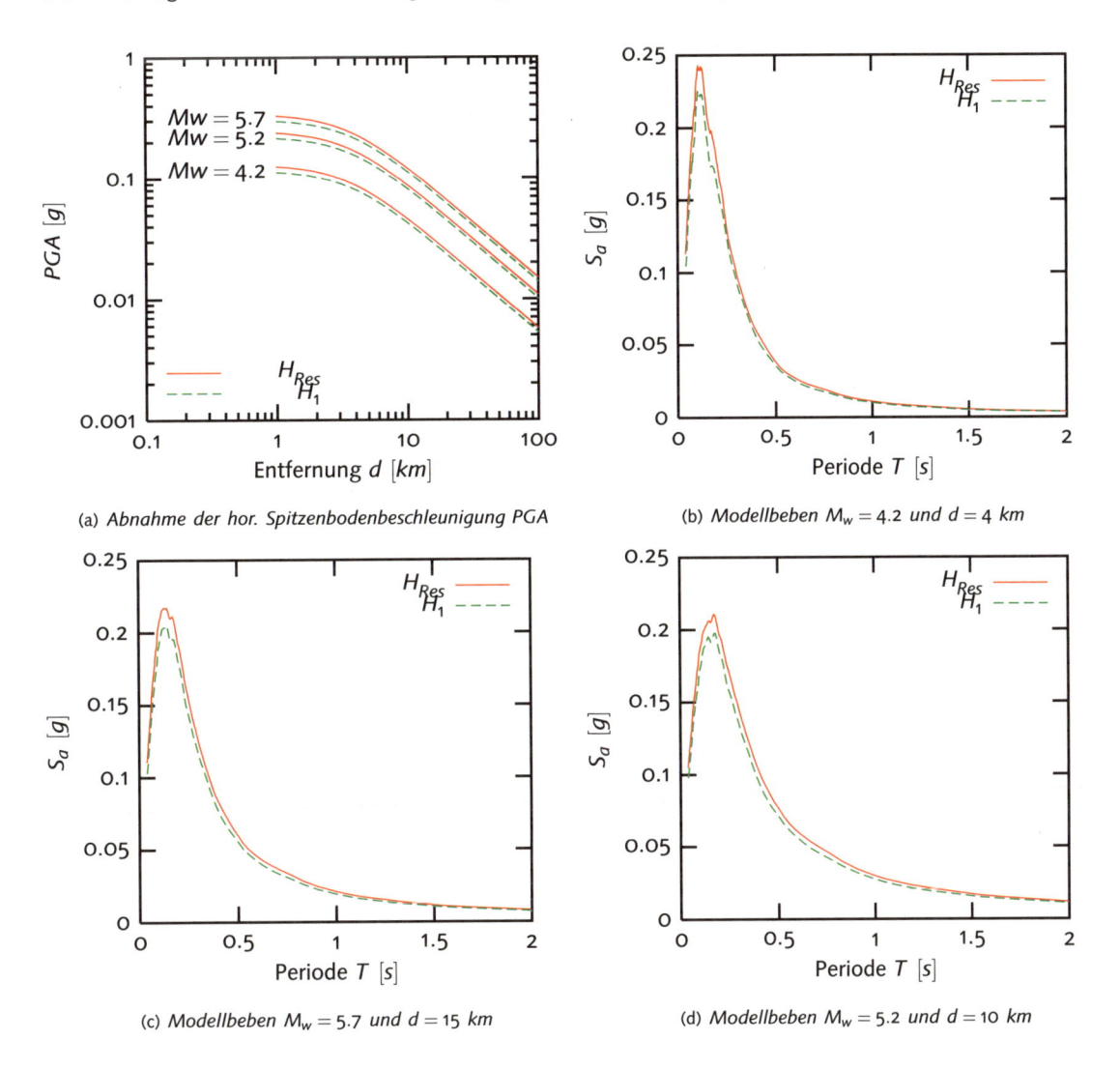

(b) Modellbeben $M_w = 4.2$ und $d = 4\,km$

(c) Modellbeben $M_w = 5.7$ und $d = 15\,km$

(d) Modellbeben $M_w = 5.2$ und $d = 10\,km$

Abb. 5: Vergleich zwischen horizontal Resultierender (H_{Res}) und der Horizontalkomponente (H_1) nach Analysemethode E

einstufige Regressionsmethoden, wie in [10] verwendet, zu bevorzugen sind. Aufgrund der geringen Standardabweichung sind die nach Analysemethode E abgeleiteten Koeffizienten (siehe Anhang G) auch für probabilistische Gefährdungsberechnungen, in denen Streubreiten berücksichtigt werden, zu empfehlen.

6.2 Vergleich zwischen resultierendem und Komponentenspektrum

Der vorliegende Datensatz wurde nach Analysemethode E für die horizontal resultierende Beschleunigung PGA und S_a erneut untersucht. Zu diesem Zweck werden die beiden Horizontalkomponenten $a_1(t)$ und $a_2(t)$ des Bodenbeschleunigungszeitverlaufs, zur Berechnung der resultierenden (PGA), und der periodenabhängigen Antwortzeitverläufe, zur Berechnung der resultierenden ($S_a(T)$), nach (Glg. 2) unter Berücksichtigung des Zeitbezuges vektoriell addiert:

$$a_{res} = max \left| \sqrt{a_1(t)^2 + a_2(t)^2} \right| \quad (2)$$

Die Koeffizienten sind Anhang G für die Spitzenbodenbeschleunigung PGA und Spektralbeschleunigung S_a für ausgewählte Perioden zu entnehmen. Abb. 5a zeigt die Abnahme der Spitzenbodenbeschleunigung PGA mit der Entfernung für die maximale und resultierende Komponente. In den Abb. 5b bis 5d sind die Spektren der Modellbeben gegenübergestellt.

7 Zusammenfassung

Abnahmebeziehungen für Spitzenboden- (PGA) und Spektralbeschleunigungen (S_a) werden aus Felsdaten mit verschiedenen Analysemethoden hergeleitet. Für die unterschiedlichen Kombinationen von Regressionsmethode und Regressionstyp können Unterschiede in den daraus resultierenden Ergebnissen herausgearbeitet werden.

Wie die Untersuchungen zeigen, können die betrachteten Analysemethoden zu unterschiedlichen Ergebnissen führen, die für praktische Ingenieurbelange weniger signifikant erscheinen, im Zusammenhang mit probabilistischen Gefährdungsanalysen einen anderen Stellenwert erlangen können [5]. Dies gilt insbesondere dann, wenn Unsicherheiten in Streubreiten in den Analysen zu würdigen sind.

Zusammenfassend wird daher empfohlen, die ermittelte Abnahmebeziehung für die Resultierende und Komponenten der horizontalen Bodenbewegung nach der Analysemethode E [10] für weiterführende Untersuchungen heranzuziehen.

Literatur

[1] Ambraseys, N., P. Smit, R. Sigbjörnsson, P. Suhadolc, and B. Margaris: *Internetsite for European strong-motion data.* http://www.isesd.cv.ic.ac.uk/, 2001.

[2] Chen, Y.-H. and C.-C. P. Tsai: *A new method for estimation of attenuation relationship with variance components.* Bulletin of the Seismological Society of America, 92(5):1984–1991, June 2002.

[3] Douglas, J.: *A note on the use of strong-motion data from small magnitude earthquakes for empirical ground motion estimation.* SE 40EEE, Aug. 2003.

[4] Douglas, J.: regression.m, Program for regression analysis, used for Maximum Likelihood calculations, received 24.01.2003.

[5] Habenberger, J., H. Maiwald und J. Schwarz: *Standortanalyse unter Berücksichtigung der Streuung der Bodeneigenschaften.* In: *Schriftenreihe der Bauhaus-Universität Weimar Nr. 116. Seismische Gefährdungsberechnung und Einwirkungsbeschreibung*, Erdbebenzentrum am Institut für Konstruktiven Ingenieurbau, Weimar, 2004 (dieses Heft).

[6] Joyner, W.B. and D.M. Boore: *Peak horizontal acceleration and velocity from strong-motion records including records from the 1979 Imperial Valley, California, earthquake.* Bulletin of the Seismological Society of America, 71:2011–2038, 1981.

[7] Joyner, W.B. and D.M. Boore: *Measurement, characterization and prediction of strong ground motion.* In Proc. Conf. on Earthquake Eng. and Soil Dynamics II, 1988.

[8] Joyner, W.B. and D.M. Boore: *Methods for regression analysis of strong motion data.* Bulletin of the Seismological Society of America, 83(2):469–487, 1993.

[9] Schwarz, J. und C. Ende: *Spektrale Abnahmebeziehungen zur Bestimmung seismischer Bemessungsgrößen auf Grundlage von Starkbebenregistrierungen in der Türkei.* In: *Schriftenreihe der Bauhaus-Universität Weimar Nr. 116. Seismische Gefährdungsberechnung und Einwirkungsbeschreibung*, Erdbebenzentrum am Institut für Konstruktiven Ingenieurbau, Weimar, 2004 (dieses Heft).

[10] Schwarz, J., C. Ende, J. Habenberger, D. Lang, M. Baumbach, H. Grosser, C. Milkereit, S. Kariska, and S. Zünbül: *Horizontal and vertical response spectra on the basis of strong motion recordings from the 1999 Turkey earthquakes.* In XXVIII General Assembly of the European Seismological Commission (ESC), Genoa, Italy, 2002.

Anhang A: Liste der verwendeten Erdbeben

Erbeben	Land	Datum	M_w	Station
Friuli	Italy	06.05.1976	6.5	ASG CRD FLT LJU1 MLC TLM1 TRG TRG
Friuli (aftershock)	Italy	07.05.1976	5.2	TLM1
Friuli (aftershock)	Italy	11.05.1976	4.9	TRC
Friuli (aftershock)	Italy	13.05.1976	4.5	TRC TLM1
Friuli (aftershock)	Italy	09.06.1976	4.5	TLM1
Friuli (aftershock)	Italy	11.06.1976	4.7	TLM1
Friuli (aftershock)	Italy	11.09.1976	5.3	ROB TRC
Friuli (aftershock)	Italy	11.09.1976	5.5	ROB TRG
Friuli (aftershock)	Italy	15.09.1976	6.0	ROB TRG
Friuli (aftershock)	Italy	15.09.1976	4.9	ROB
Friuli (aftershock)	Italy	15.09.1976	6.0	CRD FLT MLC ROB TRC TRG
Friuli (aftershock)	Italy	09.16.1977	5.4	SMU TLM1
Calabria	Italy	03.11.1978	5.2	FRR
Basso Tirreno	Italy	04.15.1978	6.0	MSS1 MLZ
Tabas	Iran	09.16.1978	7.4	DAY KHE
Montenegro	Yugoslavia	04.09.1979	5.4	ULA
Montenegro	Yugoslavia	04.15.1979	6.9	DUB HRZ ?[1] MOS TIS ULA
Montenegro (aftershock)	Yugoslavia	04.15.1979	5.8	HRZ TIS
Montenegro (aftershock)	Yugoslavia	05.24.1979	6.2	HRZ
Valnerina	Italy	09.19.1979	5.8	ARQ CSC NCR SVT
Campano Lucano	Italy	11.23.1980	6.9	ARN BGI BSC LRS RCC SGR STR TDG
Campano Lucano (aftershock)	Italy	01.16.1981	5.2	LNM
NE of Banja Luka	Bosnia and Herzegovina	08.13.1981	5.7	BANJ
Ierissos (foreshock)	Greece	06.14.1983	4.4	OUR
Biga	Turkey	07.05.1983	6.1	EDC
Off coast of Magion Oros peninsul	Greece	08.06.1983	6.6	OUR POL
Ierissos	Greece	08.26.1983	5.1	OUR
Umbria	Italy	04.29.1984	5.6	GBB NCR PGL PTL UMB
Lazio Abruzzo	Italy	05.07.1984	5.9	ATN BSS PNT RCC
Lazio Abruzzo (aftershock)	Italy	05.11.1984	5.5	ATN ATN4 ?[1] SCF VLB
Lazio Abruzzo (aftershock)	Italy	05.11.1984	4.7	ATN3 ATN4 ?[1] PSC VLB
Lazio Abruzzo (aftershock)	Italy	05.11.1984	4.8	ATN4 ?[1] PSC SCF VLB
Lazio Abruzzo (aftershock)	Italy	05.11.1984	4.8	ATN3 ?[1] PSC VLB
Izmir	Turkey	06.17.1984	5.1	FOC
Cazulas	Spain	06.24.1984	4.9	?[1]
Arnissa	Greece	07.09.1984	5.2	VER
Jesreel Plain	Israel	08.24.1984	5.3	HAT
Kremidia (aftershock)	Greece	10.25.1984	5.0	KYP PEL

[1] Stationsname unbekannt

Erbeben	Land	Datum	M_w	Station
Off coast of Messinia peninsula	Greece	10.25.1984	4.1	PEL
Kranidia	Greece	10.25.1984	5.5	KOZ
Bambalion	Greece	01.31.1985	4.0	AMF
Gulf of Amvrakikos	Greece	03.22.1985	4.3	AMF
Anchialos	Greece	04.30.1985	5.6	LAM
Gulf of Kiparissiakos	Greece	09.07.1985	5.4	KYP
Drama	Greece	11.09.1985	5.2	KAV
Skydra-Edessa	Greece	02.18.1986	5.3	VER
Golbasi	Turkey	05.05.1986	6.0	GOL
Golbasi	Turkey	06.06.1986	5.8	GOL
Gulf of Ierissos	Greece	01.31.1987	4.1	OUR
Kalamata (aftershock)	Greece	06.10.1987	5.3	KYP
Dodecanese	Greece	10.05.1987	5.3	ARG
Near NE coast of Rodos island	Greece	10.25.1987	5.1	ROD2
Near SW coast of Peloponnes	Greece	12.10.1987	5.2	KRN
Astakos	Greece	01.22.1988	5.1	AMF
Agrinio	Greece	03.08.1988	4.9	AMF
Cubuklu	Turkey	04.20.1988	5.5	MUR
Voustrion	Greece	04.22.1988	4.0	AMF
Etolia	Greece	05.18.1988	5.3	VLS
Etolia	Greece	05.22.1988	5.4	VLS
Trilofon	Greece	10.20.1988	4.8	POL
Chenoua	Algeria	10.29.1989	5.9	ALG
Filippias	Greece	06.16.1990	5.5	IGM
Sicilia-Orientale	Italy	12.13.1990	5.6	NOT SRT VZZ
Javakheti Highland	Armenia	12.16.1990	5.4	SAKH SPIK STPV STRS
Griva	Greece	12.21.1990	6.1	FLO VER
Racha	Georgia	04.29.1991	6.8	SAKH STPV STRS
Racha (aftershock)	Georgia	06.15.1991	6.0	SPIK STPV
Tithorea	Greece	11.18.1992	5.9	MRNA
Near coast of Filiatra	Greece	03.05.1993	5.2	KRN KYP KYP
Manisa	Turkey	01.28.1994	5.4	SDEM
Bitola	Macedonia	09.01.1994	6.1	FLO
Arnaia (foreshock)	Greece	04.04.1995	4.6	POL
Arnaia (foreshock)	Greece	04.04.1995	4.3	POL
Arnaia (foreshock)	Greece	05.03.1995	4.7	POL
Arnaia (foreshock)	Greece	05.03.1995	4.6	POL
Arnaia (foreshock)	Greece	05.03.1995	4.7	POL
Arnaia	Greece	05.04.1995	5.3	KAV POL
Kozani	Greece	05.13.1995	6.5	FLO KRP KAS KOZ VER
Kozani (aftershock)	Greece	05.13.1995	4.4	KOZ
Kozani (aftershock)	Greece	05.13.1995	5.2	KOZ
Kozani (aftershock)	Greece	05.13.1995	4.6	KOZ
Kozani (aftershock)	Greece	05.15.1995	5.2	KOZ
Kozani (aftershock)	Greece	05.17.1995	5.3	KOZ
Kozani (aftershock)	Greece	06.06.1995	4.8	KEN
Kozani (aftershock)	Greece	06.11.1995	4.8	KEN
Kolpos Ierissou	Greece	06.12.1995	4.2	POL
Aigion	Greece	06.15.1995	6.5	KRP
Kozani (aftershock)	Greece	07.17.1995	5.2	KOZ
Kozani (aftershock)	Greece	08.20.1995	4.2	KOZ
E of Kithira island	Greece	06.29.1996	4.5	ANS
Cerkes	Turkey	08.14.1996	5.7	AMS TKT
Cerkes (aftershock)	Turkey	08.14.1996	5.6	AMS

Erbeben	Land	Datum	M_w	Station
Bambalion	Greece	03.15.1997	4.1	AMF
Strofades (foreshock)	Greece	04.26.1997	5.0	KYP
Varis	Greece	08.22.1997	4.5	KOZ
Umbria Marche	Italy	09.26.1997	5.7	AS010 ?[1] CSC FHC GBP MNF SPM
Umbria Marche	Italy	09.26.1997	6.0	AS010 ?[1] CGL CSC FHC GBB GBP MNF NCR PGL PNN PTL
Umbria Marche (aftershock)	Italy	10.03.1997	5.3	CLC GBB GBP MNF NCR NCB
Umbria Marche (aftershock)	Italy	10.04.1997	4.7	CLC NCR2 NCB
Umbria Marche (aftershock)	Italy	10.06.1997	5.5	AS010 CSC CLC FHC GBB GBP MNF NCB
Umbria Marche (aftershock)	Italy	10.07.1997	4.2	CLC NCR NCB
Umbria Marche (aftershock)	Italy	10.07.1997	4.5	CLC GBP NCB
Umbria Marche (aftershock)	Italy	10.12.1997	5.2	?[1] CSC CAG CLC FHC NCR NCB SER
Umbria Marche (aftershock)	Italy	10.13.1997	4.4	?[1]
Kalamata	Greece	10.13.1997	6.4	ANS GHI KRN KYP
Umbria Marche (aftershock)	Italy	10.14.1997	5.6	?[1] CSC CAG CLC FHC GBP MNF NCR NCB SER SPM
Umbria Marche (aftershock)	Italy	10.16.1997	4.3	CAG CLC NCR2 NCB SER
NW of Makrakomi	Greece	10.21.1997	4.7	KRP
Itea	Greece	11.05.1997	5.6	KRP
Umbria Marche (aftershock)	Italy	11.09.1997	4.9	CSC CLC NCR2 NCB SLN
Strofades	Greece	11.18.1997	6.6	KRN KYP
Strofades (aftershock)	Greece	11.18.1997	6.0	KRN
Strofades (aftershock)	Greece	11.18.1997	5.3	KYP
Kastrakion	Greece	12.1.1997	4.1	AMF
Umbria Marche (aftershock)	Italy	03.21.1998	5.0	CAG NCR2 NCB SLN SER
Umbria Marche (aftershock)	Italy	03.26.1998	5.4	CAG NCR2 NCB PGL SLN
Umbria Marche (aftershock)	Italy	04.03.1998	5.0	CAG GBB GBP NCR2 NCB SLN
Umbria Marche (aftershock)	Italy	04.05.1998	4.8	CAG GBP NCR2 NCB SLN
Bovec	Slovenia	04.12.1998	5.6	CEY SGEF ADOM SVAL
Izmit	Turkey	08.17.1999	7.6	HAS MSK IZT YKP
Izmit (aftershock)	Turkey	09.13.1999	5.8	MSK IZT C0375 C1060 SKR
Izmit (aftershock)	Turkey	09.29.1999	5.2	C0375 C1060
Izmit (aftershock)	Turkey	11.07.1999	4.9	C1060
Izmit (aftershock)	Turkey	11.11.1999	5.9	MSK C0375 C1060

[1] Stationsname unbekannt

Erbeben	Land	Datum	M_w	Station
Düzce	Turkey	11.12.1999	7.2	HAS MSK IZT C0375 C1060 MDR SKR YKP
Piz Tea Fondada	Switzerland	12.29.1999	4.9	SPGF SZEM

Anhang B: Koeffizienten nach Joyner und Boore 1981 [6]

Periode	C_1	C_2	C_4	h_0	σ_1	σ_2
PGA	-1.66719	0.30699	-0.97535	3.25119	0.2934	0.1999
0.0400	-1.40926	0.28547	-1.00919	3.50417	0.2996	0.2045
0.1000	-0.87198	0.23684	-1.01669	3.48318	0.3133	0.2127
0.1520	-1.15289	0.28629	-0.97837	4.28734	0.3290	0.2369
0.2000	-1.47509	0.33444	-0.96279	3.78211	0.3424	0.2299
0.2500	-1.83469	0.38705	-0.96499	3.05444	0.3444	0.2333
0.5000	-3.01513	0.51031	-0.86465	1.56363	0.3197	0.2354
0.7690	-3.65371	0.57573	-0.84757	1.32181	0.2953	0.2493
1.0000	-4.04665	0.60254	-0.80837	1.25173	0.2987	0.2579
1.5400	-4.64450	0.64258	-0.73736	1.42826	0.3124	0.2429
2.0000	-4.75995	0.61697	-0.66416	1.85670	0.3212	0.2449

Anhang C: Koeffizienten nach Joyner und Boore 1988 [7]

Periode	C_1	C_2	C_4	h_0	σ_1	σ_2
PGA	-1.62150	0.29661	-0.97535	3.25119	0.2934	0.0729
0.0400	-1.40815	0.28171	-1.00919	3.50417	0.2996	0.0745
0.1000	-0.98432	0.25169	-1.01669	3.48318	0.3133	0.0906
0.1520	-1.06522	0.26933	-0.97837	4.28734	0.3290	0.1045
0.2000	-1.44789	0.32848	-0.96279	3.78211	0.3424	0.0706
0.2500	-1.88440	0.39453	-0.96499	3.05444	0.3444	0.0854
0.5000	-3.07042	0.52138	-0.86465	1.56363	0.3197	0.1679
0.7690	-3.61237	0.57130	-0.84757	1.32181	0.2953	0.1946
1.0000	-3.91724	0.58571	-0.80837	1.25173	0.2987	0.1955
1.5400	-4.32036	0.59336	-0.73736	1.42826	0.3124	0.1718
2.0000	-4.33802	0.55310	-0.66416	1.85670	0.3212	0.1773

Anhang D: Koeffizienten nach Joyner und Boore 1993 [8]

Periode	C_1	C_2	C_4	h_0	σ_1	σ_2
PGA	-1.62459	0.28864	-0.94207	3.59728	0.2863	0.0996
0.0400	-1.41250	0.27497	-0.97995	3.83586	0.2922	0.1026
0.1000	-1.00842	0.24633	-0.98235	3.34748	0.3069	0.1139
0.1520	-1.06572	0.25541	-0.92401	4.72258	0.3226	0.1251
0.2000	-1.47548	0.31973	-0.91294	3.81137	0.3298	0.1183
0.2500	-1.91569	0.38169	-0.89562	2.86452	0.3359	0.1159
0.5000	-3.06828	0.50426	-0.80241	1.37727	0.3260	0.1447
0.7690	-3.61706	0.55657	-0.78990	1.12238	0.3020	0.1718
1.0000	-3.92223	0.57285	-0.75716	1.14487	0.3023	0.1831
1.5400	-4.32889	0.58296	-0.69253	1.36056	0.3144	0.1640
2.0000	-4.34158	0.54738	-0.64006	1.91240	0.3221	0.1740

Anhang E: Koeffizienten nach Chen und Tsai 2003 [2]

Periode	C_1	C_2	C_4	h_0	σ_1	σ_2	σ_3
PGA	-1.62569	0.28891	-0.94245	3.59453	0.1028	0.2018	0.2018
0.0400	-1.41377	0.27526	-0.98026	3.83285	0.1058	0.2060	0.2060
0.1000	-1.01069	0.24676	-0.98271	3.34883	0.1172	0.2164	0.2164
0.1520	-1.06665	0.25568	-0.92450	4.71828	0.1284	0.2275	0.2275
0.2000	-1.47676	0.32003	-0.91332	3.81403	0.1213	0.2326	0.2326
0.2500	-1.91776	0.38233	-0.89660	2.87469	0.1194	0.2368	0.2368
0.5000	-3.06977	0.50477	-0.80320	1.38178	0.1486	0.2297	0.2297
0.7690	-3.61730	0.55682	-0.79058	-1.12580	0.1750	0.2128	0.2128
1.0000	-3.92213	0.57302	-0.75771	-1.14642	0.1860	0.2131	0.2131
1.5400	-4.32682	0.58272	-0.69290	1.36231	0.1672	0.2217	0.2217
2.0000	-4.33898	0.54696	-0.64012	1.91409	0.1770	0.2271	0.2271

Anhang F: Koeffizienten nach Schwarz et al. für die Komponente [10]

Period	C_1	C_2	C_4	h_0	σ
PGA	-1.59685	0.28218	-0.93417	3.64863	0.3032
0.0400	-1.38138	0.26843	-0.97345	3.90588	0.3099
0.1000	-0.94887	0.23551	-0.97519	3.36748	0.3276
0.1520	-1.03013	0.24749	-0.91441	4.88494	0.3464
0.2000	-1.43455	0.31153	-0.90518	3.76686	0.3514
0.2500	-1.86904	0.36777	-0.87434	2.63124	0.3557
0.5000	-3.02638	0.49120	-0.78367	1.26038	0.3553
0.7690	-3.60448	0.54691	-0.76550	0.98108	0.3432
1.0000	-3.92584	0.56489	-0.73141	1.05287	0.3493
1.5400	-4.41086	0.59503	-0.68459	1.28032	0.3528
2.0000	-4.46078	0.56935	-0.64393	1.75863	0.3651

Anhang G: Koeffizienten nach Schwarz et al. für die resultierende der Komponenten [10]

Period	C_1	C_2	C_4	h_0	σ
PGA	-1.5372	0.2854	-0.9170	3.3600	0.2985
0.0400	-1.3363	0.2659	-0.9738	3.9100	0.3090
0.1000	-0.9125	0.2336	-0.9709	3.3900	0.3259
0.2000	-1.4055	0.3068	-0.8848	3.3900	0.3506
0.2500	-1.8180	0.3661	-0.8777	2.9900	0.3537
0.5000	-2.9979	0.4936	-0.7907	1.3200	0.3554
0.7690	-3.5729	0.5506	-0.7778	1.0100	0.3437
1.0000	-3.8785	0.5647	-0.7372	1.1100	0.3503
1.2500	-4.0885	0.5744	-0.7196	1.2200	0.3525
1.5400	-4.3529	0.5921	-0.6876	1.3300	0.3545
2.0000	-4.4080	0.5665	-0.6435	1.7900	0.3640

Auswertung von Strong-Motion-Daten in den für deutsche Erdbebengebiete maßgebenden Magnituden- und Entfernungsbereichen – Fallstudien für weichen und steifen Untergrund

Jochen Schwarz
Corina Schott
Jörg Habenberger

1 Vorbemerkungen

Da für deutsche Erdbebengebiete Starkbeben-Beschleunigungsdaten fehlen bzw. nicht im erforderlichen Umfange vorliegen, muss im Sinne einer Analogiebetrachtung auf Strong-Motion-Daten aus anderen Erdbebenregionen zurückgegriffen werden. Die statistische Verallgemeinerung solcher Daten kann über die Aufbereitung von Abnahmebeziehungen der Boden- und Spektralbeschleunigung oder die Bildung von Mittelwertspektren (und anderer Fraktilen) für spezifisch ausgewählte Datensätze erfolgen.

In einer ersten Studie wurden von Schwarz et al. [19] spektrale Abnahmebeziehungen für felsartigen Untergrund und Ergebnisse der statistischen Auswertungen von Bebendaten mit den für mitteleuropäische Erdbebengebiete charakteristischen bzw. auslegungsrelevanten Magnituden- und Entfernungsparametern vorgelegt.

Der nachfolgende Beitrag schließt sich im methodischen Vorgehen an diese Vorarbeiten an, konzentriert sich dabei jedoch auf Untergrundbedingungen, die im herkömmlichen Sinne als steif (*stiff soil*) bzw. weich (*soft soil*) bezeichnet werden können.

Neben den Spektren werden Ergebnisse zur Starkbebendauer sowie zur Relation zwischen den Spektren der Vertikal- und Horizontalkomponenten vorgelegt. Spektren der horizontalen Bodenbewegung werden sowohl für die Komponenten als auch die Resultierende ausgewertet. Insofern können die Ergebnisse direkt für die Festlegung bzw. Überprüfung der seismischen Bemessungsspektren sicherheitsrelevanter Gebäude oder Anlagen herangezogen werden. Die nicht unumstrittene Skalierung der Komponentenspektren auf das Niveau eines resultierenden Horizontalspektrums (durch Ansatz frequenzunabhängiger, z. T. willkürlich festgelegter Vergrößerungsfaktoren) kann somit entfallen.

Durch den Vergleich zwischen den Ergebnissen der statistischen Datenauswertungen mit den Spektren aus den von Schwarz et al. [16] zwischenzeitlich abgeleiteten spektralen Abnahmebeziehungen (hier für die repräsentativen Mittelwerte von Magnitude und Entfernung) trägt der Beitrag zur Klärung folgender Fragestellungen bei:

- Sind die Abnahmebeziehungen eines breit gefassten Parameterintervalls von Magnitude und Entfernung geeignet, um auf spezifische Magnituden- und Entfernungsbedingungen (wie z. B. für deutsche Erdbebenregionen typisch sind) belastbare Ergebnisse zu liefern?

- Wie unterscheiden sich Mittelwertspektren aus den spektralen Abnahmebeziehungen (ermittelt für den undifferenzierten Datensatz) von denen infolge der Auswertung von Aufzeichnungen in stark begrenzten Parameterintervallen der Herdkenngrößen?

- Wie plausibel sind die bisher publizierten Abnahmebeziehungen insbesondere im herdnahen Bereich?

Wie seismische Gefährdungsanalysen und die systematische Aufbereitung gefährdungskonsistenter Spektren für die deutsche Erdbebengebiete in den Zonen der E DIN 4149 durch Grünthal und Schwarz [7] bzw. Schwarz und Grünthal [17] zeigen, nimmt die jeweils zugrunde gelegte Abnahmebeziehung entscheidenden Einfluss auf die Qualität der Ergebnisse.

Die aufgeworfenen Fragen sind somit nicht nur wissenschaftlich bedeutsam, sondern betreffen die Wirklichkeitsnähe bzw. Belastbarkeit der Basisgrößen für Auslegung einzelner Gebäude, aber auch die Ergebnisse flächendeckender seismischer Gefährdungs- und Risikoanalysen.

Es ist an dieser Stellen hervorzuheben, dass die jeweiligen Bebendaten und somit auch die Ergebnisse der Auswertung nicht den Einfluss des jeweiligen, an die oberen Sedimentschichten anschließenden Tiefenprofils berücksichtigen.

Hingewiesen sei deshalb auf das Konzept der geologie- und untergrundabhängigen Spektren, das bereits 1991 von Hosser, Keintzel und Schneider [10] entwickelt und für die europäische Erdbebennormung allgemeiner Hochbauten (Eurocode 8) empfohlen wurde. Eine grundlegende Zielstellung des Konzeptes bestand gerade darin, Bemessungsspektren auf so genannten weichen Standorten (*soft soil sites*) differenziert nach der Tiefe der Sedimententschichten abzubilden. Damit wurde auf die bei Erdbebenaufzeichnungen gewonnenen Erfahrungen reagiert, dass Spektren auf weichem Untergrund (*soft soil sites*) sehr stark durch die Mächtigkeit der Sedimentschichten verändert werden.

Dieses Konzept wurde von Schneider [13] für das Nationale Anwendungsdokument zum EC 8 (NAD) erneut aufgegriffen. In parallel laufenden Forschungsarbeiten am Institut für Konstruktiven Ingenieurbau der Bauhaus-Universität Weimar (Schwarz, Lang, Golbs [20]) und im LGRB Baden-Württemberg (Brüstle, Stange [5]) wurden diese Spektren überprüft und anhand der durchgeführten Simulationsrechnungen neue Normspektren entwickelt. Auf Grundlage beider Untersuchungen wurde ein gemeinsamer Vorschlag für die Normspektren der DIN 4149 ausgearbeitet (Schwarz, Brüstle [15]), der aktuell im Gelbdruck zur DIN 4149 (2002) verankert ist.

Eine undifferenzierte Zusammenstellung und Auswertung von Strong-Motion-Daten ohne Würdigung der Äquivalenz zu den konkreten Standortbedingungen ist im Einzelfall somit kritisch zu hinterfragen, da nur unter Berücksichtigung von Geologie (Tiefenprofil) und Baugrund eine wirklichkeitsnahe Beschreibung der Einwirkungen für Standorte mit mächtigen Lockersedimenten gewährleistet ist.

Es bleibt weiterführenden Recherchen der Bedingungen an den Aufzeichnungsstandorten oder rückwirkenden Analysen der aufgezeichneten Bebendaten vorbehalten, um hier die notwendige Präzisierung des in diesem Beitrag übernommenen Datensatzes vornehmen zu können.

Sollten vom Standort Angaben vom Tiefenprofil verfügbar und somit auch die Übertragungsfunktionen ableitbar sein, empfiehlt sich eine Spiegelung an den Merkmalen der Bebenaufzeichnungen oder messtechnische Untersuchungen zur Präzisierung des Bemessungsgrößen. Für sicherheitstechnisch relevante Anlagen wären die Spektren ohnehin durch entsprechende Standortanalysen zu verifizieren.

Bei den Auswertungen der Daten für weichen Untergrund (*soft soil*) wurde der Datensatz aufgrund fehlender Angaben nicht differenziert nach Standorten mit geringen und mit mächtigen Ablagerungstiefen der Sedimente betrachtet. Der Einfluss dieser Schichtmächtigkeiten wird am Beispiel der Abnahmebeziehung nach Pugliese und Sabetta [12] in den Abb. 1 und 2 verdeutlicht. Für die Magnituden M=5.1,

M=5.6 und die Epizentralentfernung $R_{epi} = 12\,km$, werden die Spektren für starke (*thick*) und flache (*thin*) Ablagerungsschichten dargestellt. Dabei sind für flache Ablagerungen der weichen Sedimentschichten größere Verstärkungen der Bodenbewegung zu verzeichnen, als das bei großen Ablagerungstiefen der Fall ist.

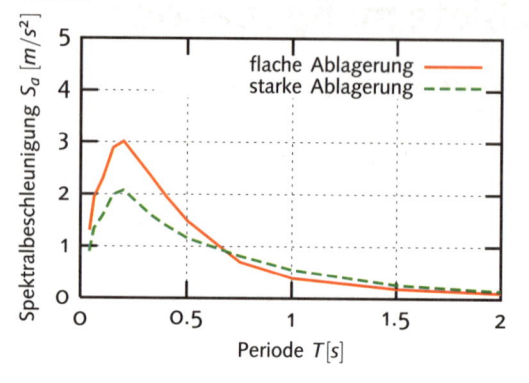

Abb. 1: Spektren für flache und mächtige Ablagerungen nach der Abnahmebeziehung nach Pugliese und Sabetta [12] für M=5.1; R=12km

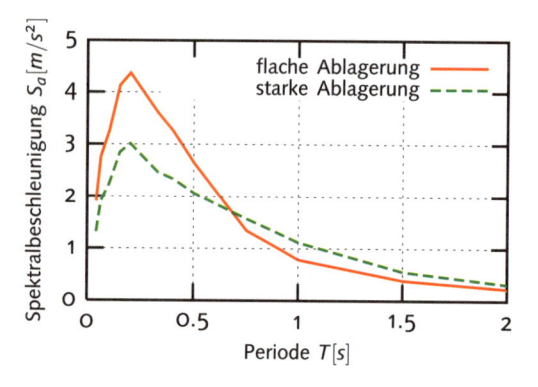

Abb. 2: Spektren für flache und mächtige Ablagerungen nach der Abnahmebeziehung nach Pugliese und Sabetta [12] für M=5.6; R=12km

2 Datenbasis und Kriterien der Auswertung

2.1 Klassifikation der Untergrundbedingungen

Für die Einordnung eines Standortes in eine Untergrundklasse werden im Kontext der Auswahl charakteristischer seismischer Einwirkungsgrößen (Zeitverläufe, Beschleunigungsantwortspektren) die oberen 20 bis 30 m herangezogen. Bei Ambraseys et al. [3] und auch bei Ambraseys et al. [1] gelten folgende Einteilungskriterien:

- *rock*: $v_s > 750 m/s$

- *stiff soil*: $360 < v_s \leq 750 m/s$

- *soft soil*: $180 < v_s \leq 360 m/s$

- *very soft soil*: $v_s \leq 180 m/s$ (hier nicht berücksichtigt)

Die Einstufung eines Standortes nach gemessenen Scherwellengeschwindigkeiten stellt zweifellos das schärfste Kriterium der Untergrundklassifikation dar, da in vielen Fällen solche Informationen nicht vorliegen. Des Weiteren bestehen durchaus unterschiedliche Auffassungen über die jeweiligen Einteilungsgrenzen, sofern diese an spezifischen, für die jeweilige Baugrundklasse charakteristischen Merkmalen der Spektren (Bodenbewegung) ausgerichtet werden. So setzen Boore et al. [4] die Grenzwerte bei Scherwellengeschwindigkeiten von $ave\ v_s = 620\ m/s$ (rock) bzw. $310\ m/s$ (deep soil) an; $ave\ v_s$ steht für die durchschnittliche Scherwellengeschwindigkeit der in den jeweiligen Datensätzen verwendeten Bebenaufzeichnungen.

Aufgrund der in der Regel wenig fundierten Kenntnisse zu den Tiefenprofilen sind gröbere, qualitative Einteilungskriterien für allgemeine Hochbauten zu bevorzugen. Für sicherheitsrelevante Bauwerke hat in Deutschland das von König und Heunisch [11] eingeführte Schema an Bedeutung erlangt. Die Klassen werden danach wie folgt definiert:

- Klasse A: Holozän, Lockersedimente und Böden niedriger Impedanz, mindestens 5 m mächtig
- Klasse M: mittelsteife, halbverfestigte Sedimente, weder (A) noch (R)
- Klasse R: Fels, gut verfestigtes, wenig poröses Gestein

Die nachfolgend ausgewerteten Starkbebenaufzeichnungen stehen im Wesentlichen für die Untergrundklasse B (*stiff soil*) und Untergrundklasse C (*soft soil*) nach dem aktuellen, für die Europäische Baunorm (prEN-1998:1) vorgesehen Klassifikationsschema, das durch Tab. 1 nochmals wiedergeben wird.

Als Grenzwert zwischen weichem (*soft soil*) und steifem (*stiff soil*) Untergrund wird somit eine Scherwellengeschwindigkeit von $v_s = 360\ m/s$ angegeben. Diese Einteilung entspricht im Wesentlichen dem Klassifikationsschema von König und Heunisch [11], die einen Grenzwert von 400 m/s festlegen. Als Grenzwert zwischen steifem (*stiff soil*) Untergrund und Fels (*rock*) wird eine Scherwellengeschwindigkeit bei $v_s = 800\ m/s$ vorgegeben, die bei König und Heunisch [11] mit $v_s = 1100\ m/s$ relativ hoch festgelegt wurde.

2.2 Untersuchte Datensätze

Der Beitrag konzentriert sich auf die Bibliothek europäischer Starkbebenaufzeichnungen nach Ambraseys, Smit et al. [1], nachfolgend bezeichnet als Datensatz „ESMD2000" (*European Strong Motion Data*). Aufgrund der weiten Verbreitung und auch Anwendung der von Ambraseys et al. [3] für die horizontale bzw. von Ambraseys und Simpson [2] für die vertikale Bodenbewegung vorgelegten Abnahmebeziehungen wird auch der diesen Auswertungen zugrunde liegende Datensatz betrachtet (nachfolgend bezeichnet als Datensatz „ASB1996").

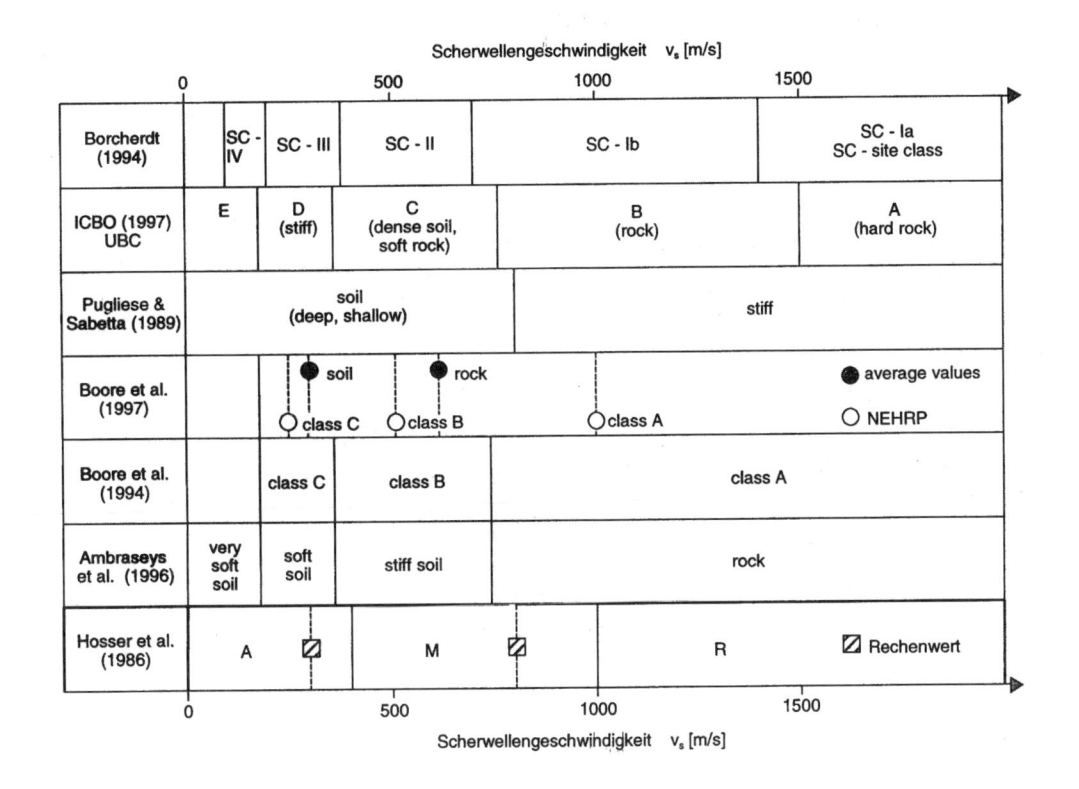

Abb. 3: Klassifikation der Untergrundbedingungen nach den Grenzwerten der Scherwellengeschwindigkeiten

Wie durch Schwarz et al. [19] bereits am Beispiel der ursprünglich als Felsaufzeichnungen (rock) klassifizierten Beschleunigungsregistrierungen gezeigt werden konnte, sind Unterschiede zwischen den beiden Datensätzen wie folgt zu kennzeichnen:

- Der Datensatz ESMD2000 ist gegenüber ASB1996 im Umfange der einbezogenen Beben und Stationen, insbesondere aber um Ereignisse mit Magnituden kleiner 4.0 erweitert.

- Die Untergrundbedingungen an den Stationen wurden offenkundig überprüft. Wie die nachfolgenden Beispiele in Tab. 2 belegen, wurden einzelne Stationen am Maßstab des gewählten Klassifikationsschemas neu eingeordnet.

- Die Bedingungen an den Aufzeichnungsstandorten werden – soweit mit vertretbaren Aufwand recherchierbar – wiedergegeben. Angaben zu Position der Messgeräte im Gebäude und der Art des Bauwerkes selbst (Geschosszahl, Tragwerkstyp) sind nur in Einzelfällen dokumentiert. Diese Angaben indizieren mögliche Veränderungen der aufgezeichneten Bodenbewegung infolge der Reaktion des schwingenden Gebäudes – als Primärsystem – und somit die nicht auszuschließende Signalveränderung gegenüber den gewünschten reinen Freifeldbedingungen.

- Im Datensatz ESMD2000 werden die Beben nach M_S und M_L gekennzeichnet und der Versuch unternommen, für die Stationen auch die *fault distance* anzugeben. Veränderungen in den Angaben zu den Magnituden und Entfernungen der einzelnen Beben wurden gewürdigt.

Baugrund-klasse	Beschreibung des Baugrundprofils	Scherwellengeschwindigkeit $v^*_{S,30}$
A	Fels oder andere felsähnliche geologische Formationen mit höchstens 5 m weicherem Material an der Oberfläche	$> 800\,m/s$
B	Ablagerungen von sehr steifem Sand, Kies oder hochverdichtetem Ton mit einer Mächtigkeit von mehreren zehn m	$360 - 800\,m/s$
C	Tiefe Ablagerungen von steifem oder mittelsteifem Sand, Kies oder Ton mit einer Mächtigkeit von mehreren zehn bis mehreren hundert m	$180 - 360\,m/s$
D	Ablagerungen von weichen bis mittelsteifen nichtbindigen Böden (mit oder ohne einige weiche bindige Schichten)	$< 180\,m/s$
E	Alluviale Oberflächenschicht der Bodenklasse C oder D mit einer Mächtigkeit zwischen 5 und 20 m über einer steiferen Schicht mit einer Scherwellengeschwindigkeit	$> 800\,m/s$
S1	Ablagerungen, die weiche Tone/Schluff mit hohem Plastizitätsindex (PI>40) und hohem Wassergehalt und einer Schichtstärke von mindestens 10 m enthalten	$< 100\,m/s$
S2	Ablagerungen von verflüssigbaren Böden oder Böden, die nicht in die Baugrundklassen A bis E oder S1 eingeteilt werden können	

Tabelle 1: Baugrundklassen nach prEN 1998-1 [6] (Durchschnittswert des Tiefenprofils in den oberen 30 m)*

Station	Datum Uhrzeit	Daten ASB1996				Daten ESMD2000			
		M_S	R_{epi} [km]	h [km]	Untergrund	M_S	R_{epi} [km]	h [km]	Untergrund
Aigio OTE-Building	14.05.87 06:29:11	4.1	10	9	soft soil	4.2	9	9	stiff soil
Roccamonfina	07.05.84 17:49:43	5.8	49	8	soft soil	5.8	50	8	rock
Genio-Civile	04.02.72 17:19:50	4.2	16	2	stiff soil	4.2	17	2	alluvium
Toros	31.12.88 04:07:09	4.2	9	5	stiff soil	4.2	10	5	rock
Oni-Base Camp	10.05.91 20:30:43	4.2	7	8	stiff soil	4.5	13	4	soft soil

Tabelle 2: Neueinordnung ausgewählter Stationen und Ereignisse

Folgende Vorgehensweise der Datenauswahl wird gewählt:

- Die im Datensatz ASB1996 als Aufzeichnungen auf *stiff soil* und *soft soil* aufgeführten Ereignisse werden übernommen.
- Die im Datensatz ESMD2000 als *stiff soil* bzw. *soft soil* gekennzeichneten Daten werden für die statistische Auswertung aufbereitet.
- Abweichend vom Datensatz ASB1996, in welchem auch Aufzeichnungen von bauwerksnahen Freifeldstandorten (*structure related free-field*) einbezogen wurden, basiert die Datenselektion für ESMD2000 lediglich auf reinen Freifeldmessungen (ausgewiesen als Standort *free-field*).

2.3 Ausgewertete Datensätze

Im Zusammenhang mit der Bereitstellung und Bewertung seismischer Bemessungsspektren für deutsche Erdbebengebiete und in Anlehnung an die ermittelten Erdbebenszenarien für aktuelle seismische Risikostudien (Schwarz et al., [18]) werden jeweils vier Datengruppen mit den Magnituden- und Entfernungsbereichen gemäß Tab. 3 und 4 in Abhängigkeit von den Untergrundbedingungen untersucht.

Die Auswertungen erfolgten für die Horizontal- und Vertikalkomponenten sowie für die horizontale Resultierende für unterschiedliche Datenzusammenstellungen. Als Magnitude wird $M = M_S$ (M_S-Oberflächenwellenmagnitude) – soweit die Angaben ermittelt werden konnten, eingeführt.

Die Mittelwerte in den Tab. 3 und 4 werden jeweils für beide Komponenten H_1 und H_2 berechnet. Hierbei ist H_1 die Horizontalkomponente mit der größeren Bodenbeschleunigung $a_{h,max}$.

2.4 Datenaufbereitung

Die Aufbereitung der Erdbebendaten folgt der Vorgehensweise von Schwarz et. al [19]:

- Kennzeichnung der Daten hinsichtlich der ingenieurseismologischen Kenngrößen wie Bodenbeschleunigung; Ermittlung der Starkbebendauer für die horizontale Komponente H_1
- Ermittlung der resultierenden horizontalen Bodenbeschleunigung und resultierenden Horizontalspektren nach der von Schwarz und Ahorner [14] vorgeschlagenen Methode.
- Überprüfung der Daten hinsichtlich ihrer Plausibilität, Diskussion der Vertrauenswürdigkeit; Aufdeckung von Fehlregistrierungen, Fehlinterpretationen und möglichen Datenunschärfen; Aufdeckung von Fehlzuordnungen (z. B. bei Messungen in Gebäuden) – steht für diese Datengruppen noch aus.

Daten-gruppe	Magnitudenbereich	Entfernungsbereich	Mittelwerte (horizontale Komponenten)					
			ESMD2000			ASB1996		
			M_S	R_{epi} [km]	Anzahl Komponenten	M_S	R_{epi} [km]	Anzahl Komponenten
1	$3.7^* \leq M_S \leq 4.7$	$R_{epi} \leq 20km$	4.1	12.3	86	4.2	9.4	144
2	$4.2 \leq M_S \leq 5.2$	$R_{epi} \leq 20km$	4.7	11.2	80	4.5	9.2	118
3	$4.7 \leq M_S \leq 5.7$	$R_{epi} \leq 20km$	5.1	11.5	70	5.1	10.0	62
4	$5.2 \leq M_S \leq 6.2$	$R_{epi} \leq 20km$	5.6	14.6	52	5.6	12.1	53

Tabelle 3: Datengruppen für steifen Untergrund (stiff soil) (* 3.7 bei ESMD2000 und 4.0 bei ASB1996)

Daten-gruppe	Magnitudenbereich	Entfernungsbereich	Mittelwerte (horizontale Komponenten)					
			ESMD2000			ASB1996		
			M_S	R_{epi} [km]	Anzahl Komponenten	M_S	R_{epi} [km]	Anzahl Komponenten
5	$3.7^* \leq M_S \leq 4.7$	$R_{epi} \leq 20km$	4.2	12.6	36	4.3	10.9	26
6	$4.2 \leq M_S \leq 5.2$	$R_{epi} \leq 20km$	4.7	11.7	46	4.6	10.9	27
7	$4.7 \leq M_S \leq 5.7$	$R_{epi} \leq 20km$	5.1	12.1	38	5.2	10.7	34
8	$5.2 \leq M_S \leq 6.2$	$R_{epi} \leq 20km$	5.6	12.1	34	5.6	10.5	24

Tabelle 4: Datengruppen für weichen Untergrund (soft soil) (* 3.7 bei ESMD2000 und 4.0 bei ASB1996)

(a) *Datengruppe: steifer Untergrund (nach Tab. 3)*

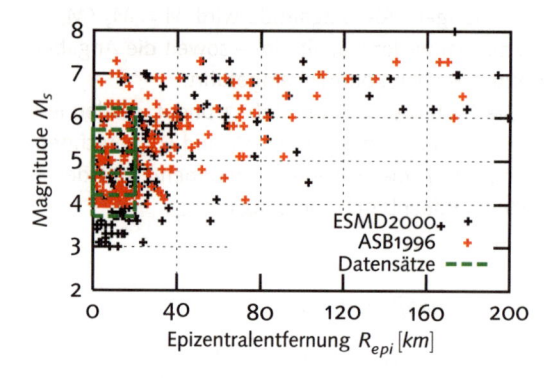

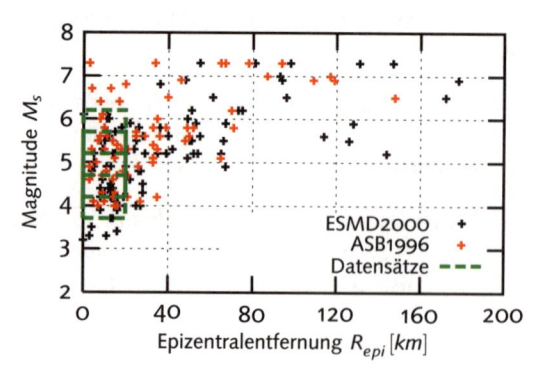

(b) *Datengruppe: weicher Untergrund (nach Tab. 4)*

Abb. 4: Magnituden und Entfernungen der gesamten Datensätze

- Zusammenstellung von Datengruppen und statistische Auswertung (Ermittlung der Mittelwert- und Fraktilspektren sowie Spektren für die Standardabweichung).

3 Ergebnisse

3.1 Fraktile von Spektren

Die Auswertung der Antwortspektren wurde für die in Tab. 3 und 4 aufgeführten Datengruppen getrennt nach weichem und steifem Untergrund durchgeführt. Die Zusammensetzung der Datengruppen hinsichtlich der charakteristischen Magnituden und Entfernungen ist Abb. 4(a) bzw. 4(b) zu entnehmen. Aus den Daten können für jede Periode des Spektrums Fraktilwerte ermittelt werden.

In den Abb. 5(a) und 5(b) sind die 50%- und 84%-Fraktile für ausgewählte Magnituden- und Entfernungsbereiche in Abhängigkeit des Untergrundes angegeben (Datengruppe 3 und 8). Für die Verteilung der Spektralwerte einer Periode kann i. a. die log-Normalverteilung angenommen werden. Dafür werden aus den Daten für jede Periode die Verteilungsparameter der log-Normalverteilung geschätzt.

In den Abb. 6(a) und 6(b) sind die gemessenen Spektralbeschleunigungen für die Periode T=0.1 s der Verteilungsfunktion gegenübergestellt. Augenscheinlich ist zu erkennen, dass die log-Normalverteilung für die Datensätze zutreffend ist. Ein Test auf log-Normalverteilung wurde nicht durchgeführt. Aus den ermittelten Verteilungen für die verschiedenen Perioden können wiederum Beschleunigungswerte in Abhängigkeit von den Fraktilen bestimmt werden. Für die Fraktile von 50 und 84% sind die daraus resultierenden Spektren ebenfalls in Abb. 5(a) und 5(b) dargestellt.

3.2 Mittelwertspektren

3.2.1 Horizontalspektren

Die Abb. 7(a) und 7(b) vermitteln einen Eindruck von der Qualität der ausgewerteten Datensätzen nach ASB1996 und ESMD2000 und den daraus abzuleitenden Spektren. Dargestellt sind die Mittelwertspektren der Horizontalkomponenten H_1 und H_2 sowie der resultierenden Horizontalkomponente H_{res}, für die ausgewählten Datengruppen 2 und 6. Die Komponente H_{res} wurde nach Glg. 1 für jede Aufzeichnung berechnet.

$$S_{a,H_{res}}(T) = max(t)\sqrt{S_{a,H1}^2(T,t) + S_{a,H2}^2(T,t)} \quad (1)$$

Bei gleicher Magnituden-Entfernungs-Konstellation ergeben sich für die Spektren des weichen Untergrundes größere Beschleunigungen, als dies bei steifem Untergrund der Fall ist. Die resultierenden Horizontalspektren weisen größere Spektralbeschleunigungen als die Mittelwertspektren der Komponenten auf.

Eine weitere Auswahl an Mittelwertspektren, welche für die Horizontalkomponente berechnet wurden, sind in den Abb. 8(a) und 8(b) aufgeführt. Hierin werden die Ergebnisse für alle Magnitudenbereiche der jeweiligen Untergrundklasse nach Datensatz ESMD2000 aufbereitet.

Aus der resultierenden Horizontalkomponente H_{Res} und der Horizontalkomponente mit der größeren Beschleunigung H_1 wurde die Relation H_{Res}/H_1 für jede Messung des Datensatzes ESMD2000 gebildet. Ergebnisse der statistischen Auswertung werden für die Mittelwerte in den Abb. 9(a) und 9(b) wiedergegeben.

Tab. 5 enthält eine Aufstellung von Mittelwerten der Relationen H_{res}/H_1 für markante Periodenbereiche. Daran wird deutlich, dass diese Mittelwerte nicht von der Magnitude, jedoch von der betrachteten Periode abhängig sind. Bei den Datengruppen 1 bis 4 sind die Streuungen der Werte innerhalb dieser Periodebereiche geringer als bei den Datengruppen 5 bis 8.

Eine mögliche Ursache hierfür liegt in der Qualität der Datenzusammensetzung bei den Gruppen für steifen und weichen Untergrund (vgl. Tab. 3 und 4: Anzahl der Komponenten).

3.2.2 Vertikalspektren

Bezüglich der Vertikalspektren wurden in den letzten Jahren separate Untersuchungen durchgeführt. Die ursprüngliche Vorgehensweise, die Vertikalspektren auf der Grundlage der Horizontalspektren zu beziehen und sie als 50 bzw. 70% reduzierte Amplitude anzusetzen, wurde aufgegeben. In der Neufassung des EC 8 werden separate Spektren sowohl für die horizontalen als auch vertikalen Spektren angegeben.

Dies entspricht im Wesentlichen auch der im Entwurf der DIN 4149 gewählten Vorgehensweise, wobei im Unterschied zum EC 8 [prEN 1998-1 [6]] für die Untergrundklassen eine gewisse Differenzierung der

(a) Datengruppe 3

(b) Datengruppe 8

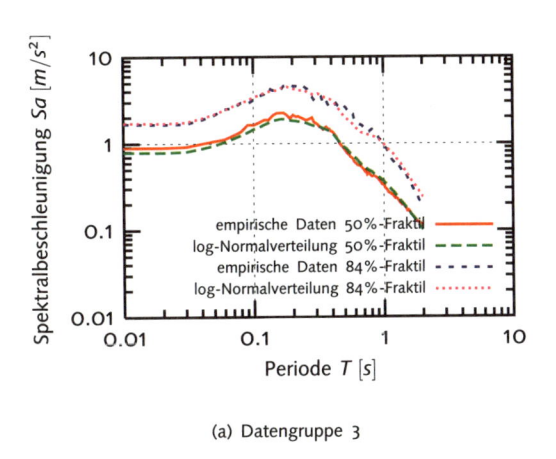

Abb. 5: 50- und 84%-Fraktile ESMD2000

(a) Datengruppe 3

(b) Datengruppe 8

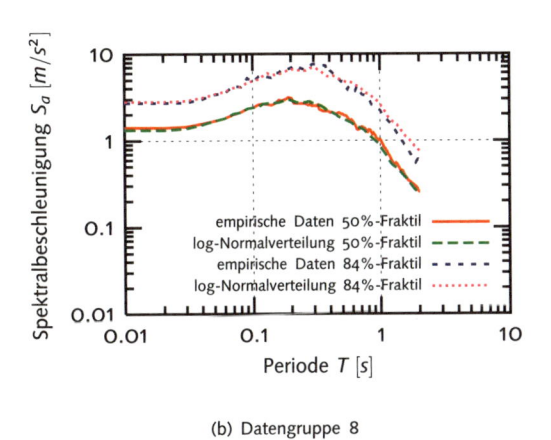

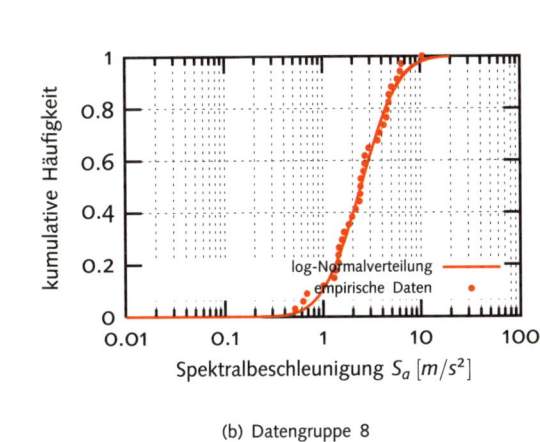

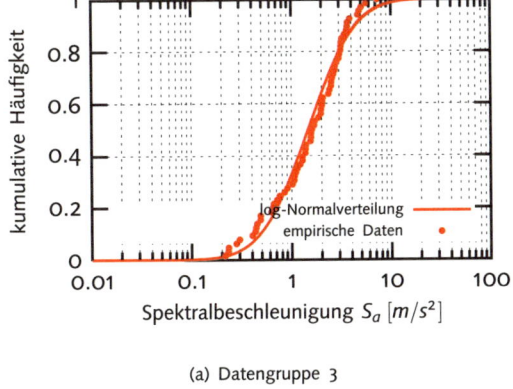

Abb. 6: log-Normalverteilung ESMD2000

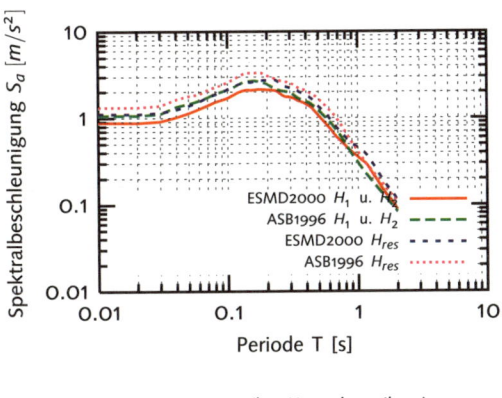

(a) Datengruppe 2 (log-Normalverteilung)

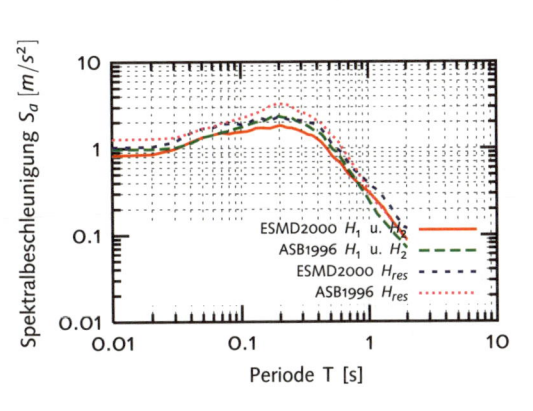

(b) Datengruppe 6 (log-Normalverteilung)

Abb. 7: Mittelwertspektren der Horizontalkomponenten ESMD2000 und ASB1996

Vertikalspektren noch zu erkennen ist.

Die Abb. 10(a) und 10(b) zeigen eine Auswahl der Ergebnisse für die Mittelwertspektren der Vertikalkomponente. Der Vergleich zwischen den Datensätzen ASB1996 und ESMD2000 beider Untergrundklassen ist hier für den Magnitudenbereich $4.2 \leq M_S \leq 5.2$ dargestellt. Bei steifem Untergrund sind die Spektralbeschleunigungen des Datensatzes ASB1996 größer als diejenigen des Datensatzes ESMD2000. Im Gegensatz dazu erzeugen die Daten von ESMD2000 bei weichem Untergrund die größeren Beschleunigungen. Eine Ursache hierfür ist in der Neueinordnung der Untergrundklassen verschiedener Stationen zu suchen (Beispiele in Tab. 2).

Im EC 8 [prEN 1998-1 [6]] wird das Vertikalspektrum für die Spektrumtypen 1 und 2 gleich beschrieben. Unterschiede existieren nur im Amplitudenniveau in Bezug zum Horizontalspektrum. Folgende Relationen werden empfohlen:

$a_v/a_h = 0.9$ für Spektrumtyp 1

$a_v/a_h = 0.45$ für Spektrumtyp 2

Es unterscheiden sich Spektrumtyp 1 (Beben mit $M_S > 5.5$) und 2 (Beben mit $M_S \leq 5.5$) lediglich in der für ein bestimmtes Gebiet zu erwartenden Oberflächenwellenmagnitude M_S.

Die Einordnung dieser Normwerte in die statistische Auswertung der empirischen Daten ESMD2000

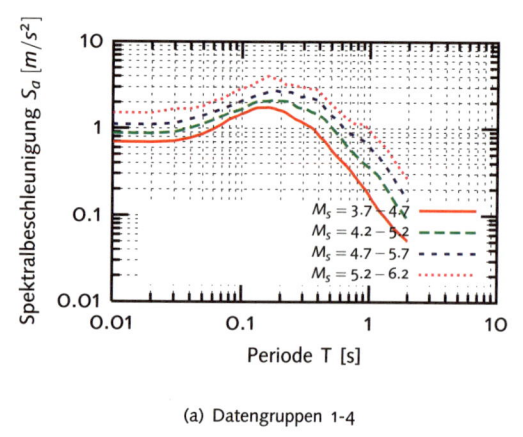

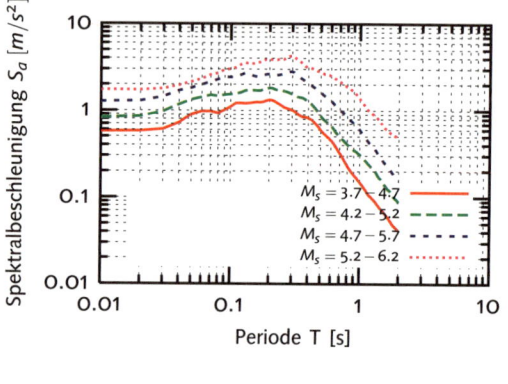

(a) Datengruppen 1-4

(b) Datengruppen 5-8

Abb. 8: Mittelwertspektren der Horizontalkomponenten ESMD2000

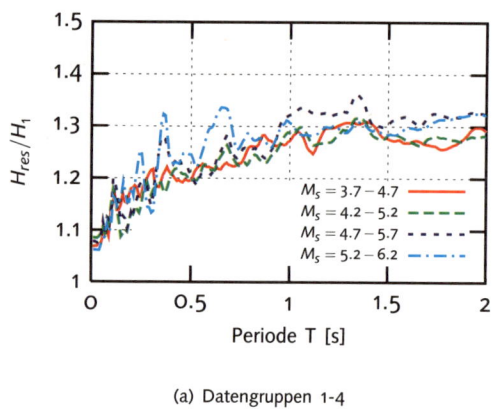

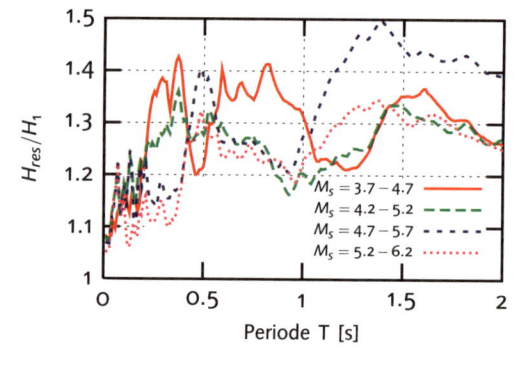

(a) Datengruppen 1-4

(b) Datengruppen 5-8

Abb. 9: Relationen H_{Res}/H_1 ESMD2000

Daten-gruppe	Periodenbereich			Daten-gruppe	Periodenbereich		
	$0.01s \leq T \leq 0.1s$	$0.1s < T \leq 0.5s$	$0.5s < T \leq 2.0s$		$0.01s \leq T \leq 0.1s$	$0.1s < T \leq 0.5s$	$0.5s < T \leq 2.0s$
1	1.09	1.18	1.27	5	1.11	1.28	1.31
2	1.10	1.17	1.27	6	1.13	1.26	1.26
3	1.10	1.19	1.30	7	1.13	1.21	1.37
4	1.08	1.21	1.29	8	1.12	1.16	1.28

Tabelle 5: Mittelwerte H_{res}/H_1 für unterschiedliche Periodenbereiche

ist in den Abb. 11(a) und 11(b) dargestellt. Hierfür wurde aus den 50%-Fraktilspektren der Vertikal- und der resultierenden Horizontalkomponente die Relation V/H_{res} gebildet.

Wie bereits bei den Relationen H_{res}/H_1, ist auch hier eine große Schwankung der periodenabhängigen Verhältnisse für die Datengruppen des weichen Untergrundes zu verzeichnen. Analog zu Abschnitt 3.2.1 werden diese Schwankungen mit der geringen Anzahl der vorliegenden Messdaten für diese Untergrundklasse begründet. In Tab. 6 werden die Mittelwerte der Relationen V/H_{res} für bestimmte Periodenbereiche aufgeführt. Die Grenzwerte der Periodenbereiche entsprechen dem Bereich konstanter Spektralbeschleunigungen (T_B und T_C) sowie dem Beginn des Bereiches mit konstanter Spektralverschiebung (T_D) für Spektrumtyp 2 gemäß [prEN 1998-1 [6]].

In die Mittelwerte für die geringeren Magnitudenbereiche ordnet sich der Normwerte $a_v/a_h = 0.45$ für Spektrumtyp 2 sehr gut ein. Dies ist jedoch bei steifem Untergrund (Abb. 11(a)) stärker ausgeprägt als bei weichem Untergrund (Abb. 11(b)). Als Tendenz ist zu erkennen, daß mit der Bebenstärke (Magnitude) auch der Verhältniswert a_v/a_h steigt.

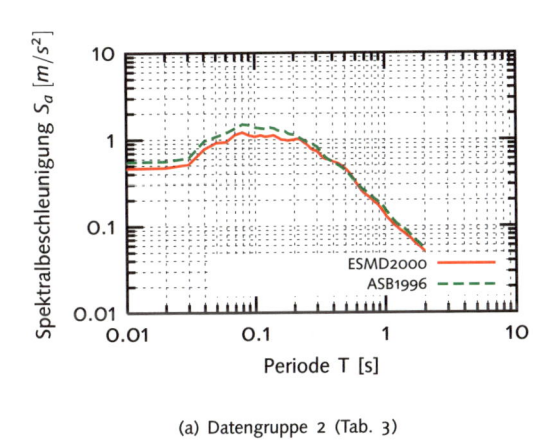

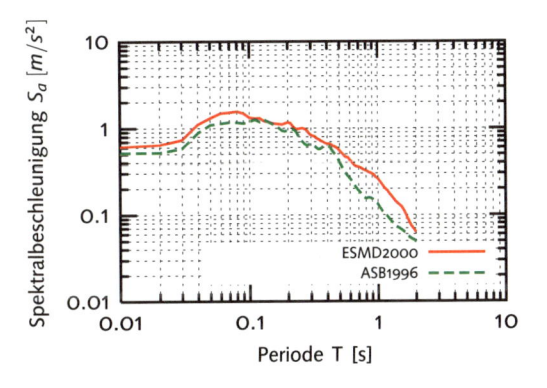

Abb. 10: Mittelwertspektren der Vertikalkomponente ESMD2000 und ASB1996

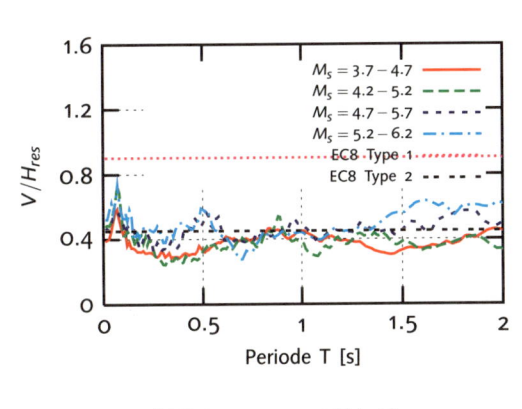

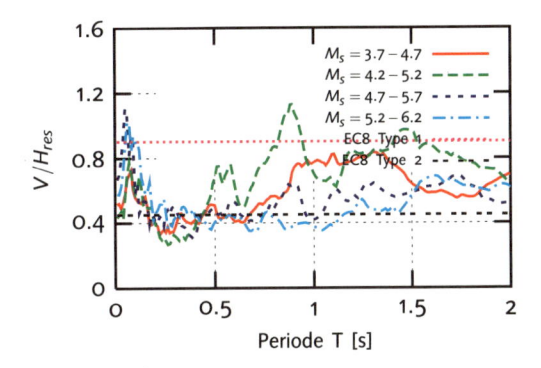

Abb. 11: Magnitudenabhängige Relationen zwischen Vertikal- und resultierenden Horizontalspektren V/H_{Res} für Datensatz ESMD2000

Daten-gruppe	Periodenbereich			Daten-gruppe	Periodenbereich		
	$0.01s \leq T \leq 0.1s$	$0.1s < T \leq 0.25s$	$0.25s < T \leq 1.2s$		$0.01s \leq T \leq 0.1s$	$0.1s < T \leq 0.25s$	$0.25s < T \leq 1.2s$
1	0.43	0.38	0.38	5	0.59	0.44	0.57
2	0.50	0.45	0.35	6	0.57	0.45	0.67
3	0.48	0.45	0.43	7	0.84	0.46	0.48
4	0.56	0.50	0.43	8	0.81	0.58	0.41

Tabelle 6: Mittelwerte V/H_{res} für unterschiedliche Periodenbereiche

3.3 Starkbebendauer

Nach der Glg. 2 wurde die Starkbebendauer der Datengruppen ausgewertet. Der Beginn der Starkbebenphase wird im Allgemeinen mit $t_A(5\%)$ definiert.

$$E(t) = \frac{\int_0^t a^2(t)dt}{\int_0^{t_1} a^2(t)dt} \qquad (2)$$

mit der Gesamtdauer t_1 und den Beschleunigungen $a(t)$ (siehe Abb. 12).

Dabei ist $t(x\%)$ die Zeit, bei welcher das Energieintegral x-Prozent des Endwertes erreicht hat. Für das Ende der Starkbebenphase t_E gibt es in der Literatur unterschiedliche Ansätze. So wird z. B. von Hosser [9] $t_E(75\%)$ zugrunde gelegt.

Nachfolgend werden Ergebnisse für die Untersuchungen mit $t_E(75\%)$ und $t_E(90\%)$ vorgelegt. Die Starkbebendauern $t_{s,75}$ und $t_{s,90}$ sowie die dazugehörigen Standardabweichungen sind für steifen und weichen Untergrund in den Tab. 7 und 8 aufgelistet.

Tendenziell sind die Starkbebendauern innerhalb des gleichen Magnituden-Entfernungs-Bereiches für weichen Untergrund größer als bei steifem Untergrund.

Zu beachten sind außerdem die größeren Standardabweichungen bei Datengruppen der Untergrundklasse *soft soil* gegenüber *stiff soil*. Das kann wiederum auf die unterschiedliche Anzahl verfügbarer Daten zurückgeführt werden.

Die Starkbebendauern $t_{s,75}$ in Tab. 7 bzw. $t_{s,90}$ in Tab. 8 sind mit Werten nach Hosser [9] in Tab. 9 vergleichbar. Der Unterschied besteht vornehmlich in dem zugrunde gelegten Parameter der Erdbebenstärke (Intensität).

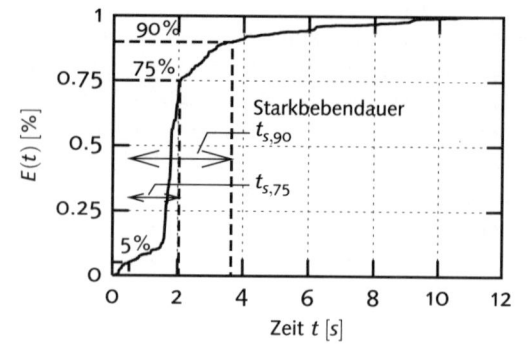

Abb. 12: Vorgehensweise bei Ermittlung der Starkbebendauer

4 Vergleich mit den Spektren aus Abnahmebeziehungen

Die Mittelwertspektren und 50%-Fraktilspektren infolge der Datensätze ESMD2000 und ASB1996 werden in den Abb. 13 bis 16 den Spektren gegenübergestellt, die sich aus der Regression dieser (in der Gesamtheit zugrunde gelegten) Datensätze ergeben. Dabei erfolgt die Berechnung der Spektren aus Abnahmebeziehungen für die mittlere Magnitude M_S und mittlere Entfernung R_e, welche aus den Da-

Magnitudenbereiche	$t_{s,75} \pm 1\sigma$ [s]	$t_{s,90} \pm 1\sigma$ [s]	Anzahl der Beben N
$M_S = 3.7 - 4.7$	1.79 ± 1.45	3.22 ± 2.35	44
$M_S = 4.2 - 5.2$	2.38 ± 1.69	4.38 ± 2.82	41
$M_S = 4.7 - 5.7$	2.75 ± 1.75	4.90 ± 2.87	35
$M_S = 5.2 - 6.2$	2.61 ± 1.44	4.34 ± 2.28	26
gesamt	2.20 ± 1.58	3.90 ± 2.56	89

Tabelle 7: Starkbebendauer in Abhängigkeit vom Magnitudenbereich für die Datengruppen 1 bis 4 (stiff soil)

Magnitudenbereiche	$t_{s,75} \pm 1\sigma$ [s]	$t_{s,90} \pm 1\sigma$ [s]	Anzahl der Beben N
$M_S = 3.7 - 4.7$	2.00 ± 1.51	3.90 ± 2.43	18
$M_S = 4.2 - 5.2$	2.87 ± 2.11	4.83 ± 3.49	23
$M_S = 4.7 - 5.7$	3.16 ± 2.22	5.17 ± 3.79	19
$M_S = 5.2 - 6.2$	3.33 ± 2.42	5.91 ± 3.92	26
gesamt	2.86 ± 2.24	5.02 ± 3.39	43

Tabelle 8: Starkbebendauer in Abhängigkeit vom Magnitudenbereich für die Datengruppen 5 bis 8 (soft soil)

Untergrund	Intensitätsklassen			gesamt
	I = 6 bis 7	I = 7 bis 8	I = 8 bis 9	
Lockersedimente	4.5 ± 3.7	5.9 ± 1.3	3.5 ± 1.3	5.0 ± 3.3
mittelsteife halbverfestigte Sedimente	2.6 ± 1.0	2.7 ± 1.4	2.5 ± 1.3	2.7 ± 2.1

Tabelle 9: Starkbebendauer in Abhängigkeit von der Intensitätsklasse nach Hosser [9]

tengruppen 1 bis 8 resultieren und in den Tab. 3 und 4 aufgelistet sind. Die Abnahmebeziehungen nach Ambraseys et al. [3] und Schwarz et al. [16] wurden dem Vergleich zugrunde gelegt.

Anhand der Abb. 13 und 15 ist zu schlussfolgern, dass sich die Abnahmebeziehungen für die Horizontalkomponenten bei steifen Untergrundbedingungen zwischen dem Mittelwert- und dem 50%-Fraktilspektrum einordnen. Diese Tendenz ist auch bei weichem Untergrund (Abb. 14 und 16) zu verzeichnen. Bei den Vertikalspektren siedeln sich die Spektren aus den Abnahmebeziehungen oberhalb und mit zunehmender Magnitude unterhalb des 50%-Fraktilspektrums an.

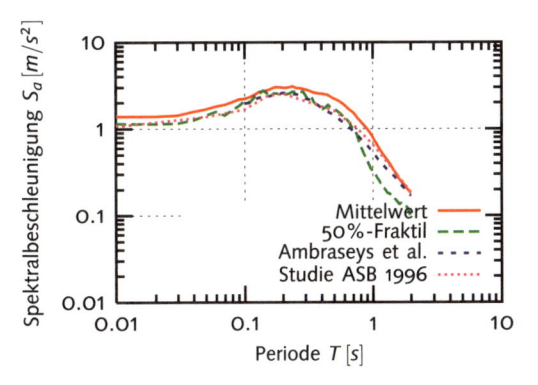

Abb. 16: Datengruppe 7 ASB1996 (Tab. 4)

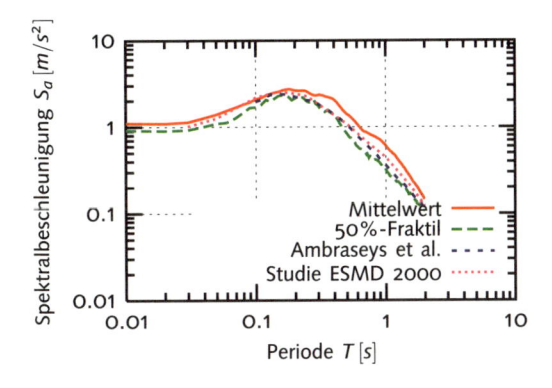

Abb. 13: Datengruppe 3 ESMD2000 (Tab. 3)

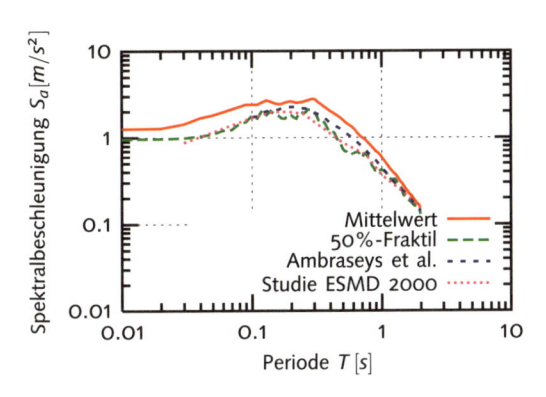

Abb. 14: Datengruppe 7 ESMD2000 (Tab. 4)

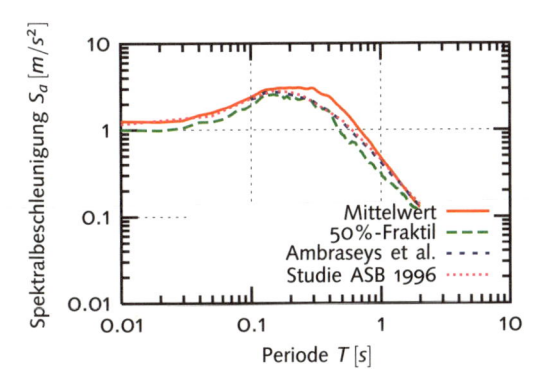

Abb. 15: Datengruppe 3 ASB1996 (Tab. 3)

5 Schlussfolgerungen und Ausblick

Der Beitrag konzentriert sich auf die Auswertung von Starkbebenregistrierungen auf weichem und steifem Untergrund, wobei zwei Datensätze zugrunde gelegt werden, die sich sowohl im Umfang der Daten als auch in der Zuordnung von einzelnen Aufzeichnungsstationen in die Untergrundklassen unterscheiden. Da von den europäischen Erdbebendaten nicht immer eindeutige Angaben von Magnitude und Entfernung zum Bebenherd vorliegen, wird auf die vorgenommenen Festlegungen von Ambraseys et al. [1] bzw. Ambraseys et al. [3] zurückgegriffen, die für eine Vielzahl von Ereignissen abweichende Parameterabschätzungen und Neubewertungen enthalten.

In diesem Beitrag wird der Schwerpunkt auf die statistische Auswertung der Daten und die Übertragbarkeit der gewählten Methodik auf andere Datensätze gerichtet. Es werden die Abnahmebeziehungen für die Datensätze nach Ambraseys et al. [3] bzw. Ambraseys et al. [2] herangezogen, um die Ergebnisse der statistischen Auswertung von herdnahen Bebendaten bewerten zu können.

Der Vergleich zwischen den in der Regression aufbereiteten Abnahmebeziehungen [16] mit den für den gleichen Datensatz ermittelten Spektren der horizontalen bzw. der vertikalen Komponenten führt zu folgenden Feststellungen:

- Die Mittelwertspektren aus den hinsichtlich des Magnituden- und Entfernungsbereichs auf deutsche Erdbebengebiete ausgerichteter Datenselektionen zeigen, dass die ermittelten Abnahmebeziehungen, die auf dem gesamten Datensatz (ohne Beschränkung der Entfernung und Magnitude) basieren und sich auf die Mittelwerte des jeweiligen Datensatzes beziehen, gute Übereinstimmung aufweisen.

- Insofern spiegeln die Abnahmebeziehungen des gesamten Datensatzes auch die Merkmale der Spektren in ausgewählten (regional typischen) Bereichen der Herdkenngrößen wider, d. h. die entwickelten Abnahmebeziehungen sind geeignet, um Spektren für herdnahe Ereignisse zu prognostizieren.

- Es erscheint nicht erforderlich, den Datenumfang der Regression zusätzlich einzuschränken und gesondert auszuwerten.

Vielmehr sollte das Augenmerk darauf gerichtet werden, die Daten hinsichtlich ihrer Plausibilität und Vertrauenswürdigkeit zu diskutieren; Fehlregistrierungen zu identifizieren und Datenunschärfen bzw. Fehlzuordnungen insbesondere hinsichtlich Aufzeichnungsstationen (Untergrundbedingungen mit Kennzeichnung Tiefenprofils, Standort des Messgerätes, Einfluss der Bauwerksreaktion und Wechselwirkungen Bauwerk-Baugrund) aufzudecken. Auch für die in der vorliegenden Arbeit nur übernommenen Datensätze steht eine solche umfassende Datenkontrolle und -verfikation noch aus.

6 Danksagung

Der Beitrag entstand im Rahmen der Grundlagenuntersuchungen zum Vorhaben „Erdbebeneinwirkung auf Bauwerke hohen Risikopotentials unter probabilistischer Betrachtung der Standortbedingungen". Bearbeiter danken dem SA-„AT" für die Förderung der Forschungs- und Entwicklungsarbeiten und der VGB-Arbeitsgruppe „Erdbebenauslegung" für die Begleitung der Projektphasen.

Literatur:

[1] AMBRASEYS, N., P. SMIT, R. BERARDI, D. RINALDIS, F. COTTON, and C. BERGE: *Dissemination of European Strong-Motion-Data, CD-ROM-Collection*, 2000.

[2] AMBRASEYS, N.N. and K.A. SIMPSON: *Prediction of vertical response spectra in Europe*. Earthquake Engineering and Structural Dynamics, 25:401–412, 1996.

[3] AMBRASEYS, N.N., K.A. SIMPSON, and J.J. BOMMER: *Prediction of horizontal response spectra in Europe*. Earthquake Engineering and Structural Dynamics, 25:371–400, 1996.

[4] BOORE, D.M., W.B. JOYNER, and T.E. FUMAL: *Equations for estimating horizontal response spectra and peak acceleration from western north american earthquakes. A summary of recent work*. Seismological research letters, 68(1):128–153, 1997.

[5] BRÜSTLE, W. und S. STANGE: *Modellrechnungen mit dem Programm SIMUL für sythetische Tiefenprofile der Scherwellengeschwindigkeit zur Klassifizierung des Untergrunds in deutschen Erdbebengebieten*. Technischer Bericht, Landesamt für Geologie, Rohstoffe und Bergbau, Baden-Württemberg, 1999.

[6] EUROPEAN COMMITEE FOR STANDARDIZATION, Brüssel, Belgium: *prEN 1998-1, Eurocode 8, Part 1: Design of structures for earthquake resistance: General rules*.

[7] GRÜNTHAL, G. and J. SCHWARZ: *Hazard-consistent description of seismic action for a new generation of seismic codes, a case study considering low seismicity regions of Central Europe*. In *12th World Conference on Earthquake Engineering*, 2000. paper 0443.

[8] HABENBERGER, J., D. H. LANG und J. SCHWARZ: *Spektrale Abnahmebeziehungen auf der Grundlage der Starkbebenmessungen in den Erdbebengebieten der Türkei 1999*. Wissenschaftliche Zeitschrift der Bauhaus-Universität Weimar Thesis, 1:70–78, 2001.

[9] HOSSER, D.: *Realistische Lastannahmen für Bauwerke*. Der Bauingenieur, 62(12):567–574, 1987.

[10] HOSSER, D., E. KEINTZEL und G. SCHNEIDER: *Seismische Eingangsgrößen für die Berechnung von Bauten in deutschen Erdbebengebieten*. Technischer Bericht, Universität Karlsruhe, 1991. Abschluberricht zum Forschungsvorhaben: Harmonisierung europäischer Baubestimmungen Eurocode 8 - Erdbeben.

[11] HOSSER, D. und K. KLEIN: *Realistische Lastannahmen für Bauwerke mit erhöhtem Sekundärrisiko*, 1983. Abschlußbericht König und Heunsch.

[12] PUGLIESE, A. and F. SABETTA: *Stima di spettri di risposta da registrazioni di forti terremoti italiani*. Ingegneria sismica, 2(6):3–14, 1989.

[13] SCHNEIDER, G.: *Neue Bemessungsspektren für Deutschland*. In: *Referate-Sammlung Eurocode 8, DIN 4149 - neue Regeln bei der Auslegung von Bauwerken gegen Erdbeben*. Deutsches Institut für Normung e. V., Januar 1998. Gemeinschaftstagung DIN und DGEB, Leinfelden-Echterdingen, Beitrag 4.1-4.24.

[14] SCHWARZ, J. and L. AHORNER: *Conclusions from actual strong motion records in Central Europe for Engineering design practice*. In *5th SECED European Seismic Design Practice*, pages 303–310. A.A. Balkema, 1995.

[15] SCHWARZ, J. und W. BRÜSTLE: *Protokoll der Sitzung des Normenausschusses Bauwesen NABau 00.06.00 des DIN in Stuttgart am 18. Oktober 1999 (unveröffentlicht)*. verarbeitet in DIN 4149 (Entwurf 2000), 5. Norm-Vorlage, vorgesehen als Ersatz für DIN 4149-1 (April 1981).

[16] SCHWARZ, J., C. ENDE, J. HABENBERGER, and C. SCHOTT: *Site-dependend horizontal and vertical spectra derived from european stromg motion records*. paper in preparation, 1, 2003.

[17] SCHWARZ, J. und G. GRÜNTHAL: *Zukunftsorientierte Konzepte zur Beschreibung seismischer Einwirkungen für das Erdbebeningenieurwesen*. Bautechnik, 75:737–752, 1998.

[18] SCHWARZ, J., G. GRÜNTHAL und C. GOLBS: *Gefährdungskonsistente Erdbebeneinwirkungen für deutsche Erdbebengebiete-Konsequenzen für die Normenentwicklung*. Wissenschaftliche Zeitschrift der Bauhaus-Universität Weimar Thesis, 1:50–69, 2001.

[19] SCHWARZ, J., J. HABENBERGER und C. SCHOTT: *Auswertung von Strong-Motion-Daten in den für deutsche Erdbebengebiete maßgebenden Magnituden- und Entfernungsbereichen*. Wissenschaftliche Zeitschrift der Bauhaus-Universität Weimar Thesis, 1/2:80–91, 2001.

[20] SCHWARZ, J., D. H. LANG und C. GOLBS: *Erarbeitung von Spektren für die DIN 4149-neu unter Berücksichtigung der Besonderheiten der Periodenlage von Mauerwerksbauten*. Technischer Bericht, Bauhaus-Universität Weimar, Institut für Konstruktiven Ingenieurbau, 1999. Forschungsbericht im Auftrag der Deutschen Gesellschaft für Mauerwerksbau e.V.

Deterministische Gefährdungsanalyse und Einwirkungsbeschreibung

Bemessungserdbeben für Bauwerke hohen Risikopotenzials nach den sicherheitstechnischen Regeln des KTA 2201.1

Mathias Raschke
Jochen Schwarz

1 Einleitung

Bauwerke hohen Risikopotenzials oder bauliche Anlagen, deren Versagen weiträumige katastrophale Folgen haben könnte, müssen auch gegen extreme Einwirkungen und somit gegen Erdbeben geringer Eintretenswahrscheinlichkeit ausgelegt werden. Die Stärke dieser Bemessungsbeben liegt deutlich über den Ereignissen, die am gleichen Standort für Wohn- oder Bürogebäude zugrunde zu legen wäre. Die daraus abzuleitenden seismischen Einwirkungen weisen deshalb auch deutliche Unterschiede auf. Die Erdbebenbaunorm für allgemeine Hochbauten in deutschen Erdbebengebieten DIN 4149 (1981) schließt deshalb im Geltungsbereich die Anwendung auf kerntechnische Anlagen aus und verweist auf die sicherheitstechnischen Regeln des Kerntechnischen Ausschusses (KTA):

„Sicherheitstechnisch relevante Bauteile von kerntechnischen baulichen Anlagen, ... erfordern weitergehende Sicherheiten und können mit den in dieser Norm getroffenen Festlegungen nicht ausreichend beurteilt werden.

Anmerkung: Für kerntechnische bauliche Anlagen siehe KTA 2201 Teil 1 Auslegung von Kernkraftwerken gegen seismische Einwirkungen; Teil 1: Grundsätze."

Dies ist bereits dadurch begründet, dass die Erdbebenzonenkarte (im deterministischen Sinne) nur auf historisch maximal beobachteten Intensitäten basiert, die somit am Standort mindestens einmalig oder auch mehrfach aufgetreten sind.

Auch die Neufassung der DIN 4149, die mit Ausnahme der Einwirkungsbeschreibung und Zonenabgrenzung in wesentlichen Elementen der Harmonisierung europäischer Baubestimmungen durch den Eurocode (EC 8) folgt, stellt mit der probabilistischen Zonenkarte für die Gefährdungskenngröße (hier: weiterhin Intensität) mit einer 10%igen Überschreitenswahrscheinlichkeit in 50 Jahren keine dem Risikopotenzial sicherheitsrelevanter Bauwerke angemessene Auslegungsgrundlage dar. Die wäre bei Eintretensraten 10^{-4} bzw. 10^{-5} pro Jahr anzusetzen (IfBt, 1986), oder anders ausgedrückt, die Intensität sollte in 50 Jahren eine Überschreitenswahrscheinlichkeit von weniger als 0.5% bzw. 0.05% besitzen. Damit verbunden sind Ereignisse, die an einem Standort selbst noch nicht aufgetreten sind.

Die KTA 2201.1 ersetzt in der derzeitigen Fassung vom Juni 1990 die frühere Fassung aus 6/1975. (Die sechs Teile zur „Auslegung von Kernkraftwerken gegen seismische Einwirkungen" werden im Literaturverzeichnis aufgeführt. Nachfolgende Untersuchungen beschränken sich auf den Teil 1: Grundsätze).

Wesentliche Änderungen der Fassung 06/1990 gegenüber der 06/1975 seien im Sinne einer Dokumentation der historischen Entwicklung nochmals hervorgehoben:

- Das aus der US-amerikanischen Auslegungspraxis folgende „Doppelerdbeben-Konzept" wird aufgegeben. Statt der Festlegung eines „Auslegungsbebens" (Beben, das im Umkreis von 50 km aufgetreten ist) und einem „Sicherheitserdbeben" (Beben, das im Umkreis von 200 km nach wissenschaftlichen Erkenntnissen auftreten kann) wird in der Neufassung nur noch die Festlegung des stärkeren Bebens (bezeichnet als „Bemessungsbeben") gefordert (siehe Abschnitt 2. 1).

- Eine im Jahr 1975 noch enthaltene Zonenkarte (Zonen 0,1 bis 3), die Gebiete mit ganzzahligen Intensitäten, die an den Standorten einer Zone bereits aufgetreten oder zu erwarten waren, auswies, wird ersatzlos gestrichen. (Diese Karte diente ohnehin vornehmlich als Orientierung für die Bestimmung eines schwächeren „Auslegungserdbebens", das später nicht mehr enthalten war.)

- Die für einzelne Intensitäten angegebenen Erwartungsbereiche der maximalen Bodenbeschleunigung (z. B. bei Intensität I = 7 zwischen 0.7 bis 2.2 m/s^2) entfallen.

- Übernommen werden hingegen Grundsätze zur Festlegung des Bemessungserdbebens, die in der Fassung 6/75 noch auf die Bestimmung der Beschleunigung und in der Neufassung 6/90 auf die Festlegung der Intensität ausgerichtet sind.

- Nicht mehr enthalten ist auch eine Regel, die besagt, dass die charakteristische Bodenbewegung für den Gründungsbereich der Bauwerke des Kraftwerks unter Berücksichtigung der Übertragungseigenschaften des unterliegenden Baugrundes zu ermitteln sei. (Anmerkung: Diese aus Ingenieursicht plausible Regel wurde in der Fassung 6/90 zugunsten des Hinweises aufgegeben, dass die ingenieurseismologischen Kenngrößen des Bemessungserdbebens unter „Berücksichtigung der lokalen geologischen Verhältnisse" festzusetzen seien. Die Änderung erklärt sich aus der Aufwertung der Intensität gegenüber der Bodenbeschleunigung und dem Sachstand, dass die Intensität eine Größe für die an der Erdoberfläche beobachteten Schütterwirkungen ist.)

Die Regeländerung 1990 lässt sich dahingehend zusammenfassen, dass wesentliche Grundsätze eine stärkere Berücksichtigung der Besonderheiten deutscher Erdbebengebiete erkennen lassen. Diese Orientierung ist auch heute uneingeschränkt gültig und bedeutet de facto, der Übernahme von Vorgehensweisen und Festlegungen aus anderen Starkbebengebieten kritisch zu begegnen.

Im vorliegenden Beitrag werden die Grundsätze dieser Regeln in Bezug auf die Festlegung des Bemessungserdbebens dargestellt, diskutiert und angewendet. Der Einfluss maßgeblicher Parameter auf die deterministisch bestimmte Intensität des Bemessungsbebens wird untersucht; Unterschiede zwischen den Modellen werden in Form von Intensitätsänderungen („Delta-Intensitäten") quantifiziert.

In einem Folgebeitrag (Schwarz, Raschke und Rosenhauer, 2003) werden diese Ergebnisse am Maßstab probabilistischer Gefährdungsanalysen gespiegelt, wobei auch Aussagen über die Konservativität der Grundsätze der KTA 2201.1 und Empfehlungen zur Neufassung der KTA abgeleitet werden. Für die Bundesrepublik Deutschland werden unterschiedliche Zonierungsmodelle herangezogen und für ausgewählte Modellstandorte die nach den Grundsätzen der KTA maßgeblichen Bemessungserdbeben hinterfragt.

Die Bedeutung des Beitrages erklärt sich auch aus dem Vorbildcharakter, den gerade die Regeln der KTA in der Vergangenheit für die Normung in anderen, durch die DIN 4149 nicht abgedeckten Bereichen hatte und immer noch hat. Zu erinnern ist an die Massivbauwerke im Wasserbau (DIN 19702) oder Talsperren und andere Wassersperrbauwerke (DIN 19700), deren Wortlaut häufig den Grundsätzen der KTA angelehnt wurde.

Es bleibt anzumerken, dass die KTA ursprünglich für zu projektierende bauliche Anlagen entwickelt wurde, nicht jedoch für bestehende Anlagen, die bereits eine gewisse Standzeit besitzen. Mit der Festlegung oder Überprüfung des Bemessungserdbebens für eine kerntechnische bauliche Anlage, deren verbleibende Nutzungsdauer geringer ist als die Regellaufzeit, wären andere auslegungsphilosophische Überlegungen zu verbinden (s. a. auch Wenk 1997), die hier jedoch nicht weiter zu vertiefen oder zu verfolgen sind.

2 Festlegung des Bemessungserdbebens nach KTA 2201.1

2.1 Zum deterministischen Charakter der Vorgehensweise

Die KTA 2201.1 (Fassung 6/90) „Auslegung von Kernkraftwerken gegen seismische Einwirkungen. Teil 1: Grundsätze" schreiben, ohne dass dies explizit so benannt wird, eine deterministische Vorgehensweise zur Festlegung der Intensität des maßgebenden Erdbebens (Bemessungserdbeben) vor. Aussagen zur Wahrscheinlichkeit des Auftretens eines solchen Erdbebens bzw. der Erdbebenintensität am Standort werden nicht getroffen und auch nicht (etwa im Sinne einer probabilistischen Vorgehensweise) abverlangt.

Die zentrale Forderung der KTA 2201.1 besteht darin, die größte Intensität am Kraftwerksstandort infolge eines Beben in einem Umkreis von 200 km zu bestimmen:

(1) Als Bemessungserdbeben ist das Erdbeben mit der für den Standort größten Intensität anzunehmen, das unter Berücksichtigung einer größeren Umgebung des Standortes (bis etwa 200 km vom Standort) nach wissenschaftlichen Erkenntnissen auftreten kann.

(2) Die Festsetzung des Bemessungserdbebens ist mit Angaben über zu erwartende Maximalbeschleunigungen, Dauer der Erschütterungen, Antwortspektren u. a. aufgrund von seismologischen Gutachten unter Berücksichtigung der lokalen geologischen Verhältnisse vorzunehmen.

Zur Festlegung der Bemessungsintensität werden die historischen Erdbeben in einem Umkreis von 200 km in verschiedenen Schritten untersucht bzw. bearbeitet. Die Größe des zu berücksichtigenden Standortumkreises soll sicherstellen, dass auch die Schütterwirkungen starker, aber entfernter Erdbeben Berücksichtigung finden. Die zu berücksichtigende Standortumgebung wäre somit von der Seismizität des Untersuchungsgebietes abhängig. Insofern wird in internationalen Empfehlungen bzw. Leitlinien (Guidelines) u. a. der IAEA (z.B. IAEA-Safety Standard Series, 2001) auch eine Streubreite größer als 150 km zugelassen. Angesichts der eher geringen bzw. moderaten Seismizität deutscher Erdbebengebiete, in der ausschließlich herdnahe Ereignisse Bauwerksschäden hervorrufen können, sind die 200 km als konservative Festlegung zu betrachten.

[Anmerkung: Wie anhand der Intensitätsabnahmebeziehung (1) in Abb. 3 oder Abb. 7 nachvollzogen werden kann, sind bereits bei Auftreten der in Deutschland historisch maximal beobachteten Beben (mit Intensität 8) bei Epizentralentfernungen von 50 km und Herdtiefen von 10 bis 15 km die Schütterwirkungen quasi auf ein bauwerksschadenfreies Niveau abgeklungen.]

Die Standortumgebung muss unterschiedlich abgesteckt werden. Bei größeren Distanzen spielt es eine Rolle, ob die Entfernung sphärisch oder kartesisch gemessen wird. Auch die geografische Projektion beeinflusst die konkrete Grenzziehung.

Ausgangspunkt der KTA 2201.1 bildet die historische Erdbebentätigkeit, die in Deutschland und in den angrenzenden Gebieten Mitteleuropas (Schweiz, Österreich, Norditalien) bezüglich der stärksten Ereignisse ab dem 13. bis 14. Jahrhundert als hinreichend vollständig katalogisiert betrachtet werden kann (Grünthal et al., 1998). Dies ist im Verhältnis zu anderen Ländern ein bemerkenswert langer Zeitraum und für die deterministische Vorgehensweise von Vorteil. Die Katalogeinträge basieren primär auf der Intensität, die es ermöglicht, historische Befunde (verbale Beschreibungen der Schütterwirkungen) nach der Bebenstärke differenzieren und somit auch quantifizieren zu können (vgl. Grünthal und Schwarz, 1994). Es ist somit als folgerichtig einzuschätzen, dass sich die KTA in ihrer Grundregel (1) auf die Intensität bezieht. Damit wird den Besonderheiten deutscher Erdbebengebiete Rechnung getragen.

Für die Bestimmung der maximalen, lokalen Erdbebenstärke am Standort müssen für die Beben der Nachbarregionen Dämpfungs- bzw. Abnahmebeziehungen der Erdbebenstärke zur Entfernung benutzt werden. Der KTA-Regel ist bei der Definition der Einheit der lokalen Erdbebenstärke nicht konsequent. Es ist von „größter Intensität" ebenso die Rede wie von „ingenieurseismischen Kenndaten", um für die Bemessung „Maximalbeschleunigungen" zu verwenden. Eine mit dem Regelwerk konforme Vorgehensweise würde die Bestimmung der lokalen Intensität und die Ableitung der Maximalbeschleunigungen aus der größten, lokalen Intensität voraussetzen.

Die Einbeziehung der Herdtiefe in die Abnahmebeziehung ist jedoch nicht widerspruchsfrei:
- Nach der Abnahmebeziehung der Intensität (Abb. 3) müsste die Herdtiefe sehr hoch gewählt werden, um die größten Schütterwirkungen und somit auch Einwirkungen am Standort hervorzurufen.
- Bei einer Bestimmung ingenieurseismischer Kenndaten über Magnituden, wie nach der KTA-Regel nicht ausgeschlossen und somit möglich, wäre der konservative Ansatz, die Herdtiefe zur Bestimmung der Epizentralintensität sehr klein zu setzen ($h = 0$).

Nachfolgende Untersuchungen beschränken sich auf Forderung/Regel (1), d. h., sie konzentrieren sich auf die Festlegung der Intensität des Bemessungserdbebens. Eine Untersetzung durch ingenieurseismologische Kenngrößen im Sinne der Forderung/Regel (2), die aufgrund der standortspezifischen Festlegung einer Verallgemeinerungsfähigkeit der Ergebnisse nicht dienlich wäre, erfolgt nicht. Vielmehr werden die unter Forderung/Regel (3) aufgeführten Grundsätze angewendet, in ihren Problemen der praktischen Umsetzung diskutiert und schließlich unter Variation der Einflussparameter bzw. in unterschiedlichen Varianten der Bearbeitungsschritte angewendet.

2.2 Prinzipielle Vorgehensweise

Schritt 1: Zusammenstellung der maßgeblichen Erdbeben und Erdbebenkataloge

Als erster Bearbeitungsschritt sei die Zusammenstellung der historischen Erdbeben betrachtet. Die KTA-Regel (3a) besagt dazu:

(3) Bei der Festlegung des Bemessungserdbebens ist von folgenden Grundsätzen auszugehen:
a) Alle historisch berichteten Erdbeben, die den Standort betroffen haben oder von denen anzunehmen ist, daß sie ihn betroffen haben, sind abgestuft nach Häufigkeit und Stärke anzugeben.

Auf folgende Sachverhalte ist hinzuweisen:
- Was „betroffen" bedeutet, kann unterschiedlich interpretiert werden: etwa betroffen im Sinne von verspürt oder betroffen im Sinne von Schadenswirkungen. Hier sind mittels der makroseismischen Skalen (u. a. EMS-98) Intensitätsgrenzen festlegbar.
- Da in vielen Gebieten Schadenswirkungen infolge Erdbeben nicht berichtet sind, ist rein pragmatisch eine Auflistung ab einer bestimmten unteren Grenzintensität angezeigt. Nachfolgend werden alle Erdbeben in einem Umkreis von 200 km ab einer unteren Epizentralintensität von 4 bzw. 5 untersucht, d. h. auch Intensitäten, die Bauwerksschäden ausschließen.
- Die Autoren interpretieren „angeben" hier nicht als einfache Auflistung, sondern sehen darin die Forderung impliziert, die relevanten Ereignisse zu bearbeiten bzw. zumindest eine Quellenkritik vorzunehmen.

Die Intensitäten historischer Beben werden aus dem Katalog von Leydecker, in dem Ereignisse von 800 bis 1996 kompiliert sind, mit dem Stand von 2001 zunächst ohne Veränderung übernommen. Der im Internet zugängliche Katalog wird in regelmäßigen Abständen aktualisiert, wobei sich die Korrekturen der Einträge in der jüngeren Vergangenheit vornehmlich durch die Neuinterpretationen historischer Ereignisse erklären lassen. Der Katalog basiert im Wesentlichen auf der Zusammenführung der für unterschiedliche Zeiträume und Regionen aufbereiteten Bebendaten, die bereits in Katalogform vorlagen (u. a. Sieberg 1940, Sponheuer 1952, Ahorner et al. 1974 bzw. Grünthal 1988).

Aus der grundsätzlichen Entscheidung, den Bebenkatalog von Leydecker (2001) zugrunde zu legen, resultiert in jedem Falle eine Konservativität der nach KTA ermittelten Intensitäten, da die meisten Neubewertungen mit einer Herabsetzung der tatsächlichen Bebenstärke oder gar mit dem Wegfall der Ereignisse verbunden waren (vgl. Grünthal und Fischer 2001).

Die Epizentren der historischen Erdbeben sind nur in bestimmten „Unschärfen" lokalisierbar. Erdbebenkataloge geben deshalb Unsicherheitsradien für die Lage des Epizentrums an. Zum Umgang mit diesen Unsicherheiten werden in der KTA keine Aussagen getroffen. In dieser Arbeit wurden diese Unsicherheiten teilweise berücksichtigt.

Das Vorgehen zur Auswahl der relevanten historischen Beben ist Abbildung 1 zu entnehmen.

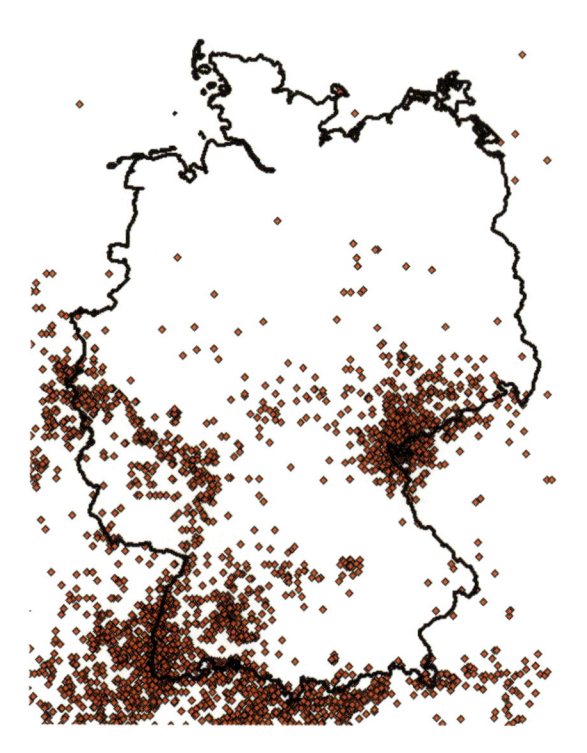

a) Historische Beben

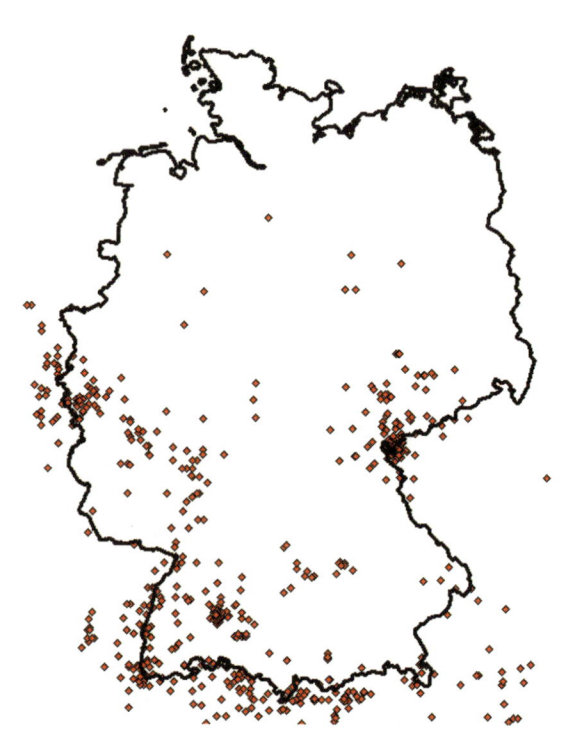

b) Historische Beben mit einer Intensität ≥ 5

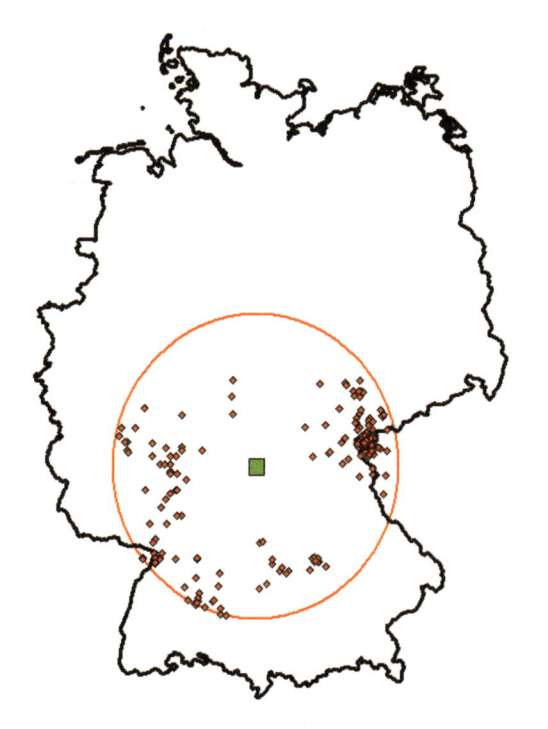

c) Historische Beben mit einer Intensität ≥ 5 in einem Radius von 200 km

Abb. 1: Beispiel für die Festlegung der relevanten, historischen Beben (Epizentren – rot, Standort – grün)

Schritt 2: Abgrenzung seismotektonischer Einheiten

„Tektonischen Einheiten" werden im Regelwerk nicht definiert. Der Begriff selbst wird verwendet, um Teile der Erdkruste im tektonischen und geologischen Sinne voneinander zu unterscheiden. Dabei kann die Differenzierung fein (geotektonische Karten im Maßstab von 1:10 000) oder grob (Platten der Erdkruste) sein.

Für die Abgrenzung der Einheiten stehen unterschiedliche Modelle zur Verfügung. Zu nennen sind die Einteilung von Ahorner und Rosenhauer (1986), die Einteilung von Grünthal und Bosse (1997) bzw. von Grünthal u. a. (1998), die auch den Hintergrund für die Durchführung probabilistischer seismischer Gefährdungsanalysen zur DIN 4149 (2002) bildet. Von anderer Qualität ist die Abgrenzung seismogeografischer Regionen von Leydecker und Aichele (1998).

Modell „Leydecker & Aichele"

Leydecker et al. (1999) vertreten am Beispiel der Abschätzung der Erdbebengefährdung eines Standorts in Norddeutschland die Auffassung, dass in Deutschland und benachbarten Gebieten infolge der bei der Festlegung der (seismogeografischen) Regionen „beachteten Zusammenschau von Erdbebentätigkeit, geologischer Entwicklung und Tektonik" eine größere Anzahl der erdbebengeografischen Regionen nach Leydecker und Aichele (1998) auch als seismotektonische Regionen angesehen und im Sinne der KTA 2201.1 als „tektonische Regionen" benutzt werden können.

Die in der Literatur vorzufindenden Modelle, die teilweise auch die geotektonischen Gegebenheiten berücksichtigen, verdeutlichen gegenüber den Abgrenzungen im Modell von Leydecker und Aichele (1998) unterschiedliche Auffassungen, die auch anhand von Grundlagenarbeiten (u. a. Ahorner 1970, Ahorner et al., 1970 oder auch Grünthal et al., 1998) begründet werden. Unterschiede werden insbesondere in den süd- bzw. südwestdeutschen Gebieten deutlich.

Modell „Ahorner & Rosenhauer"

Erste regionale probabilistische Untersuchungen wurden u. a. in Ahorner und Rosenhauer (1978) durchgeführt. In diesen (ursprünglichen) probabilistischen Zonen wird als entscheidende Modellannahme unterstellt, dass die zukünftigen Epizentren gleichverteilt auftreten, mit in der Zone gleichen Eigenschaften (Herdtiefe, Wahrscheinlichkeiten).

Bei der überarbeiteten späteren Zonierung (Ahorner 1983; Ahorner und Rosenhauer 1986) wurden als neue Zonierungskriterien deren Magnituden und die Epizentrendichte maßgeblich. Dadurch wurden die verfügbaren seismotektonischen Informationen genauer berücksichtigt. [Dieses Qualitätsmerkmal unterscheidet diese Zoneneinteilung auch von der Einteilung von Leydecker und Aichele (1998)].

Im Rahmen der im Auftrage des Institut für Bautechnik Berlin durch König und Heunisch (IfBT, 1986) koordinierten Grundlagenarbeit wurde auch eine Karte der seismologisch-tektonischen Einteilung entwickelt, die wie folgt erläutert wird (Ahorner und Rosenhauer, 1986): „Die Abgrenzung der Teilgebiete erfolgt nach seismologischen und geologisch-tektonischen Kriterien."

Das Zonierungsmodell von Ahorner und Rosenhauer (1986) wurde in den Folgejahren aktualisiert und weiterentwickelt. Veränderungen wurden insbesondere durch die Neubewertung historischer Beben, die sich z. T. als irrtümliche Ereignisse (keine Beben) darstellten und somit eine veränderte Bewertung regionaler Gegebenheiten erforderten, veranlasst (Rosenhauer 2002, pers. Mittlg.).

Modell „Grünthal & Bosse"

Das probabilistische Seismizitätsmodell von Grünthal und Bosse (1996) bildet auch die Grundlage für die Erdbebengefährdungszonenkarte in der Neufassung der DIN 4149 (2002). Die von Grünthal et al. (1998) in ähnlicher Weise gewählte (und nachfolgend zugrunde gelegte) Einteilung wurde mit Fachkollegen der Schweiz und Österreichs abgestimmt und führte zu einer harmonisierten seismischen Gefährdungskarte für die betreffenden Länder.

Bei der deterministischen Bestimmung des Bemessungsbebens sollten unterschiedliche Einteilungen bzw. Modelle berücksichtigt werden, da für deutsche Erdbebengebiete eine allgemein anerkannte Einteilung seismotektonischer Regionen fehlt und diese auch in absehbarem Zeitraum wohl nicht vorgelegt werden kann.

Rein formell werden in dieser Studie diese Einteilungen in den untersuchten Modellen als „seismotektonische Einheiten" im Sinne der KTA-Regel begriffen: Als „seismotektonische Einheit" wird hier eine geografische Einheit mit einer wissenschaftlich beschreibbaren, abgrenzbaren und von Nachbargebieten unterscheidbaren Seismizität verstanden, die sich durch die lokale und zeitliche Häufigkeit und/oder die Mechanismen und Ursachen der Beben von anderen Einheiten abgrenzen lässt.

Schritt 3: Festlegung hypothetischer Epizentren

Diese zunächst nicht eindeutig interpretierbare Forderung (1) wird durch Grundsätze präzisiert. In den Grundsätzen der KTA 2201.01 (1990) wird gefordert, Epizentren und Bereiche maximaler Schütterwirkungen in Abhängigkeit von der Lage des Standortes zu seismotektonischen Einheiten festzulegen. Dabei wird zwischen solchen Gebieten

(Einheiten im Sinne von Regionen bzw. Zonen) unterschieden, in denen sich der Standort befindet, und anderen entfernteren Gebieten, die maximale Epizentren oder Schütterwirkungen mit Konsequenzen für den Standort hervorbringen können.

Diese Grundsätze sollen aufgrund der Kombination von maximalen Beben und fiktiven Erdbebenherden zu konservativen Bemessungsereignissen führen:

(3d) Wenn sich Epizentren oder Bereiche höchster Intensität von Erdbeben in der gleichen tektonischen Einheit wie der des Standorts befinden, ist bei der Ermittlung der Beschleunigung am Standort anzunehmen, dass diese Erdbeben in der Nähe des Standorts eintreten.

(3e) Wenn sich Epizentren oder Bereiche höchster Intensität von Erdbeben in einer anderen tektonischen Einheit als der Standort befinden, sind die Beschleunigungen am Standort unter der Annahme zu ermitteln, dass die Epizentren oder Bereiche höchster Intensität dieser Erdbeben an dem dem Standort nächstgelegenen Punkt auf der Grenze der tektonischen Einheit liegen, in der sie auftreten.

Die Verschiebung der Beben selbst erfolgt nach den Grundsätzen, wie sie in Abbildung 2 schematisch dargestellt sind. Nicht definiert ist die Formulierung „Nähe des Standortes". Bedeutet „Nähe" den Nahfeldbereich von ein bis zehn Kilometern oder nächstgelegene Störungen, die das Bebengenerierungspotenzial besitzen, um Beben mit der Stärke des Bemessungsbeben hervorbringen zu können? Die größte „Nähe zum Standort" wäre mit der Epizentralentfernung von null Kilometern, d. h. einem Bebenherd unter dem Standort erfüllt. Nur so wäre auch rein formell gewährleistet, dass die Epizentralentfernung in jedem Falle kleiner ist als die Entfernung des Standortes zu den an die Grenzen der Nachbarregionen verschobenen Beben.

Rein praktisch würde eine solche Interpretation von „Standortnähe" in der Regel dazu führen, dass Beben der Einheit, in der sich auch der Standort befindet, maßgeblich werden. Insofern könnte auf Grundsatz (3e) verzichtet werden, was wiederum mit den tatsächlichen seismischen Gegebenheiten kaum zu begründen wäre. Nicht zuletzt sollte bei der Standortauswahl gerade das Fehlen einer signifikanten Erdbebentätigkeit ein Element der Planungsentscheidung (gewesen) sein.

In dieser Studie werden einheitlich Beben der Einheit, in der sich auch der Standort befindet, direkt dem Standort zugewiesen (Epizentralentfernung d = 0).

Zweifellos besteht der große Vorteil der deterministischen Vorgehensweise in der Überschaubarkeit, Einfachheit und Transparenz der Bearbeitungsschritte. Aus diesen Vorzügen leitet sich zugleich zugespitzt die Frage ab, ob der Pragmatismus des Vorgehens zur Konservatität der Zielgrößen führen kann.

Schritt 4: Ermittlung der hypothetischen Schütterwirkungen (mittels Intensitätsabnahmebeziehung)

Nach Grundsatz 3(e) der KTA 2201.1 (1990) sind die Wirkungen der in den Schritten 1 bis 3 zusammengestellten und begründeten Beben aus allen maßgeblichen Einheiten im 200 km-Umkreis (mit Ausnahme der Einheit, in der sich der Standort befindet) in ihrer Abnahme bis zum Standort hin zu verfolgen. Es sind demzufolge die stärksten Schütterwirkungen (Intensitäten) zu ermitteln, die, ausgehend von den stärksten historischen Beben (mit den festgelegten hypothetischen Epizentren), am Standort zu erwarten wären. Über dazu erforderliche Abnahmebeziehungen ist somit die Standortintensität infolge der hypothetischen Erdbeben zu ermitteln. Durch dieses Vorgehen erfolgt ausgehend von den historischen Beben der Übergang zu rechnerischen Standortintensitäten (I_s).

Für die Abnahmebeziehung der Intensität steht Beziehung (1) nach Sponheuer (1960) zur Verfügung:

$$I_s = I_o - k [\log ((d^2+h^2)^{0.5}/h) + \alpha \log e ((d^2+h^2)^{0.5}-h)] \quad (1)$$

mit:

I_s – Intensität am Standort (rechnerische Standortintensität)

I_o – Epizentralintensität bzw. hier die maximale Intensität des historischen Bebens

k – theoretische oder empirische Konstante, nach Sponheuer k=3

d – Epizentraldistanz

h – Herdtiefe

e – Eulersche Zahl

α – Absorptionskoeffizient (zwischen 0.01 und 0.001)

Die Intensitätsbeziehung (1) kann für k = 3 in eine Abnahmebeziehung der Form

$$I_o - I_s = 3 \log (R/h) + 3 \log (e) \alpha (R - h) \quad (2)$$

mit $R = (d^2 + h^2)^{0.5}$ R – Herdentfernung

überführt werden. Die Intensitätsdifferenz zwischen Epizentrum und Standort ($I_o - I_s$) lässt sich auch als Funktion des Verhältnisses von Epizentraldistanz zu Herdtiefe d/h darstellen (Abb. 3).

Die Intensitätsabnahmebeziehung (2), die in diesem Sinne auch als Dämpfungsrelation bezeichnet werden kann, berücksichtigt vornehmlich die Herdtiefe und die Epizentralentfernung. Der Einfluss regionaler oder auch sehr lokal begrenzter Untergrundbedingungen oder richtungsabhängiger Abstrahlungseffekte kann geringe Abweichungen oder

a) Epizentren der stärksten Beben der Regionen

b) Verschiebung der Epizentren auf die Regionsgrenzen

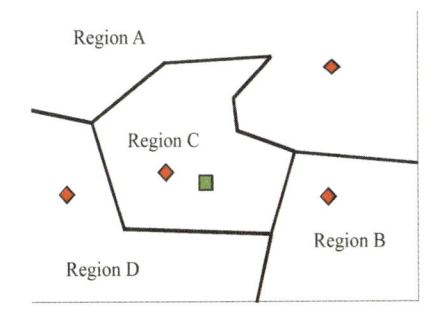

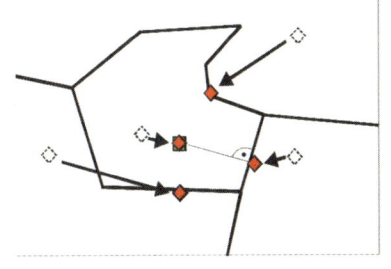

Abb. 2: Beispiel für der Verschiebung der Beben für einen Standort in der Region C (Epizentren – rote Rhomben, Standort – grüne Quadrate). Die kürzeste Entfernung zum Standort ist immer rechtwinklig zur Tangente der Regionsgrenzen bzw. am Standort.

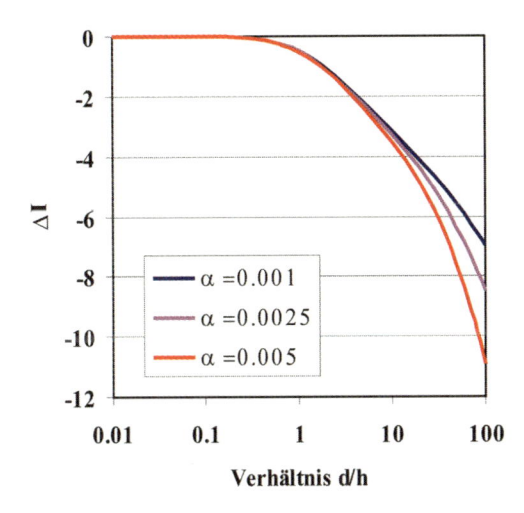

Abb. 3: Auf das Verhältnis von von Epizentraldistanz zu Herdtiefe (d/h) normierte Abnahmebeziehung für unterschiedliche Absorptionskoeffizienten α

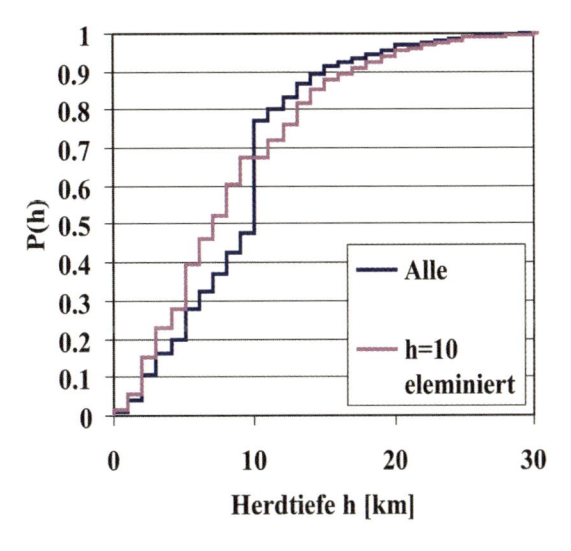

Abb. 4: Wahrscheinlichkeit der Herdtiefe (Median bei P(h) = 0.5)

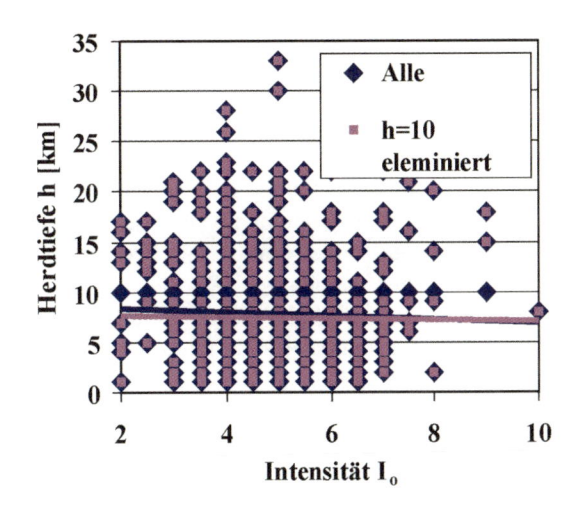

Abb. 5: Abhängigkeit der Herdtiefe von I_0 mit Regressionslinien

sogar Anomalien (im Falle größerer Unterschiede) hervorrufen.

Aussagen über Schütterwirkungen, die am Standort real bei den stärksten historischen Beben aufgetreten sind, können nur auf der Grundlage zeitgenössischer Quellen und Auswertungen getroffen werden. Es ist darauf hinzuweisen, dass nicht zwangsläufig mit den in Standortnähe verschobenen Erdbeben auch jene Beben identifiziert sein müssen, die in der Vergangenheit am Standort die größten Schütterwirkungen hervorgerufen und in diesem Sinne „betroffen" haben.

Liegen die maßgeblichen Beben angrenzender Regionen nahe der Grenzlinien zur Einheit/Region, in der sich auch der Standort befindet, muss gegebenenfalls das Regionalisierungsmodell überprüft werden.

Die Konstante in Beziehung (1) wird meistens k = 3 gesetzt, kann aber auch variiert werden.

In dieser Arbeit wurde die Herdtiefe mit h = 8 km angesetzt. Dies entspricht dem Median nach den Daten des Erdbebenkatalogs von Leydecker (2001), wobei bei der Datenauswertung nur Erdbeben mit Angaben zur Herdtiefe verwendet wurden. Die Herdtiefe h = 10 km wurde dann eliminiert, da dies ein häufig verwendeter, unsicherer Schätzwert ist (Abb. 4).

Die Regressionsanalyse zwischen Herdtiefe und Epizentralintensität zeigt eine weitgehende Unabhängigkeit; die Herdtiefe liegt bei 8 km (Abb. 5).

Schritt 5: Festlegung des Bemessungsbebens
Die Untersuchungen zu den historischen Beben werden dahingehend zusammengefasst, dass die nach deterministischer Vorgehensweise in Schritt 4 ermittelte Intensität als Bemessungsbeben angegeben oder gegebenenfalls noch mit einem Intensitätszuschlag beaufschlagt wird. Bei der Festlegung eines durch das Regelwerk selbst nicht vorgegebenen Intensitätszuschlages ist zu würdigen, dass die so bestimmten Standortintensitäten hypothetischer Natur sind, da sie aus dem Verschieben historischer Ereignisse an Grenzen von seismotektonischen Einheiten (d. h. fiktive Erdbebenherde) folgen. Insofern ist durch das KTA-konforme Vorgehen in Schritt 4 bereits ein für die einzelnen Einheiten unterschiedlicher Intensitätszuschlag impliziert.

Die Qualität dieses Zuschlages kann erst durch probabilistische Analysen und entsprechende Eintretensraten des Bemessungsbebens quantifiziert werden. Dieser Intensitätszuschlag ließe sich für die einzelnen Einheiten bereits dadurch präzisieren, indem die Intensitätsabnahme vom Herd des Bebens bis zum Standort der Intensitätsabnahme infolge der fiktiven Herdlage gegenübergestellt wird.

3 Einflussparameter auf die nach KTA 2201.1 deterministisch bestimmte Intensität des Bemessungserdbebens

3.1 Ergebnisse der Studie von Brunzema und Hinzen (2001)

Bereits Brunzema und Hinzen (2001) führen eine Studie zu den KTA-Regeln durch, wobei als Referenzmodell ausschließlich die Regionalisierung nach Leydecker und Aichele (1998) zugrunde gelegt wird. Es werden Parameter der Abnahmebeziehung, Koordinaten der Epizentren und die seismischen Regionen leicht variiert. Intensitäten für das Referenzmodell sind in Abbildung 6 dargestellt. Ergebnisse der Parametervariationen werden als Differenzen zum Referenzmodell ermittelt und können wie folgt beschrieben werden:

- Die Festlegung der „Nähe" zum Standort auf 6 km bzw. 10 km anstelle der 3 km im Referenzmodell hat nur wenig Einfluss auf die Intensitätsverteilung; hier ergeben sich lokal Erniedrigungen der Intensität um maximal 0.4 bzw 0.9.
- Bei der Variation der Parameter in der Intensitätsabnahmebeziehung (1) nach Sponheuer (1960) hat die Erhöhung der empirischen Konstante von $k = 3$ auf $k = 4$ einen ähnlichen Einfluss wie die Änderung des Absorptionskoeffizienten von $\alpha = 0.0025$ auf $\alpha = 0.01$.
- Die Herdtiefe wird variiert, indem die unbekannten Herdtiefen auf 16 km erhöht wurden. Der Einfluss auf die Bemessungsintensität ist gering und führt maximal zu einer Erhöhung der Intensität um 0.6 Grade.
- Variiert man die Lage der Beben innerhalb der im Katalog angegebenen Unsicherheitsbereiche, ergeben sich Intensitätserhöhungen von bis zu 3.9. Betroffen sind insbesondere Bereiche mit niedrigen Intensitäten im Referenzmodell. Die Berücksichtigung der Unsicherheiten der Epizentren hat demzufolge starken Einfluss auf die Bemessungsintensitäten.
- Am Beispiel von Änderungen des Grenzverlaufes der Regionen (hier: Regionen im Westen Deutschlands, die durch die Regionen ersetzt werden, die bisher in Frankreich gebräuchlich sind) zeigt sich der starke Einfluss, den das gewählte Regionalisierungsmodell auf die nach KTA 2201.1 (1990) zu bestimmenden Intensitäten nehmen kann. Für den untersuchten Grenzbereich ergeben sich gegenüber dem Referenzmodell Unterschiede von 1.4 bis +2.7 in der Intensität.
- Dieser Einfluss lässt sich auch bei Unterteilung der Region Oberrheingraben in drei Teilregionen nachweisen, wobei die Mehrfachunterteilung in weiten Bereichen zu deutlich geringeren Intensitäten (bis zu 2.5) führt, da die Auswirkungen des Baseler Bebens auf einen kleineren Bereich beschränkt bleiben.

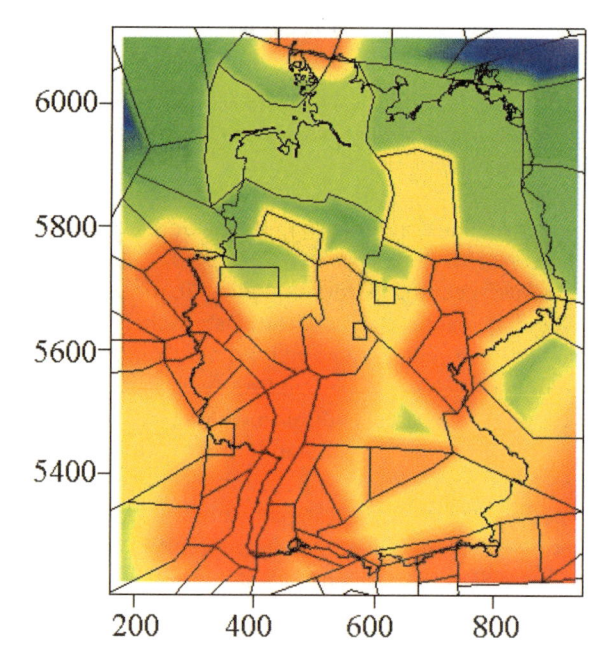

Abb. 6: Bemessungsbeben nach Brunzema und Hinzen (2001) für das Referenzmodell mit Standortnähe (D = 3 km): Erdbeben nach Leydecker-Katalog (Stand 2001), Herdtiefe nach Katalog oder 10 km; $\alpha = 0.0025$, $k = 3$ in Beziehung (1)

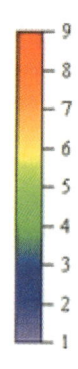

3.2 Einfluss der Parameter in der Abnahmebeziehung

Die Variation der Herdtiefe ist problematisch, da dann nicht nur das stärkste Beben einer Nachbarregion (im Sinne eines „Schlüsselbebens") berücksichtigt werden darf, sondern auch andere Beben zu überprüfen sind. Abbildung 7 soll am Beispiel von zwei Beben unterschiedlicher Intensität und Herdtiefe (hier: $I_0 = 7$, $h = 5$ km bzw. $I_0 = 6$, $h = 12$ km) veranschaulichen, dass je nach Entfernung die Bemessungsintensität an einem Standort durchaus von einem deutlich schwächeren Beben verursacht werden kann.

Nachfolgend werden deshalb konstante Herdtiefen unterstellt, die anderen Parmeter werden mit Absorptionskoeffizient $\alpha = 0.001$ und $k = 3$ konservativ eingeführt.

Diese Parameter der Abnahmebeziehung beeinflussen die Größe der Bemessungsintensität jedoch nicht so stark wie andere Parameter.

Abb. 7: Abnahmebeziehung für verschiedene Epizentralintensitäten und Herdtiefen; Absorptionskoeffizient $\alpha = 0.0025$

3.3 Einfluss des Zonierungsmodells

Da bereits geringe Veränderungen der Regionen bei Brunzema und Hinzen (2001) lokal schon sehr große Unterschiede in der Intensität der Bemessungsbeben erzeugen können, ist als maßgeblicher Einflussfaktor das zugrunde gelegte Zonierungsmodell zu unterstellen.

In der vorliegenden Studie werden die drei Zonierungs- bzw. Regionalisierungsmodelle von Leydecker und Aichele (1998), Grünthal et al. (1998) sowie von Ahorner und Rosenhauer in einem GIS-Programm abgegriffen und modelliert.

Es ist darauf hinzuweisen, dass bei der Festlegung des Bemessungserdbeben die Ereignisse – je nach der Lage der Epizentren in den Regionen und deren Grenzpolygonen – auch gewissen Ungenauigkeiten unterliegen. Beben, die dicht an der Grenze lagen, könnten in einem nur unwesentlich veränderten Modell in eine andere Region fallen. Weiterhin werden nur Rasterpunkte mit Bemessungsintensitäten $I \geq 4$ in die Auswertungen einbezogen, da diese die unterste Intensität der verwendeten historischen Beben ist. (Das Netz der Rasterpunkte beinhaltet jeweils Flächenelemente von 10 km x 11,2 km. Die interpolierten Grid-Punkte für die grafische Darstellung liegen in einem Abstand von 2.2 km.)

Die Abbildungen 8a bis 8c zeigen die KTA-konform bestimmten Bemessungsintensitäten für die drei genannten Zonierungsmodelle. Unverkennbar ist, dass die Zonierung im Sinne der seismotektonischen Einteilung einen entscheidenden Einfluss auf die Intensität der Bemessungsbeben hat. Die hier benutzten Modelle und deren Ergebnisse führen zu großen Unterschieden zwischen den Bemessungserdbeben. Die Form der Gebiete mit starken Intensitätsdifferenzen widerspiegeln allgemein die Konturen der einzelnen im Modell abgegrenzten Regionen.

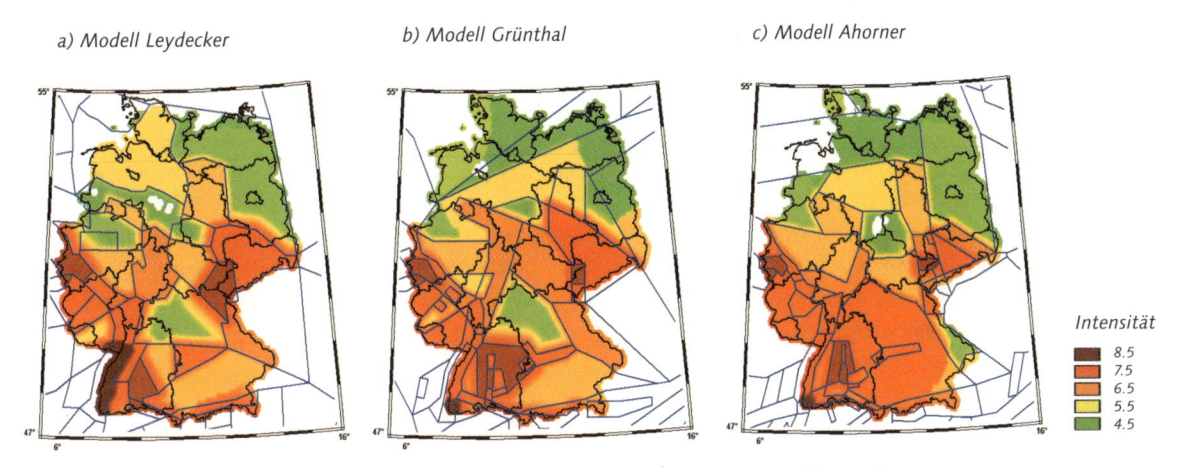

a) Modell Leydecker   b) Modell Grünthal   c) Modell Ahorner

Abb. 8: Bemessungsintensitäten nach KTA 2201.1 für verschiedene seismische Zonierungen (blaue Polygone)

Abbildung 9 vermittelt einen Eindruck von den Differenzen infolge der nach unterschiedlichen Zonierungsmodellen ermittelten Bemessungsintensitäten. Auf eine Detaillierung der Unterschiede oder ihre regionalen Ausprägung kann verzichtet werden

Die Differenz der Bemessungsintensitäten kann bis zu drei Intensitätsgrade betragen. Der Anteil der Standorte, die sich mit mindestens einer Intensitätsstufe unterscheiden, liegt immerhin bei 30% (vgl. Abb. 10). Die durchschnittliche Bemessungsintensität aller Standorte unterscheidet sich bei den Modellen nur sehr geringfügig. Die Intensitätsdifferenzen sind auch weitgehend unabhängig von der Größe bzw. vom Durchschnitt der Bemessungsintensitäten.

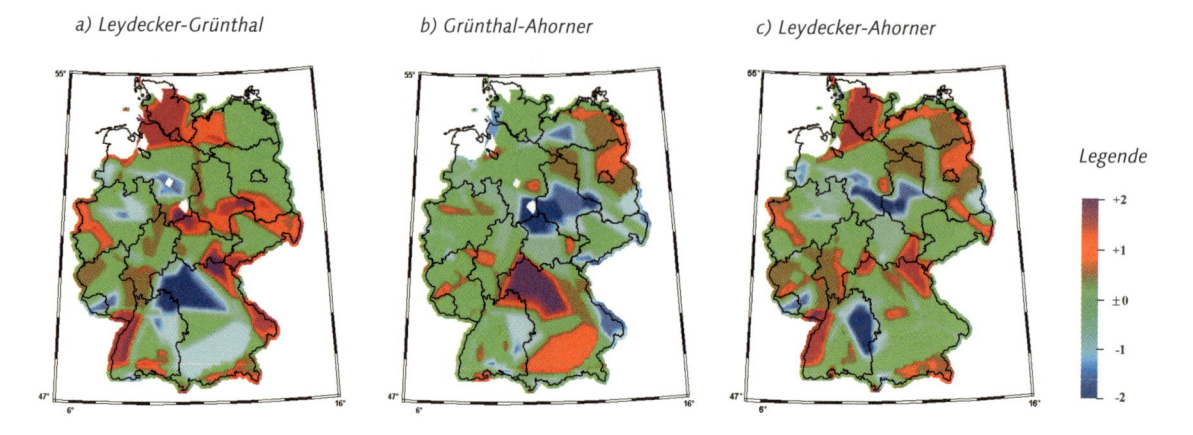

a) Leydecker-Grünthal *b) Grünthal-Ahorner* *c) Leydecker-Ahorner*

Abb. 9: Differenzen zwischen den Bemessungsintensitäten der verschiedenen Modelle

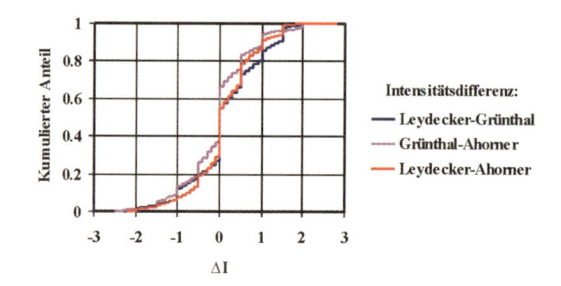

Abb. 10: Zusammensetzung der Differenzen der Bemessungsintensitäten

3. 4 Einfluss der Epizentrenlage

Die Epizentren werden in Erdbebenkatalogen allgemein unter Angabe eines Unsicherheitsradius aufgelistet. Diese Unsicherheit wurde ebenfalls in die Berechnung der Bemessungsintensität nach den KTA-Regeln einbezogen. Es wird folgende Vorgehensweise gewählt:
- Die Beben werden nicht als Punkte, sondern als Kreisflächen mit den jeweils angegebenen Unsicherheitsradien verarbeitet.
- Bei der Berechnung eines einzelnen Standortes werden alle Beben einbezogen, deren Kreisflächen im 200 km Radius liegen oder diesen schneiden.
- Bei der Zuordnung der stärksten historischen Beben zu den Regionen wird ähnlich verfahren. Das Beben, dessen Kreis in einer Region liegt oder die Grenzen dieser Region schneidet und die größte Intensität aufweist, wird als maßgeblich für die Region gewertet.

Die Ergebnisse der Berechnungen mit dem Modell von Leydecker und Aichele sind in Abbildung 11 bzw. die Intensitätsdifferenzen zum Referenzmodell in Abbildung 12 dargestellt. Die Bemessungsintensitäten steigen in einzelnen Regionen stark an, im Mittel etwa um einen halben Intensitätsgrad.

Die Berücksichtigung der Unsicherheiten führt hier zu Differenzen von höchstens 2.2, wobei allerdings nur Bemessungsintensitäten von mindestens 4 berücksichtigt wurden. Die hohen Differenzen bei Brunzema und Hinzen (bis zu 3.9) beziehen sich vor allem auf Gebiete mit kleiner Intensität (Gebiete mit I kleiner 4).

Eine Berücksichtigung der Unsicherheit der Lage der Epizentren trägt somit in vielen Fällen zur Erhöhung der Bemessungsintensität bei und wäre daher konservativ. Es bleibt festzuhalten, dass ein bedeutendes, d. h. ein starkes Beben für die Seismizität einer Region prägend sein kann. Unterschiede in der Seismizität sind jedoch wiederum Kriterien für die Abgrenzung von Regionen bzw. Einheiten.

Wenn somit ein bedeutendes Beben in der einen wie auch der anderen Region liegen kann, stellt sich die Frage, ob die Regionen tatsächlich unterscheidbar sind oder eher gemeinsam eine größere Einheit bilden sollten.

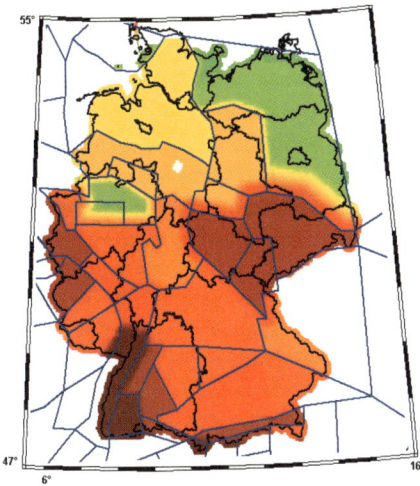

Abb. 11: Bemessungsintensität mit Unsicherheit der Epizentrenlage (Legende siehe Abb. 8 d)

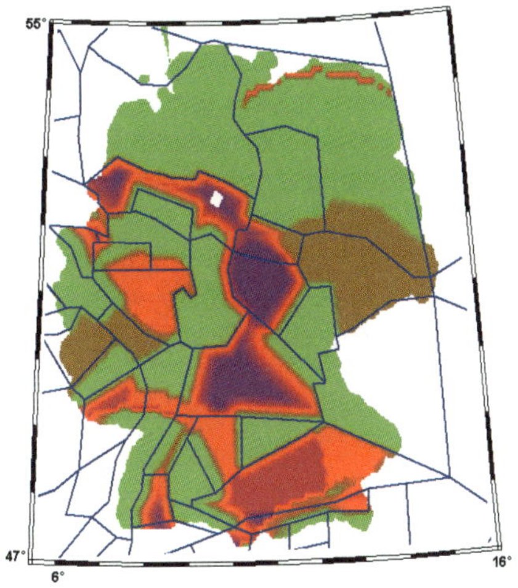

Abb. 12: Differenz der Bemessungsintensität: Abbildung 11 zu Abbildung 9a (Legende siehe Abb. 9 d)

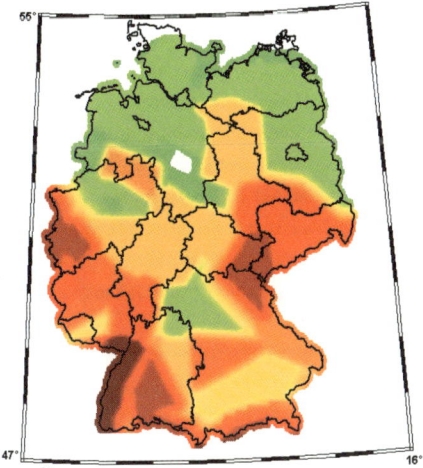

Abb. 13: Bemessungsintensität für das Modell Leydecker und dem korrigierten Katalog (Legende Abbildung 8 d)

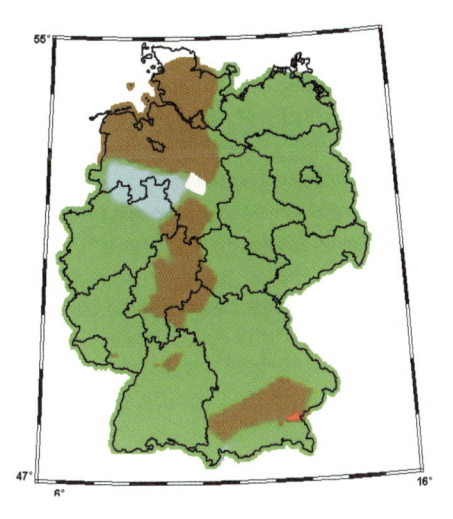

Abb. 14: Differenz der Bemessungsintensität: Katalog alt-neu (Legende Abbildung 9 d)

3.5 Einfluss der Neubewertung historischer Beben

Wie bereits angemerkt, kommt bei der deterministischen Vorgehensweise zur Bestimmung des Bemessungsbebens der Qualität der katalogisierten Erdbebendaten eine entscheidende Rolle zu. Für einzelne Standorte kann eine Neubewertung bzw. Reinterpretation von einzelnen, historischen Beben zu veränderten Bemessungsintensitäten oder auch zum Wegfall vermeintlicher Schlüsselereignisse führen. Aus diesem Grund wurde der Katalog von Leydecker (2001) hier überarbeitet (u. a. durch Würdigung der Arbeiten von Grünthal und Fischer, 2001) und erneut die Bemessungsintensitäten nach KTA berechnet. Konsequenzen aus der Neubewertung einzelner historischer Erdbeben sind den Abbildungen 13 und 14 zu entnehmen. Für einzelne Regionen kann sich die Bemessungsintensität um bis zu einen halben Intensitätsgrad verringern.

4 Zusammenfassung

Die durchgeführten Untersuchungen verdeutlichen, dass die deterministisch bestimmte Bemessungsintensität nach KTA 2201.1 (1990) entscheidend durch das zugrunde gelegte Zonierungsmodell bestimmt ist. Da für deutsche Erdbebengebiete eine allgemein anerkannte Einteilung seismotektonischer Regionen fehlt und diese auch in absehbarem Zeitraum nicht vorgelegt werden kann, ist demzufolge bei der deterministischen Bestimmung des Bemessungsbebens zu empfehlen, unterschiedliche Einteilungen bzw. Modelle zu verfolgen.

Die Parameter der Intensitätsabnahmebeziehung haben im Vergleich dazu eher einen sekundären Einfluss. Sofern die Parameter realistisch gewählt sind, unterscheiden sich die Ergebnisse verschiedener Berechnungen kaum.

Im Folgebeitrag von Schwarz et al. (2003) wird die Konservativität bzw. das Wahrscheinlichkeitsniveau des deterministisch bestimmten Bemessungsbebens durch einen Vergleich mit Ergebnissen probabilistischer Gefährdungsanalysen untersucht. Die Konservativität der Ergebnisse kann durch Berücksichtigung der Unsicherheiten in der Epizentrenlage erhöht werden.

Die wesentlichen Grundsätze der KTAsind auf einer Seite des Regelwerkes zusammengefasst. (Dies entspricht nicht dem Trend einer Entwicklung zu sehr umfänglichen Standards, die sich u. a. am Eurocode 8 festmachen ließe.) Es wird somit weniger geregelt, dadurch mehr Verantwortung in der Umsetzung erwartet und die Bedeutung von Begleituntersuchungen und auch Expertenentscheidungen werden aufgewertet. Die dadurch im praktischen Vorgehen erkennbaren Kritikfelder oder auch offenen Fragen werden im Beitrag angesprochen.

Literatur

Ahorner, L. (1970): *Seismo-tectonic relations between the Graben Zones of the Upper and Lower Rhine Valley*. In: Illies und Mueller (eds.): *Graben problems. Scientific Report No. 27*, E. Schweizerbart'sche Verlagsbuchhandlung Stuttgart, S. 155–166.

Ahorner, L. (1983): *Seismicity and neotectonic structural activity of the Rhine Graben system in Central Europe*. In: A. R. Ritsema und A. Gürpinar (eds.): *Seismicity and seismic risk in the offshore North Sea area, 101. 111*; D. Reidel Publishing Company, Dordrecht.

Ahorner, L., Murawski, H., Schneider, G. (1970): *Die Verbreitung von schadensverursachenden Erdbeben auf dem Gebiet der Bundesrepublik Deutschland*. Z. Geophys. 36, 313–341; Würzburg.

Ahorner, L., Rosenhauer, W. (1978): *Seismic Risk Evaluation for the Upper Rhine Graben and its Vicinity*. J. Geophysics 44, 481–497.

Ahorner, L., Rosenhauer, W. (1986): *Regionale Erdbebengefährdung*. Kap. 9 in: *Realistische Lastannahmen für Bauwerke II*. Abschlußbericht im Auftrage des Instituts für Bautechnik Berlin, König und Heunisch. Frankfurt/M. 1986.

Ambraseys, N. (1985): *Intensity-Attenuation and Magnitude-Intensity Relationships für Northwest European Earthquakes*. Earthquake Engineering and Structural Dynamics, 13 (1985), 733-778

Brunzema, R., Hinzen, K.-G. (2001): *Standortintensitäten nach der KTA-Regel für das Gebiet der Bundesrepublik Deutschland unter besonderer Berücksichtigung der nördlichen Rheinlande*. DGG-Jahrestagung 2001 in Frankfurt, Poster unter: http://www.seismo.uni-koeln.de/projects/kta/ poster_1.htm (Stand Februar 2003)

Grünthal, G. (1988): *Erdbebenkatalog des Territoriums der Deutschen Demokratischen Republik und angrenzender Gebiete von 823 bis 1984*. Veröffentlichungen des Zentralinstituts für die Physik der Erde, Nr. 99, Potsdam.

Grünthal, G., Bosse, Ch. (1996): *Probabilistische Karte der Erdbebengefährdung der Bundesrepublik Deutschland – Erdbebenzonierungskarte für das Nationale Anwendungsdokument zum Eurocode 8*. GFZ Potsdam. Scientific Report STR 96/10, 24 S.

Grünthal, G., Fischer, J. (2001): *Eine Serie irrtümlicher Schadenbeben im Gebiet zwischen Nördlingen und Neuburg an der Donau vom 15. bis zum 18. Jahrhundert. Mainzer naturwiss. Archiv 39* (2001), 15–32.

Grünthal, G. (ed.), Musson, R., Schwarz, J., Stucchi, M. (1998): *European Macroseismic Scale 1998. Cahiers du Centre Européen de Geodynamique et de Seismologie*, Volume 15, Luxembourg 1998.

Grünthal, G., Mayer-Rosa, D., Lenhardt, W. (1998): *Abschätzung der Erdbebengefährdung für die D-A-CH-Staaten – Deutschland, Österreich, Schweiz. Bautechnik 75*, 10, 753–767.

Grünthal, G.; Schwarz, J. (1994): *Bauwirtschaft und Naturkatastrophen. Bauen in Erdbebengebieten. Teil 1. Bauwirtschaft 47* (1993) 8, 39– 45, Teil 2. Bauwirtschaft 48 (1994), 27–32.

Leydecker, G., Aichele, H. (1998): *The seismogeographical regionalization of Germany: The prime example of third-level regionalization*. Geolog. Jb. Hannover E55, S. 85–98.

Leydecker, G. (2001): *Earthquake Catalogue for the Federal Republic of Germany and Adjacent Areas for the Years 800–1995 (for Damaging Earthquakes till 2000)*. Datafile. Federal Institute for Geosciences and Natural Ressources, Hannover.

Leydecker, G., Kopera, J., Rudloff, A. (1999): *Abschätzung der Erdbebengefährdung in Gebieten geringer Seismizität am Beispiel eines Standortes in Norddeutschland*. In: Vortragsband zur D-A-CH-Tagung 1999. Savidis, S. (Hrsg.): *Entwicklungsstand in Forschung und Praxis auf den Gebieten des Erdbebeningenieurwesens, der Boden- und Baudynamik*, Berlin, S. 89–97.

Schwarz, J., Raschke, M., Rosenhauer, W. (2004): *Konservativität der seismischen Bemessungsgrößen nach KTA 2201.1 am Maßstab probabilistischer Gefährdungsanalysen*, in diesem Heft.

Sieberg, A. (1940): *Beiträge zum Erdbebenkatalog Deutschlands und angrenzender Gebiete für die Jahre 58–1799, Mitteilungen des Deutschen Reichserdbebendienstes*, 2, I-III, Berlin, 1940.

Sponheuer, W. (1952): *Erdbebenkatalog Deutschlands und der angrenzenden Gebiete für die Jahre 1800 bis 1899. Mitteilungen des Deutschen Erdbebendienstes Heft 3*, Akademie-Verlag Belin.

Sponheuer, W. (1960): *Methoden der Herdtiefenbestimmung in der Makroseismik*. Freib. Forsch., C88, 120 pp.

Wenk, T. (1997): *Erdbebensicherung bestehender Bauwerke nach verschiedenen Normen*. D-A-CH-Tagung 1997, SIA-Dokumentation D 0145, S. 33–38.

E DIN 4149 (2002): *Bauten in deutschen Erdbebengebieten*. Deutsches Institut für Normung, Berlin, Gelbdruck Oktober 2002.

KTA 2201.1 (1990): *Auslegung von Kernkraftwerken gegen seismische Einwirkungen*. Teil 1: Grundsätze. Fassung 6/90. (Weitere: Teil 2: Baugrund,

Fassung 6/90; Teil 3: Auslegung der baulichen Anlagen, Regelvorlage 6/91; Teil 4: Anforderungen an Verfahren zum Nachweis der Erdbebensicherheit für maschinen- und elektrotechnische Anlagenteile, Fassung 6/90; Teil 5: Seismische Instrumentierung, Fassung 6/90 sowie Teil 6: Maßnahmen nach Erdbeben, Fassung 6/90). Carl Heymanns Verlag KG, Köln und Berlin.

IAEA-Safety Standard Series (2001): *Seismic Hazard Evaluation for Nuclear Power Plants*. Working IDDS 302, International Atomic Energy Agency Vienna, 25.04.2001.

Konservativität der seismischen Bemessungsgrößen nach KTA 2201.1 am Maßstab probabilistischer Gefährdungsanalysen

Jochen Schwarz
Mathias Raschke
Werner Rosenhauer

1 Vorbemerkung und Zielstellungen

In den Grundsätzen der KTA 2201.1 (1990) wird gefordert, Epizentren und Bereiche maximaler Schütterwirkungen (höchster Intensität) in Abhängigkeit von der Lage des Standortes zu seismotektonischen Einheiten festzulegen. Dabei wird zwischen der Einheit unterschieden, in der sich der Standort befindet, sowie anderen entfernteren Einheiten, die dahingehend zu untersuchen sind, ob sie am Standort noch auslegungsrelevante Intensitäten bzw. Einwirkungen verursachen können (vgl. auch Raschke und Schwarz, 2003). Diese Grundsätze sollen zu konservativen Bemessungsereignissen führen, die sich aus der Kopplung maximaler Bebenstärke und fiktiver (standortnaher) Erdbebenherde, d. h. ungünstigster Entfernung, ableiten lassen. Gegenwärtig wird diskutiert, ob die daraus ermittelten Intensitäten von Bemessungsbeben durch zusätzliche Konservativitätszuschläge anzuheben sind (u. a. Öko-Institut, 1999).

Grundlage für die Festlegung dieser maximalen Beben bildet die Abgrenzung seismotektonischer Einheiten. In Ermangelung definierter, seismotektonischer Einheiten werden oft Modelle von seismischen Quellregionen herangezogen. Praktisch wird die Gleichsetzung seismischer Quellregionen mit seismotektonischen Einheiten als regelkonform betrachtet. Unterschiedliche Modelle stehen hierfür zur Verfügung, so u. a. von Ahorner und Rosenhauer (1986), von Grünthal und Bosse (1996) oder Grünthal u. a. (1998), wobei letzteres auch den Hintergrund für die Durchführung probabilistischer seismischer Gefährdungsanalysen in den D-A-CH-Staaten bildete.

Von anderer Qualität ist die Abgrenzung seismogeografischer Regionen, wie sie von Leydecker und Aichele in 1994 vorgelegt und in den Folgejahren (u. a. 1998) unter Beibehaltung der getroffenen Einteilung publiziert wurde. Wie durch Leydecker u. a. (1999) am Beispiel der Abschätzung der Erdbebengefährdung eines Standorts in Norddeutschland hervorgehoben wird, kann in Deutschland und in benachbarten Gebieten infolge der bei der Festlegung der (seismogeografischen) Regionen „beachteten Zusammenschau von Erdbebentätigkeit, geologischer Entwicklung und Tektonik" eine größere Anzahl der erdbebengeografischen Regionen auch als seismotektonische Regionen angesehen werden und im Sinne der KTA 2201.1 als „tektonische Regionen" benutzt werden. Dies trifft insbesondere auf die Mehrzahl dieser Regionen in Norddeutschland zu. Eine Übernahme dieses Einteilungsprinzips ohne Modifikation bzw. weitere Detaillierung sollte insbesondere für die Haupterdbebengebiete in Südwestdeutschland kritisch erfolgen. Dies entspricht den Intentionen der Bearbeiter und lässt sich an den Unterschieden zu den oben genannten Modellen begründen. Allerdings führt das Prinzip, seismische Quellregionen nach seismogeografischen Gesichtspunkten zu größeren Regionen zusammenzuschließen und diese als seismotektonische Einheiten zu betrachten, gegenüber der Gleichsetzung von seismischen Quellregionen mit seismotektonischen Einheiten letztlich zu konservativen Bemessungsbeben.

Dem Stand von Wissenschaft und Technik und der Komplexität der Aufgabenstellung kann es in Zweifelsfällen angemessen sein, im Rahmen der probabilistischen seismischen Gefährdungseinschätzung unterschiedliche Modelle einzuführen und diese auf der Grundlage der Entscheidungsbaum-Technik unterschiedlich zu wichten. Analog können auch bei determinstischer Vorgehensweise abweichende Expertenauffassungen berücksichtigt, gewichtet und letztlich die Streuung der Ergebnisse als verbesserte Entscheidungsgrundlage aufgefasst werden (vgl. Vorgehensweise in Abrahamson et al., 2002).

Die Frage nach der erforderlichen Konservativität der Bemessungsgrößen, die sich aus der Vorgehensweise der KTA 2201.1 ableiten lassen, wird zwar gegenwärtig diskutiert, ist aber nicht in der KTA definiert. Ein wesentliches Kriterium zur Bewertung der Konservativität sind die Ergebnisse probabilistischer seismischer Gefährdungsanalysen in Form der Eintretenswahrscheinlichkeiten von Intensitäten.

Die Konservativität einer mit KTA 2201.1 konformen Vorgehensweise kann somit nur unter Berücksichtigung der seismotektonischen Einteilung und der Ergebnisse von probabilistischen Gefährdungsanalysen und zudem nur standortabhängig begründet werden. Nachdem durch Raschke und Schwarz (2003) der Einfluss der seismotektonischen

Regionalisierung auf die Bemessungsbeben flächendeckend untersucht wurde, sollen nachfolgend diese Ergebnisse denen infolge probabilistischer Gefährdungsanalysen gegenübergestellt werden. Im Ergebnis der Untersuchungen sollen Aussagen über die Konservativität der KTA 2201.1 (1990) und Empfehlungen zur Neufassung der KTA-Grundsätze abgeleitet werden.

Nachfolgend wird die Frage nach der Konservativität der deterministisch bestimmten seismischen Bemessungsgrößen auf die Intensität des Bemessungsbebens (als der maßgebenden bzw. primären Kenngröße) am betrachteten Standort beschränkt, auf die auch die Grundsätze der KTA 2201.1 (1990) orientiert sind. Für die Auslegungsrechnung sind die ermittelten Intensitäten durch ingenieurseismologische Kenngrößen zu untersetzen. Obwohl es nicht das Anliegen dieses Beitrages ist, zu diesem Problemkreis eine Bewertung vorzunehmen, werden Überlegungen zur Festlegung der Fraktile von Bemessungsbeben vorgestellt.

2 Grundlagen der Untersuchungen

2.1 Festlegung des Regionalisierungsmodells

Zur Beantwortung der Frage, welche Konsequenzen mit der Abgrenzung von seismotektonischen Einheiten im Sinne der KTA 2201.1 festzumachen sind, werden folgende Aussagen getroffen:
- Die Seismizität in der Zone bzw. Einheit wird als gleich verteilt betrachtet; die Seismizität ist somit durch eine gleichförmige Verteilung der Lage und Häufigkeit von Epizentren gekennzeichnet.
- Der seismische Energiefluss bzw. die Größe der Energiefreisetzung erfolgt auf einem vergleichbar hohen oder auch geringen Niveau.
- Die Herdmechanismen der Beben sind vom Grundtyp ähnlich.
- Die Dämpfung der Erdbeben bzw. der Bodenbewegung über die Entfernung ist ähnlich und wird als identisch angenommen
- Während jede seismotektonische Einheit auch noch als eine probabilistische Zone verwendbar wäre, sollte nicht jede probabilistische Zone als seismotektonische Einheit interpretiert werden.

Nachfolgend wird auf das Zonierungsmodell von Ahorner und Rosenhauer (1986) Bezug genommen, das im Rahmen des Vorhabens „Realistische seismische Lastannahmen für Bauwerke mit erhöhtem Sekundärrisiko" auch den probabilistischen Gefährdungsberechnungen zugrunde gelegt wurde. Abbildung 1a wurde dem Bericht zum Forschungsvorhaben entnommen, das im Auftrage des Instituts für Bautechnik Berlin durch König und Heunisch koordiniert wurde und an dem die namhaften seismologischen Einrichtungen und Experten der Bundesrepublik Deutschland beteiligt waren (IfBt, 1986).

Zur Karte der seismologisch-tektonischen Einteilung wird folgende Erläuterung geben: „Die Abgrenzung der Teilgebiete erfolgt nach seismologischen und geologisch-tektonischen Kriterien." Sie erfüllt in diesem Sinne die aus dem Untersuchungsgegenstand resultierenden Anforderungen.

Zur Einteilung sind im Hinblick auf das gewählte Untersuchungsgebiet (vgl. auch Abb. 1a) folgende Feststellungen zu treffen:

Die Karte stellt eine Weiterentwicklung des von Ahorner et al. (1970) vorgelegten Modells dar.

Die großräumigen Darstellungen zur Abgrenzung von Ahorner (1970) verdeutlichen, dass der Oberrheingraben mit seinen Randgebirgen (Vogesen und Schwarzwald) einerseits und die Schwäbische Alb, Oberschwaben und das Bodensee-Gebiet andererseits seismische Regionen sind, die räumlich durch eine vergleichsweise sehr inaktive Zone getrennt werden.

Zu solchen weniger aktiven Zonen ist zweifellos die probabilistische Restzone NWÜ (Nord-Württemberg) nach Ahorner (1983) zu zählen, die verblieben ist, nachdem die Konturen aktiver wie auch noch erdbebenärmerer Erdbebengebiete abgegrenzt waren.

Von Ahorner et al.(1970) wird der Schwarzwald seismologisch noch in „drei deutlich gegeneinander abgesetzte Erdbebenzonen" abgegrenzt, eine mittlere neben der nördlichen und der südlichen (bezeichnet mit SCH1, BON (Bonndorf-Zone) und SCH2). Die geradlinige östliche Abgrenzung von SCH1 ist mit der des Schwarzwalds (Ahorner, Murawski und Schneider, 1970) identisch; sie orientiert sich am „Geotektonischen Bau" des Gebiets. Die östlichen Grabenschultern, die bei der Bildung des Oberrheingrabens vor ungefähr 45 Millionen Jahren angehoben wurden, bilden die westliche Begrenzung.

Die Schwäbische Alb wird in verschiedene Zonen eingeteilt, wobei zwischen dem Haupterdbebengebiet der westlichen Schwäbischen Alb (Zone SWA2) und einer Einheit nördlich und südlich davon unterschieden wird.

Eine solche Dreifach-Unterteilung wird auch für den Oberrheingraben vorgenommen, wobei die Hauptzonen ORG1 und ORG3 von einem Bereich geringerer Seismizität (ORG2) abgetrennt werden. Zur Begründung der gewählten Unterteilung kann neben der historischen Bebentätigkeit auch die von Ahorner (1970) ermittelte Energiestromdichte herangezogen werden.

Das Zonierungsmodell wurde in den Folgejahren aktualisiert und weiterentwickelt. Veränderungen wurden insbesondere durch die Neubewertung historischer Beben, die sich z. T. als irrtümliche Ereignisse (keine Beben) darstellten und somit eine veränderte Bewertung regionaler Gegebenheiten erforderten, veranlasst.

Besonders auffällig ist die Modifikation der Zone Fränkischen Alb (FRA), die in Anlehnung an Grün-

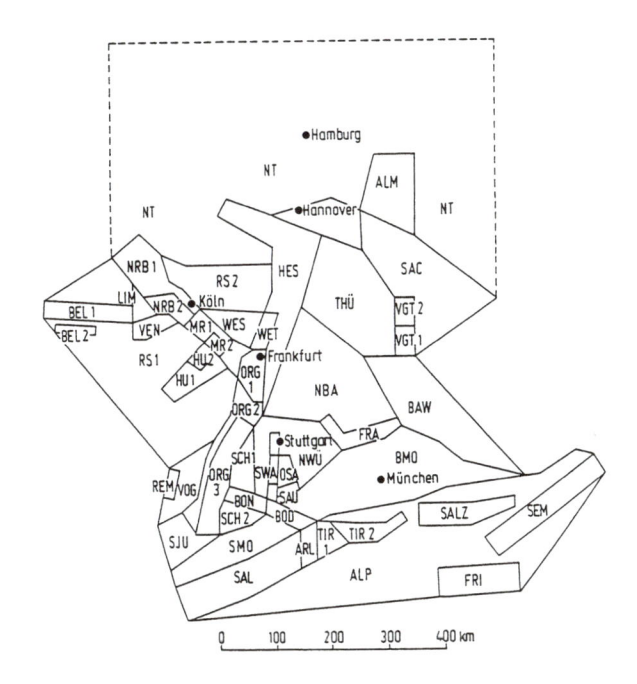

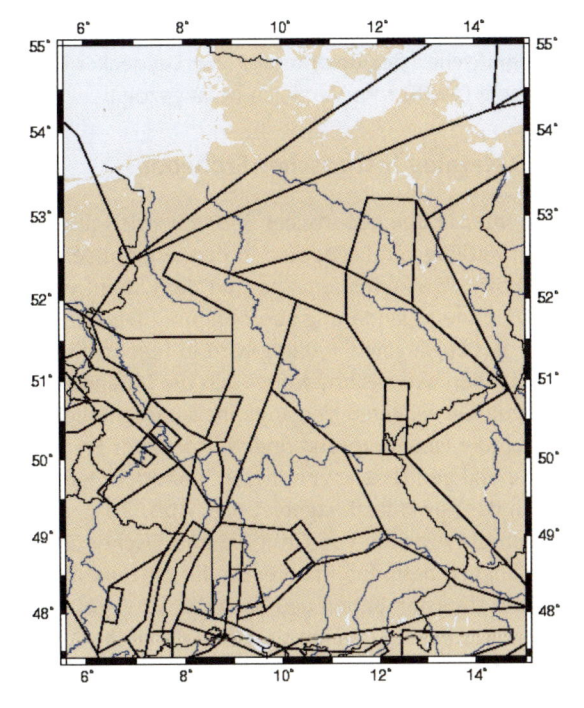

Abb. 1a: Regionalisierungsmodell nach Ahorner und Rosenhauer (1986)

Abb. 1b: Regionalisierungsmodell nach Ahorner und Rosenhauer in der aktualisierten Version (Bearbeitungsstand 2002)

thal et al. (1998) im südwestlichen Bereich erweitert wurde, nachdem eine Vielzahl vermeintlicher historischer Schadensbeben einer kritischen Quellenanalyse unterzogen wurden (Grünthal und Fischer, 2001).

Nachfolgend wird die aktuelle Fassung (Stand 2002) zugrunde gelegt (vgl. Abb. 1b). Ein Vergleich mit den Modellen von Leydecker und Aichele (1998) bzw. Grünthal et al. (1998) wird in Abschnitt 5 für das Testgebiet flächendeckend vorgenommen.

Die probabilistischen Gefährdungsanalysen werden mit dem Programm PSSAEL (Rosenhauer, 1999) durchgeführt.

2. 2 Zum Einfluss des Zonierungsmodells auf die Ergebnisse probabilistischer Gefährdungsanalysen

Im Zusammenhang mit der Diskussion der seismotektonischen Einteilung der Bundesrepublik Deutschland im Allgemeinen und des Zielgebietes im Besonderen wäre auch der Frage nachzugehen, welchen Einfluss das gewählte Zonierungsmodell auf die Ergebnisse einer probabilistischen Gefährdungsanalyse nehmen kann. Dabei geht es weniger um die abschließende Festschreibung eines solchen Modells, sondern um die Quantifizierung der Streubreite, die in Abhängigkeit vom jeweiligen (als wissenschaftlich begründbar betrachteten) Modell bei der Überprüfung bzw. Bewertung der Gefährdung bzw. Bemessungsgrößen eines konkreten Standortes zu berücksichtigen wäre. Nicht zuletzt,

um auch Aussagen über die Konservativität oder Belastbarkeit der Gefährdungskenngrößen (Intensität, Magnitude) ableiten zu können.

Ausgangspunkt bildet somit die grundsätzliche Fragestellung, ob seismotektonische Einteilungen oder Regionalisierungen, die nach KTA 2201.1 (1990) zur deterministischen Festlegung des Bemessungsbebens zugrunde zu legen sind, mit den Herdzonen- oder Seismizitätsmodellen, die für probabilistische Gefährdungsanalysen abzuleiten und durch Bebenstärkeparameter-Häufigkeitsbeziehungen zu kennzeichnen sind, identisch sein müssen.

Es wird die Auffassung vertreten, dass aussagefähige probabilistische Gefährdungsanalysen Modelle voraussetzen, die insbesondere die lokalen und regionalen Gegebenheiten widerspiegeln. In Spiegelung der aktuellen gutachterlichen Praxis sind durchaus unterschiedliche Positionen zu konstatieren. Bei Zugrundelegung von seismotektonischen oder seismogeografischen Einheiten wäre zu bedenken, dass dann relativ groß dimensionierte, als Herdzonen kaum charakteristische Einteilungen verwendet würden. Derart großzügige, d. h. großflächige Regionalisierungen würden eine realistische Abbildung der vorhandenen Seismizität kaum zulassen. Es gilt der Grundsatz, je größer die Regionen angenommen werden, umso weniger kommen lokale Gegebenheiten zur Geltung.

Nachfolgend ist von Bedeutung, dass sich die deterministisch und probabilistisch bestimmten Intensitäten auf das gleiche Modell (von Ahorner und Rosenhauer) beziehen. Zusätzlich werden auch

KTA-Intensitäten unter Zugrundelegung der seismogeografischen Regionalisierung von Leydecker und Aichele (1998) zum Vergleich herangezogen.

2.3 Katalog historischer Erdbeben

Die Intensitäten historischer Beben werden aus dem Katalog von Leydecker, in dem Ereignisse von 800 bis 1996 kompiliert sind, mit dem Stand von 2001 ohne Veränderung übernommen. Der im Internet zugängliche Katalog wird in regelmäßigen Abständen aktualisiert, wobei sich die Veränderungen der jüngeren Vergangenheit vornehmlich durch die Neuinterpretationen historischer Ereignisse erklären lassen. Von diesen Veränderungen ist auch das gewählte Testgebiet (vgl. Abb. 2) u. a. durch die Arbeiten von Grünthal und Fischer (2001) umfänglich betroffen, da hier die für einzelne Einheiten stärksten Beben neu bewertet bzw. gestrichen wurden. Zu nennen sind die Fränkische Alb (FRA) oder die Einheit Nord-Württemberg (NWÜ), wo quasi die nach KTA relevanten Beben zur Diskussion gestellt sind.

Aus der grundsätzlichen Entscheidung, den Bebenkatalog von Leydecker (2001) zugrunde zu legen, resultiert in jedem Falle eine Konservativität der nach KTA ermittelten Intensitäten, da die meisten Neubewertungen mit einer Herabsetzung der tatsächlichen Bebenstärke oder gar mit dem Wegfall der Ereignisse verbunden waren. Das Vorgehen erscheint begründbar, um die Untersuchungen nicht zu stark vom dem Kenntnisstand zum Zeitpunkt der Neufassung bzw. Einführung der KTA im Jahre 1990 abzukoppeln.

Im Falle historischer Beben, bei denen nicht auf die Vorzüge einer instrumentellen Herdlagenbestimmung zurückgegriffen werden kann, ist es angezeigt, Unsicherheiten oder den Grad der Unbestimmtheit durch einen entsprechenden Qualitätsfaktor zu kennzeichnen. Es ist somit nicht auszuschließen, dass Epizentren in Grenzfällen sowohl der einen als auch der anderen Einheit zugeordnet werden können (ungeachtet der Tatsache, dass dies ein Indiz für die Überprüfungsnotwendigkeit der Konturen der abgegrenzten Zonen des Regionalisierungsmodells sein könnte). Konsequenzen, die aus der Berücksichtigung der Variation von Herdlagen erwachsen können, werden beim Vergleich mit den Ergebnissen probabilistischer Analysen ebenfalls diskutiert.

Insgesamt werden deterministisch (KTA-konform) Intensitäten $I_{s,KTA}$ nach folgenden Vorgehensweisen ermittelt::
- nach Modell Ahorner und Rosenhauer unter Ansatz Herdlage gemäß Katalogeintrag,
- nach Modell Ahorner und Rosenhauer unter Berücksichtigung der Herdunsicherheiten,
- nach Modell Leydecker und Aichele unter Ansatz Herdlage gemäß Katalogeintrag,
- nach Modell Leydecker und Aichele unter Berücksichtigung der Herdunsicherheiten.

Ergänzend dazu werden auch die hypothetischen Schütterwirkungen am Standort bei Wiederholung der Beben mit unveränderter Herdlage nach Intensitätsabnahmebeziehung bestimmt (bezeichnet als I_s^*).

3 Vorgehensweise zur Überprüfung der Konservativität der seismischen Bemessungsgrößen

3.1 Wahl des Testgebietes und der Modellstandorte

Es wird eine Testgebiet in Südwestdeutschland mit den „Fensterkoordinaten" (8° E; 48° N), (12° E; 48 N), (12° E; 50° N) und (8° E; 50° N) ausgewählt, das neben den Haupterdbebengebieten der Schwäbischen Alb und des Oberrheingrabens Gebiete geringer Seismizität (Nordschwarzwald, Fränkische Alb), aber auch nahezu inaktive Gebiete einschließt.

Insgesamt werden sechs Modellpunkte (MP) innerhalb dieses Ausschnittes von Süddeutschland ausgewählt. Abbildung 2 veranschaulicht die Lage der sechs Modellstandorte. Die Punkte beschreiben in ihrer Abfolge ein Trapez, das Regionen unterschiedlicher Seismizität (auch im Hinblick auf die historische Bebentätigkeit und Lage markanter Erdbebengebiete) verbindet. Im Hintergrund der Abbildung 2 sind Konturen unterschiedlicher Zonierungsmodelle zu erkennen; neben dem Modell von Ahorner und Rosenhauer (rote Linien) werden auch die seismogeografischen Regionen nach Leydecker und Aichele (1998, blaue Linien) sowie das Herdzonenmodell von Grünthal et al. (1998, grüne Linien) aufbereitet. Durch diese Form der Darstellung kann ermessen werden, für welche der sechs Modellstandorte relativ eindeutige (z. B. MP 1 und 2) oder unterschiedliche (MP 4) Auffassungen zur Zonenzuordnung vorliegen bzw. welche Modellstandorte in Zonenübergangsbereiche fallen (z. B. MP 6).

Anhand der Seismizitätsmerkmale können die Modellpunkte folgenden Standortbedingungen zugeordnet werden:
- Standort in einer Einheit moderater Seismizität zwischen zwei (in größerer Entfernung befindlichen) Einheiten höherer Seismizität: MP 4,
- Standort in einer Einheit geringer Seismizität in Nähe von mehreren „gleichrangigen" Einheiten höherer Seismizität: MP 3,
- Standort in einer Einheit geringer Seismizität, in größerer Entfernung zu Einheiten höherer Seismizität: MP 1 und MP 2,
- Standort in einer Einheit geringer Seismizität, in geringer Entfernung zu Einheiten höherer Seismizität: MP 6
- Standort in einer Einheit höherer Seismizität: MP 5.

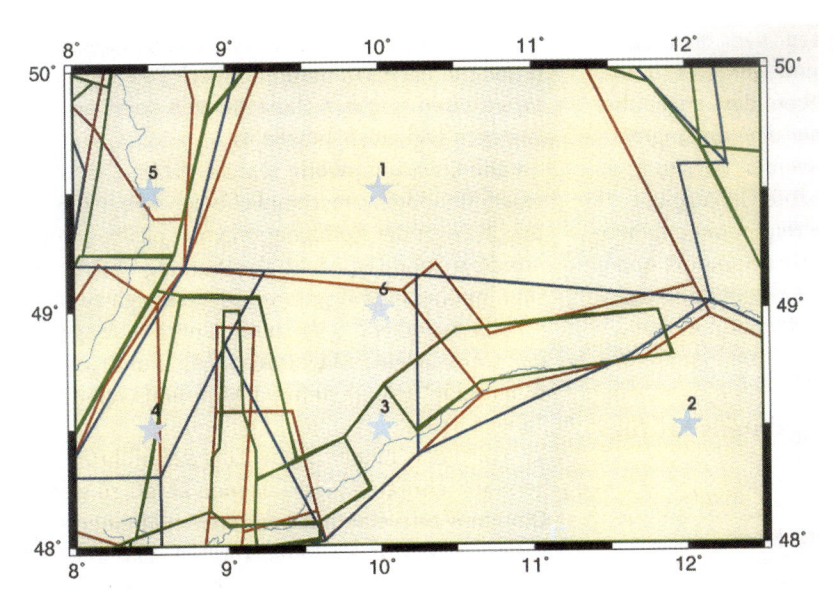

Abb. 2: Testgebiet und Lage der Modellpunkte; Einordnung in verschiedene Zonierungs- bzw. Regionalisierungsmodelle (Linien blau = Modell Leydecker und Aichele; rot = Modell Ahorner und Rosenhauer; grün = Modell Grünthal et. al.)

Aufgrund der Verschiedenartigkeit der Konstellation stehen die Modellpunkte für eine Vielzahl von möglichen Standortsituationen, die auch eine Verallgemeinerungsfähigeit der Ergebnisse erwarten lässt.

3. 2 Bestimmung der Intensitäten nach KTA

Die deterministische Bestimmung der Intensitäten nach KTA folgt der im Begleitbeitrag von Raschke und Schwarz (2003) beschriebenen Vorgehensweise und den in KTA 2201.1 (1990) verankerten Grundsätzen. Im Sinne der Konservativität der Ergebnisse wird der Grundsatz d) – „Wenn sich Epizentren oder Bereiche höchster Intensität von Erdbeben in der gleichen tektonischen Einheit wie der des Standortes befinden, ist bei der Ermittlung der Beschleunigung am Standort anzunehmen, daß diese Erdbeben in der Nähe des Standortes eintreten" – dahingehend interpretiert, dass Beben statt in der Nähe unmittelbar am Standort auftreten. Eine solche Interpretation ist aus dem Wortlaut der KTA nicht direkt abzuleiten. Im Regelfall sind die in Standortnähe befindlichen Störungen, die auch ein gewisses Bebengenerierungspotenzial besitzen und denen eine rezente Aktivität nachgewiesen werden kann, zugrunde zu legen. (Die Intensitätsabnahme vom postulierten Epizentrum bis zum Standort kann bei einer Entfernung von 20 km und unter Ansatz einer Herdtiefe von 10 km bereits einen Intensitätsgrad ausmachen). Nachfolgend werden somit Beben in der Einheit, in der sich der Standort bzw. Modellpunkt befindet, aufgewertet. (Anhang A gibt eine Übersicht zu den im Folgenden verwendeten Bezeichnungen)

3. 3 Probabilistische Berechnung und maßgebliche Intensitäts-Eintrittsrate(n)

Für die sechs Modellpunkte werden die Ergebnisse probabilistischer Gefährdungsanalysen in Form der Intensitäts-Eintrittsraten und des Gefährdungshintergrundes dargestellt und diskutiert.

Für das Untersuchungsgebiet werden flächendeckend Ergebnisse der probabilistischen Gefährdungsanalyse für Eintrittsraten von 10^{-4}/Jahr und (erstmals für deutsche Erdbebengebiete) für 10^{-5}/Jahr abgegrenzt und nach ganzzahligen Intensitätsgraden vorgelegt. Somit konnte auch die Differenz der deterministisch bestimmten Intensitäten zu den probabilistisch bestimmten Intensitäten (Abschnitt 4) ermittelt werden (Abschnitt 5).

Entscheidend für den Vergleich und die Bewertung der Konservativität der KTA-Regeln ist die Festlegung einer Eintrittsrate, die für die Auslegung sicherheitsrelevanter baulicher Anlagen als angemessen betrachtet werden kann. Da in der KTA keine Eintrittswahrscheinlichkeit festgelegt wird, ist eine Würdigung international praktizierter bzw. empfohlener Vorgehensweisen angezeigt.

International üblich ist die Festsetzung des Bemessungsbebens bei einer bestimmten geringen Eintrittsrate (zwischen 10^{-4}/a und 10^{-5}/a). Für deutsche Erdbebengebiete wird in einer Intensitäts-Eintrittsrate von 10^{-5}/a für die deterministisch gefundene Bemessungsintensität die Berechtigung gesehen, das Bemessungsspektrum auf der Basis der 50%-Fraktilen bzw. Mittelwertspektren für die Auslegung heranzuziehen (s. a. Abschnitt 6. 3).

Im Weiteren wird von einer Eintrittsrate von 10^{-5}/a ausgegangen, jedoch auch die höhere Eintrittsrate (10^{-4}/a) gewürdigt. Die Festlegung der Intensitäts-Eintrittsraten basiert auf aktuellen Datenauswertungen für die (auch geotektonisch begründeten) Zonen des Modells von Ahorner und

Rosenhauer, auf deren Grundlage zuvor die Magnituden-Eintrittsraten neu bestimmt werden (Rosenhauer, 2003). Es ist hervorzuheben, dass gegenüber früheren Berechnungen nicht nur eine umfangreichere Datenbasis ausgewertet werden konnte, sondern auch eine deutlich größere Genauigkeit durch die Anzahl der ausgespielten Erdbebenbibliotheken (**P**robabilistische **S**eismische **S**tandort-**A**nalyse mit **E**rdbeben-**L**ibraries – PSSAEL) und die ebenfalls wesentlich erhöhte Anzahl der darin enthaltenen Beben erreicht werden konnte.

4 Diskussion der Bemessungsintensität für ausgewählte Standorte

4. 1 Übersicht zu den Ergebnissen

Die Gefährdungskurven (Eintrittsraten von Standortintensitäten I (EMS)) für die einzelnen Modellstandorte sind den Abbildungen 3a bis 3f zu entnehmen. Die Gefährdungskurven für die Modellstandorte werden in Abbildung 4 gegenübergestellt. Die nach KTA deterministisch bestimmten Intensitäten sind den Darstellungen ebenfalls eingetragen (vgl. auch Tabelle 4).

Die Erwartungswerte repräsentieren die für einen Standort wahrscheinlich(st)en Bebenkollektive in Form der Kombination von Lokalbebenmagnitude ML und Hypozentralentfernung R. Drei Fälle sind im oberen und unteren Streubereich zu unterscheiden, wobei die Varianten „mittlere Magnitude" (M_m), „kleine Magnitude" (M_{min}) und „große Magnitude" (M_{max}) zu betrachten sind (vgl. auch Tabelle 1).

Für die in Tabelle 1 ebenfalls aufgeführten Epizentralintensitäten I_0 ist folgende Lesart zu wählen: Um am Modellstandort i die Intensität einer vorgegebenen Eintrittsrate hervorzurufen, sind in den aussimulierten Herdentfernungen Schütterwirkungen mit der Stärke einer Epizentralintensität von I_0 (gemäß Tabelle 1) erforderlich.

Tabelle 1: Wahrscheinlichste Bebenkollektive der Modellstandorte in Abhängigkeit von der Eintrittsrate (Rosenhauer, 2003)

Modellstandort MPi	Variante	Intensitäts-Eintrittsrate von etwa [1/a]					
		$1.0 \cdot 10^{-4}$			$1.0 \cdot 10^{-5}$		
		ML	R [km]	I_0	ML	R [km]	I_0
1	m	6.20	123	8.4	5.73	66	7.9
	min	5.28	46	7.3	6.39	20	7.0
	max	6.46	149	8.7	46	131	8.6
2	m	5.45	83	7.6	4.88	22	7.2
	min	4.41	27	6.4	4.31	9	6.6
	max	6.21	172	8.5	5.69	71	8.1
3	m	6.21	67	8.4	6.24	63	8.5
	min	5.31	31	7.8	5.26	21	7.7
	max	6.44	78	8.7	6.50	76	8.75
4	m	5.99	25	8.3	5.74	12	8.3
	min	5.32	10	7.8	5.31	8	8.1
	max	6.45	40	8.7	6.13	22	8.7
5	m	5.19	10	7.7	5.40	9	8.0
	min	4.73	6	7.4	4.96	6	7.8
	max	5.58	15	8.1	5.75	13	8.4
6	m	5.95	72	8.2	5.71	49	8.0
	min	4.76	19	7.1	4.69	16	7.3
	max	6.42	98	8.6	6.44	90	8.6

Die Bebenkollektive sind wie folgt zu interpretieren
- $M_m–R_m$: wahrscheinlichste Kombination
- $M_{min}–R_{min}$: ebenfalls noch wahrscheinliche Kombination in unteren Streubreiten
- $M_{max}–R_{max}$: ebenfalls noch wahrscheinliche Kombination in oberen Streubreiten.

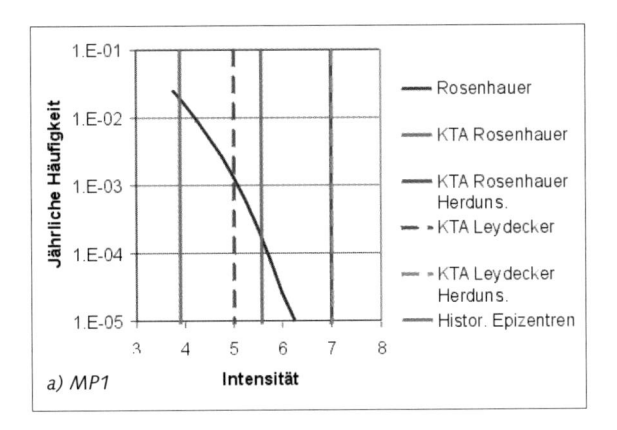

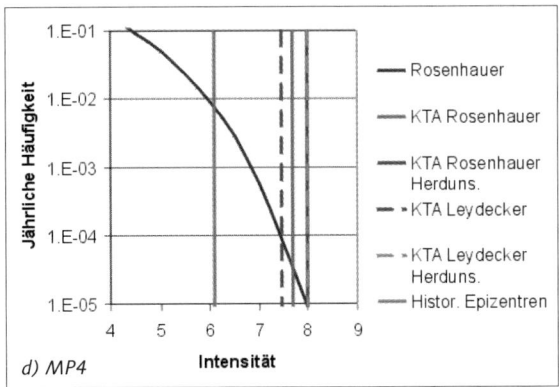

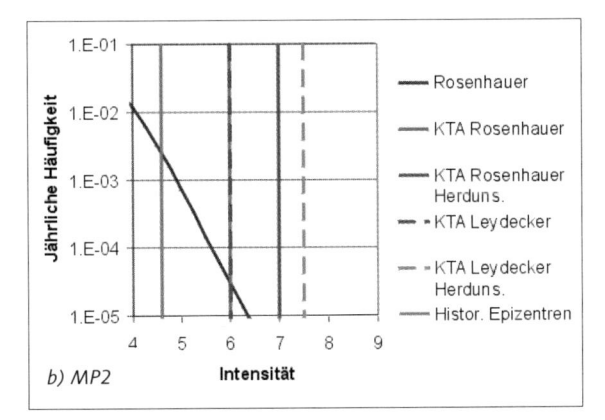

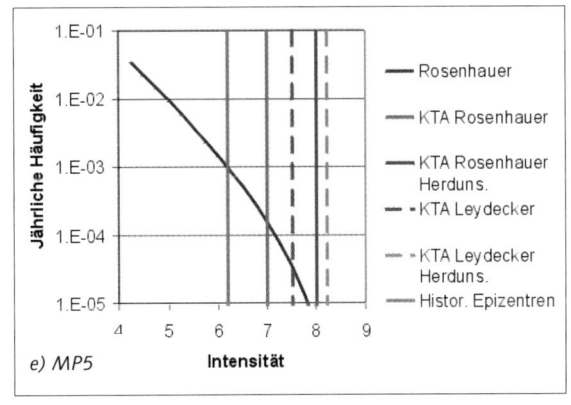

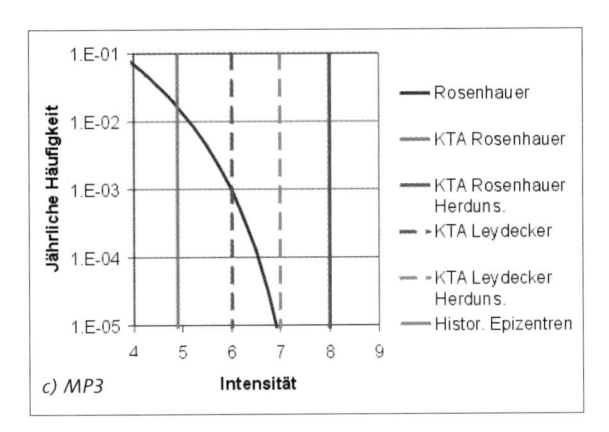

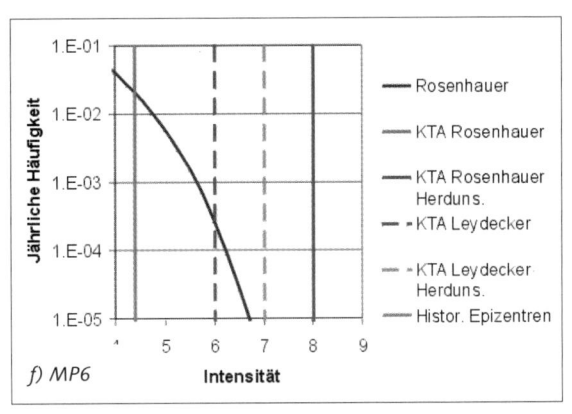

Abb. 3a–f: Gefährdungskurven für die Modellstandorte MP1 bis MP6
Vergleich der Gefährdungskurven mit $I_{s,KTA}$ und I_s (bei Wiederholung der Ereignisse) für die Modellstandorte i (i = 1,6)

Der Vergleich der Gefährdungskurven für die sechs Modellstandorte in Abbildung 4 zeigt für die Eintrittsraten zwischen 10^{-2}/a, 10^{-3}/a und 10^{-5}/a zwischen den Standorten eine vergleichbare Abstimmung der Intensitäten: Standort 4 ist jeweils mit den höchsten, Standort 2 oder Standort 1 mit den geringsten Intensitäten verbunden. Auffällig ist insbesondere die Gefährdungskurve für Standort 5 im Vergleich zu der von Standort 3. Beim Gefährdungsniveau allgemeiner Hochbauten (bei $2.1 \cdot 10^{-3}$/a) sind die Intensitäten noch von vergleichbarer Qualität, bei geringen Eintrittsraten zeichnet sich Standort 5 durch einen deutlichen Intensitätszuwachs aus.

Die probabilistisch bestimmten Intensitäten unterscheiden sich für die sechs Standorte je nach betrachteter Eintrittsrate um ein bis zwei Intensitätsgrade.

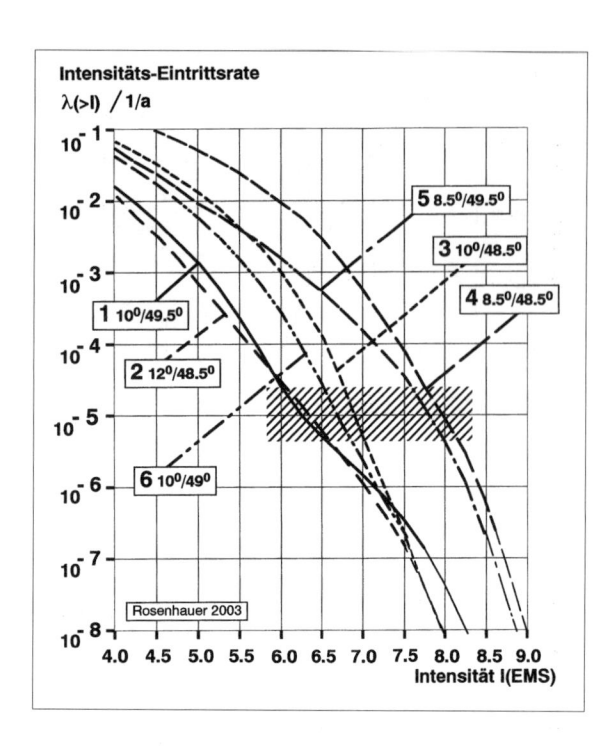

Abb. 4: Vergleich Gefährdungskurven für die sechs Modellstandorte

4.2 Interpretation der Ergebnisse unter Berücksichtigung des Gefährdungshintergrundes

Aus den Ergebnissen der PSSAEL von Rosenhauer (2003) wurde für jeden Standort die Intensität (auf 0.25 genau) mit einer Eintrittsrate in der Größenordnung $10^{-5}/a$ abgelesen, z. B. I = 6.25 für Standort 1 oder I = 8.0 für Standort 4. In zwei Fällen (Modellpunkte 3 und 6) werden zwei Intensitäten angegeben. Die standortspezifischen Informationen zu diesen Intensitäten wurden mit Hilfe der Bibliotheken für die angrenzenden Intensitätsintervalle ermittelt, z. B. für Standort 1 aus den Bibliotheken der Intervalle 6.0–6.25 und 6.25–6.5 (mit 755 bzw. 701 simulierten Erdbeben). In allen Zonen wurde einheitlich mit dem gleichen PSSAEL-Herdmodell (und magnitudenabhängigen Herdtiefen) gerechnet. Neu ausgewertet wurde, mit welchem Anteil Erdbeben aus den einzelnen Zonen beitragen bzw. am Gefährdungshintergrund beteiligt sind. Diese Information hilft bei Plausbilitätsbetrachtungen u. a. durch die Möglichkeit, die historische Bebentätigkeit über die Ereignisse mit den hypothetisch größten oder tatsächlich auch beobachteten Schütterwirkungen einzubeziehen (vgl. Tabelle 2).

Tabelle 2: Prozentuale Beiträge der Regionen für Eintrittsrate $10^{-5}/a$

Region im Modell Ahorner und Rosenhauer		Prozentuale Beiträge der Einheiten am Gefährdungshintergrund für die Modellstandorte					
		1	2	3*	4	5	6**
NBA	Nord-Bayern	56.6					2.2 3.5
SWA2	Haupterdbebengebiet der westl. Schwäbischen Alb	38.5		77.5 60.9	6.1		51.5 27.5
FRA	Fränkische Alb	4.7	16.8	14,8 26.0			27.5 41.1
VGT2	Haupterdbebengebiet des Vogtlandes	< 1	<< 1				
ORG1	Nördlicher Oberrheingraben	<< 1				98.1	
ORG2	Mittlerer Oberrheingraben					1.3	
BMO	Bayerisches Molassegebiet		78.5				
TIR2	Tirol/Nördliche Kalkalpen		4.4				
BAW	Bayrischer Wald		<< 1				
SALZ	Salzburger Gebiet		<< 1				
NWÜ	Nord-Württemberg			4.8 11.8			18.8 28.0
SAU	Saulgau-Gebiet			3.0 1.4			
SCH1	Nördlicher Schwarzwald				94.0		

* obere Zeile für $3.0 \cdot 10^{-5}/a$ (I = 6.75), untere Zeile für $5.6 \cdot 10^{-6}/a$ (I = 7.0)
** obere Zeile für $2.6 \cdot 10^{-5}/a$ (I = 6.5), untere Zeile für $7.6 \cdot 10^{-6}/a$ (I = 6.75)

Hinweis: In Tabelle 2 wird jeweils fett der Beitrag jener Zone hervorgehoben, in der sich der Standort selbst befindet, z.B. 56.6% Zone NBA für Modellpunkt 1; grau schattiert ist jene Zone, die auch bei deterministischer Vorgehensweise maßgeblich wird bzw. aus der die stärksten hypothetischen Schütterwirkungen bei Wiederholung der bekannten historischen Bebentätigkeit zu erwarten wären (z. B. SWA2 für MP1)

Folgende Feststellungen sind, bezogen auf das gewählte Gefährdungsniveau (Intensitäts-Eintrittsrate 10^{-5}/a), zu treffen:

- Standort MP4 (in einer Einheit moderater Seismizität zwischen zwei in größerer Entfernung befindlichen Einheiten hoher Seismizität) wird eindeutig durch die Einheit, in der er sich befindet, geprägt. Dies deckt sich mit der historischen Bebentätigkeit und den größten hypothetischen Schütterwirkungen, die auf ein Ereignis in der Einheit SCH1 (28.11.1822) zurückzuführen sind.
- Standort MP3 (in einer Einheit geringer Seismizität in Nähe von mehreren Einheiten höherer Seismizität) wird durch die Einheit der höchsten Aktivität (hier SWA2) geprägt. Beben in der Zone des Standortes können nicht die für die Eintrittsrate charakteristische Bebenstärke erreichen.
- Die Standorte MP1 und MP2 (in Einheiten geringer Seismizität, in größerer Entfernung zu Zonen höherer Seismizität) werden vornehmlich durch Beben aus den Zonen, in denen sie sich befinden, betroffen. Am Maßstab der historischen Bebentätigkeit stehen die größten Schütterwirkungen jedoch in Verbindung zu Ereignissen in den entfernten Bebengebieten (hier SWA2 bzw. FRA). Die probabilistische Berechnung unterstellt quasi in Standortnähe Ereignisse, die in der gesamten Einheit noch nicht beobachtet wurden.
- Standort MP6 (in einer Einheit geringer Seismizität, in geringer Entfernung zu Einheiten höherer Seismizität) wird insbesondere durch Beben in den angrenzenden Zonen gefährdet.

- Für Standort MP5 (in einer Einheit höherer Seismizität) sind andere Zonen faktisch bedeutungslos.

Im Grunde genommen könnte sich die probabilistische Gefährdungsanalyse für die Intensitäts-Eintrittsrate 10^{-5}/a auf die in Tabelle 2 aufgeführten Zonen beschränken. Einfluss für die hier betrachteten Standorte haben außer den Standortzonen nur überraschend wenige weitere Zonen.

Die Anteile am Gefährdungshintergrund spiegeln sich auch in den wahrscheinlichsten Bebenkollektiven von Magnitude und Entfernung in Tabelle 1 (Variante „m") wider, ohne dass dies hier im Detail weiter verfolgt werden soll.

Teilweise sind – wie dies bereits durch den Gefährdungshintergrund deutlich wurde – verschiedene Herdzonen von gleichrangiger Bedeutung für den Standort. Die maßgeblichen Erdbeben liegen bei vier (MP1, 2, 3 und auch 6) der sechs Modellstandorte in einer anderen Zone als der Standort.

Nach der Intensitätsabnahme-Beziehung von Sponheuer (1960) wurden die maximalen hypothetischen Schütterwirkungen an den Modellstandorten unter Berücksichtigung aller im Bebenkatalog von Leydecker (2001) enthaltenen Beben ermittelt. Der einfache Ansatz der angegebenen Intensitäten an die quasi gleichen Epizentren setzt eine Stationarität der Bebentätigkeit voraus, die in Wirklichkeit nicht vorausgesetzt werden kann. Durch Erdbeben und die damit verbundenen Entspannungsvorgänge kann eine Verlagerung der Bebentätigkeit erwartet werden, die sich in deutschen Erdbebengebieten (als so genannter „Intra-plate"-Region) jedoch in Grenzen halten sollte. Dieser Aspekt ist aber für die folgenden Betrachtungen weniger relevant, da nur zu klären ist, welche historischen Ereignisse (und Herdregionen) rein deterministisch die ungünstige bzw. kritische Herdlage darstellen.

Tabelle 3 gibt eine Übersicht zu den prozentualen Beiträgen der einzelnen Zonen am Gefährdungshintergrund der sechs Modellstandorte bei Intensitäts-Eintrittsraten von 10^{-4}/a.

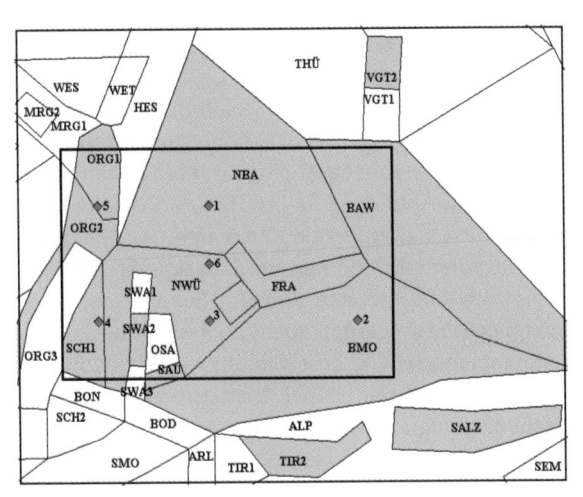

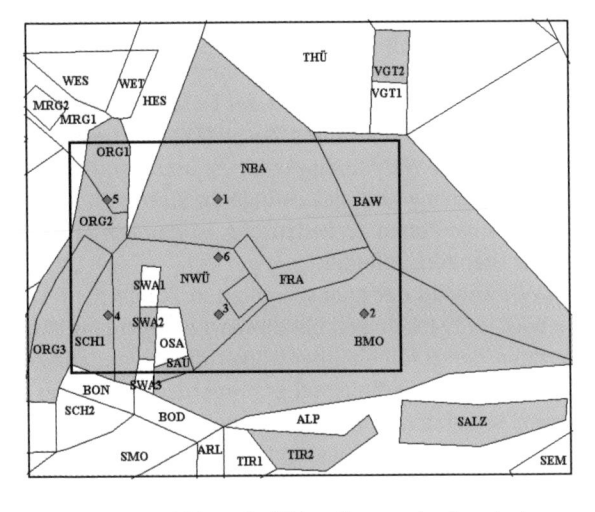

Abb. 5: Darstellung der für die sechs Modellpunkte bei Intensitäts-Eintrittsraten von 10^{-5}/a maßgeblichen (bzw. noch relevanten) Zonen des Regionalisierungsmodells; Kennzeichnung des Untersuchungsgebietes und der Modellstandorte

Tabelle 3: Prozentuale Beiträge der Regionen für Eintrittsrate von etwa $10^{-4}/a$

Region im Modell Ahorner und Rosenhauer		Prozentuale Beiträge der Einheiten am Gefährdungshintergrund für die Modellstandorte					
		1	2	3*	4	5	6**
NBA	Nord-Bayern	**14.0**					< 1
SWA2	Haupterdbebengebiet der westl. Schwäbischen Alb	78.2	6.6	81.4	48.8		67.1
FRA	Fränkische Alb	3.5	25.7	8.4			18.7
VGT2	Haupterdbebengebiet des Vogtlandes	2.8	6.4				
ORG1	Nördlicher Oberrheingraben	< 1			< 1	**97.3**	
ORG2	Mittlerer Oberrheingraben	< 1				2.7	
ORG3	Südlicher Oberrheingraben	<< 1				<< 1	< 1
BMO	Bayerisches Molassegebiet		35.1				
TIR2	Tirol/Nördliche Kalkalpen		20.5				
BAW	Bayrischer Wald		<< 1				
SALZ	Salzburger Gebiet		1.3				
NWÜ	Nord-Württemberg			4.3			12.9
SAU	Saulgau-Gebiet	< 1			5.9		< 1
SCH1	Nördlicher Schwarzwald	<< 1			51.0		

Hinweis: Auch in Tabelle 3 wird jeweils fett der Beitrag jener Zone hervorgehoben, in der sich der Standort selbst befindet, z. B. 97.3% Zone ORG1 für Modellpunkt 5; grau schattiert ist jene Zone, die auch bei deterministischer Vorgehensweise maßgeblich wird bzw. aus der die stärksten hypothetischen Schütterwirkungen bei Wiederholung der bekannten historischen Bebentätigkeit zu erwarten wären (z. B. SWA2 für MP1).

Der Vergleich der prozentualen Beiträge für die Eintrittsraten von $10^{-5}/a$ und $10^{-4}/a$ führt zu folgenden Feststellungen:

- Der Gefährdungshintergrund ist im Grunde genommen nur für Modellpunkt MP5 vergleichbar. Bei allen anderen Punkten kommt es zu einer z. T. signifikanten Verschiebung der Gefährdungsbeiträge aus den relevanten Zonen. Dies ist besonders für die Modellpunkte MP1, 2 und 4 auffällig. Hier gewinnen bei der geringeren Eintrittsrate von $10^{-5}/a$ die Zonen an Bedeutung, in der sich auch der Standort befindet.
- Wie anhand der grau schraffierten Zonen deutlich wird, entwickelt sich bei diesen geringen Eintrittsraten demzufolge immer stärker die Diskrepanz zu den nach deterministischer Vorgehensweise (und am Maßstab der historischen Bebentätigkeit) maßgeblichen Ereignissen bzw. Herdzonen. Mit der Veränderung im Gefährdungshintergrund kann es zu einer – durchaus kritisch zu begegnenden – Aufwertung herdnaher, dabei sehr unwahrscheinlicher Ereignisse kommen, verbunden mit Konsequenzen für die Einwirkungsgrößen.

Mit dem Gefährdungshintergrund steht demzufolge eindeutig jene Schnittstelle zur Verfügung, um die Ergebnisse deterministischer und probabilistischer Vorgehensweisen abstimmen und ihre Plausibilität bewerten zu können.

4. 3 Vergleich der deterministisch und probabilistisch ermittelten Intensitäten von Bemessungserdbeben

In Tabelle 4 sind die nach den Grundsätzen der KTA 2201.1 (1990) deterministisch ermittelten Intensitäten von Bemessungserdbeben ($I_{s,det}$) und in die Ergebnisse probabilistischer Gefährdungsanalysen $I_{s,prob}$ (Gefährdungskurven) für die Modellstandorte nochmals zusammengestellt. Die Intensitäten finden sich in Abbildung 3a bis 3f in den Gefährdungskurven als vertikale Kennlinien ($I_{s,det}$), deren Schnittpunkte mit den Gefährdungskurven für den Vergleich von Interesse sind. Zur Erweiterung der Vergleichsbasis werden auch die nach Intensitäts-Abnahmebeziehung berechneten hypothetischen Schütterwirkungen I_s^* (bei Wiederholung der im Bebenkatalog enthaltenen Ereignisse) aufgeführt.

Die Ergebnisse zeigen für die Modellpunkte 3 und 6 bemerkenswerte Unterschiede zwischen den deterministisch bestimmten Intensitäten $I_{s,det}$, die unter Zugrundelegung der Zonierung von Ahorner und Rosenhauer einerseits und der Regionalisierung von Leydecker und Aichele (1998) andererseits ermittelt wurden. Zur Klärung wurden die maßgeblichen historischen Beben nochmals überprüft. Dabei war festzustellen, dass ein singuläres Ereignis (vermeintliches Beben) für diese Unterschiede verantwortlich zeichnet. Das Beben wäre also aus einem Katalog herauszunehmen. (Anmerkung: Im Nachgang zur Beitragserstellung erfolgt.) Die Berechnungen wurde deshalb unter Vernachlässigung dieses Bebens wiederholt. Ergebnisse stehen jeweils in den unteren Zeilen – als kursive Einträge – in Tabelle 4.)

Die signifikanten Veränderungen verdeutlichen, welchen Einfluss ein einzelnes Ereignis nehmen kann, gleichzeitig jedoch auch, dass die deterministische Vorgehensweise in jedem Falle eine sorgfältige Bewertung der als maßgeblich herausgearbeiteten Ereignisse voraussetzt. Nicht zuletzt wäre bei der deterministischen Vorgehensweise auch die Konsistenz des jeweils zugrunde gelegten Bebenkataloges zu würdigen.

Tabelle 4: Vergleich der Intensitäten nach deterministischer ($I_{s,det}$) und probabilistischer Vorgehensweise ($I_{s,prob}$)
Hinweis: 5.6 (kursiv) – Werte nach Wiederholung mit korrigierten Erdbebendaten (hier ein Ereignis).

Intensität	Bemerkung	Bemessungsintensitäten für die Modellstandorte					
		1	2	3	4	5	6
$I_{s,det}$	Ahorner und Rosenhauer unter Ansatz Herdlage gemäß Katalogeintrag	5.6 *5.0*	6.0 *6.0*	8.0 *7.25*	7.7 *6.9*	7.0 *7.0*	8.0 *7.25*
$I_{s,det}$	Ahorner und Rosenhauer unter Berücksichtigung der Herdunsicherheiten	7.0	7.0	8.0	8.0	8.0	8.0
$I_{s,det}$	Leydecker und Aichele unter Ansatz Herdlage gemäß Katalogeintrag	5.0 *5.0*	6.0 *6.0*	6.0 *6.0*	7.4 *7.4*	7.5 *7.5*	6.0 *6.0*
$I_{s,det}$	Leydecker und Aichele unter Berücksichtigung der Herdunsicherheiten	7.0	7.5	7.0	8.0	8.2	7.0
I_s^*	nach Intensitätsabnahmebeziehung	4.0 (3.9)	4.5 (4.6)	5.0 (4.9)	6.0 (6.1)	6.0 (6.19)	4.5 (4.4)
$I_{s,prob}$	PSSAEL/2003 bei 10^{-4}/a	5.75	5.75	6.50	7.50	7.25	6.25
$I_{s,prob}$	PSSAEL/2003 bei 10^{-5}/a	6.25	6.25	6.75	8.00	7.75	6.75

Anhand der Intensitätsunterschiede lassen sich zweifellos Aussagen über die Konservativität von Bemessungsintensitäten ableiten. Gleichzeitig ist eine Grundlage gegeben, über den erforderlichen Intensitätszuschlag zur Bestätigung der probabilistischen Orientierungswerte zu diskutieren.

Insofern erscheint es begründet, in Fällen, wo die deterministisch bestimmte Intensität $I_{s,det}$ größer als die probabilistische bestimmte $I_{s,prob}$ ist, die Gründe für diese Unterschiede zu klären.

Ein Indiz auf Fehlinterpretationen bzw. -zuordnungen ist gegeben, wenn in einer Einheit singuläre historische Ereignisse stehen, die sich von anderen Beben deutlich in der Bebenstärke unterscheiden. Dies gilt umso mehr, wenn diese Ereignisse weit in die Historie zurückreichen und demzufolge nicht ausreichend dokumentiert sind.

Aus den Ergebnissen können folgende grundsätzliche Schlussfolgerungen gezogen werden:

- Die nach KTA 2201.1 ermittelten Intensitäten $I_{s,KTA}$ sind größer als die bei Wiederholung der (historisch dokumentierten) Erdbebentätigkeit am Standort zu erwartenden hypothetischen Schütterwirkungen I_s^*. Die Differenz ($I_{s,KTA} - I_s^*$) liegt zwischen 1.5 bis 3.5 Intensitätsgraden.
- Die probabilistischen Intensitäten unterscheiden sich bei Eintrittsraten 10^{-4}/a und 10^{-5}/a nahezu einheitlich um ein halbes Intensitätsgrad. (Dieser Sachverhalt wird bei den Konsequenzen bzw. Empfehlungen eingehend gewürdigt.)
- Am Maßstab der probabilistischen Gefährdungsanalysen ist festzustellen, dass die nach KTA 2201.1 ermittelten Intensitäten (hier unterstellt: $I_{s,det}$ = $I_{s,KTA}$) in der Regel kleiner sind als die Intensitäten bei einer Eintrittsrate von 10^{-5}/a. Wollte man die Intensität des Bemessungsbebens an die probabilistischen Bezugswerte anpassen, müsste in einigen Fällen ein Intensitätszuschlag eingeführt werden. Grundsätzlich sollte eine solche Festlegung standortabhängig unter Berücksichtigung der Qualität der historisch dokumentierten Bebentätigkeit erfolgen.
- Werden die Intensitäten nach KTA 2201.1 ($I_{s,KTA}$) unter Berücksichtigung der Herdunsicherheiten ermittelt, sind diese mindestens gleich oder sogar größer als die probabilistisch bestimmten Intensitäten (auch bei Eintrittsrate von 10^{-5}/a).
- Aufgrund des signifikanten Einflusses sollten bei der deterministischen Bestimmung des Bemessungsbebens unterschiedliche Einteilungsvarianten bzw. Modelle berücksichtigt werden.

5 Die flächendeckende Bemessungsintensität

5. 1 Deterministische Bemessungsintensität

Für das Zonierungsmodell von Ahorner und Rosenhauer (1986, modifiziert gemäß Abb. 1b) wurden im Testgebiet die KTA-Intensität flächendeckend ermittelt. (Anmerkung: Die unregelmäßige Kontur der ganzzahlig aufbereiten Intensitäten in Abbildung 6 ist eine Folge der mit dem Programm MapInfo ausgewerteten Rasterpunkte. Dies betrifft im Erscheinungsbild auch die weiteren Karten.)

5.2 Probabilistische Gefährdungskarten

Probabilistische Intensitätszonenkarten nach PSSAEL (Rosenhauer, 2003) für Eintrittsraten von 10^{-4}/a bzw. 10^{-5}/a sind den Abbildungen 7a und 7b zu entnehmen. Sie werden für den Ausschnitt des Untersuchungsgebietes gemäß Abbildung 5 aufbereitet.

In Abbildung 8 werden die Intensitätsdifferenzen zwischen den Eintrittsraten von 10^{-5}/a und 10^{-4}/a dargestellt. Wie Abbildung 8 verdeutlicht, unterscheiden sich die Intensitäten in der Testregion zwischen den Eintrittsraten von 10^{-5}/a und 10^{-4}/a nahezu einheitlich nur um einen halben Intensitätsgrad oder weniger. Dieses Ergebnis ist bei der Zuordnung ingenieurseismologischer Kenngrößen zu würdigen (Abschnitt 6. 3).

5. 3 Flächendeckender Vergleich der KTA-Intensitäten mit den Ergebnissen der probabilistischen Gefährdungsanalyse

Mit den vorliegenden Ergebnissen (Intensitäten) ist ein Delta- bzw. Differenz-Betrachtung für unterschiedliche Bezugsebenen möglich. Als Bezugsebenen dienen Intensitätskarten, die sich bei deterministischer Vorgehensweise auf unterschiedliche Zonierungsmodelle und bei probabilistischer Vorgehensweise auf unterschiedliche Eintrittsraten beziehen können.

Abbildungen 9a und 9b zeigen für das Territorium der Bundesrepublik und angrenzende Gebiete die Intensitätsdifferenzen $\Delta I = I_{s,det} - I_{s,prob}$ für die Eintrittsrate von $2.1 \cdot 10^{-3}$/a bzw. 10^{-4}/a, wobei sowohl deterministisch als auch probabilistisch das Modell von Ahorner und Rosenhauer zugrunde gelegt wurde.

Bei der Auswertung aller im Raster von ca. 2.25 km x 2.25 km betrachteten Punkte lassen sich die Intensitätsdifferenzen kumulativ auftragen. Dies geschieht in Abbildung 10 für unterschiedliche Eintretensraten und für deterministisch bestimmte Intensitäten $I_{s,det}$, die sich auf den Bebenkatalog von Leydecker zu unterschiedliche Bearbeitungszeitpunkten beziehen und somit bestimmte (vermeintliche) historische Ereignisse noch berücksichtigen bzw. eine entsprechende Datenkorrektur beinhalten.

Die Ergebnisse sind wie folgt zu bewerten:
Bei $\Delta I = I_{s,det} - I_{s,prob} = 0$ würden beide Vorgehensweisen zu gleichen Ergebnissen führen.

Bei $\Delta I > 0$ könnte die deterministische Vorgehensweise den Anspruch erheben, zu konservativen Bemessungsbeben beizutragen. Wie die Ergebnisse jedoch zeigen, wären die nach deterministischer Vorgehensweise bestimmten Intensitäten $I_{s,det}$, bezogen auf Eintretensraten von 10^{-4}/a, bei ca. 50% aller Flächenpunkte kleiner oder gerade gleich $I_{s,prob}$.

Bezogen auf Eintretensraten von 10^{-5}/a würde bei 15 bis 20% aller Flächenpunkte gelten $\Delta I = I_{s,det} - I_{s,prob} < 0$.

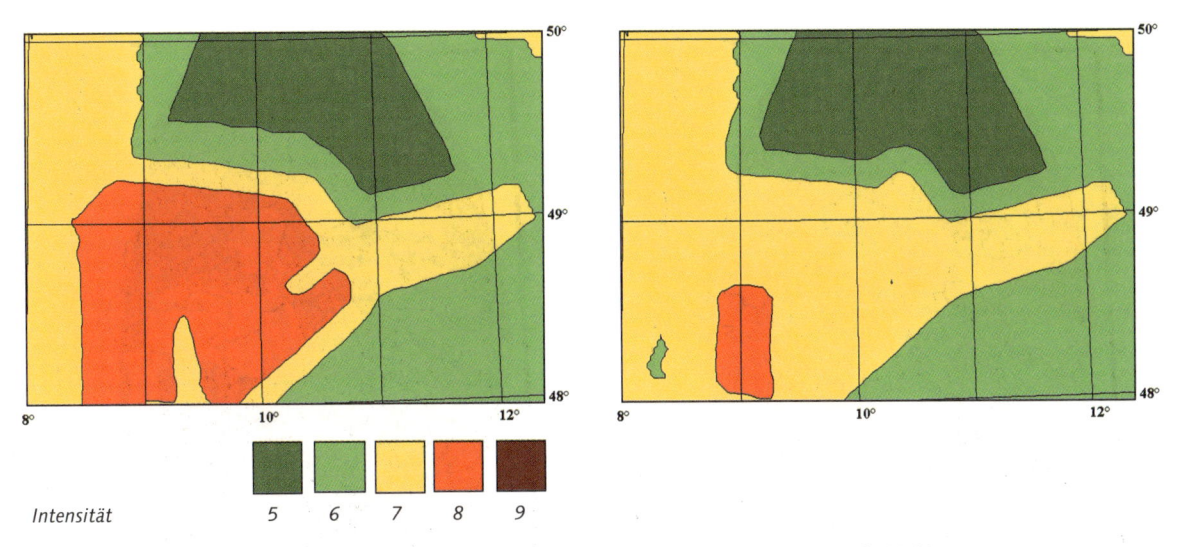

Intensität   5   6   7   8   9

Abb. 6: Ergebnisse für Modell Ahorner und Rosenhauer; Ausschnitt für Untersuchungsgebiet gemäß Abbildung 5

a) Stand Bebenkatalog Leydecker (2001)   b) Stand Bebenkatalog Leydecker (2003); ein Beben entfernt

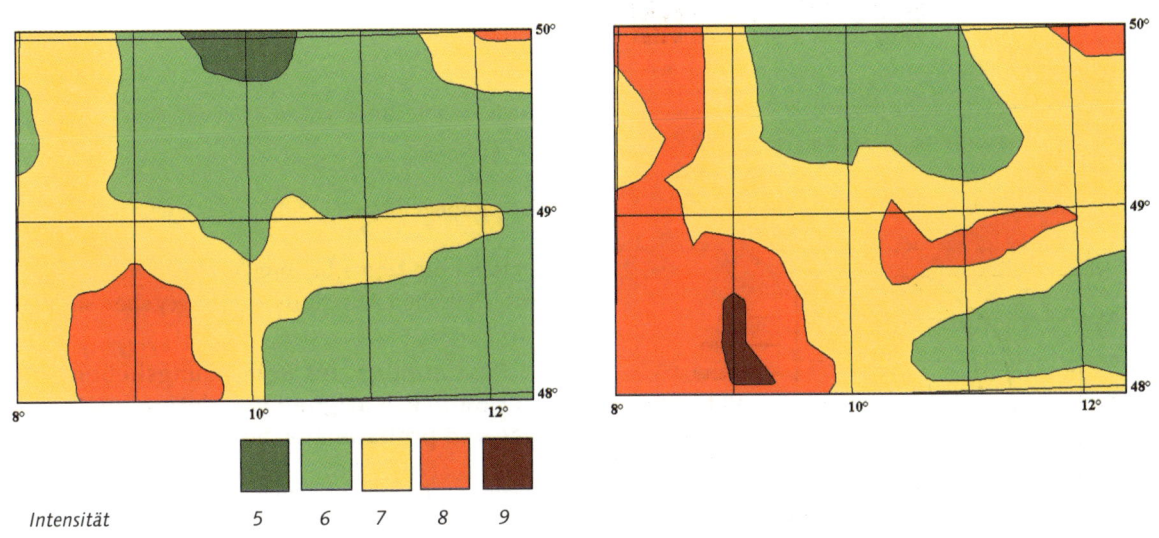

Intensität   5   6   7   8   9

Abb. 7: Probabilistische Gefährdungskarte nach PSSAEL (Rosenhauer, 2002); Ausschnitt Süddeutschland in den „Fensterkoordinaten" 48° N und 50° N sowie 8° E und 12° N gemäß Abbildung 5

a) Eintrittsrate 10^{-4}/a   b) Eintrittsrate 10^{-5}/a

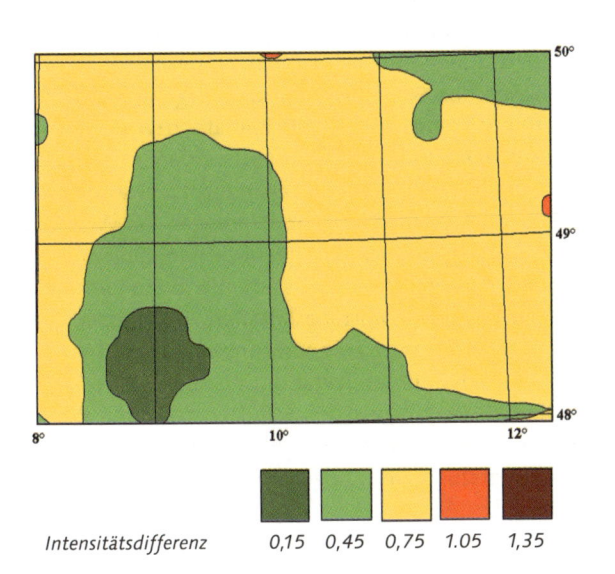

Abb. 8: Intensitätsdifferenzen zwischen Eintrittsraten 10^{-5}/a und 10^{-4}/a auf der Grundlage des aktualisierten Modells von Ahorner und Rosenhauer; Berechnung mit dem Programm PSSAEL (1999); Ausschnitt für Untersuchungsgebiet gemäß Abbildung 5

Intensitätsdifferenz   0,15   0,45   0,75   1,05   1,35

Intensitätsdifferenz −2 −1 0 +1 +2

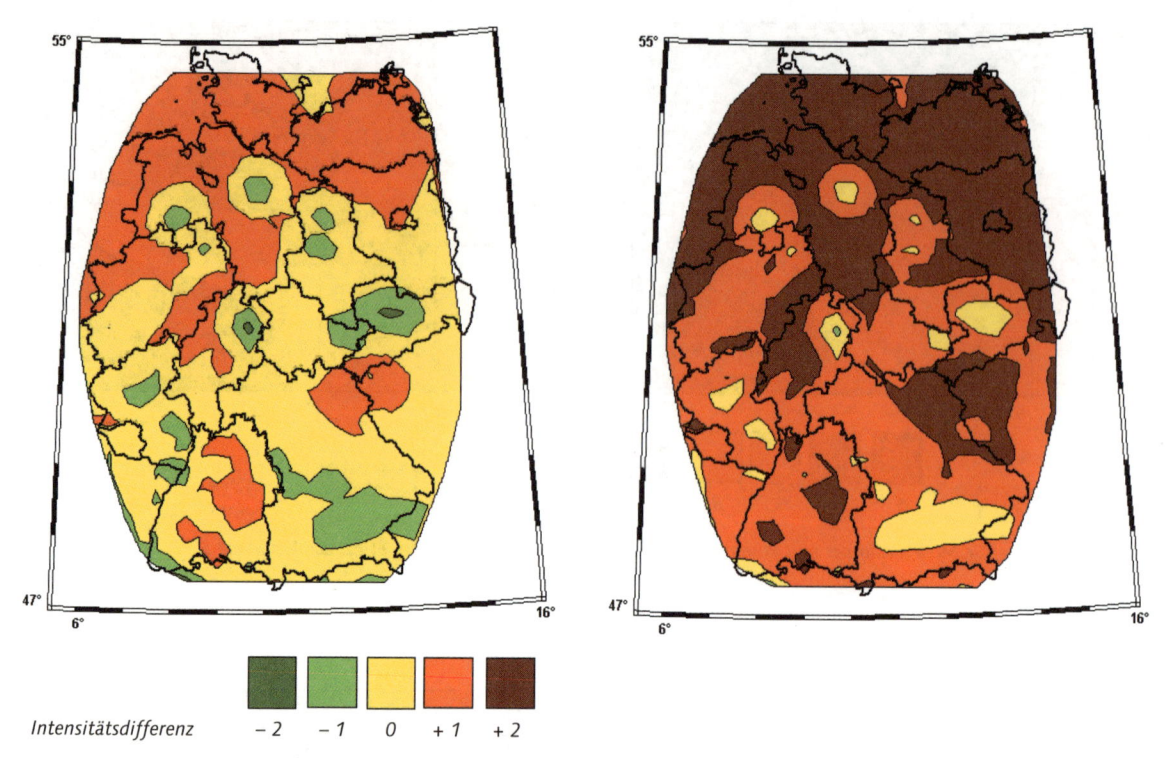

Abb. 9: Karten für Intensitätsdifferenzen $\Delta I = I_{s,prob} - I_{s,det}$ für die Eintrittsrate von $2.1 \cdot 10^{-3}$/a bzw. 10^{-4}/a, sowohl deterministisch als auch probabilistisch wird das Modell von Ahorner und Rosenhauer zugrunde gelegt

a) Eintrittsrate 10^{-3}/a

b) Eintrittsrate 10^{-4}/a

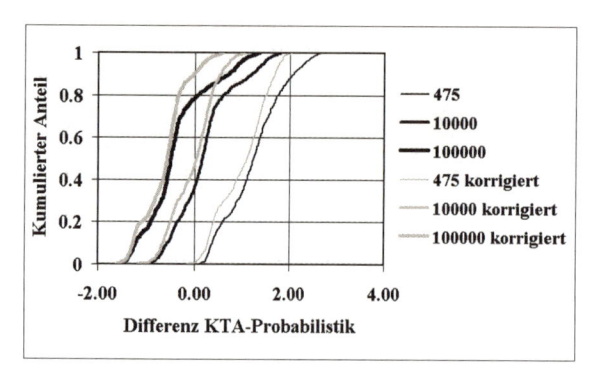

Abb. 10: Karte für Intensitätsdifferenzen $\Delta I = I_{s,det} - I_{s,prob}$ (prob. für Eintrittsraten von $2.1 \cdot 10^{-3}$, 10^{-4} und 10^{-5}/Jahr) für Modell Ahorner und Rosenhauer (gemäß Abb. 1b) und alle ausgewerteten Datenpunkte

6 Empfehlungen zur Neufassung des Regelwerkes

Im Mittelpunkt des Beitrages stehen Untersuchungen zur Klärung der Frage, wie die Konservativität der seismischen Bemessungsgrößen nach KTA 2201.1 am Maßstab probabilistischer Gefährdungsanalysen zu bewerten ist. Die vorgelegten Ergebnisse gestatten jedoch auch weiterführende Überlegungen, z. B. zum Zusammenhang zwischen den im Beitrag untersuchten deterministischen und probabilistischen Vorgehensweisen. Sofern Ergebnisse in Grundsätzen verallgemeinert werden können, liegt es nahe zu überprüfen, ob damit auch die Ansatzpunkte für die Überarbeitung des Regelwerkes des Kerntechnischen Ausschusses (KTA) gegeben sind.

6.1 Bestimmung des Bemessungsbebens unter Berücksichtigung von deterministischer und probabilistischer Vorgehensweise

Zunächst ist davon auszugehen, dass es neben der Einhaltung grundsätzlicher Forderungen auch einer abgestimmten Vorgehensweise bedarf, die, ausgehend von einer Fallunterscheidung, den Stellenwert der jeweiligen Ergebnisse verdeutlicht.

Bei Vorliegen von deterministisch als auch von probabilistisch bestimmter(n) Intensität(en) sollte die Festlegung des Bemessungsbebens als Expertenentscheidung getroffen werden. Unterschiede zwischen den Ergebnissen beider Vorgehensweisen sollten im Rahmen von Plausibilitäts- bzw. Konservativitätsbetrachtungen diskutiert werden.

Dabei sind auch die am Standort zu erwartenden hypothetischen Schütterwirkungen bei Wiederholung der historisch dokumentierten Erdbebentätigkeit als auch Intensitätsbefunde in Standortnähe selbst als Bewertungskriterien zu würdigen. Es kann der Grundsatz als anerkannt vorausgesetzt werden, dass die Intensität des Bemessungsbebens größer als die historischen Schütterwirkungen am Standort sein müssen, wobei die Einführung eines Intensitätszuschlages ΔI als akzeptiert gelten kann, d. h.

$I_{s,KTA} = I_s^* + \Delta I$; $\Delta I \geq 0$ bis 0.5

Bei Vorliegen von deterministisch ($I_{s,det}$) als auch von probabilistisch bestimmten Intensitäten ($I_{s,prob}$) ist zu entscheiden, ob die Forderung begründet wäre, jeweils den größeren Wert der Festlegung des Bemessungsbebens zugrunde zu legen, so dass gelten würde:

$I_{s,KTA} \geq \{I_{s,det} ; I_{s,prob}\}$

Im Idealfall gilt: $I_{s,KTA} = I_{s,prob}$. In diesem Falle wäre die Intensität des Bemessungsbebens gleich diesem Wert.

Im Falle $I_{s,det} > I_{s,prob}$ sollten Gründe für die großen Intensitäten geklärt werden.

Im Fall $I_{s,det} < I_{s,prob}$ stellt sich die Frage, ob die Intensitäten Übereinstimmung aufweisen sollen. Gegebenenfalls wäre auch die Begründbarkeit eines Intensitätszuschlages zu diskutieren, der dann mindestens so groß ist wie der Differenzbetrag $I_{s,prob} - I_{s,det}$ sein sollte. Grundsätzlich sollte aber auch die Plausibilität probabilistischer Gefährdungsanalysen bzw. die zugrunde liegenden Modellannahmen hinterfragt werden.

6.2 Festlegung der Intensität des Bemessungsbebens

Besonderheiten deutscher Erdbebengebiete sind zunächst dadurch zu berücksichtigen, dass sich die Festlegung des Bemessungsbebens weiterhin primär auf die Intensität konzentrieren sollte. Diese Auffassung leitet sich aus der in Form der makroseismischen Intensität gut dokumentierten historischen Erdbebentätigkeit ab.

Da zur probabilistischen Vorgehensweise bei der Festlegung des Bemessungserdbebens in der KTA 2201.1 (1990) keine Regelungen enthalten sind, fehlen demzufolge auch Hinweise zur Berücksichtigung von deterministischer und probabilistischer Vorgehensweise.

Die Festlegung der Intensität des Bemessungsbebens kann aus Sicht der Autoren auf unterschiedlichem Wege erfolgen

Weg (1): Die Bestimmung des Bemessungsbebens folgt der deterministischen Vorgehensweise. Ergebnisse der deterministischen Vorgehensweise sind Angaben zu den Intensitäten und den für die Einheiten zugeordneten Modellbeben (mit Angaben zu Magnituden und Entfernungen).

Entscheidungen über die Fraktilen der Boden- bzw. Spektralbewegungsgrößen sind im Kontext zu Ergebnissen der probabilistischen Vorgehensweise zu treffen (siehe Abschnitt 6.3).

Weg (2): Die Bestimmung des Bemessungsbebens folgt der probabilistischen Vorgehensweise. Ergebnisse der probabilistischen Vorgehensweise sind, wie auch im Beitrag vorgelegt, Aussagen zu den Eintrittsraten der Intensität P(I) und zum Gefährdungshintergrund (z. B. durch Angabe der maßgeblichen Quellenbeiträge, der wahrscheinlichsten Bebenkollektive oder durch Angabe von M-R-Bins für vorgegebene Eintrittsraten P und maßgebliche Perioden). Ergebnisse infolge der deterministischen Vorgehensweise sind bezüglich der Intensität zur Plausibilitäts- und Konservativitätskontrolle heranzuziehen. Der Gefährdungshintergrund ist am Maßstab der maßgeblichen Beben bzw. Bebenkollektive zu spiegeln.

Weg (3): Die deterministische und probabilistische Vorgehensweise werden getrennt voneinander verfolgt. Die Festlegung der maßgeblichen Kenngrößen ist als Expertenentscheidung aufzufassen, wobei Ergebnisse infolge der unterschiedlichen Ansätze zu werten und zu wichten sind.

Für alle Wege gilt, dass die Abstimmung zwischen den beiden Vorgehensweisen die Festlegung seismischer Bemessungsgrößen unterstützen sollte.

6.3 Festlegung der Fraktile von Bemessungsgrößen

Um eine Auslegungsrechnung durchführen zu können, ist nicht nur die Intensität des Bemessungsbebens festzulegen, vielmehr sind auch die ingenieurseismologischen Kenngrößen anzugeben, wobei insbesondere die Entscheidung über die Fraktile mit einem durch das Regelwerk nicht geklärten Ermessensspielraum verbunden ist.

In diesem Zusammenhang bietet die im Rahmen des Forschungsvorhabens „Realistische seismische Lastannahmen für Bauwerke mit erhöhtem Sekundärrisiko" (König und Heunisch im Auftrages des Instituts für Bautechnik Berlin) bereits 1986 verankerte Position eine gewisse Orientierung, wonach konservative Gefährdungsgrößen in Form der Intensität (geringer Eintrittsrate) mit den 50%-Fraktilen der intensitätsbezogenen Spektren zu koppeln und aus verschiedenen Gründen (u. a. geringere Anfälligkeit gegenüber Fehlzuordnung von Erdbebendaten) die Mittelwertspektren auch zu bevorzugen seien. Über die Intensität und über Korrelationen zwischen Intensität und Bodenbewegung war eine solche Verbindung herstellbar, um beispielsweise Intensitätsdifferenzen von einem Grad mit dem Faktor von etwa 2 zwischen den Beschleunigungen gleichzusetzen.

Weitere Kombinationen von Gefährdungskenngrößen bestimmter Eintrittsraten mit Einwirkungsgrößen bestimmter Fraktile hätten in der Zielstellung sicherzustellen, dass gegenüber der zuvor genannten Kombination qualitativ vergleichbare Einwirkungen festgelegt werden. Nur unter dieser Voraussetzung ist eine Diskussion über die Kopplung von zwei unterschiedlichen Sachverhalten (Eintretenswahrscheinlichkeiten von Gefährdungskenngrößen und Fraktilen statistischer Auswertungen) überhaupt führbar. Des Weiteren bedarf es einer sorgfältigen Diskussion der Streubreiten und

Datenqualität. So unterscheiden sich 84%–und 50%-Fraktilespektren der intensitätsbezogen Spektren von Hosser et al., 1986, ebenfalls um den Faktor 2. Wesentlich größere Werte zeigen sich bei magnituden- und entfernungsbezogenen Datenauswertungen (ohne direkten Intensitätsbezug). Sie sind oft Ausdruck einer insbesondere bezüglich der Untergrundbedingungen inhomogenen Datenzusammenstellung.

(International übliche Verknüpfungen zwischen Gefährdungs- und Einwirkungskenngrößen zur Differenzierung der Auslegungsforderungen bei Bauwerken unterschiedlichen Risikopotenzials werden u.a. durch Schwarz und Grünthal, 1992, abgeleitet und gegenübergestellt.)

Aufgrund der Tatsache, dass sich probabilistischen Intensitäten bei Eintrittsraten 10^{-4}/a und 10^{-5}/a im Untersuchungsgebiet nahezu einheitlich nur um ein halbes Intensitätsgrad unterscheiden, leitet sich die Position ab, dass es bei Zugrundelegung der magnituden- und entfernungsbezogenen Bemessungsspektren keine Option zwischen 10^{-4}/a (gekoppelt mit 84% Fraktilen) und 10^{-5}/a (gekoppelt mit 50% Fraktilen) gibt, wie dies u. a. von Hosser et al. (1986) noch diskutiert wurde.

Da ein halbes Intensitätsgrad (überschläglich) eine Anhebung der Bemessungswerte um den Faktor 1.4, der Sprung von der 50%- auf die 84%-Fraktile aber (ebenso pauschal) mindestens bei einem Faktor 2.0 liegt und zudem in seiner Frequenzabhängigkeit zu berücksichtigen wäre, müssen die Spektren von unterschiedlicher Qualität sein.

Zur Verdeutlichung des Problems sei auf die statistischen Auswertungen von Bebendaten (Schwarz et al., 2003) verwiesen, wobei die Bebendaten in drei Untergrundklassen (rock, stiff soil, soft soil) eingeteilt, die Entfernung auf 20 km begrenzt und für die Datenauswahl drei Magnitudenbereiche $4.2 \leq M_s \leq 5.2$; $4.7 \leq M_s \leq 5.7$; $5.2 \leq M_s \leq 6.2$ vorgegeben wurden.

Auf der Grundlage dieser Untersuchungen wurden weiterführende Auswertungen vorgenommen. Die Abbildungen 11a und 11b zeigen die Relation zwischen den 84%- und 50%-Fraktilen, die Abbildungen 12a und 12b das Verhältnis zwischen den Mean- und Median-Werten in spektraler

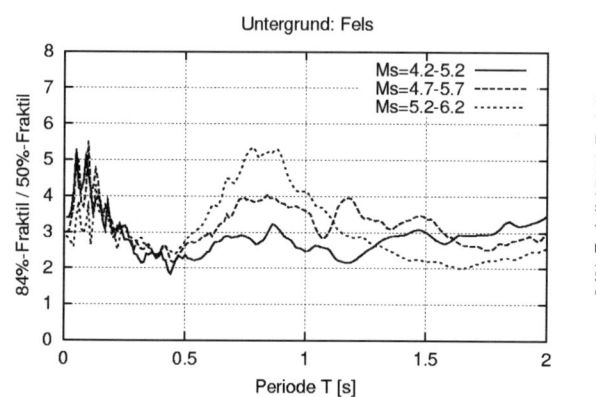

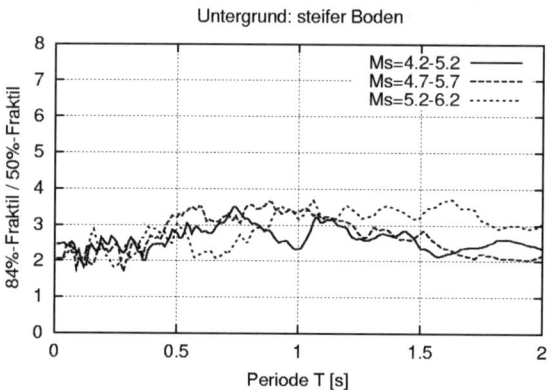

Abb. 11: Relation zwischen den 84%- und 50%- Fraktilen aus Schwarz et al. (2003)

a) Fels (rock) b) stiff soil

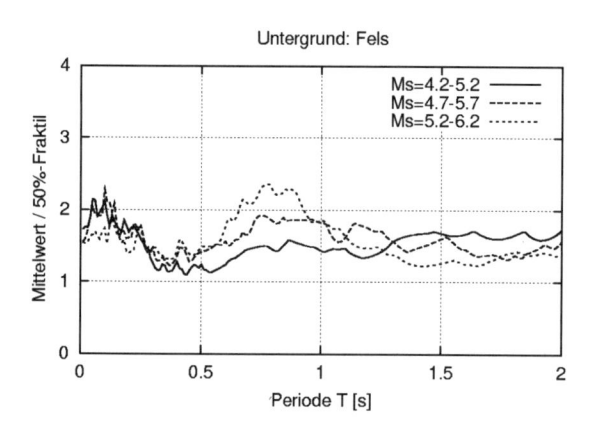

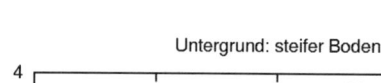

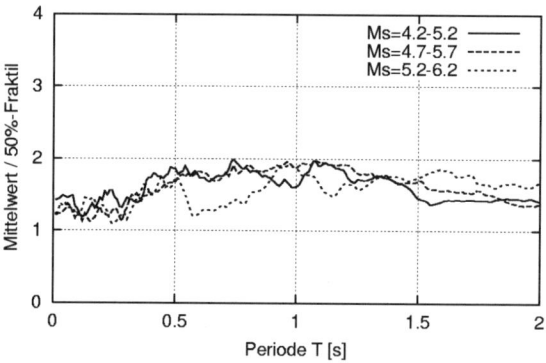

Abb. 12: Relation zwischen den Mean und 50% (median)-Fraktilen aus Schwarz et al. (2003)

a) Fels (rock) b) stiff soil

Darstellung. Die Ergebnisse verdeutlichen zunächst die Frequenzabhängigkeit der Relationen. Des Weiteren wird deutlich, dass die Relation zwischen den 84%- und 50%- Fraktilen am Maßstab von magnitudenbezogenen Datenauswertungen mit Faktoren größer 3.0 weit über den Werten liegen, die zur Kompensation einer Intensitätsdifferenz von 0.5 Grad erforderlich wären.

Da die Streubreite (Standardabweichung) der Bemessungsgrößen in erheblichem Maße von den Kriterien der Datenauswahl abhängen kann (vgl. Schwarz et al., 2003) wäre in jedem Falle die 50%-Fraktile (Median) oder der Mittelwert (Mean) zu bevorzugen. Insofern erscheint eine Kombination (Eintrittsrate der Gefährdungsgröße von 10^{-5}/a mit den 50%-Fraktilen der Einwirkungsgröße) weiterhin als die geeignete und zusätzlich die Kombination (Eintrittsrate der Gefährdungsgröße von 10^{-4}/a mit den Mittelwerten der Einwirkungsgröße) plausibel bzw. möglich. Eine solche Entscheidung ist jedoch von der Qualität der Gefährdungskurven abhängig zu machen und bedarf hinsichtlich einer Verallgemeinerungsfähigkeit weiterführender Untersuchungen.

Danksagung

Die vorliegenden Untersuchungen wurden im Rahmen des Forschungs- und Entwicklungsvorhabens „Konservativität der seismischen Bemessungsgrößen nach KTA 2201.1" durch den SA „AT" unter der VGB-Nr. 45/00 gefördert. Die Bearbeiter danken für die Unterstützung und sachkundige Begleitung des Projektes.

Literatur

Abrahamson, N. et al. (2002): *PEGASOS – a comprehensive probabilistic seismic hazard assessment for Nuclear Power plants in Switzerland*. 12th European Conference on Earthquake Engineering, Elsevier Science Ltd., Paper Reference 633.

Ahorner, L., Murawski, H., Schneider, G. (1970): *Die Verbreitung von schadensverursachenden Erdbeben auf dem Gebiet der Bundesrepublik Deutschland*. Z. Geophys. 36, S. 313–341; Würzburg.

Ahorner, L. (1970): *Seismo-tectonic relations between the Graben Zones of the Upper and Lower Rhine Valley*. In: Illies und Mueller (eds.): *Graben problems. Sceintific Report No. 27*. E. Schweizerbart'sche Verlagsbuchhandlung Stuttgart, S. 155–166.

Ahorner, L. (1983): *Seismicity and neotectonic structural activity of the Rhine Graben system in Central Europe*. In: A. R. Ritsema und A. Gürpinar (eds.): *Seismicity and seismic risk in the offshore North Sea area, 101. 111*; D. Reidel Publishing Company, Dordrecht.

Ahorner, L., Rosenhauer, W. (1986): *Regionale Erdbebengefährdung*. Kap. 9. in: *Realistische Lastannahmen für Bauwerke II*. Abschlußbericht im Auftrag des Instituts für Bautechnik Berlin, König und Heunisch. Frankfurt/M. 1986.

Grünthal, G., Bosse, Ch. (1996): *Probabilistische Karte der Erdbebengefährdung der Bundesrepublik Deutschland – Erdbebenzonierungskarte für das Nationale Anwendungsdokument zum Eurocode 8*. GFZ Potsdam. Scientific Report STR 96/10, 24 S.

Grünthal, G., Mayer-Rosa, D., Lenhardt, W. (1998): *Abschätzung der Erdbebengefährdung für die D-A-CH-Staaten – Deutschland, Österreich, Schweiz*. Bautechnik 75, 10, S. 753–767.

Grünthal, G. (ed.), Musson, R., Schwarz, J., Stucchi, M. (1998): *European Macroseismic Scale 1998*. Cahiers du Centre Européen de Geodynamique et de Seismologie, Volume 15, Luxembourg 1998.

Hosser, D. et al. (1986) bzw. IfBt-Bericht (1986): *Realistische Lastannahmen für Bauwerke. II*. Abschlußbericht im Auftrage des Instituts für Bautechnik Berlin, König und Heunisch. Frankfurt/M. 1986.

KTA 2201.1 (1990): *Auslegung von Kernkraftwerken gegen seismische Einwirkungen*. Teil 1: Grundsätze. Fassung 6/90.

Leydecker, G., Aichele, H. (1998): *The seismogeographical regionalization of Germany: The prime example of third-level regionalisation*. Geolog. Jb. Hannover E55, S. 85–98.

Leydecker, G., Kopera, J., Rudloff, A. (1999): *Abschätzung der Erdbebengefährdung in Gebieten geringer Seismizität am Beispiel eines Standorts in Norddeutschland*. In: Vortragsband zur D-A-CH-Tagung 1999. Savidis, S. (Hrsg.): *Entwicklungsstand in Forschung und Praxis auf den Gebieten des Erdbebeningenieurwesens, der Boden- und Baudynamik*, Berlin, S. 89–97.

Leydecker, G. (2001): *Earthquake Catalogue for the Federal Republic of Germany and Adjacent Areas for the Years 800–1995 (for Damaging Earthquakes till 2000)*. Datafile. Federal Institute for Geosciences and Natural Ressources, Hannover.

Öko-Institut (1999): *Bemessungserdbeben Biblis. Ermittlung des Bemessungserdbebens für den Standort des Kernkraftwerkes Biblis auf der Basis aktueller Daten und Methoden*. Teil 2: Bestimmung der Bemessungsgrößen (Autorenkollektiv unter Projektleitung von L. Hanh). Im Auftrage des Hess. Ministeriums für Umwelt, Landwirtschaft und Forsten, Darmstadt, Dezember 1999.

Raschke, M.; Schwarz, J. (2004): *Seismische Bemessungsgrößen für Bauwerke hohen Risikopotentials nach KTA 2201.1*; in diesem Heft.

Rosenhauer, W. (1998): *Benutzungsanleitung für das Extremwertstatistik-Programm Gumbel*. Bericht im Auftrag des RWE, Rösrath, Juli 1998.

Rosenhauer, W. (1999): *Benutzungsanleitung für das Programm PSSAEL zur probabilistischen seismischen Standort-Analyse*. Bericht im Auftrag des VGB, Rösrath, August 1999.

Rosenhauer, W. (2003): *Zum Vergleich mit deterministischen Festlegungen nach KTA 2201.1: PSSAEL – Ergebnisse für 6*

Standorte. Notiz. Rösrath, 2.2.2003.

Schwarz, J.; Grünthal, G. (1992): *Harmonization of Codes with Respect to Seismic Hazard and Seismic Action for Structures of Different Risk Potential. Proceed.* 10th World Conference on Earthquake Engineering Madrid, A. A. Balkema/Rotterdam/Brookfield, Vol. X, pp. 5789–5796.

Schwarz, J., Habenberger J., Schott, C. (2004): *Auswertung von Strong-Motion-Daten in den für deutsche Erdbebengebiete maßgebenden Magnituden- und Entfernungsbereichen. Fallstudie für steifen und weichen Untergrund*, in diesem Heft.

Sponheuer, W. (1960): *Methoden der Herdtiefenbestimmung in der Makroseismik.* Freib. Forsch., C88, 120 pp.

Anhang 1   Verwendete Intensitätsbezeichnungen

Intensität	Beschreibung
I_s	Standortintensität, allgemein
$I_{s,det}$	deterministisch bestimmte Intensität
$I_{s,KTA}$	nach KTA 2201.1 deterministisch bestimmte Intensität des Bemessungebebens ($I_{s,KTA} = I_{s,det}$ zuzüglich Intensitätszuschlag $\Delta I_{s,KTA}$)
I_s^*	hypothetischen Schütterwirkungen bei Wiederholung der historischen dokumentierten Erdbebentätigkeit
$I_{s,prob}(P)$	Intensität nach probabilistischer Gefährdungsanalyse für Eintrittsrate von $P = 10^{-4}$/a bzw. $P = 10^{-5}$/a
ΔI	Intensitätsdifferenz, allgemein
ΔI_s^*	$\Delta I_s^* = I_{s,KTA} - I_s^*$
$\Delta I_{s,prob-det}$	$\Delta I_{s,prob-det} = I_{s,prob}(P) - I_{s,KTA}$ (Intensitätsdifferenz zwischen probabilistisch und deterministisch bestimmten Standortintensitäten)
$\Delta I_{s,KTA}$	Intensitätszuschlag auf das nach den Grundsätzen der KTA deterministisch bestimmte Bemessungsbeben ($\Delta I_{s,KTA} \geq 0$)

Probabilistische
Gefährdungsanalyse und
Einwirkungsbeschreibung

Ein Modell zur Berücksichtigung der regionalen Seismizität in der probabilistischen Gefährdungsberechnung

Jörg Habenberger
Mathias Raschke
Jochen Schwarz

1 Vorbemerkungen

Für die probabilistische seismische Gefährdungsberechnung werden in Deutschland bisher Modelle verwendet, die auf einer Einteilung in flächenhafte seismische Quellregionen basieren. Innerhalb jeder Region ist die regionale Verteilung der Beben konstant. Das bedeutet, dass die regionale Dichtefunktion zur Beschreibung der geographischen Verteilung der Beben in der gesamten Region einen Wert von Eins besitzt.

Um regionale Unterschiede in der Seismizität gut erfassen zu können, ist es somit notwendig, eine kleinflächige Unterteilung vorzunehmen. Aufgrund der geringen Seimizität in Deutschland existieren nur relativ wenig registrierte Erdbeben (siehe z. B. Leydecker [6]). Größere Erdbebenereignisse müssen meist aus historischen Quellen rekonstruiert werden, was mit Unsicherheiten verbunden ist. Je kleiner die Flächen der Regionen werden, umso schwieriger ist es deshalb, aus der geringen Anzahl von Beben die seismischen Parameter der Quellregion (Magnituden-Häufigkeits-Beziehung) zu ermitteln.

Eine weitere Möglichkeit, die Unterschiede in der regionalen Verteilung der Seismizität unter Beibehaltung großer seismischer Regionen zu berücksichtigen, ist es, die zu den Regionen gehörenden Dichtefunktionen entsprechend zu verändern.

Im vorliegenden Beitrag soll eine Methode zur Bestimmung dieser regionalen (geographischen) Dichtefunktion angegeben werden. Der Gefährdungsberechnung wird dabei die Methode von Cornell [2] zugrunde gelegt. Es wird ebenfalls auf die programmtechnische Umsetzung eingegangen. Abschließend werden Ergebnisse von vergleichenden Berechnungen mit vorhandenen Modellen vorgestellt.

2 Methode von Cornell [2]

2.1 Gesamtüberblick

In der vorliegenden Arbeit wird von der Methode nach Cornell [2] zur Gefährdungsberechnung ausgegangen. In der Abb. 1 ist die prinzipielle Vorgehensweise dargestellt. Sie umfasst vier Schritte (s. a. [5]):

1. **Schritt:** In der Umgebung des zu untersuchenden Standorts werden die Erdbebenquellen festgelegt. Für Deutschland sind ausschließlich flächenhafte Quellen (Regionen) vorhanden. Punkt- bzw. Linienquellen können nicht sinnvoll definiert werden. Für die Regionen werden Dichtefunktionen für die regionale Verteilung der Beben innerhalb der Quelle bestimmt. In Abhängigkeit von der Geometrie der Region und der Lage des Standortes wird damit die entfernungsabhängige Dichtefunktion ermittelt.

2. **Schritt:** Für die Regionen wird die Seismizität ermittelt. Diese wird meist als lineare Beziehung zwischen dem Logarithmus der Häufigkeit und der Magnitude bzw. Intensität (Gutenberg-Richter-Relation) angegeben. Daraus wird die Dichtefunktion der Seismizität ermittelt.

3. **Schritt:** Aus einer Abnahmebeziehung wird die Wahrscheinlichkeit ermittelt, mit der eine bestimmte Bodenbewegungsgröße bzw. Intensität in Abhängigkeit von der Entfernung und der Magnitude bzw. der Epizentralintensität überschritten wird.

4. **Schritt:** Die Ergebnisse der Schritte 1 bis 3 werden so miteinander kombiniert, dass man für jede Region die mittlere, jährliche Rate erhält, mit der eine bestimmte Bodenbewegungsgröße auftritt. Die Raten werden über alle Regionen aufsummiert.

Für die zeitliche Verteilung der Beben wird oft die Poissonverteilung angenommen. Ihre Anwendung setzt voraus, dass die Beben voneinander unabhängig sind (keine Nachbeben). Unter dieser Voraussetzung kann aus den Gefährdungskurven für einen gegebenen Zeitraum und eine vorgegebene Überschreitenswahrscheinlichkeit die zugehörige Bodenbewegungsgröße bzw. Intensität am Standort ermittelt werden.

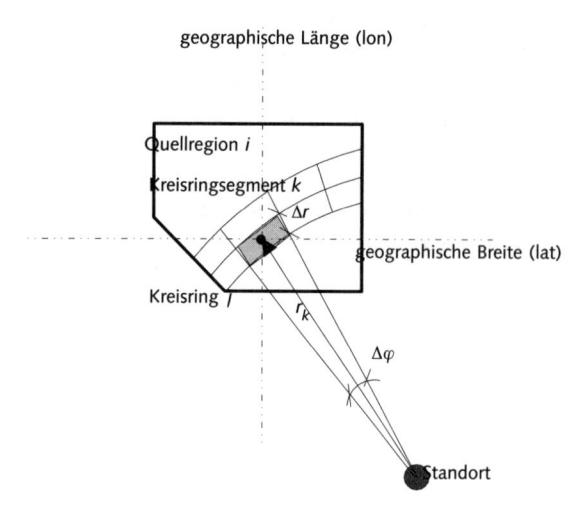

(a) 1. Schritt: Modell der seismischen Regionen

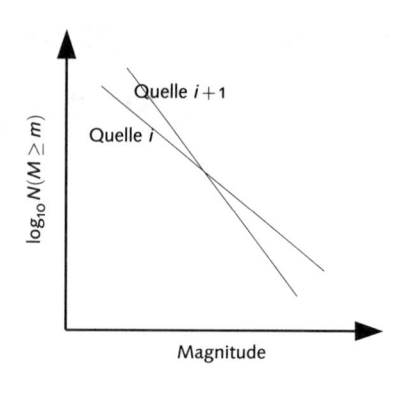

(b) 2. Schritt: Magnituden-Häufigkeit-Beziehung

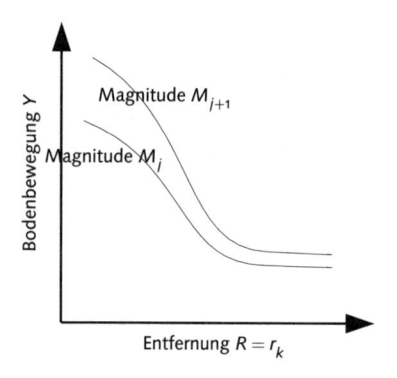

(c) 3. Schritt: Abnahmebeziehung

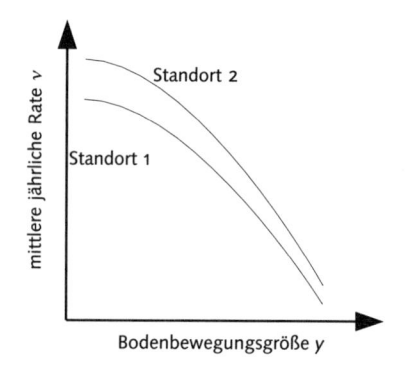

(d) 4. Schritt: Gefährdungskurve

Abb. 1: Bearbeitungsschritte zur probabilistischen Gefährdungsberechnung (nach [5])

Der Schritt 4 lässt sich mathematisch in der folgenden Form ausdrücken:

$$\lambda = \sum_{i=1}^{N_i} v_i \int_{m_0}^{m_{max}} \int_0^{r_{max}} P[Y > y|m,r] \times f_M(m) f_R(r) dm dr \quad (1)$$

Darin sind $f_R(r)$ die Dichtefunktion der Entfernung nach Schritt 1, $f_M(m)$ die Dichtefunktion der Magnitude bzw. Intensität nach Schritt 2 und $P[S_a > s_a|m,r]$ die Wahrscheinlichkeit, dass die vorgegebene Bodenbewegungsgröße y für die Magnitude $M = m$ und die Entfernung $R = r$ überschritten wird (Schritt 3).

Die analytische Berechnung der Integrale von Glg. 1 ist praktisch nicht durchführbar. Eine programmtechnische Umsetzung erfordert deshalb die Diskretisierung der Glg. 1. Damit nimmt sie die folgende Form an:

$$\lambda \approx \sum_{i=1}^{N_i} \sum_{j=1}^{N_j} \sum_{k=1}^{N_k} v_i P[Y > y|m_j, r_k] \times P_M[M = m_j] P_R[R = r_k] \quad (2)$$

mit:
$P_M[M = m_j] = f_M(m_j)(m_o - m_u)/N_j$
$P_R[R = r_k] = f_R(r_k) r_{max}/N_k$
$m_j = m_o + (j - 0.5)(m_o - m_u)/N_j$
$r_k = (k - 0.5) r_{max}/N_k$.

Dabei sind N_i die Anzahl der seismischen Regionen und N_j bzw. N_k die Anzahl der Magnituden- und Entfernungsintervalle, m_o und m_u die obere und untere Magnitudengrenze, r_{max} der maximale Radius des für den Standort berücksichtigten Gebietes.

2.2 Regionale Verteilung der Seismizität

Die Dichtefunktionen für die Entfernung und die Magnitude werden für jede Region bestimmt. Der

Ausdruck für die Dichtefunktion der Entfernung lautet:

$$f_R(r) = \frac{1}{A}\int_0^{2\pi} r f_G(lat, lon)d\varphi \quad (3)$$

mit der Dichtefunktion $f_G(lat,lon)$ für die regionale Verteilung der Beben. Sie ist außerhalb der jeweiligen Region null.

Die Funktion $P_R(r_k)$ gibt an, mit welcher Wahrscheinlichkeit ein Beben innerhalb des Entfernungsintervalls $(k-1)r_{max}/N_k$ bis kr_{max}/N_k in der betrachteten Region auftritt. Je größer der Flächenanteil der Kreissegmentbogens mit dem mittleren Radius r_k an der Gesamtfläche der Region ist, umso größer ist $P_R(r_k)$:

$$P_R(r_k) = \frac{1}{A}\sum_{l=1}^{N_l} A_l(r_k) f_G(lat, lon) \quad (4)$$

mit der Kreisringsegmentfläche:

$$A_l(r_k) = \frac{\Delta\varphi}{2\pi}\left[(r_{k+1}+r_k)^2 - (r_k+r_{k-1})^2\right]\frac{1}{4} \quad (5)$$

Der Wert für $f_G(lat,lon)$ wird im Zentrum des Kreisringsegments bestimmt.

Die Seismizität der Regionen wird unter Ausschluß der Vor- und Nachbeben ermittelt. Dabei wird von einem linearen Zusammenhang zwischen dem Logarithmus der Summenhäufigkeit $log_{10}N$ und der Bebenstärke $M \geq m$ ausgegangen (Gutenberg-Richter-Beziehung):

$$log_{10}N = a - bM \quad M \geq m \quad (6)$$

Die Dichtefunktion der Magnituden lautet nach Umformung in die natürliche Basis und untere (m_0) und obere (m_{max}) Begrenzung der Magnituden wie folgt:

$$f_M(m) = \frac{\beta e^{-\beta(m-m_u)}}{1 - e^{-\beta(m_o - m_u)}} \quad (7)$$

mit $\beta = b \ln 10$.

2.3 Abnahmebeziehung der Erdbebengröße

Die aus einer Regressionsanalyse vorhandener Erdbebendaten gewonnenen Abnahmebeziehungen haben vielfach die folgende Form (s.a. [1], meist $C_4 = 0$):

$$log_{10}Y = C_1 + C_2M + C_3 log_{10}R + C_4R + \sigma \quad (8)$$

Die Wahrscheinlichkeit, dass die Bodenbewegung Y unter der vorgegebenen Magnitude und Entfernung einen bestimmten Wert y überschreitet, wird unter der Voraussetzung einer Normalverteilung für $log_{10}Y$ bestimmt:

$$P[Y > y | M = m, R = r] = 1 - F_Z(\hat{z}) \quad (9)$$

mit der Verteilungsfunktion der Normalverteilung:

$$F_Z(\hat{z}) = \int_{-\infty}^{\hat{z}} \frac{1}{\sqrt{2\pi}\sigma} e^{-\frac{1}{2}\hat{z}} d\hat{z} \quad (10)$$

und:

$$\hat{z} = \frac{log_{10}y - log_{10}Y}{\sigma} \quad (11)$$

2.4 Zeitliche Verteilung der Bebenaktivität

In der Regel kann für die zeitliche Verteilung der Bebenaktivität von einer Poisson-Verteilung ausgegangen werden. Sie wird beschrieben durch:

$$P[N = n] = \frac{(\lambda t)^n e^{-\lambda t}}{n!} \quad (12)$$

Die Wahrscheinlichkeit, dass im Zeitraum t wenigstens ein Beben auftritt, beträgt demnach:

$$P[N \geq 1] = 1 - e^{-\lambda t} \quad (13)$$

Damit kann die Wahrscheinlichkeit für das Eintreten wenigstens eines Bebens mit einer Bodenbewegungsgröße $Y \geq y$ für einen bestimmten Zeitraum ermittelt werden. Ebenso können für einen vorgegebenen Zeitraum und eine bestimmte Überschreitenswahrscheinlichkeit die Größe der betrachteten Bodenbewegung und die zugehörige mittlere Rate λ bestimmt werden. Für eine Überschreitenswahrscheinlichkeit von 10% innerhalb von 50 Jahren ergibt sich mit Glg. 13 eine mittlere Rate von:

$$\lambda = -\frac{\ln(1 - P[N \geq 1])}{t} = -\frac{\ln(1 - 0.10)}{50} = 0.0021 a^{-1} \quad (14)$$

Daraus ergibt sich eine mittlere Wiederkehrperiode von $1/\lambda = 475 a$.

3 Bestimmung der Dichtefunktion für die regionale Verteilung der Seismizität innerhalb einer Quelle

Wie in den Vorbemerkungen dargestellt, ist es in Gebieten mit geringer Seismizität und kleinen Flächen schwierig, die Magnituden-Häufigkeit-Beziehung zu bestimmen, da nur wenige Erdbebendaten zur Verfügung stehen. Weiterhin ist es insbesondere für Beben größerer Stärke erforderlich, auf historische Aufzeichnungen zurückzugreifen, was zusätzliche Unsicherheiten beinhaltet. Wenn dagegen größere seismische Regionen mit konstanter lokaler Auftretenswahrscheinlichkeit innerhalb einer Quelle verwendet

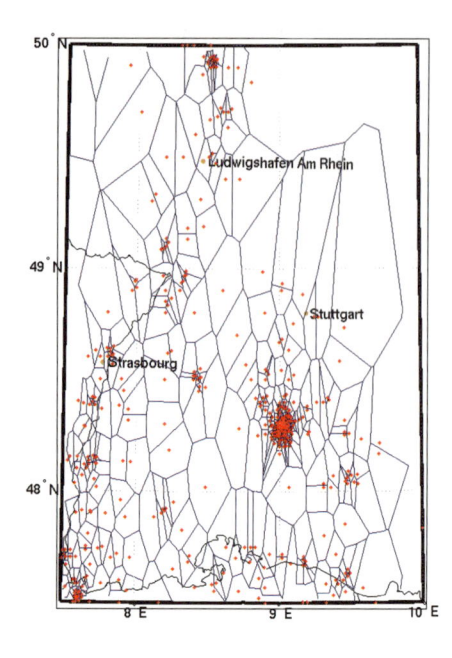

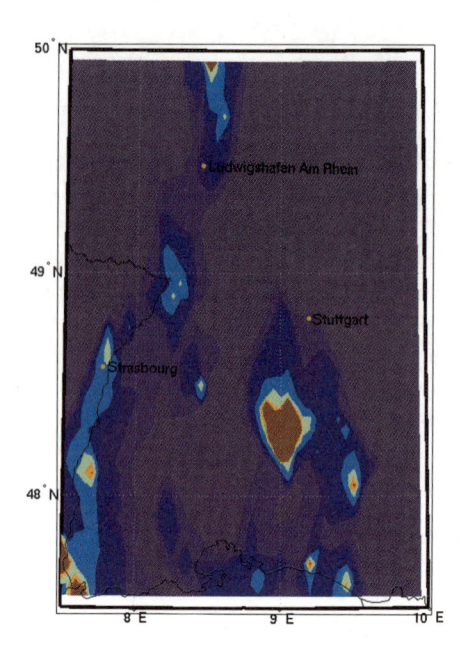

(a) Voronoi-Diagramm für die Region 2 (siehe Abb. 3)

(b) aus Abb. 2(a) abgeleitete Dichtefunktion

Abb. 2: Bestimmung der Dichtefunktion mittels Nachbarschaftsanalyse

werden, so wird die Gefährdung „verschmiert" und somit die möglichen Bodenbewegungsgrößen unterschätzt.

Eine Möglichkeit, die Gefährdung auch für größere Quellflächen realistisch zu bestimmen, besteht darin, die lokalen Auftretenswahrscheinlichkeiten innerhalb einer Quelle an die tatsächliche Seimizitätsverteilung anzupassen. Es existieren bereits Untersuchungen, die für die regionale Dichtefunktion f_G die Gauß'sche Normalverteilung verwenden, wobei der Mittelwert und die Standardabweichung aus den geographischen Koordinaten der Bebenzentren abgeleitet werden. Für große Quellgebiete ist es aber nicht möglich, mit der Normalverteilung der tatsächlichen Seismizitätsverteilung nahe zu kommen. Insbesondere ist dies der Fall, wenn mehr als ein Zentrum der Seismizität in der Quellregion vorhanden ist.

In dem Beitrag von Woo [7] wird eine Methode ohne Verwendung seismischer Regionen vorgeschlagen. Dabei wird jedem Bebenepizentrum eine Verteilung der Beben zugewiesen, wobei die Auftretenswahrscheinlichkeit eines Bebens sich umgekehrt proportional zum Abstand vom Epizentrum verhält.

Im vorliegenden Beitrag wird ein Weg gewählt, der den Autoren aus der zur Verfügung stehenden Literatur bisher nicht bekannt ist und so zumindest eine eigenständige Vorgehensweise darstellt. Es wird die regionale Dichte der Beben direkt aus der geographischen Verteilung der Epizentren bestimmt. Dafür wird ein so genanntes Voronoi-Diagramm (Abb. 2(a), Nachbarschaftsanalyse) berechnet. Dabei wird jedem Punkt (Epizentrum) eine Polygonfläche zugeordnet.

Alle Punkte innerhalb des Polygons liegen näher zum zugehörigen Epizentrum als zu allen anderen umgebenden Epizentren. Je dichter die Beben räumlich zusammen liegen, umso kleiner sind die Polygonflächen. Die Dichtefunktion ist ein Ausdruck für die räumliche Verteilung (Dichte) der Seismizität. Sie ist deshalb umgekehrt proportional zu den aus dem Voronoi-Diagramm ermittelten Polygonflächen A_i:

$$f_G(lat_i, lon_i) \sim \frac{1}{A_i} \qquad (15)$$

Zwischenwerte der Dichtefunktion erhält man durch Interpolation. Das Integral der Dichtefunktion über das betrachtete Quellgebiet muß den Wert Eins ergeben.s Die mit $\frac{1}{A_i}$ erhaltenen Werte sind deshalb entsprechend zu normieren. Damit können für die Koordinaten der Epizentren Werte der Dichtefunktion ermittelt werden (s. a. Abb. 2(b)).

Zur Berechnung der Dichtefunkton für die Entfernung $f_R(r)$ ist in Glg. 3 die für $f_G(r)$ ermittelte Funktion zu verwenden.

4 Programmtechnische Umsetzung und Vergleichsberechnungen

4.1 Programmtechnische Umsetzung

Zur programmtechnischen Umsetzung wurde das Programmsystem ®MATLAB R12 verwendet. Die Ermittlung des Voronoi-Diagramms erfolgte mit der Funktion `voronoin`. Mit der Funktion `dblquad` wurden die Integrale über die Dichtefunktion numerisch bestimmt. Für die Interpolationen wurden ebenfalls vordefinierte Funktionen verwendet.

Der Wert von r_{max} wurde in Abhängigkeit von der Abnahmebeziehung festgelegt. Für die Beispielrechnungen mit der Abnahmebeziehung von Ambraseys u. a. [1] beträgt r_{max} 200km. Die obere und untere Grenze des Magnitudenbereichs ist von dem verwendeten Modell und der jeweiligen Quellregion abhängig.

Die für jeden Standort zugrunde gelegte Kreisfläche wurde in radialer Richtung in 150 Abschnitte und in Umfangsrichtung in 200 Abschnitte unterteilt.

4.2 Vergleichsrechnungen

Es wurden Vergleichsberechnungen mit den Modellen von Grünthal [4] durchgeführt. Das Modell von Grünthal konnte ohne Anpassungen bzw. Änderungen übernommen werden.

Zur Berechnung mit Dichtefunktionen wurde das Gebiet von Deutschland in 16 flächengleiche, rechteckige Regionen eingeteilt (Abb. 3). Für die nördlichen vier Regionen wurden die a- und b-Werte zusammen bestimmt, da selbst bei den gewählten großen Regionen nach Abb. 3 kaum Beben in diese Gebiete fallen. Die Dichtefunktionen für die rechteckigen Regionen wurden nach der oben beschriebenen Methode ermittelt. Für die vier nördlichen Regionen wurde eine konstante Dichte von eins, d. h. eine Gleichverteilung der Seismizität angenommen. Sowohl für die Bestimmung der Magnituden-Häufigkeit-Beziehung als auch der Epizentrendichte wurde der Erdbebenkatalog von Leydecker [6] verwendet.

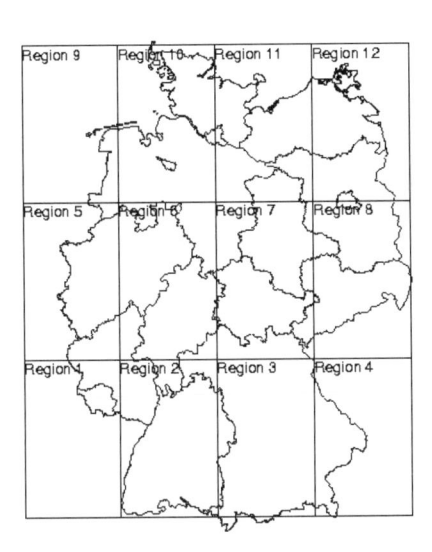

Abb. 3: Seismische Regionen für Deutschland bei der Berechnung mit Dichtefunktionen

Aus dem Katalog wurden Beben aus bergbaulicher Akktivität entfernt. Es wurde weiterhin die Magnitude M_L verwendet. Umrechnungen zwischen Intensität I_0 und M_L wurden mit der Formel

$$M_L = 0.5180 I_0 + 0.9056 \qquad (16)$$

vorgenommen. Sie wurde aus den Daten des Leydecker-Katalogs [6] durch Regressionsanalyse bestimmt.

Zur Umrechnungen von M_L nach M_S wurden die Beziehung nach Ambraseys [1] verwendet:

$$M_S = 1.333 M_L - 1.733 \qquad (17)$$

Für die Vollständigkeitszeiträume wurden die Angaben von Grünthal u. a. [4] zugrunde gelegt.

Als Abnahmebeziehung wurden die Angaben von Ambraseys u. a. [1] für Fels verwendet. In der Abnahmebeziehung ist die Herdtiefe bereits enthalten und muss nicht vorgegeben werden. Zur Berechnung der Überschreitenswahrscheinlichkeit der Bodenbewegungsgröße wurde die Standardabweichung nach den Vorgaben von Ambraseys [1] verwendet.

Die untere Magnitude der Magnituden-Häufigkeit-Beziehung wurde mit $M_W = 2.5$ bzw. $M_L = 2.4$ festgelegt. Das ist unter dem Wert, der für übliche baupraktische Aufgaben von Bedeutung ist ($M_L \approx 4$). Die obere Magnitude ist in dem Modell von Grünthal [3] bereits festgelegt. Für das Modell der Dichtefunktionen wurde eine Magnitude von $M_L = 7.0$ verwendet. Sie liegt damit in einigen Regionen (z. B. Vogtland) über der tatsächlich auftretenden maximalen Magnitude.

Die Abb. 4 gibt die Bodenbeschleunigung für eine Überschreitenswahrscheinlichkeit von 10% in einem Zeitraum von 50 Jahren für das Gebiet der BRD an. In der Abb. 4(a) sind die Ergebnisse bei Verwendung der Epizentren-Dichte zur Beschreibung der regionalen Verteilung der Bebenaktivität dargestellt. Abb. 4(b) gibt die Bodenbeschleunigungen bei Anwendung des Modells von Grünthal u. a. [4] wider.

5 Zusammenfassung

Wie die Vergleichsrechnungen belegen (Abb. 3), kann mit der vorgestellten Methode die regionale Verteilung der Bebenaktivität in der probabilistischen Gefährdungsberechnung zutreffend erfasst werden. Größere Unterschiede in den Ergebnissen treten insbesondere an der Landesgrenze auf. Ursache dafür sind die fehlenden Daten im Erdbebenkatalog von Leydecker [6] außerhalb von Deutschland. In diesem Bereich sind die Dichtefunktionen deshalb noch nicht vorhanden bzw. unvollständig und die Berechnungen können keine korrekten Ergebnisse liefern.

Die bisherigen Regionen-Modelle werden unter Verwendung verschiedener Kriterien „von

Hand" aufgestellt. Damit sind diese Modelle im Gegensatz zu der Verwendung der Epizentrendichten stärker von subjektiven Einflüssen betroffen.

Ein wesentlicher Vorteil der auf Epizentrendichten basierenden regionalen Verteilung der Seismizität ist die Möglichkeit, größere Regionen verwenden zu können. Damit sind insbesondere in Gebieten geringer seismischer Aktivität eine größere Anzahl von Daten zur Aufstellung der Magnituden-Häufigkeits-Beziehungen vorhanden.

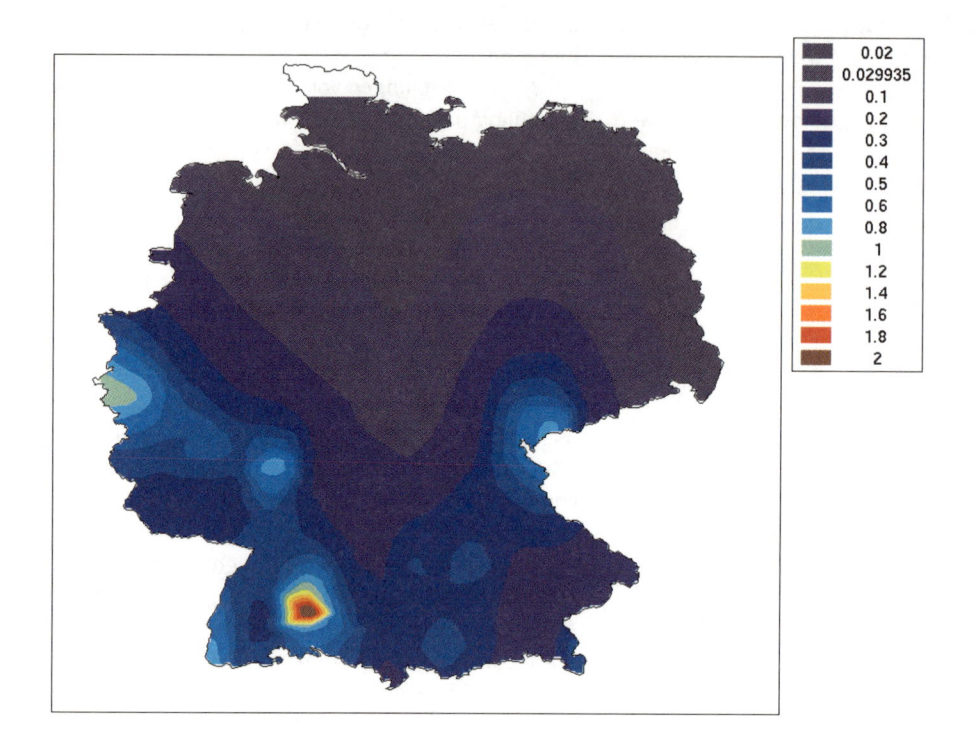

(a) *seismisches Regionen-Modell mit Epizentrendichten*

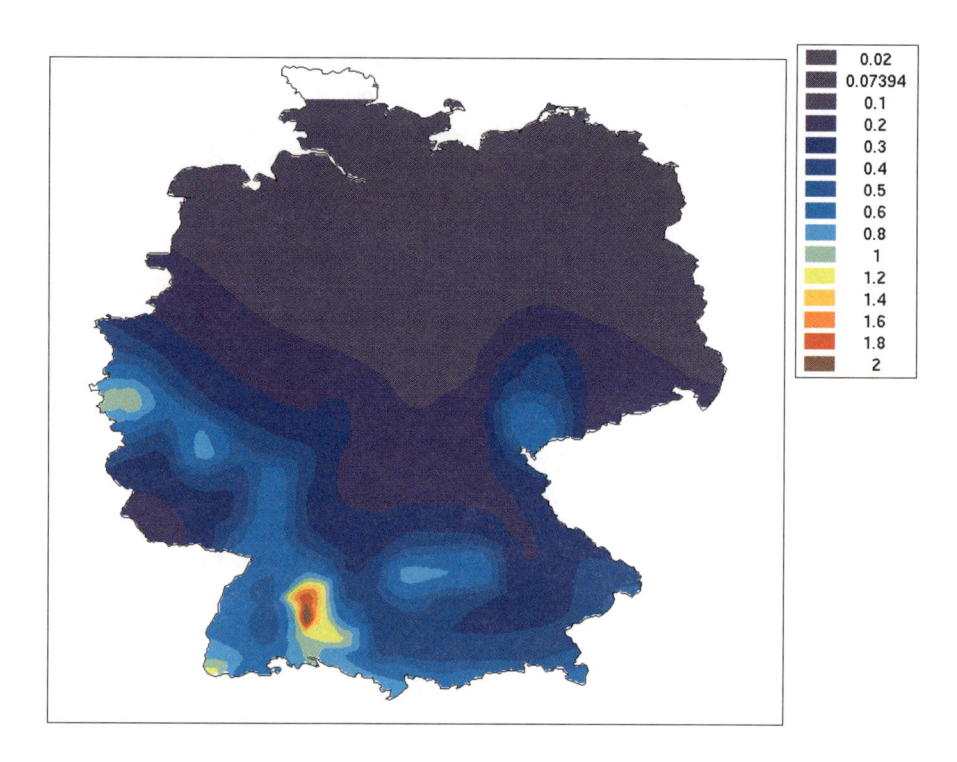

(b) *seismisches Regionen-Modell von Grünthal u.a. [4]*

Abb. 4: *Bodenbeschleunigungen in m/s² auf dem Gebiet der BRD für eine Überschreitenswahrscheinlichkeit von 10% in 50 Jahren*

Die Beschreibung der regionalen Bebenaktivität durch die Epizentrendichte orientiert sich ausschließlich an den bereits aufgetretenen Erdbeben. In den bisher verwendeten Regionen-Modellen wird teilweise versucht, die zukünftige Erdbebenaktivität zu erfassen. Das ist mit den Dichtefunktionen bisher nicht möglich. Ein Ziel für weitere Untersuchungen ist deshalb auch, zeitabhängige Änderungen und Unsicherheiten in der regionalen Epizentrenverteilung zu berücksichtigen.

6 Danksagung

Der vorliegende Beitrag entstand im Ergebnis des durch den SA „AT" unter der VGB-Nr. 46/00 geförderten Vorhabens „Gefährdungskonsistente horizontale und vertikale Erdbebeneinwirkungen auf der Grundlage probabilistischer Methoden der seismischen Gefährdungseinschätzung". Die Bearbeiter danken für die Unterstützung der Forschungs- und Entwicklungsarbeiten insbesondere für die aufgeschlossene Begleitung des Projektes durch die VGB-Arbeitsgruppe „Erdbebenauslegung".

Literatur

[1] AMBRASEYS, N.N., K.A. SIMPSON, and J.J. BOMMER: *Prediction of horizontal response spectra in Europe.* Earthquake Engineering and Structural Dynamics, 25:371–400, 1996.

[2] CORNELL, C. A.: *Engineering seismic risk analysis.* Bull. Seism. Soc. of Am., 58(5):1583–1606, 1968.

[3] GRÜNTHAL, G. and GSHAP REGION 3 WORKING GROUP: *Seismic hazard assessment for central, north and northwest europe: GSHAP region 3.* Annali Geofisici, (42):999–1011, 1999.

[4] GRÜNTHAL, G., D. MAYER-ROSA und W. A. LENHARDT: *Abschätzung der Erdbebengefährdung für die DACH-Staaten - Deutschland, Österreich, Schweiz.* Bautechnik, 75(10):19–33, 1998.

[5] KRAMER, S. L.: *Geotechnical Earthquake Engineering.* Prentice Hall, 1. edition, 1996.

[6] LEYDECKER, G.: *Earthquake catalogue for the Federal Republic of Germany and adjacent areas for the years 800-1994,* 2001. Data file.

[7] WOO, G.: *Kernel estimation methods for seismic hazard area source modeling.* Bull. Seis. Society Am., 86(2):353–362, 1996.

Parameteruntersuchung zur probabilistischen seismischen Gefährdungsberechnung

Jochen Schwarz
Jörg Habenberger
Christian Golbs

1 Vorbemerkungen

Zur Bestimmung der Erdbebeneinwirkung für die Auslegung von sicherheitsrelevanten Bauwerken wird oftmals die probabilistische Methode angewendet. Diese geht auf die Arbeit von Cornell [4] zurück (s. a. [11]). Für die Berechnung sind dabei verschiedene Eingangsgrößen vorzugeben. Das sind:

- die seismischen Regionen mit:
  - den zugehörigen Magnituden-Häufigkeit-Beziehungen (Verteilungsfunktion mit Parametern)
  - den unteren und oberen Grenzmagnituden M_u und M_o
  - den Herdtiefen h_o
- die Abnahmebeziehung für die Erdbebengröße (z. B. Intensität oder Beschleunigung)

Um die Überschreitenswahrscheinlichkeit der Erdbebengröße in einem Zeitraum zu ermitteln, wird ein Poisson-Prozess für die zeitliche Verteilung vorausgesetzt. Für Europa bzw. Deutschland sind von Seismologen seismische Regionen bereits festgelegt worden (z. B. Grünthal [6, 7] oder Leydecker [12]). Zu dem Modell der seismischen Regionen von Grünthal [6] wurden ebenfalls bereits die Magnituden-Häufigkeit-Beziehung (nach Gutenberg-Richter), die maximale Magnitude und die Herdtiefe ermittelt. Die Magnituden-Häufigkeit-Beziehungen werden anhand eines Erdbebenkataloges ermittelt. Für die schwach seismischen Gebiete in Deutschland ist zur Aufstellung des Erdbebenkataloges auch die Auswertung von historischen Unterlagen und Quellen erforderlich (siehe z. B. [5]). Die Abnahmebeziehungen werden durch Auswertung von empirischen Daten (z. B. gemessene Erdbebenzeitverläufe) gewonnen (s. a. Ambraseys u. a. [2, 1] oder Schwarz u. a. [16]). Die Abnahmebeziehungen sind von den während der Erdbeben stattfindenden tektonischen Vorgänge abhängig. Sie können dementsprechend nur in den Regionen angewandt werden, für die Erdbebendaten zur Auswertung vorliegen und sind nur begrenzt auf andere Regionen übertragbar.

2 Berechnungsmethode

Aus den vorangegangenen Ausführungen ist ersichtlich, dass die Eingangsparameter der probabilistischen Berechnungsmethode mit zahlreichen Unsicherheiten aufgrund fehlender bzw. ungenauer Kenntnisse behaftet sind. Das ist insbesondere für Gebiete mit schwacher Seismizität zutreffend. Zur Berücksichtigung dieser Unsicherheiten in den verschiedenen Parametern wird vielfach die so genannte Fehlerbaummethode angewendet (siehe z. B. [15]). Der Fehlerbaum besteht aus Knoten und Verzweigungen. Die Knoten stehen für die jeweiligen Eingabeparameter und die Verzweigungen für die dazugehörigen diskreten Alternativen. Jede Alternative ist mit einer Wichtung verbunden, die von Experten festgelegt wird. Dadurch sind subjektive Einflüsse vorhanden. Für jede Verzweigungen erhält man eine Gefährdungskurve, d. h. die mittlere jährliche Auftretensrate einer Erdbebengröße (z. B. Beschleunigung oder Intensität). Die Vielzahl von Gefährdungskurven kann statistisch ausgewertet werden (Berechnung von Mittel- und Fraktilwerten). Es ist zu beachten, dass diese statistischen Größen von den vorzugebenden, subjektiven Wichtungen und der Auswahl bzw. Festlegung der Eingangsparameter abhängen.

Die Fehlerbaummethode wurde unter anderem in dem Computerprogramm FRisk88M realisiert (s. a. McGuire [14]). Dabei können die folgenden Eingangsparameter in die Berechnung einbezogen werden:

- seismische Quellregion

- Magnituden-Häufigkeit-Beziehung (nach Gutenberg-Richter, v- und β-Werte)

- Herdtiefe

- maximale Magnitude

- Abnahmebeziehung

Zur Berücksichtigung der Unsicherheiten in den seismischen Quellregionen können die Ergebnisse verschiedener Modelle überlagert werden. Als Magnituden-Häufigkeit-Beziehung ist die Gutenberg-Richter-Relation mit unterer und oberer Grenzmagnitude vorgegeben. Eine Variation der unteren Magnitude kann nicht berücksichtigt werden.

3 Parameteruntersuchung

3.1 Vorbemerkungen

Von Grünthal und Wahlström wurde bereits eine Untersuchung zum Einfluss dieser Parameter auf die Ergebnisse der Gefährdungsberechnung durchgeführt [8]. Dabei wurden vorwiegend die Gefährdungskurven betrachtet. Es zeigte sich, dass insbesondere die Geometrie und Anordnung der seismischen Quellregionen (Regionalisierungsmodell) und die verwendete Abnahmebeziehung (Typ der Abnahmebeziehung und zugehörige Standardabweichung) von Bedeutung sind. Die untere Magnitude wirkt sich geringer und die obere Magnitude stärker auf hohe Wiederkehrperioden aus. Andere Eingangsparameter (Magnituden-Häufigkeit-Beziehung, insbesondere b-Werte; Herdtiefe, insbesondere bei hohen Wiederkehrperioden) wirken geringer auf die berechneten Auftretensraten der Bodenbeschleunigung aus. In [8] wurde die für jede seismische Region ermittelte Herdtiefe in den gewählten Abnahmebeziehungen zur Berechnung der Entfernung von Standort zur Quelle verwendet. Tatsächlich ist in diesen Abnahmebeziehungen die Herdtiefe bereits vorgegeben. Da die Größe der vorzugebenden unteren Magnitude ebenfalls einen Einfluss auf die Ergebnisse besitzt, ergibt sich die Frage, weshalb dieser Parameter bisher bei der Fehlerbaummethode in dem Programm FRisk88M nicht berücksichtigt wird.

Für die Parameteruntersuchung wurde die Methode von Cornell [4] mit Hilfe des Programmsystems ©Matlab umgesetzt (s. a. [11] sowie [9]). Die Ergebnisse können in Form von Gefährdungskurven, Antwortspektren für ausgewählte Standorte bzw. als Gefährdungskarten dargestellt werden. Im Gegensatz zu dem Beitrag von Grünthal und Walström werden hier die Auswirkungen der Eingangsparameter auf die Antwortspektren untersucht, da diese als Bemessungsgrundlage für die Bauwerksauslegung besondere Bedeutung besitzen.

In der Abb. 1(a) ist das verwendete Regionalisierungsmodell (nach Grünthal [7]) dargestellt. Den Regionen wurden Nummern gegeben, um bei der Deaggregation (siehe Abschnitt 4) eine Zuordnung der Ergebnisse zu ermöglichen. Die untersuchten Standorte (Standort 1: 10° ö. L. und 50° n. B.; Standort 2: 9° ö. L. und 49° n. B.) sind ebenfalls in Abb. 1(a) eingetragen.

Die Abb. 1(b) enthält das Regionalisierungsmodell, welches für die Berechnung unter Verwendung der Epizentrendichten benutzt wird. In dem Beitrag [10] wird dieses Verfahren zur Gefährdungsberechnung vorgestellt.

In der Abb. 2 sind Antwortspektren für den Standort 1 dargestellt. Sie wurden unter Verwendung des Modells von Grünthal [7] mit dem Programm

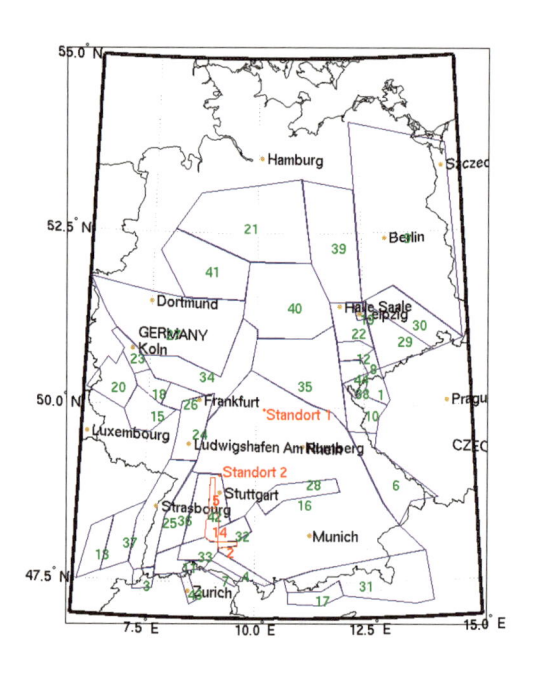

(a) *nach Grünthal [7]* 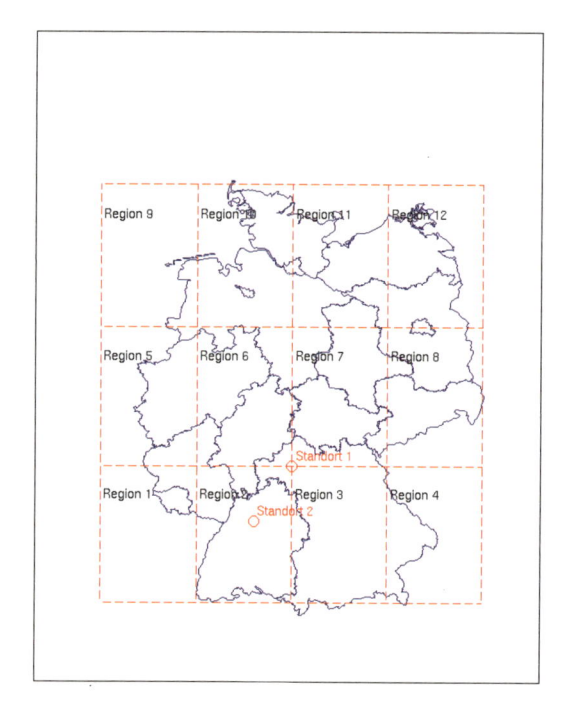   (b) *Regionen für Epizentrendichte [10]*

Abb. 1: verwendete Regionalisierungsmodelle

FRisk88M und dem eigenen Programm berechnet. Es wurde die von Ambraseys u. a. in [2] angegebene Abnahmebeziehung verwendet. Die Ergebnisse sind für beide Programme ähnlich. Die Übereinstimmung ist auch von der Wahl der untersuchten Standorte abhängig.

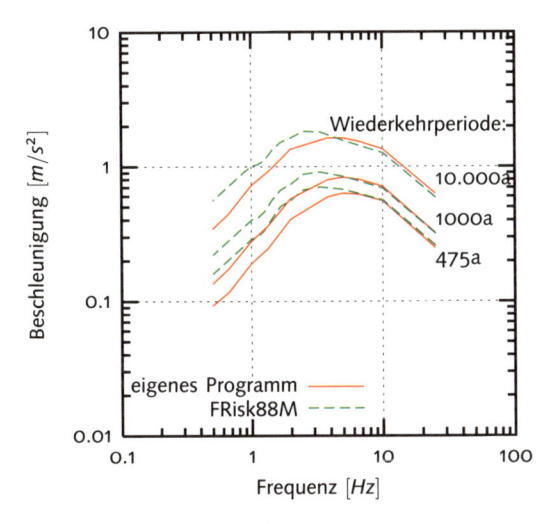

Abb. 2: Vergleich der Antwortspektren von FRisk88M und des eigenen Programms für den Standort 1 nach Abb. 1

3. 2 Seismische Quellregionen

Zur Untersuchung des Einflusses der Regionalisierungsmodelle werden die von Grünthal [6] und Leydecker [12] vorgeschlagenen sowie das in Habenberger u. a. [9] angegebene auf der Grundlage von Dichtefunktionen der Epizentren ermittelte Modell verwendet.

Die untere Magnitude wurde mit $M_{L,u} = 4.0$ festgelegt. Für die obere Magnitude ist in dem Modell von Leydecker und dem Modell der Epizentrendichten eine Wert von $M_{L,o} = 7.0$ verwendet worden. Bei Grünthal sind die oberen Grenzmagnituden bereits in dem Modell festgelegt.

Es wird die Abnahmebeziehung von Ambraseys u. a. [2] verwendet. Die Herdtiefe ist in der Abnahmebeziehung bereits durch die Datenauswertung als Regressionsparameter vorgegeben. Als Standardabweichung wird der in der Abnahmebeziehung festgelegte Wert verwendet.

Die Abb. 3 enthält die Gefährdungskurven der Spektralbeschleunigung am Standort nach Abb. 2 für die Periode $T = 0.26\,s$. Aus ihr geht hervor, dass sich die Ergebnisse nach dem Modell von Grünthal nur bei großen Wiederkehrperioden unterscheiden. Weiterhin wirkt sich, wie bereits in [7] dargestellt, die obere Magnitudengrenze nur bei großen Wiederkehrperioden aus. Die in Abb. 4 dargestellten Antwortspektren unterscheiden sich deshalb nur geringfügig für beide Modelle. Für das Modell nach Leydecker wurden die Gutenberg-Richter-Geraden aus dem Erdbebenkatalog von Leydecker [12, 13] be-

stimmt. Die berechneten Beschleunigungswerte sind zu groß. Eine Ursache konnte dafür liegt vermutlich im verwendeten Regionalisierungsmodell.

3. 3 Magnituden-Häufigkeit-Beziehung

Für die Parameteruntersuchung wird ausschließlich die Gutenberg-Richter-Gerade zur Beschreibung der Magnituden-Häufigkeit-Beziehung verwendet. Die lineare Beziehung zwischen dem Logarithmus der mittleren, jährlichen Häufigkeit und der Magnitude wird durch zwei Parameter, die a- und b-Werte, beschrieben (siehe [10]):

$$\log_{10} \lambda(M \geq m) = a + bM \qquad (1)$$

Eine Erhöhung der a-Werte bewirkt eine Verschiebung der Gutenberg-Richter-Gerade parallel zur Ordinate (Änderung des Schnittpunktes mit der Ordinate). Das führt zu einer Erhöhung der Seismizität. Die Abb. 5 verdeutlicht diesen Zusammenhang: die Beschleunigungen nehmen proportional mit den Häufigkeiten λ zu.

Eine Erhöhung der b-Werte bedeutet eine Verringerung des Anteils großer Magnituden (Vergrößerung des negativen Anstiegs) und somit eine Reduzierung der resultierenden Einwirkungen besonders bei großen Wiederkehrperioden. In der Abb. 6 ist das Ergebnis für eine Wiederkehrperiode von $T = 1000\,a$ dargestellt.

3. 4 Obere und untere Magnitude

In den Abb. 7 und 8 ist der Einflss der Grenzmagnituden dargestellt, die in der Magnituden-Häufigkeits-Beziehung verwendet werden. Die Variation der unteren Magnitude (Abb. 8) hat nur einen geringen Einfluss auf die Antwortspektren, so dass sie bei einer Fehlerbaumberechnung tatsächlich nicht berücksichtigt werden muss.

Die Änderung der oberen Magnitudengrenze wirkt sich deutlicher auf die Antwortspektren aus. Für große Magnituden ($M_{L,o} \geq 7.0$) wird der Zuwachs der Beschleunigung geringer und es ist eine Konvergenz zu erkennen. Sie liegt darin begründet, dass sich die größeren Magnituden nur im Bereich der geringen Eintretensraten λ auswirken.

3. 5 Abnahmebeziehung

In die Untersuchungen werden unterschiedliche Abnahmebeziehungen einbezogen. Ergebnisse werden für die Beziehungen von Ambraseys u. a. [2] und für verschiedene Untergrundbedingungen (rock, stiff soil, soft soil) vorgelegt. Der Vergleich mit anderen Vorschlägen (hier Schwarz u. a. [16]) zeigt, dass sich ähnliche Mittelwerte für die Spektren ergeben, bei den

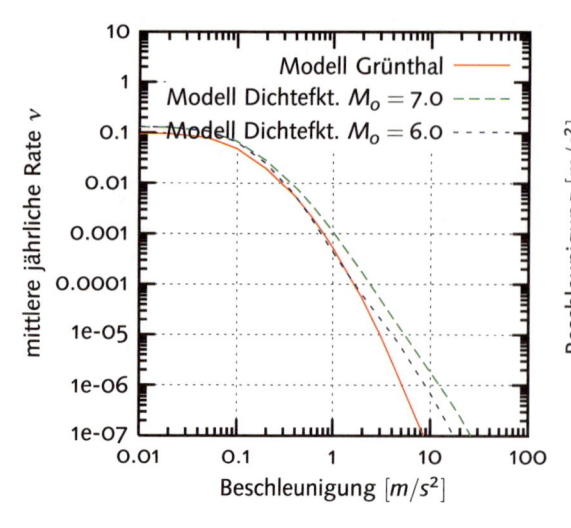

Abb. 3: Gefährdungskurven für die Spektralbeschleunigung ($T = 0.26\,s$)

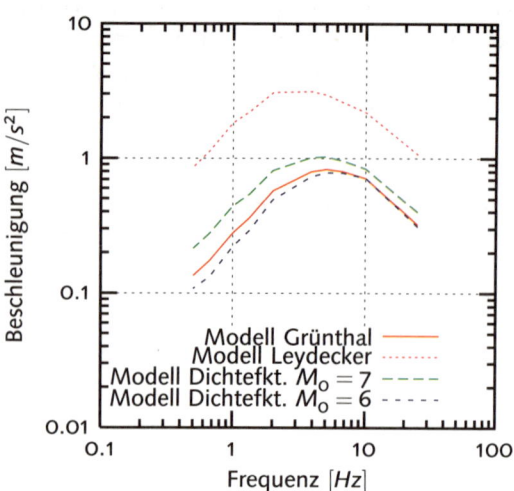

Abb. 4: Antwortspektren für eine Wiederkehrperiode von 1000 Jahren

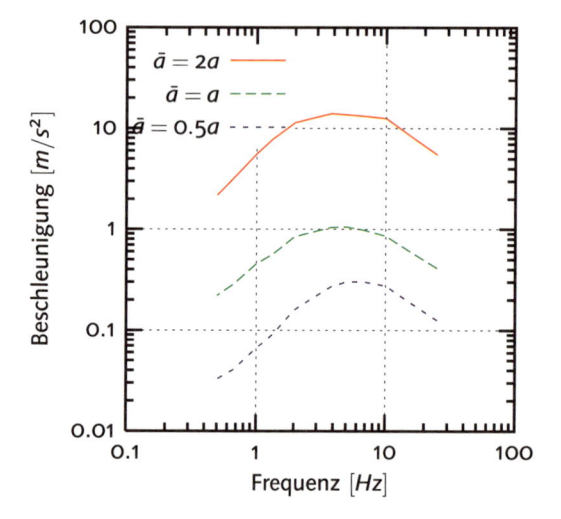

Abb. 5: Antwortspektren am Standort 1 bei Variation der a-Werte

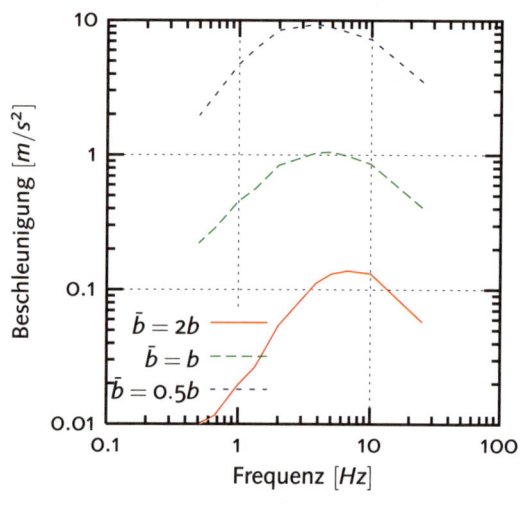

Abb. 6: Antwortspektren am Standort 1 bei Variation der b-Werte

Gefährdungsberechnungen jedoch Unterschiede auftreten. Eine Ursache dafür sind die Unterschiedlichen Standardabweichungen in den Abnahmebeziehungen, die sich maßgebend bei der Berechnung der Überschreitenswahrscheinlichkeiten der Bodenbewegungen auswirken (s. a. [9]).

In der Abb. 10 sind die Antwortspektren nach der Abnahmebeziehung von Ambraseys u. a. [2] für verschiedene Untergrundbedingungen dargestellt. Die Differenzen zwischen den Spektren aus der Gefährdungsberechnung liegen damit in Übereinstimmung zu den vorgegebenen Abnahmebeziehungen.

4 Anteile der seismischen Regionen, der Magnituden und der Epizentralentfernungen an den mittleren, jährlichen Häufigkeiten

Die mittleren, jährlichen Raten in den Gefährdungskurven (siehe Abb. 3) setzen sich aus Anteilen aller betrachteter seismischer Regionen. Weiterhin ist in ihnen die Summe über die Anteile aus den einzelnen Magnituden- und Entfernungsintervallen enthalten (s. a. Habenberger u. a. [9]). Vor der Zusammensetzung zu einer Gefährdungskurve wird für jede seismische Region eine Matrix der Häufigkeiten in Abhängigkeit von Magnitude und Entfernung berechnet.

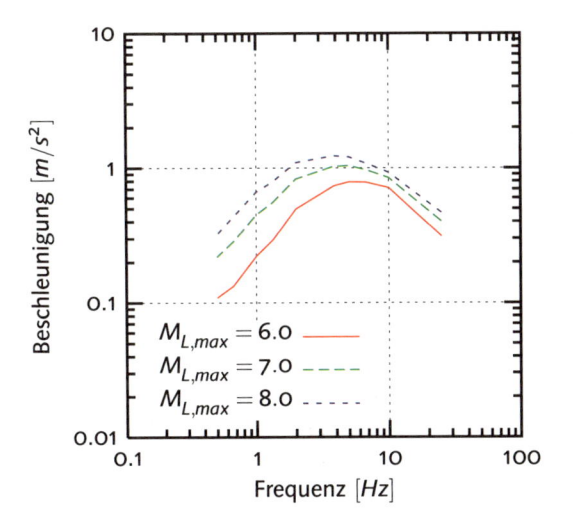

Abb. 7: Antwortspektren für $M_{L,min} = 4.4$

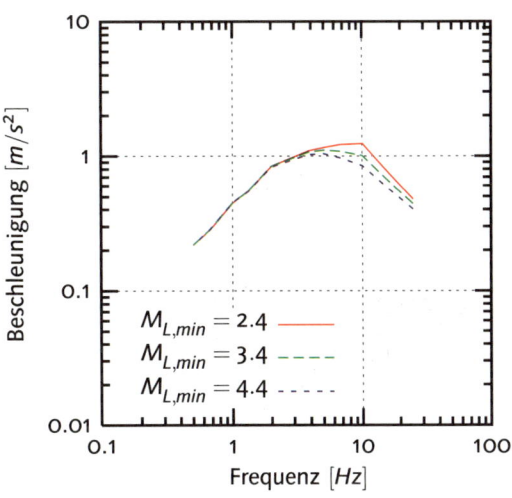

Abb. 8: Antwortspektren für $M_{L,max} = 7.0$

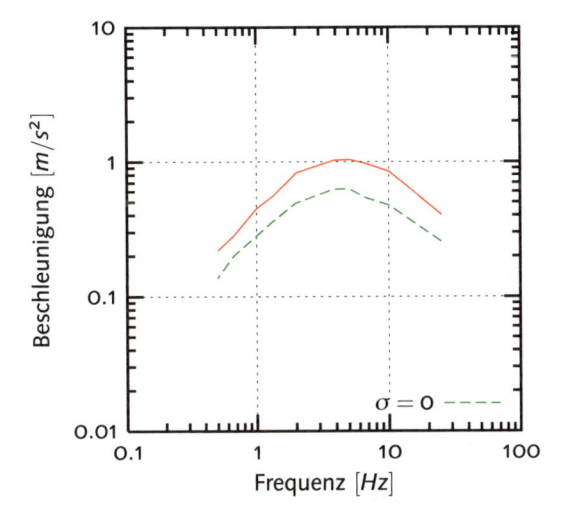

Abb. 9: Antwortspektren am Standort 1 mit den Abnahmebeziehungen nach Ambraseys u. a. [2] (rock)

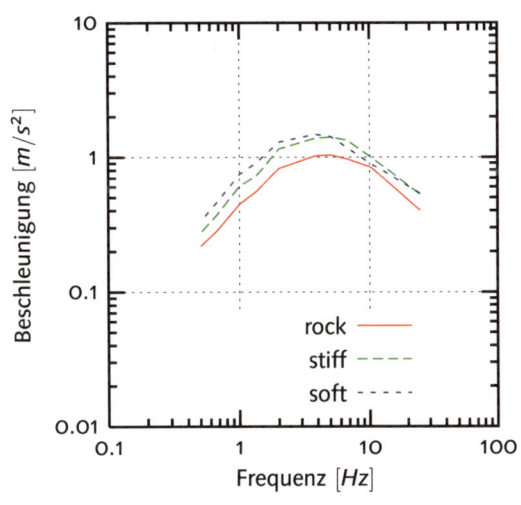

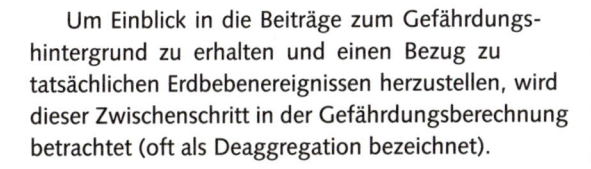

Abb. 10: Antwortspektren am Standort 1 für die Abnahmebeziehung nach Ambraseys [2] (rock, stiff soil, soft soil)

Um Einblick in die Beiträge zum Gefährdungshintergrund zu erhalten und einen Bezug zu tatsächlichen Erdbebenereignissen herzustellen, wird dieser Zwischenschritt in der Gefährdungsberechnung betrachtet (oft als Deaggregation bezeichnet).

4.1 Häufigkeiten bezüglich Magnitude und Entfernung

In der Abb. 11 sind die prozentualen Anteile der berücksichtigten Magnituden-Entfernung-Kombinationen an der mittleren, jährlichen Häufigkeit für eine Spitzenbodenbeschleunigung von 0.1 g am Standort 2 dargestellt.

Der Berechnung liegt die Abnahmebeziehung nach Ambraseys u. a. [2] für Fels zugrunde. Es wurde die dort angegebene Standardabweichung verwendet.

In den Abb. 12 bis 14 sind die Anteile der Regionen 2, 5 und 14 (nach Grünthal u. a. [7]) an den Häufigkeiten nach Abb. 11 dargestellt. Sie belegt, dass hauptsächlich die Region 14 zur Gefährdung des Standortes 2 für diese Beschleunigung (0.1 g) beiträgt. Diesem Beschleunigungswert entspricht eine mittlere, jährliche Rate von $\lambda \approx 10^{-4}$ und eine Wiederkehrperiode von $T \approx 10^4 \, a$ Bei anderen Beschleunigungswerten tritt eine andere regionale Verteilung der Anteile und Beteiligung der Magnituden und Entfernungen auf.

Für die Festlegung von Zeitverläufen anhand von Datenbanken sind noch weitere Kriterien die Eingrenzung auf engere Magnituden- und Entfernungsbereiche notwendig (s. a. Bommer u. a. [3]).

4.2 Häufigkeiten in Abhängigkeit von den seismischen Regionen

In der Abb. 15 und 17 sind die Gefährdungskurven der Spitzenbodenbeschleunigung der Standorte 1 und

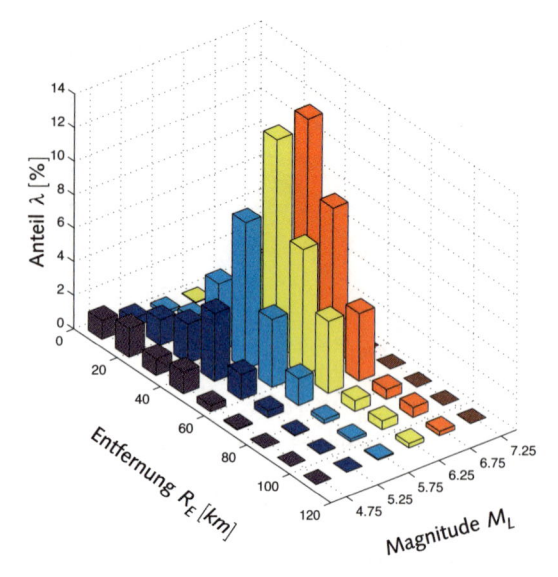

Abb. 11: Prozentuale Zusammensetzung der mittleren, jährlichen Häufigkeiten der Spitzenbodenbeschleunigung von 0.1 g in Abhängigkeit von Magnitude und Entfernung am Standort 2

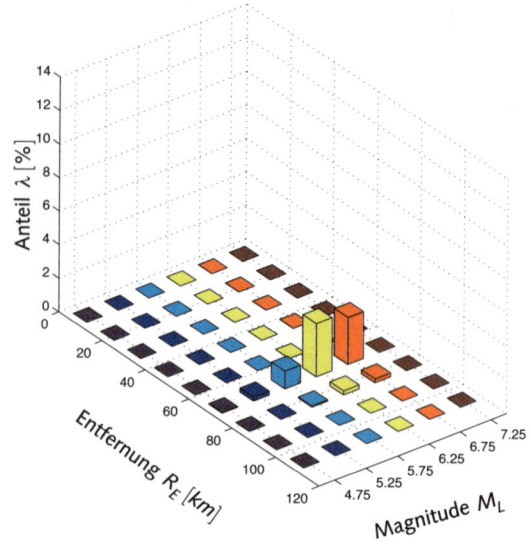

Abb. 12: Beitrag der Region 2 zu der Zusammensetzung nach Abb. 11

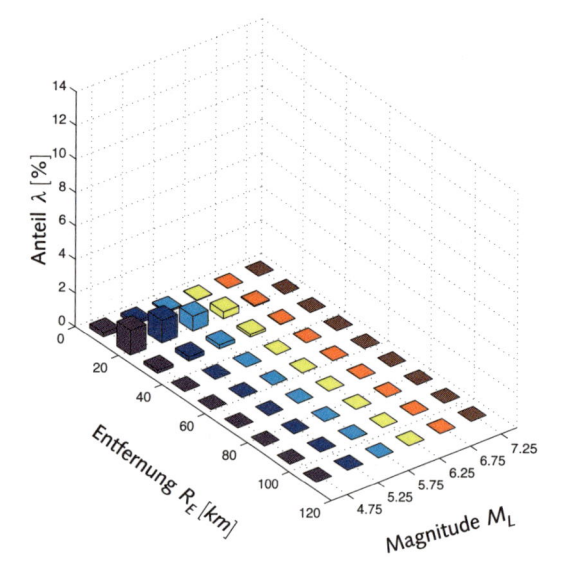

Abb. 13: Beitrag der Region 5 zu der Zusammensetzung nach Abb. 11

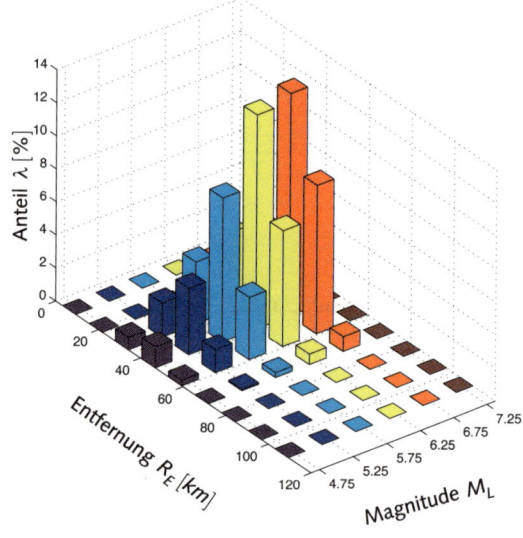

Abb. 14: Beitrag der Region 14 zu der Zusammensetzung nach Abb. 11

2 für alle Regionen (gesamt) und für ausgewählte Regionen dargestellt.

In den Abb. 16 und 18 sind die prozentualen Anteile der seismischen Regionen an der mittleren, jährlichen Raten bezüglich der Bodenbeschleunigungen aufaddiert.

Es ist ersichtlich, dass vom Standort weit entfernte Regionen kleinere Anteile an den Raten liefern. Weiterhin liefern einige Regionen (z. B. Region 14 in Abb. 18) an kleinen Beschleunigungen (0.001-0.1g) und Wiederkehrperioden den größten Anteil, während andere (z. B. Region 42 in Abb. 18 oder Region 16 in Abb. 16) große Beschleunigungen und Wiederkehrperioden dominieren.

5 Zusammenfassung

Aus den Untersuchungen lassen sich Rückschlüsse für die Festlegung der Parameter und ihrer Verzweigungen im Rahmen der Fehlerbaum (logic-tree)-Berechnung, wie sie u. a. mit dem Programm FRisk88M möglich sind, ziehen. Zum anderen konnte verdeutlicht werden, wie sich die Beiträge an der seismischen Gefährdung aus den Quellregionen, den Magnituden und Entfernungen zusammensetzen.
In zukünftigen Arbeiten zur Ermittlung der seismischen Einwirkungen sind die gewonnen Ergebnisse zu berücksichtigen.

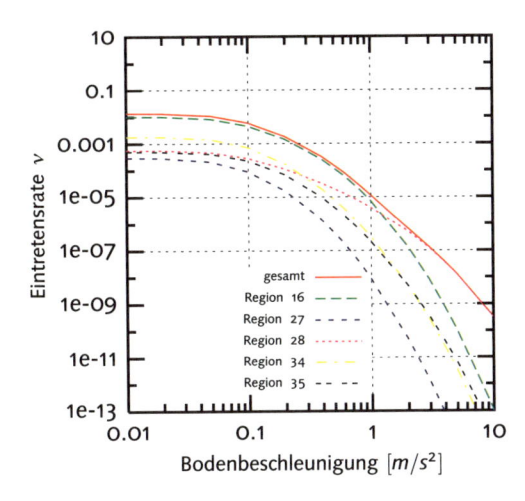

Abb. 15: Gefährdungskurven der Spitzenbodenbeschleunigung am Standort 1 für einzelne seismische Regionen und gesamt

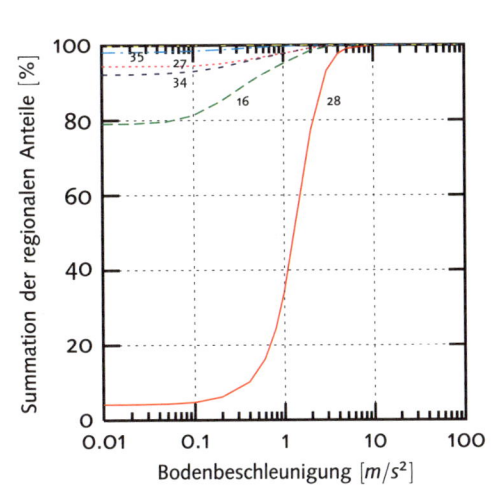

Abb. 16: Summation der prozentualen Anteile der seismischen Regionen an den mittleren, jährlichen Häufigkeiten der Spitzenbodenbeschleunigung des Standortes 1

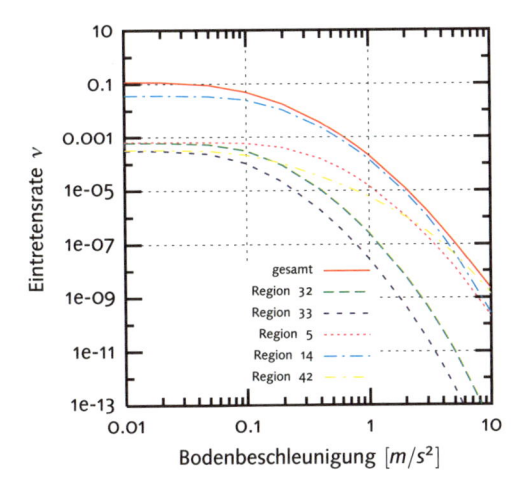

Abb. 17: Gefährdungskurven der Spitzenbodenbeschleunigung am Standort 2 für einzelne seismische Regionen und gesamt

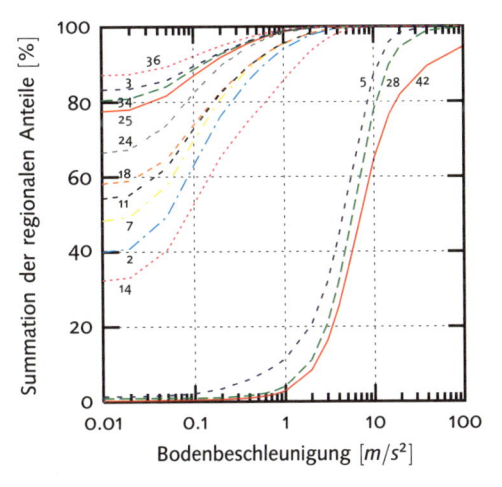

Abb. 18: Summation der prozentualen Anteile der seismischen Regionen an den mittleren, jährlichen Häufigkeiten der Spitzenbodenbeschleunigung des Standortes 2

6 Danksagung

Die Autoren möchten mit Dank darauf verweisen, dass die hier vorgestellten Arbeiten durch Mittel des Sonderauschusses Anlagentechnik im Rahmen des Förderkennzeichens SA-„AT" 35/99 gefördert wurden. Herrn Dr. Gottfried Grünthal, GeoForschungs-Zentrum Potsdam, danken wir für die fachlichen Hinweise.

Literatur

[1] AMBRASEYS, N.N. and K.A. SIMPSON: *Prediction of vertical response spectra in Europe*. Earthquake Engineering and Structural Dynamics, 25:401–412, 1996.

[2] AMBRASEYS, N.N., K.A. SIMPSON, and J.J. BOMMER: *Prediction of horizontal response spectra in Europe*. Earthquake Engineering and Structural Dynamics, 25:371–400, 1996.

[3] BOMMER, J.J., S.G. SCOTT, and S.K. SARMA: *Hazard-consistent earthquake scenarios*. Soil Dynamics and Earthquake Engineering, 19:219–231, 2000.

[4] CORNELL, C. A.: *Engineering seismic risk analysis*. Bull. Seism. Soc. of Am., 58(5):1583–1606, 1968.

[5] FISCHER, J., G. GRÜNTHAL und J. SCHWARZ: *Das Erdbeben vom 7. Februar 1839 in der Gegend von Unterriexingen*. Wissenschaftliche Zeitschrift der Bauhaus-Universität Weimar Thesis, 1/2:8–31, 2001.

[6] GRÜNTHAL, G. and GSHAP REGION 3 WORKING GROUP: *Seismic hazard assessment for central, north and northwest europe: GSHAP region 3*. Annali Geofisici, (42):999–1011, 1999.

[7] GRÜNTHAL, G., D. MAYER-ROSA und W. A. LENHARDT: *Abschätzung der Erdbebengefährdung für die DACH-Staaten - Deutschland, Österreich, Schweiz*. Bautechnik, 75(10):19–33, 1998.

[8] GRÜNTHAL, G. and R. WAHLSTRÖM: *Sensitivity of pa-*

rameters for probabilistic seismic hazard analysis using a logic tree approach. Journal of Earthquake Engineering, 5(3):309–328, 2000.

[9] HABENBERGER, J., M. RASCHKE und J. SCHWARZ: *Ein Modell zur probabilistischen, seismischen Gefährdungsberechnung.* Schriftenreihe der Bauhaus-Universität Weimar Thesis, 116, 2004. (dieses Heft).

[10] HABENBERGER, J., M. RASCHKE und J. SCHWARZ: *Modelle zur Beschreibung der Magnituden-Häufigkeit-Beziehung.* Schriftenreihe der Bauhaus-Universität Weimar, 116, 2004. (dieses Heft).

[11] KRAMER, S. L.: *Geotechnical Earthquake Engineering.* Prentice Hall, 1. edition, 1996.

[12] LEYDECKER, G.: *Earthquake catalogue for the Federal Republic of Germany and adjacent areas for the years 800-1994,* 2001. Data file.

[13] LEYDECKER, G. and H. AICHELE: *The seismologeographical regionalization of Germany: The prime example of third-level regionalisation.* Geolog. Jb. Hannover, E55, 1998.

[14] MCGUIRE, R. K.: *FRisk88M user's manual,* 1996.

[15] SCHNEIDER, J.: *Sicherheit und Zuverlässigkeit im Bauwesen.* Verlag der Fachvereine, 1. Auflage, 1994.

[16] SCHWARZ, J., J. HABENBERGER und C. SCHOTT: *Auswertung von Strong-Motion-Daten in den für deutsche Erdbebengebiete maßgebenden Magnituden- und Entfernungsbereichen.* Wissenschaftliche Zeitschrift der Bauhaus-Universität Weimar Thesis, 1/2:80–91, 2001.

Zur Berücksichtigung von Unsicherheiten in den Eingangsgrößen der probabilistischen seismischen Gefährdungsberechnung

Jörg Habenberger

1 Vorbemerkungen

Wie bereits im vorangegangenen Beitrag beschrieben, unterliegen die Eingangsparameter der probabilistischen, seismischen Gefährdungsberechnung Unsicherheiten. Bei der Berechnungsmethode nach Cornell [2] sind das insbesondere die folgenden Größen:

- untere und obere Magnitude (M_u, M_o)

- Magnituden-Häufigkeit-Verteilung (Verteilungstyp, Parameter: z.B. a- und b-Werte der Gutenberg-Richter-Gerade)

- Abnahmebeziehung (Form der Abnahmebeziehung, Koeffizienten der Abnahmebeziehung)

- Modell der seismischen Regionen

Bisher wird vorwiegend die Fehlerbaummethode angewendet, um diese Unsicherheiten zu berücksichtigen (s. a. Reiter [7]). Bei der Fehlerbaummethode werden die Eingangsparameter nach Expertenwissen variiert und für jede Kombination der Parameter eine Gefährdungsberechnung durchgeführt. Die Ergebnisse werden wieder nach Expertenmeinung gewichtet und überlagert. Schließlich können aus den Berechnungen Mittelwerte und Fraktilwerte der seismischen Gefährdungskurven (s. a. Schwarz, Grünthal und Golbs [9]) ermittelt werden.

Die subjektive Wichtung der Ergebnisse für die einzelnen Eingangsparameter führt dazu, dass sie nicht nur von den Erdbeben-Daten abhängig sind, sondern auch von den Expertenaussagen bestimmt werden. Es wird deshalb bereits versucht, die Auswahl der Parameter und die Wichtung der Ergebnisse an Verteilungsfunktionen der Eingangsparametern zu festzulegen (McGuire [6]).

Im vorliegenden Beitrag wird versucht, für die Parameter der Magnituden-Häufigkeits-Verteilung und der Abnahmebeziehung Verteilungsfunktionen anhand vorliegender Erdbeben-Daten zu ermitteln. Die Berücksichtigung in der Gefährdungsanalyse erfolgt durch Simulationsrechnung.

2 Berechnungsmethode

2.1 Probabilistische, seismische Gefährdungsberechnung

Für die seismische Gefährdungsberechnung wird die Methode nach Cornell [2] angewendet. Sie ist bereits im Beitrag „Modell zur probabilistischen, seismischen Gefährdungsberechnung" beschrieben worden. Die Berechnungsmethode nach Cornell [2] wurde in ©MATLAB R12 progammtechnisch umgesetzt umgesetzt (s. a. [4]).

Die Unsicherheiten in den Magnitudengrenzen und dem seismischen Regionsmodell werden nicht betrachtet. Als seismisches Regionsmodell wird das in [4] vorgeschlagene Modell (Epizentrendichten) verwendet (Abb. ??).

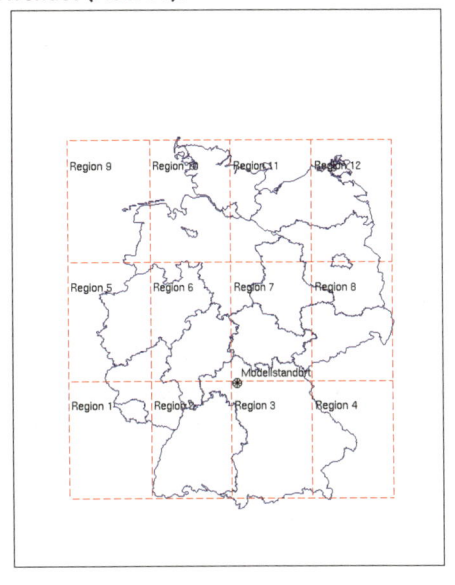

Abb. 1: Seismische Regionen für Deutschland bei der Berechnung mit Dichtefunktionen

Die Magnitudenunter- bzw. -obergrenzen werden mit $M_{L,u} = 3.0$ und $M_{L,o} = 7.0$ festgelegt.

2.2 Magnituden-Häufigkeit-Beziehung

Zur Beschreibung des Zusammenhangs zwischen der Magnitude (Bebenstärke) und deren mittleren

Region	a	b	σ^2	var(a)	var(b)
1	3.4339	-1.1499	0.0018	$0.8476\,10^{-4}$	$0.1282\,10^{-4}$
2	2.6962	-0.7982	0.0293	$0.4934\,10^{-4}$	$0.0561\,10^{-3}$
3	1.9480	-0.8169	0.0090	0.0018	0.0002
4	2.2402	-0.9062	0.0128	0.0039	0.0005
5	2.1829	-0.8027	0.0074	$0.3064\,10^{-3}$	$0.0345\,10^{-3}$
6	2.3494	-1.0385	0.0090	0.0013	0.0002
7	4.4903	-1.3291	0.0188	$0.3335\,10^{-3}$	$0.0472\,10^{-3}$
8	4.4775	-1.5012	0.0260	0.0021	0.0003
9-10	-0.1441	-0.4674	0.1073	0.0097	0.0097

Tabelle 1: Mittelwerte und Varianzen der a- und b-Werte aus der Gutenberg-Richter-Beziehung für die Regionen nach Abb. 1

jährlichen Häufigkeit wird die Gutenberg-Richter-Beziehung (Expotentialverteilung) verwendet (s. a. [5]). Die a- und b-Werte der Beziehung werden aus einer Regressionsanalyse anhand von Erdbebendaten bestimmt. Neben den Mittelwerten der Regressionsparameter können auch deren Varianzen und Kovarianzen ermittelt werden (s. a. [8]). Dafür wird Normalverteilung der Regressionsparameter (a- und b-Werte) vorausgesetzt.

In Tab. 1 sind die Mittelwerte und die Varianzen der a- und b-Werte für die Regionen nach Abb. 1 zusammengestellt.

2.3 Abnahmebeziehung

Als Abnahmebeziehung für die Spektralwerte der Antwortbeschleunigungen des Einmassenschwingers (Antwortspektrum) wird das Modell von Ambraseys u. a. [1] vorgeschlagene Modell verwendet:

$$\log_{10}(a_H) = C_1 + C_2 M_L + C_4 \log_{10}(r) + \sigma \quad (1)$$

mit $r = \sqrt{R_e^2 + h_0^2}$, R_e =Epizentralentfernung, M_L =Oberflächen-Magnitude und a_H [g]. Die Untergrundabhängigkeit wird nicht berücksichtigt.

Die Koeffizienten der Abnahmebeziehung werden aus einer Regressionsanalyse ermittelt. Analog zu der Bestimmung der a- und b-Werte können neben den Mittelwerten auch die Varianzen berechnet werden. Es wird wieder Normalverteilung der Koeffizienten angenommen. In der Tab. 2 sind die Mittelwerte der Koeffizienten der Abnahmebeziehung nach Glg. 1 und die Varianzen von C_1, C_2 und C_4 amgegeben.

2.4 Simulation

In dem Programm ©MATLAB sind Zufallsgeneratoren für verschiedene Verteilungsfunktionen (u. a. auch Normal- und log-Normal-Verteilung) enthalten. Damit ist eine Simulation der Eingangsparameter für die Gefährdungsberechnung möglich. In der Abb. 2 sind die Verteilungsfunktion (Normalverteilung) des Parameters a der Gutenberg-Richter-Beziehung und die dazugehörigen mit der ©Matlab-Funktion `normrnd` simulierten Werte dargestellt.

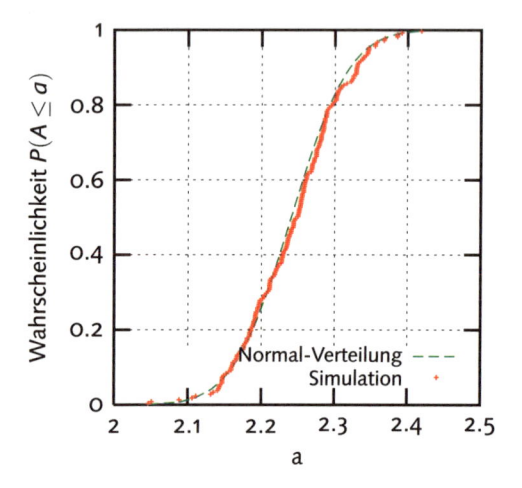

Abb. 2: Simulation des Parameters a der Region 4 nach Abb. 1

3 Berechnungsbeispiel

Für den Modellstandort (siehe Abb. 1) wurden die Kurven der mittleren jährlichen Eintretensraten der Spektralbeschleunigungen (Antwortspektrum) berechnet. Für jede Periode (Tab. 2, Spalte 1) wurden 100 Berechnung durchgeführt, wobei die Eingangsparameter jedesmal unabhängig voneinander mit dem Zufallsgenerator bestimmt wurden.

Ein Teil der berechneten Gefährdungskurven ist in Abb. 3 dargestellt. In der Abb. 3 sind ebenfalls die Mittelwerte bezüglich der Eintretensrate v für jede untersuchte Beschleunigung eingetragen. Die Abb. 4 enthält die Mittel- und Fraktilwerte der Gefährdungskurven. Diese wurden wieder bzgl. der Rate v berechnet.

Die Abb. 5 enthält die relativen Häufigkeiten der Eintretensraten v bei der Spitzenbodenbeschleunigung (pga) von 1 m/s^2 (Verteilung bzgl. der Ordinate). Aus den durch Simulationsrechnung ermittelten Raten wurden die Mittelwerte und Varianzen für die Normal- und log-Normal-Verteilung bestimmt. Die dazugehörigen Verteilungsfunktionen sind ebenfalls in Abb. 5 eingetragen.

T [s]	$E(C_1)$	$E(C_2)$	$E(C_4)$	$E(h_0)$	$E(\sigma^2)$	$V(C_1)$	$V(C_2)$	$V(C_4)$
0.01	-0.9092	0.2000	-0.9486	10	0.1115	0.0059	0.0003	0.0029
0.10	-0.3234	0.1657	-1.0160	11	0.1240	0.0068	0.0003	0.0035
0.20	-0.3829	0.2232	-1.0987	15	0.1344	0.0085	0.0003	0.0047
0.50	-1.6876	0.3465	-0.9200	10	0.1604	0.0085	0.0004	0.0042
0.75	-2.1704	0.3980	-0.9109	12	0.1662	0.0094	0.0004	0.0049
1.00	-2.7991	0.4223	-0.7239	6	0.1683	0.0080	0.0004	0.0033
1.50	-3.2569	0.4259	-0.5859	5	0.1695	0.0080	0.0004	0.0033
2.00	-3.4908	0.4182	-0.5274	4	0.1708	0.0079	0.0004	0.0031

Tabelle 2: Koeffizienten der Abnahmebeziehung nach Glg. 1 (Erwartungswerte und Varianzen)

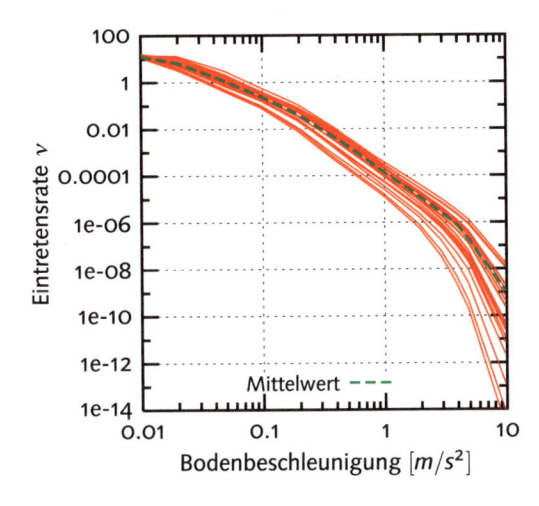

Abb. 3: Gefährdungskurven und Mittelwert (bezüglich der Eintretensrate ν)

Abb. 4: Fraktil- und Mittelwerte der Gefährdungskurven (bezüglich der Eintretensrate ν)

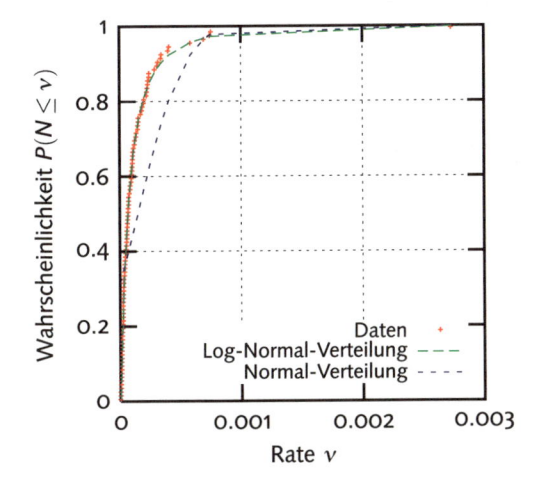

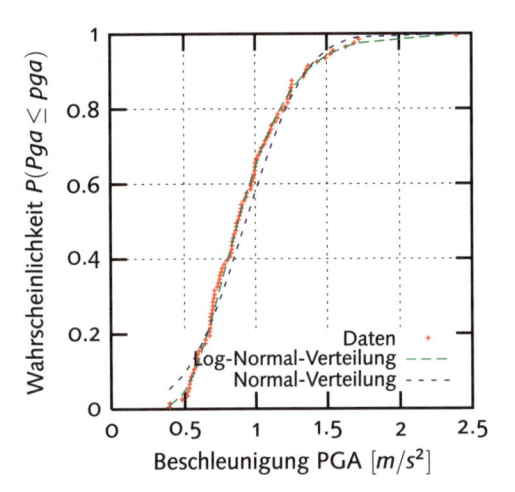

Abb. 5: Verteilungsfunktion für die Bodenbeschleunigung von 1 m/s²

Abb. 6: Verteilung der Beschleunigungen bei ν = 10⁻⁴

Es zeigt sich, dass die Verteilung der Raten ν für eine vorgegebene Beschleunigung durch die log-Normalverteilung beschrieben werden kann.

Für die Beschreibung der Erdbebeneinwirkung ist die Kenntnis der Verteilung der Beschleunigung bei einer vorgegebenen Eintretensrate gesucht (Verteilung bzgl. der Abszisse). In Abb. 6 sind die Spitzenbodenbeschleunigungen bei einer Rate von $\nu = 10^{-4}$ dargestellt. Sie wurden aus den Gefährdungskurven nach Abb. 3 durch Interpolation ermittelt.

Die mit angegebenen Verteilungsfunktionen zeigen wieder, dass die log-Normal-Verteilung die Daten gegenüber der Normal-Verteilung besser beschreibt.

Aus diesen relativen Häufigkeiten der Beschleunigungen wurden Antwortspektren zusammengestellt. In Abb. 7 sind die Mittel- und Fraktilwerte für eine mittlere Eintretensrate von $\nu = 10^{-4}$ dargestellt. Im Vergleich zu Berechnungen mit der Fehlerbaummethode (siehe z. B. [9]) sind die Ergebnisse plausibel.

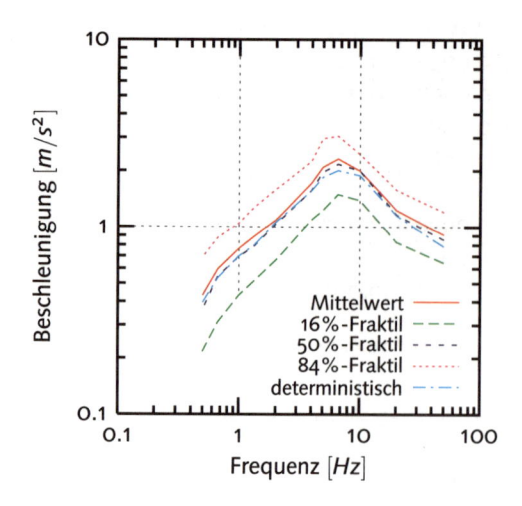

Abb. 7: Mittel- und Fraktilwerte der Antwortspektren für die mittlere, jährliche Rate $\nu = 10^{-4}$

4 Zusammenfassung und Ausblick

Die durchgeführten Untersuchungen zeigen, dass die vorgeschlagene Methode realistische Ergebnisse liefert. Im Vergleich zu den Berechnungen nach der Fehlerbaummethode (siehe [9]) sind die Resultate (Spektren, Fraktilwerte) von den gleichen Größenordnungen.

Für zukünftige Untersuchungen sind die Unsicherheiten in den Magnitudengrenzen und dem Modell der seismischen Regionen zu berücksichtigen.

Mit den mittleren Eintretensraten ν sind bei Vorgabe eines Zeitraums und der Voraussetzung eines Poissonprozesses für die Erdbebenereignisse Überschreitenswahrscheinlichkeiten der Beschleunigungen verbunden [3]. Es ist noch zu untersuchen, wie sich die ermittelten Verteilungsfunktionen für die Raten und Beschleunigungen auf diese Überschreitenswahrscheinlichkeiten auswirken.

5 Danksagung

Der Beitrag entstand im Rahmen der Grundlagenuntersuchungen zum Vorhaben „Erdbebeneinwirkung auf Bauwerke hohen Risikopotentials unter probabilistischer Betrachtung der Standortbedingungen". Bearbeiter danken dem SA-„AT" für die Förderung der Forschungs- und Entwicklungsarbeiten.

Literatur

[1] AMBRASEYS, N.N., K.A. SIMPSON, and J.J. BOMMER: *Prediction of horizontal response spectra in Europe.* Earthquake Engineering and Structural Dynamics, 25:371–400, 1996.

[2] CORNELL, C. A.: *Engineering seismic risk analysis.* Bull. Seism. Soc. of Am., 58(5):1583–1606, 1968.

[3] GRÜNTHAL, G., D. MAYER-ROSA und W. A. LENHARDT: *Abschätzung der Erdbebengefährdung für die DACH-Staaten - Deutschland, Österreich, Schweiz.* Bautechnik, 75(10):19–33, 1998.

[4] HABENBERGER, J., M. RASCHKE und J. SCHWARZ: *Ein Modell zur probabilistischen, seismischen Gefährdungsberechnung.* Schriftenreihe der Bauhaus-Universität Weimar Thesis, 116, 2004. (dieses Heft).

[5] HABENBERGER, J., M. RASCHKE und J. SCHWARZ: *Modelle zur Beschreibung der Magnituden-Häufigkeit-Beziehung.* Schriftenreihe der Bauhaus-Universität Weimar, 116, 2004. (dieses Heft).

[6] MCGUIRE, R. K.: *FRisk88M user's manual*, 1996.

[7] REITER, L.: *Earthquake Hazard Analysis - Issues and Insights.* Columbia University Press New York, 1. edition, 1991.

[8] RINNE, H.: *Taschenbuch der Statistik.* Verlag Harri Deutsch, 2. Auflage, 1997.

[9] SCHWARZ, J., G. GRÜNTHAL und C. GOLBS: *Gefährdungskonsistente Erdbebeneinwirkungen für deutsche Erdbebengebiete-Konsequenzen für die Normenentwicklung.* Wissenschaftliche Zeitschrift der Bauhaus-Universität Weimar Thesis, 1/2:50–69, 2001.

Standortanalysen

Analytische Standortuntersuchungen im Vergleich zu den Registrierungen in seismisch instrumentierten Tiefenbohrungen

Jochen Schwarz
Holger Maiwald

1 Vorbemerkungen

Die Festlegung von ingenieurseismologischen Kenngrößen setzt die Berücksichtigung der geologischen und Unterbedingungen am Standort voraus. Sie kann mit unterschiedlichem Aufwand und Genauigkeitsanspruch erfüllt werden. Während für allgemeine Hochbauten eine Grobklassifikation des Standortuntergrundes bereits die Auswahl eines charakteristischen Bemessungsspektrums ermöglichen sollte, sind insbesondere für sicherheitsrelevante bauliche Anlagen und allgemein bei Standorten mit mächtigen Lockersedimenten weitergehende Untersuchungen erforderlich (Schwarz et. al., 2003) [12]. In den genannten Fällen sind folgende Aufgaben abzuleiten, die die Bereitstellung entsprechender Eingangsdaten und eine zeitlich abgestufte Reihenfolge der Bearbeitung voraussetzen:

1. Um die lokalen Übertragungseigenschaften abschätzen zu können, sind Tiefenprofile erforderlich. Häufig fehlen diese Tiefenprofile oder die bodendynamischen Kenngrößen der vorhandenen Profile sind nicht bekannt. Teilweise erreichen Profile aus Bohrlochsondierungen nicht die erforderliche Tiefenerstreckung, so dass Abschätzungen im Profilverlauf erforderlich werden.

2. Liegen Profile vor bzw. wurden diese aus Analogiebetrachtungen heraus abgeleitet, besteht die Notwendigkeit, die Plausibilität des Modells durch Bebenregistrierungen bzw. Messdaten zu untersetzen, die ihrerseits grundsätzliche Merkmale des lokalen Übertragungsverhaltens am Standort widerspiegeln bzw. bestätigen sollten. Geeignet sind Strong-Motion-Daten, deren Herdparameter mit denen des Bemessungsbebens korrespondieren, wobei die Referenzierung zu anderen Standortuntergrundbedingungen erforderlich ist, sowie Messungen in Bohrlöchern, die im vertikalen Verlauf die Verstärkung der Bodenbewegung ausgehend vom Felshorizont bis zum Freifeld belegen.

3. Neben den Analogiebetrachtungen gemäß 1. und 2. sind die Bedingungen am konkreten Standort nachzuweisen, um auch von 2. in belastbarer Weise Gebrauch machen zu können. Das heißt, es wären Bebendaten im Standortbereich und von anderen Referenzpunkten erforderlich. Um die Standortanalysen am Tiefenprofil gemäß 1. abzusichern, muss die grundsätzliche Qualität des Verstärkungspotenzials am Standort in Form der dominanten Standortfrequenz bestätigt bzw. eine Profilkalibrierung vorgenommen werden. Beide Teilaufgaben setzen somit messtechnische Untersuchungen am Standort voraus.

Eine besondere Herausforderung besteht darin, die Qualität der seismischen Einwirkungen an Standorten, die durch Lockersedimentpakete mit Mächtigkeiten von 100 m und mehr geprägt sind, herauszuarbeiten. Dies ist auch deshalb herauszustellen, weil herkömmliche Klassifikationen der Untergrundbedingungen sich auf die oberen 25 bis 30 m beschränken (wie gegenwärtig in prEN 1998: 1-1 (2002) [2] für die Europäische Baunormung verankert) und im Regelfall auch die Strong-Motion-Daten nach ähnlichen Kriterien verifiziert werden. Derzeit bietet das Konzept der geologie- und untergrundabhängigen Spektren einen Erfolg versprechenden Ansatz, um den realen Standortgegebenheiten gerecht zu werden. In diesem Zusammenhang sei auf den Vorschlag von Schwarz und Brüstle (1999) [10] für die deutsche Baunormung verwiesen, der auf diesem Gebiet den aktuellen Stand der Technik repräsentiert.

Eine grundlegend neue Dimension eröffnet sich gegenwärtig mit dem Betrieb so genannter Borehole oder Downhole-Tiefenarrays, in denen Beben nicht nur im Freifeld, sondern verteilt über markante Schichtenfolgen eines Tiefenprofils aufgezeichnet werden.

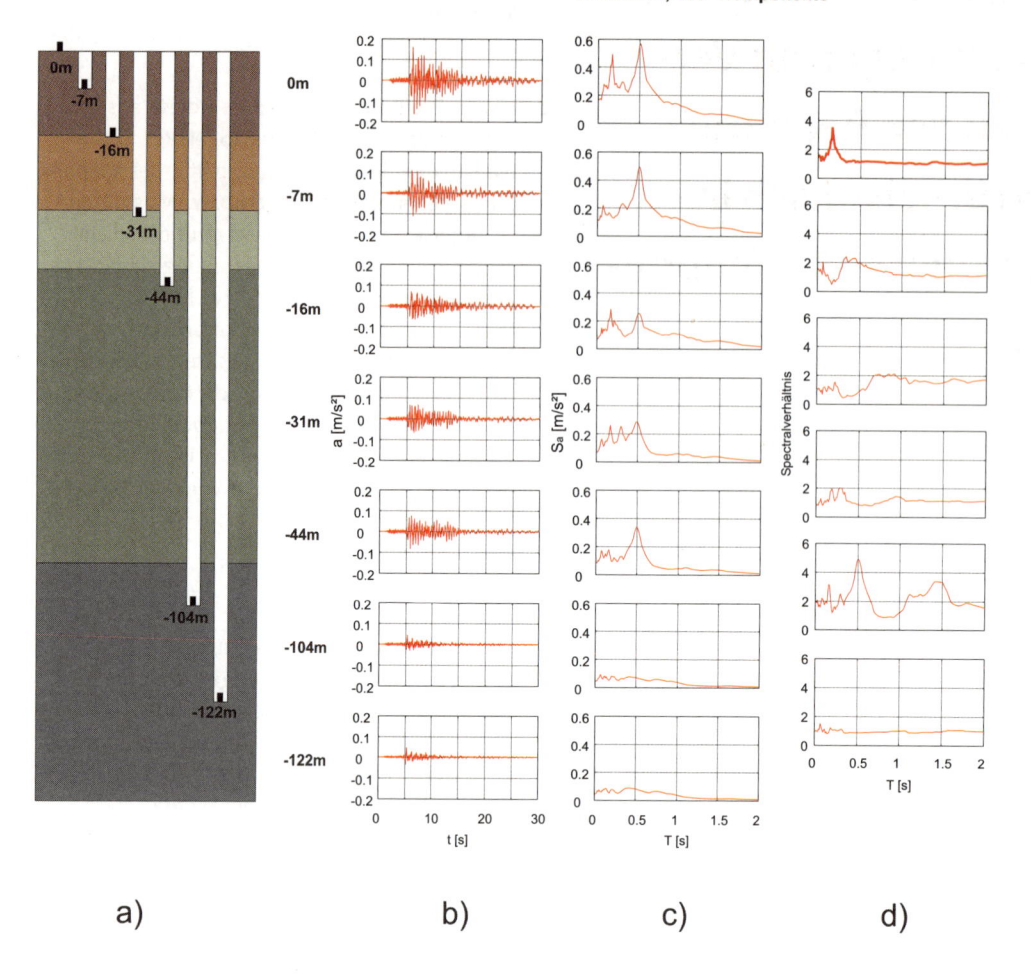

Abb. 1: Schematischer Aufbau eines instrumentierten Downhole Arrays, dargestellt am Beispiel des Treasure Island Geotechnical Array und eines Magnitude Ms = 4.9 Bebens vom 17.08.1999 (siehe auch Tabelle 1): a) Schematischer Aufbau, b) Beschleunigungszeitverläufe, c) Beschleunigungsantwortspektren, d) Spektralverhältnisse zwischen zwei jeweils aufeinanderfolgenden Schichten

Der Beitrag gibt einen ersten Eindruck in Arbeiten, die folgenden Zielstellungen verfolgen:

- Recherche und Zusammenstellung von Standorten mit Borehole-Tiefen-Arrays, d.h. von Strong-Motion-Instrumentierungen in dicht beieinanderliegenden Bohrlöchern mit jeweils unterschiedlicher Tiefenausdehnung.

- Aufbau einer Datenbank über geeignete (instrumentierte) Profile, ihre bodendynamischen Kenngrößen (Schichtmächtigkeiten, Scherwellengeschwindigkeiten und deren Tiefenabnahme, Absorptions-/Dämpfungskennwerte usw.).

- Zusammenstellung von Bebenregistrierungen mit Magnituden und Entfernungen mit Relevanz für die Auslegung von baulichen Anlagen in deutschen Erdbebengebieten.

- Diskussion des Niveaus der Beschleunigungen im tiefen Felshorizont im Vergleich zum Fels im Freifeld (out-cropping rock) und Klärung der erforderlichen Amplitudenanpassung.

- Durchführung von Standortanalysen (site-response studies) und beispielhafte Ermittlung von Freifeldspektren unter Verwendung der Messdaten und des bekannten Tiefenprofils.

- Verifikation der Leistungsfähigkeit herkömmlicher Standortanalysen am eindimensionalen Bodenmodell (unter Annahme vertikal propagierender Scherwellen).

Bei Kenntnis der bodendynamischen Kenngrößen bieten die Registrierungen die Möglichkeit, an den Ergebnissen herkömmlicher Standortanalysen gespiegelt zu werden. Des Weiteren können Unterschiede in Abhängigkeit von der Bebenspezifik (insbesondere der Magnitude- und Entfernungsbedingungen) herausgearbeitet werden.

Weltweit gibt es eine Reihe von Downhole Arrays, in denen Erdbebenaufzeichnungen in verschiedenen Tiefen gewonnen werden (Abb. 1). An ihnen lässt sich in ausgezeichneter Weise die Veränderung der seismischen Wellen durch das Tiefenprofil nachvollziehen. In deutschen Erdbebengebieten stehen aus

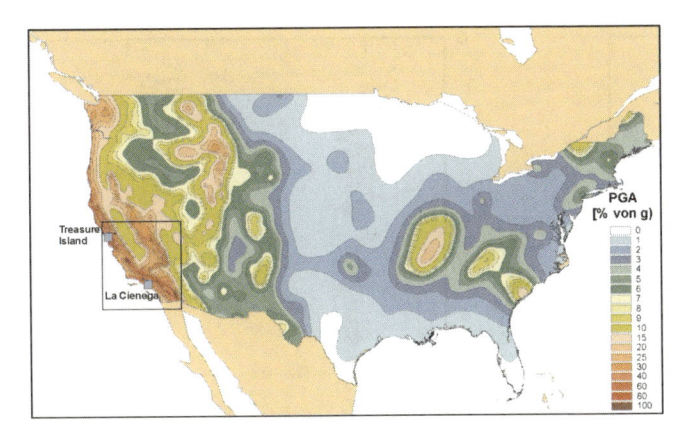

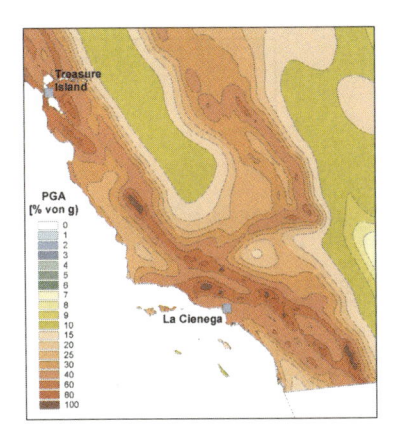

Abb. 2: Lage der Downhole Arrays innerhalb Erdbebengefährdungszonenkarte des USGS [13]
a) Karte der Vereinigten Staaten (ohne Alaska u.a.)   b) Auszug mit Schwerpunkt Kalifornien

unterschiedlichen Gründen (nicht zuletzt wegen der erheblichen Unterhaltungskosten) in der erforderlichen Qualität instrumentierte Downhole Arrays nicht zur Verfügung.

Nachfolgend wird auf Daten des California Strong Motion Instrumentation Program (CSMIP) zurückgegriffen.

2 Übersicht zu Tiefen-Arrays (Beispielregion Kalifornien)

2.1 Lage

Eine Übersicht zu den Registrierungen und Auswertungen der Downhole Arrays wird durch Graizer et al. (2002) in [8] gegeben.

Die hier betrachteten Downhole Arrays befinden sich in der seismisch aktiven Küstenregion Kaliforniens im Bereich der St. Andreas-Verwerfung (in der Nähe von San Francisco bzw. in der Nähe des Santa Monica Freeways bei La Cienega).

Wie die Erdbebengefährdungszonenkarte des United States Geologiocal Survey (USGS) [10] in Abb. 2a bzw. im vergrößerten Ausschnitt gemäß Abb. 2b veranschaulichen soll, werden rein normtechnisch an den Standorten Horizontalbeschleunigungen (Peak Ground Accelaration PGA) zwischen 0.4 und 0.6 g mit einer Überschreitenswahrscheinlichkeit von 10 % in 50 Jahren erwartet. Für das gleiche Gefährdungsniveau gibt die Neufassung der DIN 4149 (2002) [1] in der Zone höchster Seismizität einen Bemessungswert von 0.80 m/s², der mit einer maximalen Bodenbeschleunigung (PGA) von etwa 1.6 m/s² korrespondiert.

Aus [8] wurden auch die Kenngrößen der Tiefenprofile für die Standorte Treasure Island Geotechnical Array und La Cienega Downhole Array entnommen (vgl. Abb. 3a und 3b).

Wie am Beispiel der Registrierungen eines Bebens der Magnitude Ms = 4.9 in 29 km Entfernung an den insgesamt sechs Strong-Motion-Geräten des Treasure Island Geotechnical Array gezeigt werden kann,

ist über die Tiefe eine signifikante Veränderung des seismischen Signals zu verzeichnen:

- Abb. 1b vermittelt einen Eindruck davon, wie sich die Beschleunigungsamplituden und die Dauer der Starkbebenphase ausprägen.

- Abb. 1c veranschaulicht anhand der Beschleunigungsspektren, wie sich der Frequenzgehalt bis hin zur Freifeld-Oberfläche entwickelt. Während sich der dominante Peak bei 0.5 s von der Basis bis zur Oberfläche fortsetzt, kann der Peak bei 0.2 s auf den Einfluss der oberflächennahen Schichten zurückgeführt werden.

- Dies lässt sich über die Relation der Beschleunigungsantwortspektren von jeweils aufeinanderfolgenden Registrierpunkten nachweisen (vgl. Abb. 1d). Im Beispiel ist das etwa 60 m mächtige Sedimentpaket (zwischen Teufe 44 und 104 m) für die Ausprägung der Amplitudenspitze bei Periode T = 0.5 s verantwortlich, die sich auch in Freifeldspektren infolge der Oberflächenregistrierung (Teufe 0 m) nachweisen lässt. Die zweite, ebenfalls markante ausgebildete Amplitudenspitze bei 0.2 s wird vornehmlich durch die oberen 7 m verstärkt. (Diese Beobachtung deckt sich mit den Ergebnissen aus den Übertragungseigenschaften, Abb. 4)

2.2 Kennzeichnung der Profile

Die Scher- und Kompressionswellengeschwindigkeiten (v_s, v_p) für die Tiefenprofile an den Standorten der Downhole Arrays von Treasure Island (Abb. 3a) und La Cienega (Abb. 3b) wurden direkt aus [8] und [9] entnommen. Fehlende Angaben (u.a. zur Dichte der Untergrundschichten) wurden auf der Grundlage der Auswertungen von Budny [5] ergänzt.

Zur Klassifikation des Untergrundes der Standortprofile der Downhole Arrays werden folgende Aussagen getroffen [8]:

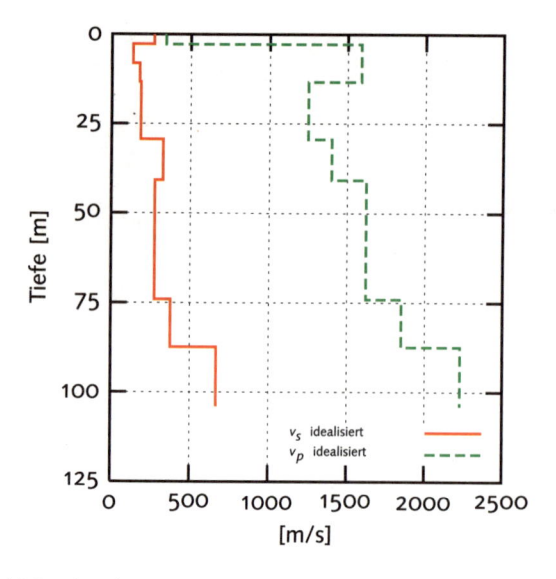

(a) Standort des Treasure Island Geotechnical Array (nach Angaben in [8])

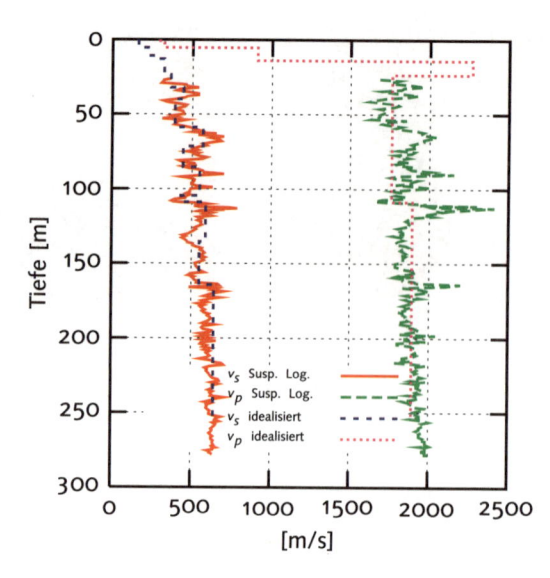

(b) Standort La Cienega Downhole Array (nach Angaben in [8], [9])

Abb. 3: Tiefenprofile der Downhole Arrays

- Die in den 30er Jahren des letzten Jahrhunderts geschaffene 162 ha große Insel Treasure Island besteht aus einer künstlichen Auffüllung über 15 m mächtigen Ablagerungen aus weichen Schluff und Lehmsedimenten. Darunter befinden sich eine dichte Sandschicht und steife pleistozäne Lehmablagerungen. Unterhalb von 91 m Tiefe folgt der Felshorizont aus Sandstein und Tonschiefer. Jedoch sind die Scherwellengeschwindigkeiten hier für Fels noch sehr gering. Am Maßstab des Klassifikationsschemas der DIN 4149 (2002) [1] wäre der Standort der Untergrundkombinationen B3 bzw. C3 zuzuordnen.

- Die weichen Sedimente (marine Ablagerungen aus Sand, Schluff, Lehm und Kies) liegen am Standort La Cienega noch in 250 m an. Es handelt sich unzweifelhaft um einen Standort mit einer außergewöhnlich mächtigen Lockersedimentüberdeckung (nach [8]: deep soft soil site). Am Maßstab des Klassifikationsschemas der DIN 4149 (2002) [1] wäre der Standort eindeutig der Untergrundkombination C3 zuzuordnen.

- Die Übertragungsfunktionen vom Tiefenhorizont bis zur freien Oberfläche werden anhand der abgeleiteten Tiefenprofile ermittelt. Die Abb. 4a (Treasure Island) und Abb. 4b (La Cienega) verdeutlichen die qualitative Unterschiede in den Übertragungseigenschaften, die sich sowohl in der Lage der dominanten Perioden als auch im Amplitudenniveau nachweisen lassen. Für das La Cienega Downhole Array werden Übertragungsfunktionen für Bezugsebenen bei -100 m und -252 m dargestellt.

Diese Bezugsebenen repräsentieren die beiden tiefstgelegenen Messpunkte des Profils (vgl. Abb. 3b), wobei für -252 m nur für wenige Beben Aufzeichnungen zur Verfügung stehen.

Wie in den Abb. 7 und 8 beispielhaft gezeigt werden kann, bilden sich die dominanten Perioden auch in den Beschleunigungsspektren der Freifeldregistrierungen aus; mit ihnen können jedoch nicht alle markanten Peaks in den Spektren erklärt werden.

2.3 Ausgewählte Registrierungen

Unter [6] ist für die beiden Standorte eine Reihe von Erdbebenaufzeichnungen in digitaler Form verfügbar. Eine Übersicht der im Rahmen dieser Untersuchungen ausgewerteten Beben geben die Tabellen 1 und 2. Es wird deutlich, dass die Ereignisse sehr unterschiedliche Magnituden-Entfernungsbedingungen repräsentieren, mit den Extremen schwacher herdnaher bzw. starker Fernbeben.

In Abb. 5 werden die Herde der an den Arrays registrierten Beben eingetragen. Starkbeben der letzten Jahre werden durch einen orangenen Punkt hervorgehoben. Neben dem Hector Mine Beben vom 16.10.1999 (LC10 in Tabelle 2) ist auf das Northridge Bebens vom 17.01.1994 zu verweisen, dessen Herd offenkundig in Verbindung mit der Einrichtung des La Cienega Arrays steht.

(a) Treasure Island

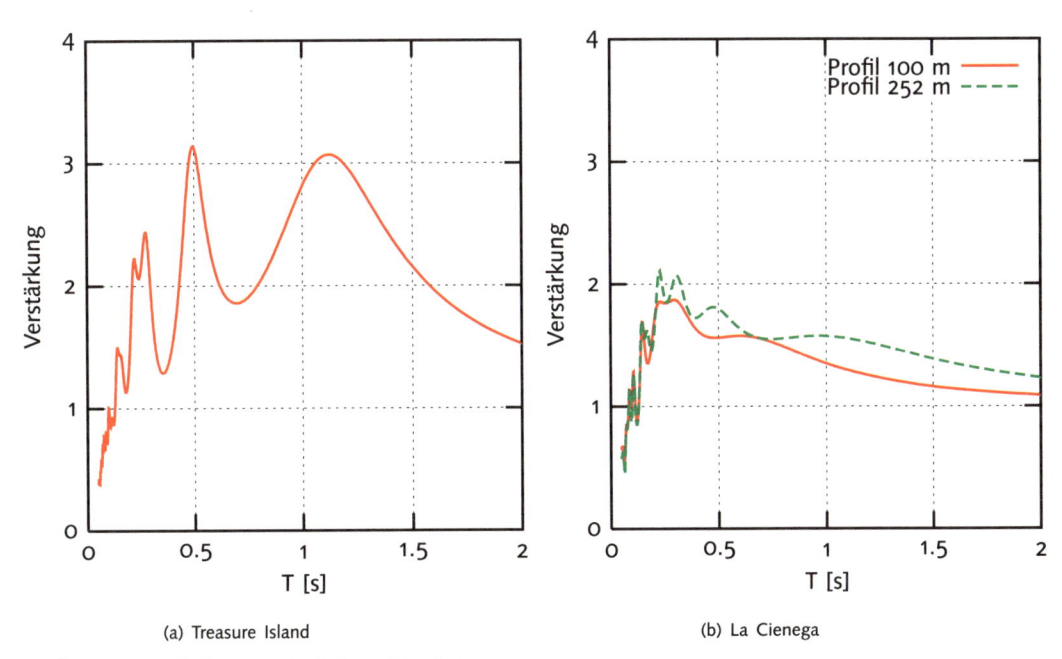

(b) La Cienega

Abb. 4: Übertragungsfunktionen der beiden Standorte

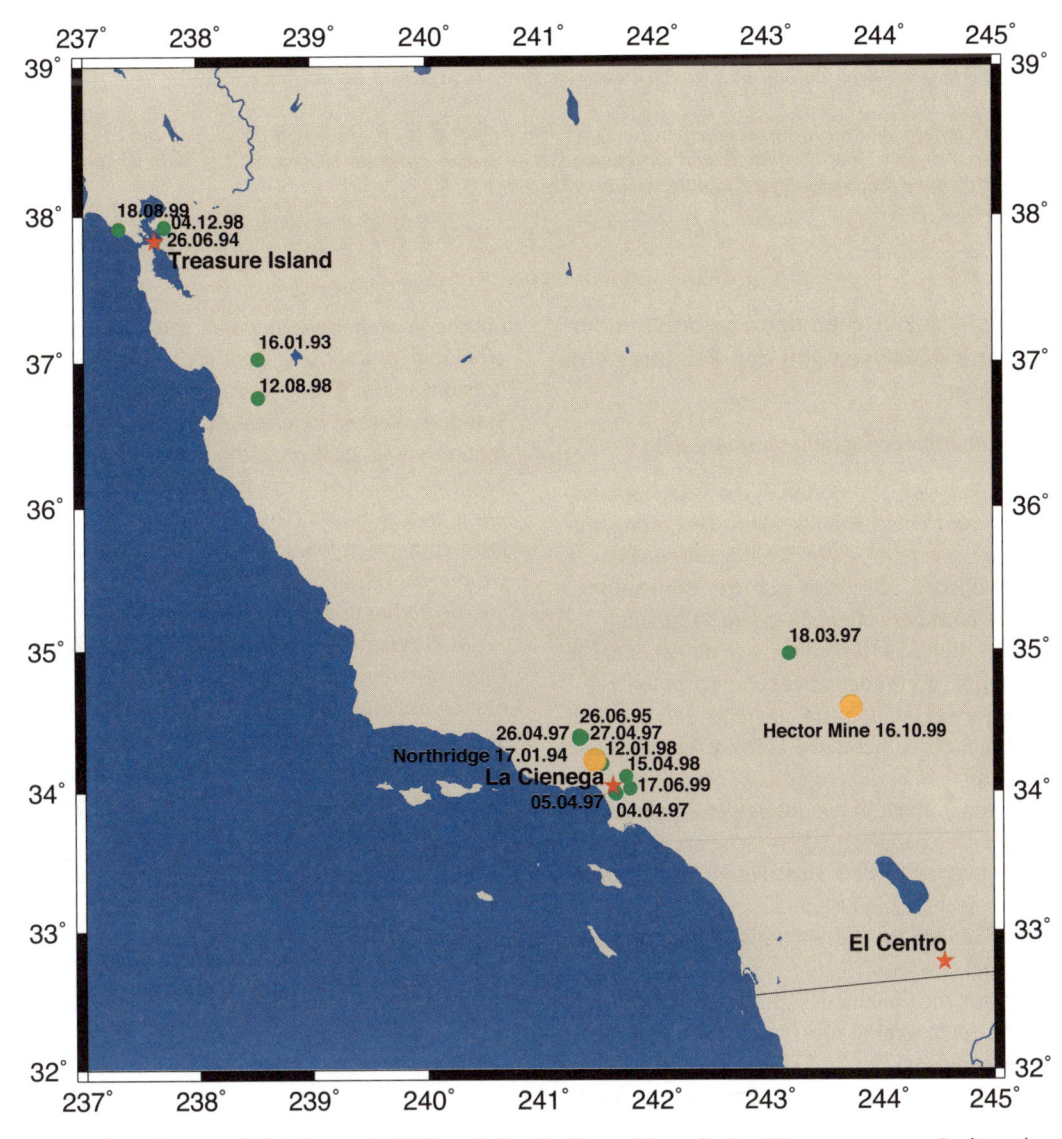

Abb. 5: Lage der Beben gemäß Tabelle 1 und Tabelle 2 (grüne Punkte markieren die Registrierungen, orange Punkte geben die Lage von Starkbeben)

Beben	Datum	M_L	M_S	Herdtiefe h [km]	Epizentraldistanz R [km]
TI1	16.01.93	4.7	4.7	7.9	120.4
TI2	26.06.94	4	3.6	6.6	12.6
TI3	12.08.98	5.4	5.5	9.2	143.8
TI4	04.12.98	4.1	3.7	6.9	13
TI5	17.08.99	5	4.9	6.9	29
TI6	03.09.00	5.2	5.2	9	61.4

Tabelle 1. Herdparameter der am Treasure Island Geotechnical Array registrierten Beben (nach [6])

Beben[1]	Datum	M_L	M_S	Herdtiefe h [km]	Epizentraldistanz R [km]
LC1	26.06.95	5	4.9	13.3	47.6
LC2	18.03.97	5.1	5.1	1.8	176.7
LC3	04.04.97	3.3	2.7	4.2	6.7
LC4	05.04.97	2.5	1.6	4.1	6.4
LC5	26.04.97	5.1	5.1	16.5	45.8
LC6	27.04.97	4.9	4.8	15.2	45.7
LC7	12.01.98	3.4	2.8	11.3	19.1
LC8	15.04.98	3.2	2.5	9.2	13
LC9	16.06.99	3	2.3	4.6	14.7
LC10	16.10.99	7	7.3	33	203.6

Tabelle 2: Herdparameter der am La Cienega Downhole Array registrierten Beben (nach [6])

[1] *Für La Cienega sind noch Aufzeichnungen für Beben am 01.08.00 (LC11), 16.09.00 (LC12) und am 01.09.01(LC13) vorhanden, Angaben über Magnitude und Entfernung stehen jedoch nicht zur Verfügung. Die Aufzeichnungen konnten jedoch für die Standortanalysen genutzt werden (Abschnitt 3).*

3 Vergleich zwischen den Ergebnissen der Standortanalysen und den Bebenregistrierungen

3.1 Definition der Felseingangserregung

Die Qualität von Standortanalysen (site-response-studies) wird entscheidend durch die Festlegung der Eingangserregung am Grundgebirge (Fels-Bezugshorizont, über dem sich das Bodenprofil aufbaut, auch bezeichnet als bedrock) geprägt.

Es ist deshalb erforderlich, sich eingehender mit der Spezifik der Bodenbewegung im tiefen Fels (Grundgebirge) und im frei anstehenden Fels (outcropping rock) zu befassen. Letztere kann aus spektralen Abnahmebeziehungen (z.B. nach Ambraseys et al., [3]) oder durch Verwendung der Ergebnisse statistischer Datenauswertungen (Schwarz et al.,2000 [11]) abgeleitet werden. Aus diesen werden dann spektrumkompatible Zeitverläufe ermittelt, die in den entsprechenden Programmen als Eingangserregung verwendet werden.

Festzustellen bleibt, dass Signale im frei anstehenden Fels (outcropping rock) im Grunde genommen nicht die Qualität der im Rahmen von Standortanalysen geforderten Felseingangserregung besitzen. Ungeachtet dessen besteht (aus Datenmangel) die übliche Vorgehensweise darin, eine Oberflächenfelserregung (outcropping bedrock motion) am Felshorizont in der Tiefe anzusetzen (vgl. Abb. 6). In Standortanalysen ist diese als outcropping bedrock motion vorab zu kennzeichnen, da sie de facto für eine freie Felsoberfläche und nicht für Bodenbewegung im tiefen Fels (Grundgebirge, bedrock) steht. Programmintern werden die an der Oberfläche gewonnenen Felsaufzeichnungen im Amplitudenniveau auf die Bedingungen im überdeckten Fels angepasst.

In Programmen wie z.B. CyberQuake [4] wird die Eingangserregung generell als outcropping bedrock motion definiert (Abb. 6). Dies bedeutet jedoch, dass in derartigen Programmen in der Tiefe gewonnene Zeitverläufe nicht als Eingangserregung geeignet sind. Eine solche Möglichkeit wird durch das Programm PROSHAKE [7] angeboten, d.h. es besteht die Option, den realen Tiefenzeitverlauf als inside motion (ohne freie Oberfläche) am Felshorizont oder an jeder anderen Profilschicht einzuführen.

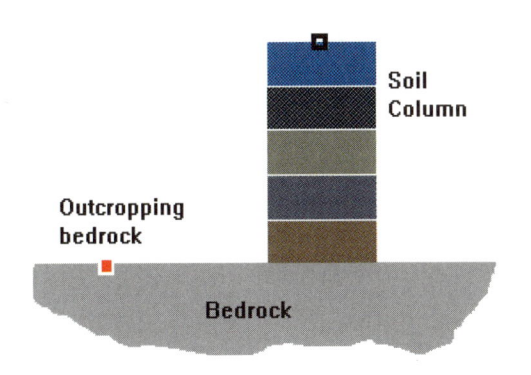

Abb. 6: Definition der Eingangserregung in herkömmlichen Standortanalyse-Programmen am Beispiel von CyberQuake [4]

Im Rahmen der nachfolgenden Untersuchungen sollen deshalb drei Problemstellungen betrachtet werden, die sich aus dem Verfahren der Standortanalyse selbst ergeben:

- die Plausibilität der Ergebnisse durchgeführter Standortanalysen,

- die Anwendungsgrenzen des Verfahrens sowie

- die Übertragbarkeit der Oberflächenzeitverläufe an Felsstandorten auf den Felshorizont in der Tiefe und die Unterschiede in den qualitativen Merkmalen.

3. 2 Standort Treasure Island

Die mit PROSHAKE durchgeführten Standortanalysen zeigen z.T. eine bemerkenswerte Übereinstimmung mit den aus den Bebenregistrierungen ermittelten Beschleunigungsspektren im Freifeld (TI1, TI2). Die Lage und die Amplituden der dominanten Spitzen der Antwortspektren werden sehr gut durch die Standortanalysen wiedergegeben (Abb. 7a und Abb. 7b). Bei anderen Beben (TI3, TI4, TI5 u. TI6) zeigen sich signifikante Überhöhungen besonders im niederperiodischen Bereich (Abb. 7c bis 7f).

Um den Grad der Übereinstimmung zwischen Messung und Standortanalyse nicht nur am Antwortspektrum, das bekanntlich nur die Maximalreaktionen eines Satzes von Einmassenschwingern (an den letztlich ausgewerteten Periodenpunkten des Spektrums) infolge eines Beschleunigungszeitverlaufes abbildet, herauszuarbeiten, werden für das Beispiel TI2 die zeitabhängigen spektralen Antwortbeschleunigungen ermittelt und in den Grafiken gemäß Abb. 8a und 8b veranschaulicht. Die gewählte 3-dimensionale Darstellung a (T, t, D) vermittelt einen Eindruck von den Absolutwerten der periodenabhängigen Antwortbeschleunigungen über die Bebendauer (für eine kritische Dämpfung D = 0.05); die Projektion der Maximalwerte führt zum herkömmlichen Spektrum S_a (T,D). Im konkreten Fall zeigt sich auch über die Bebendauer eine bemerkenswerte Übereinstimmung zwischen Registrierung und Analyse.

Im Gegensatz dazu sind bei dem über 140 km entfernten Beben TI3 deutliche Unterschiede in der Ausbildung der dominanten Perioden während des Bebenverlaufes zu finden (Abb. 8c und 8d).

3. 3 Standort La Cienega

Auch hier zeigten die durchgeführten Standortanalysen (LC3, LC4, LC7, LC8, LC9, LC11, LC12, LC13) im Hinblick auf das Amplitudenniveau der Antwortspektren vertrauenswürdige Ergebnisse (Abb. 9a bis f). Die Lage und die Amplituden der dominanten Spitzen werden plausibel wiedergegeben. Für die Beben LC1, LC2, LC5 und LC 6 bildet sich bei der Standortanalyse mit PROSHAKE ein dominanter Peak bei Periode T = 0.8 s heraus, der in den Antwortspektren der Aufzeichnungen nicht enthalten ist. Da es sich hierbei es sich um herdfernere Beben (R > 40 km) handelt, ist die Ursache in der Wellenzusammensetzung zu suchen, die mit einem eindimensionalen Bodenbalkenmodell, das vornehmlich auf sich vertikal ausbreitende Scherwellen ausgerichtet ist, eben nur partiell erfasst werden kann.

3. 4 Qualität der Standortanalysen

Bei Berechnungen mit dem Programm PROSHAKE lassen sich die Lage der signifikanten Spitzen und ihre Amplituden in den Antwortspektren der Oberflächenzeitverläufe gut erfassen. Überschätzungen im niederperiodischen und Unterschätzungen im höherperiodischen Bereich der Spektren lassen sich bei einigen Beben am Standort Treasure Island unabhängig von der Herdentfernung beobachten.

Um die Qualität der Standortanalysen zu veranschaulichen, wird für jedes Ereignis die Relation zwischen dem Spektrum aus der Standortanalysen und dem aus der Registrierung im Freifeld gebildet. Ergebnisse einer statistischen Auswertung sind den Abb. 10a bzw. 10b zu entnehmen.

Dargestellt werden der Mittelwert und die 16% -, 50%- bzw. 84% -Fraktilen. Die Unterschiede zwischen den Mittelwerten und 50%- Fraktilen sind gering. Im ausgewerteten, baupraktisch relevanten Periodenbereich sind die Unterschiede nur an einzelnen Perioden auffällig:

- bei den Perioden T = 0.2 - 0.3 s und 1.25 s (Treasure Island) und

- bei Periode T = 0.8 s (La Cienega).

Die Unterschiede sind auf Überschätzungen durch die Standortanalysen zurückzuführen; sie tragen in diesem Sinne zur Konservativität der Ergebnisse bei.

(a) TI1, 90°

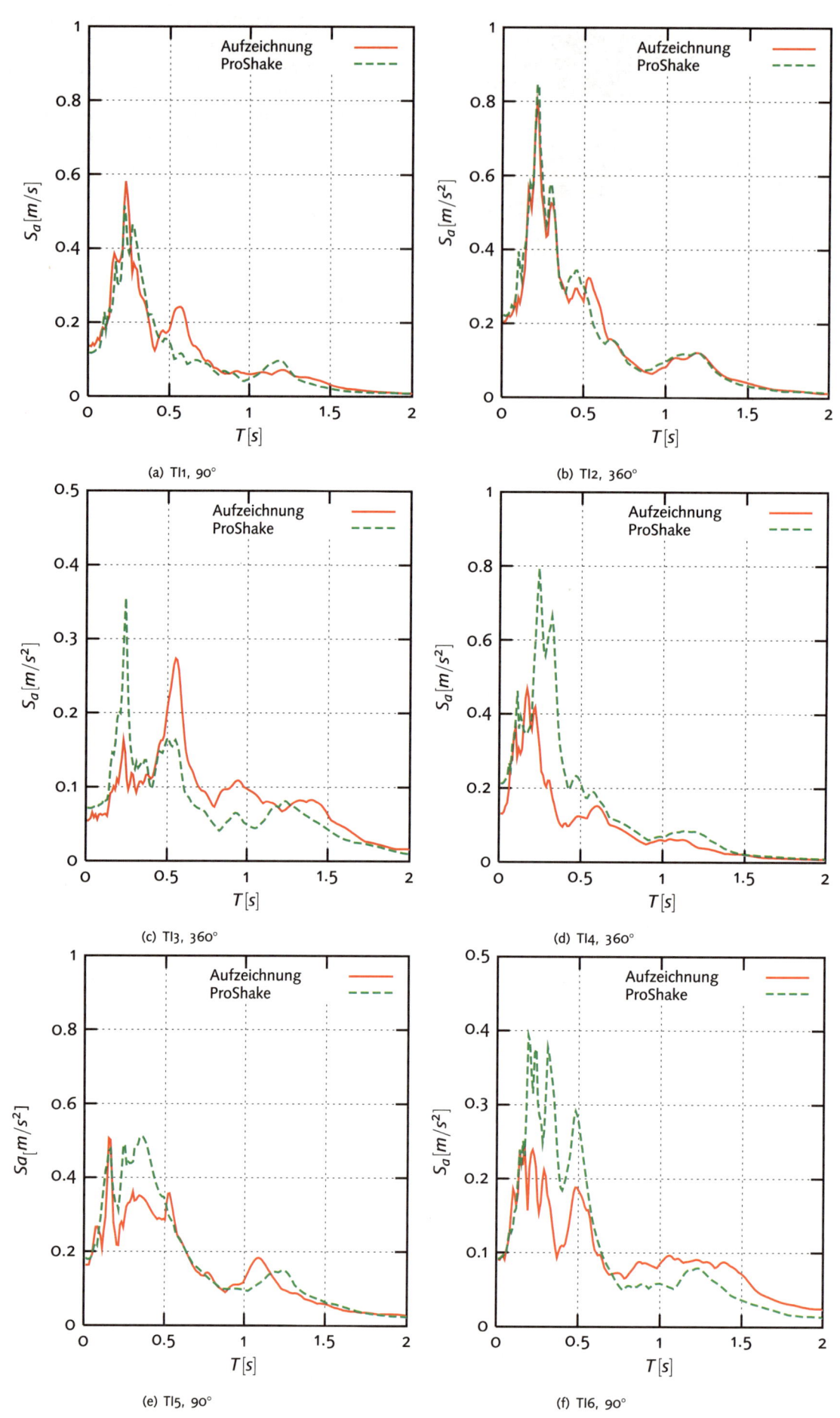

(b) TI2, 360°

(c) TI3, 360°

(d) TI4, 360°

(e) TI5, 90°

(f) TI6, 90°

Abb. 7: Antwortspektren Aufzeichnungen, Standortanalysen Treasure Island

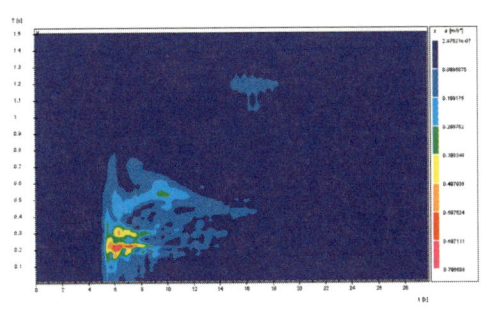

a) Aufzeichnung TI2 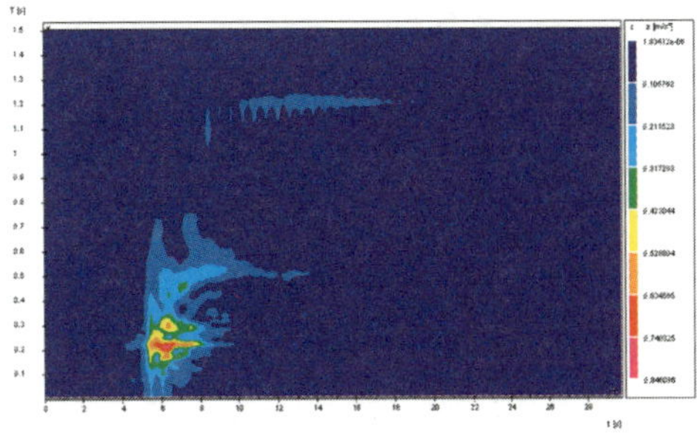 *b) Standortanalyse PROSHAKE TI2*

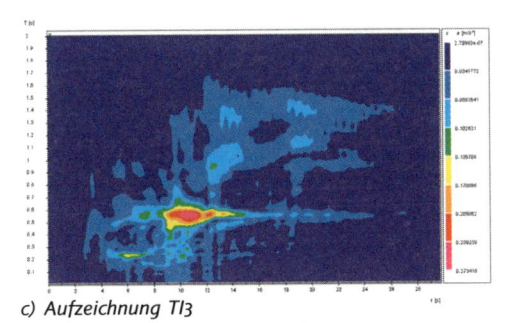

c) Aufzeichnung TI3 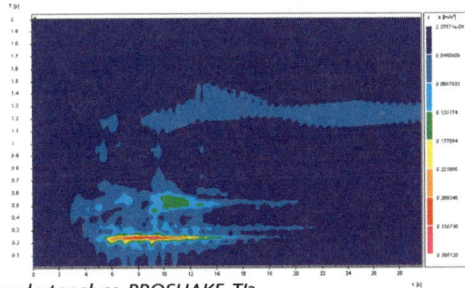 *d) Standortanalyse PROSHAKE TI3*

Abb. 8: Darstellung der zeitabhängigen spektralen absoluten Antwortbeschleunigungen

Die davon betroffenen Perioden lassen sich zunächst nicht durch markante Standortperioden oder atypische Bebenereignisse erklären. Vielmehr stellt sich die Frage nach der Qualität der aufbereiteten Tiefenprofile, der räumlichen Anordnung der eingebrachten Bohrlöcher und der Horizontbeständigkeit der in den Analysen angesetzten Profilschichten.

Insofern sind als Ursache für die Abweichungen neben der Dimensionalität der Standortanalysen auch die Unschärfen bei der Festlegung der Bodenparameter (Messungenauigkeit für die Scherwellengeschwindigkeiten, Abschätzung der Dichten) in Erwägung zu ziehen.

3. 5 Felsbeschleunigungen im tiefen Felshorizont und Freifeld (outcropping rock)

Für die meisten der Beben lagen Angaben zu Magnitude und Entfernung vom Epizentrum vor (Tabellen 1 und 2). Mit diesen Daten wurden nach den spektralen Abnahmebeziehungen von Ambraseys et al. [3] die Beschleunigungsspektren für den Tiefenhorizont (rock) und das Freifeld (soft soil) aufbereitet. Für die Registrierungen T13, T15, LC1 und LC5 werden gegenübergestellt (Abb. 11a bis 11d):

- Spektren für die beiden Horizontalkomponenten an der freien Oberfläche mit dem Spektrum für weichen Boden (soft soil),

- Spektren für die beiden Horizontalkomponenten im Fels (inside rock) mit dem Spektrum für Fels

unter Einführung der Magnituden M_S und Entfernungen R gemäß Tabelle 1 bzw. Tabelle 2.

Während die Spektren für den weichen Untergrund im Freifeld in einer vergleichbaren bzw. noch plausiblen Größenordnung differieren, weisen die nach den spektralen Abnahmebeziehungen aufbereiteten Felsspektren ein wesentlich höheres Niveau auf als die Antwortspektren infolge der in der Tiefe gemessenen Zeitverläufe.

Für Treasure Island und La Cienega wurde für jedes Beben das Verhältnis der Spektren nach Ambraseys et al. [3] und den Spektren der einzelnen Tiefenzeitverläufe gebildet.

In Abb. 12 sind die Mittelwerte dieser Verhältnisse dargestellt. Die für Freifeldbedingungen stehenden Einwirkungen (outcropping rock) liegen am Beispiel dieser in ihrer Aussagefähigkeit durchaus begrenzten Studie um einen Faktor 4 bis 5 über den im Tiefenprofil gemessenen Felsbeschleunigungen für reinen bedrock. (Um diesen Faktor wäre die Felseingangserregung bei Standortanalysen abzumindern, wenn eine Anpassung auf die Bodenbewegung im Tiefenprofil programmintern nicht gewährleistet wäre.)

Die periodenabhängige Relation zwischen den Spektren aus den empirisch-statistischen Abnahmebeziehungen und den Spektren infolge der Tiefenzeitverläufe ist für beide Standorte von vergleichbarer Qualität. Insofern ist ein Einfluss der (bei den beiden Standorten unterschiedlich mächtigen) überliegenden Sedimentschicht aus den vorliegenden Ergebnissen nicht abzuleiten.

(a) LC1, 360°

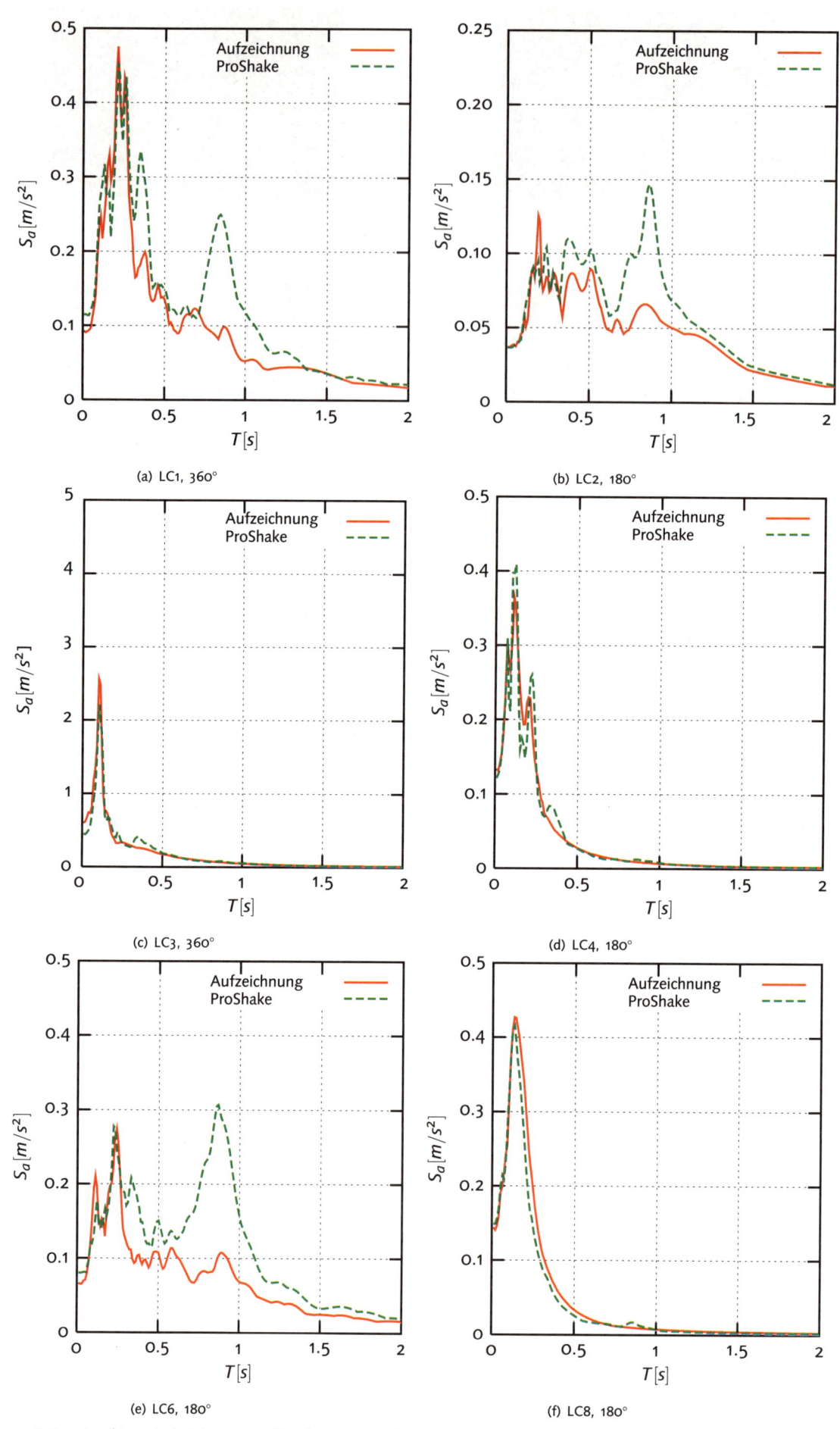

(b) LC2, 180°

(c) LC3, 360°

(d) LC4, 180°

(e) LC6, 180°

(f) LC8, 180°

Abb. 9: Antwortspektren Aufzeichnungen, Standortanalysen La Cienega

(a) Profil Treasure Island

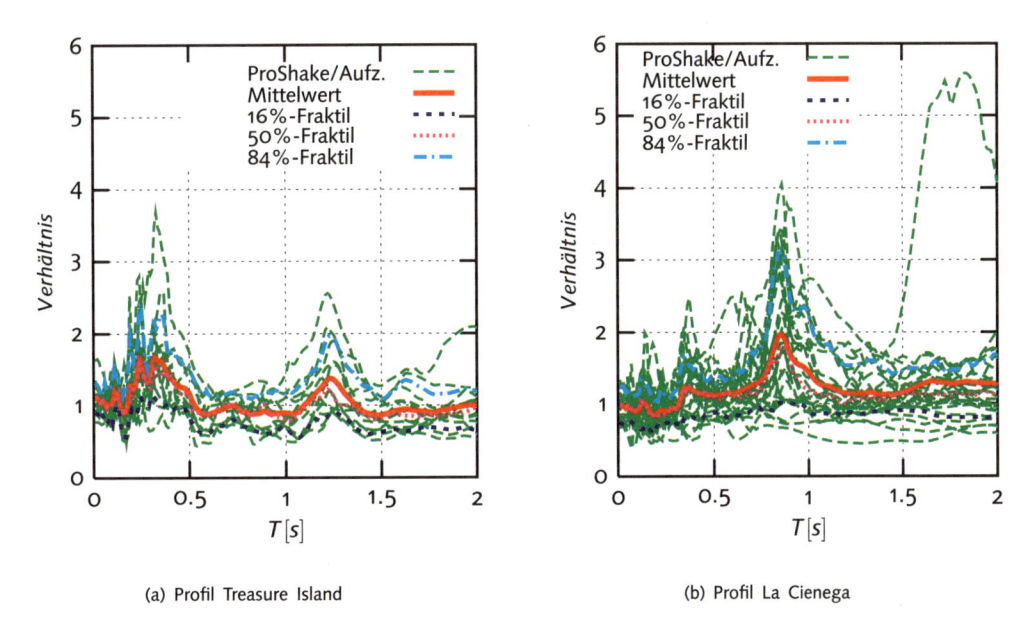

(b) Profil La Cienega

Abb. 10: Relation zwischen den Spektren aus den Standortanalysen und aus den Registrierungen im Freifeld

(a) Aufzeichnungen TI3 (Treasure Island)

(b) Aufzeichnungen TI5 (Treasure Island)

(c) Aufzeichnungen LC1 (La Cienega)

(d) Aufzeichnungen LC5 (La Cienega)

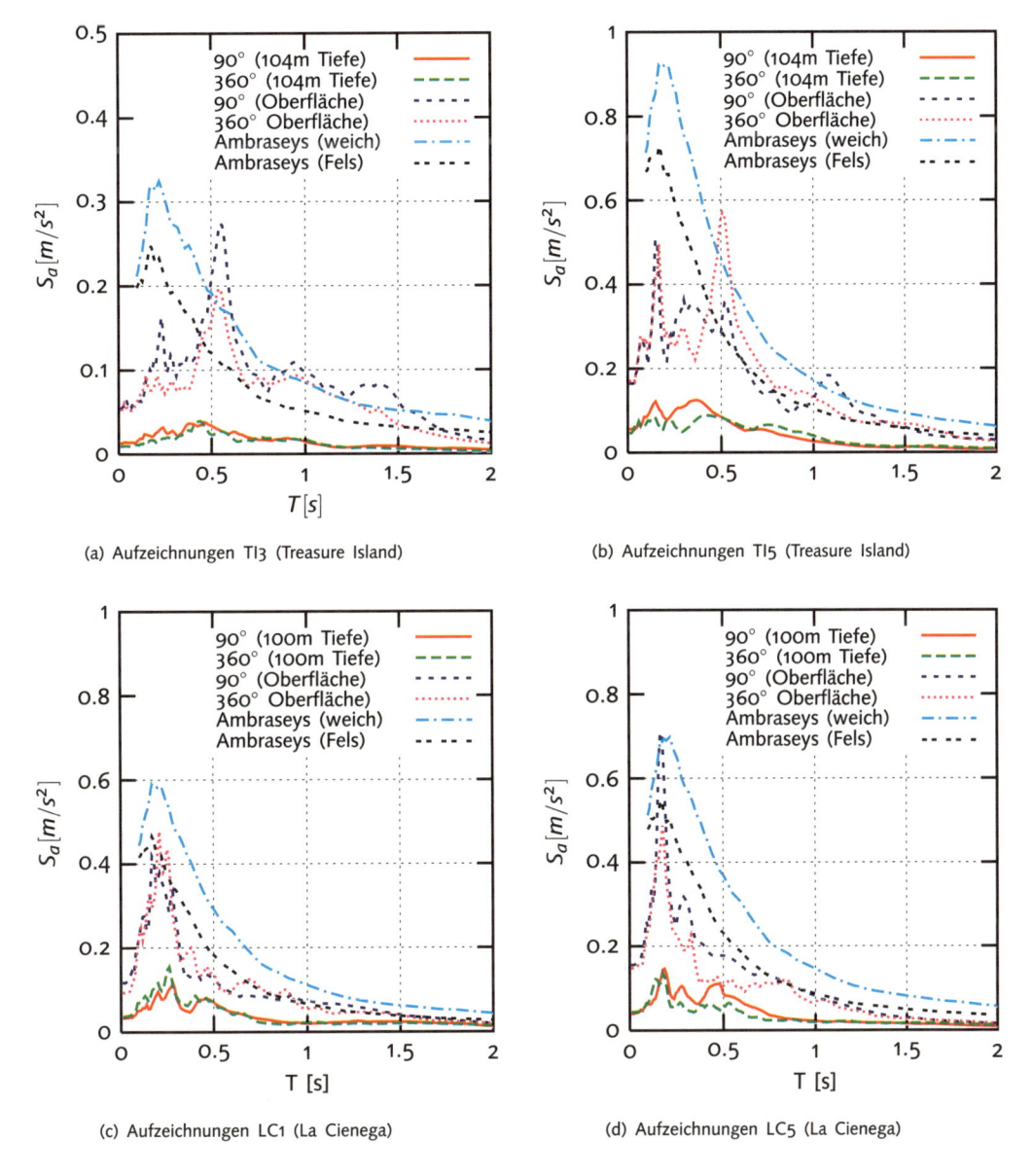

Abb. 11: Mittelwerte der Relation zwischen den Felsspektren nach Ambraseys et al. [3] und den Spektren aus den gemessenen Tiefenzeitverläufen (bedrock)

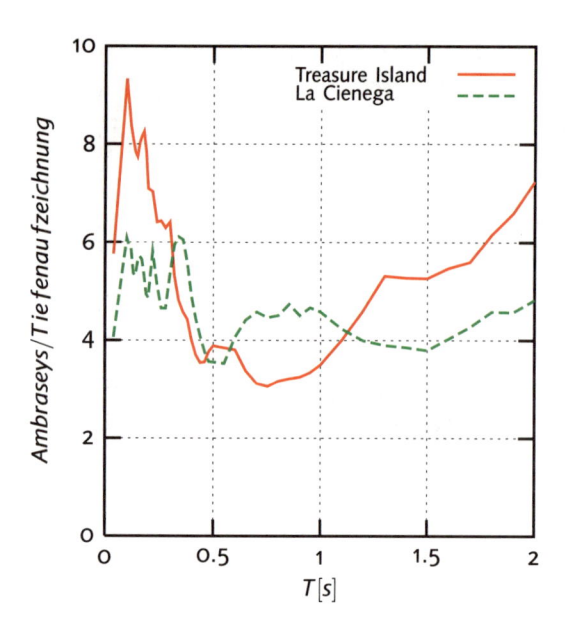

Abb. 12: Mittelwerte der Verhältnisse der Spektren nach Ambraseys et al. [3] und den Spektren der einzelnen Tiefenzeitverläufe

4 Schlussfolgerungen

Wie die Untersuchungen bestätigen, sind herkömmliche Standortanalysen, wie sie u.a. durch Programme wie PROSHAKE [7] angeboten werden, geeignet, um seismische Einwirkungen unter Berücksichtigung der geologischen Bedingungen am Standort festzulegen bzw. auch zu verifizieren. Dieses Aussage gilt insbesondere dann, wenn der Anwendungsbereich dieser Analysen eingehalten wird, der durch sich vertikal ausbreitende Scherwellen, d.h. bemessungsrelevante Ereignisse in Herdnähe und eine horizontale Schichtbeständigkeit im Standortbereich gesetzt ist. Demzufolge wäre a priori nicht vorauszusetzen, dass sich Bodenbewegungen infolge von Starkbeben in größerer Herdentfernung in vergleichbar guter Qualität auf analytischen Wege reproduzieren oder prognostizieren lassen. Dies gilt auch für Effekte, die sich auf die Oberflächen- oder Tiefentopographie (z.B. infolge Beckenstrukturen) zurückführen lassen. Hier besteht weiterhin Klärung- und Forschungsbedarf, der mit der seismischen Instrumentierung entlang dieser geologischen Strukturen zu verbinden wäre.

Literatur:

[1] E DIN 4149, Bauten in deutschen Erdbebengebieten. Lastannahmen, Bemessung und Ausführung üblicher Hochbauten.

[2] prEN 1998-1, Eurocode 8: Design of structures for earthquake resistance. part 1: General rules, seismic action and rules for buildings, May 2002. Draft No. 5.

[3] N. N. Ambraseys, K. A. Simpson, and J. J. Bommer. Prediction of horizontal response spectra in Europe. *Earthquake Engineering and Structural Dynamics*, 25:371–400, 1996.

[4] BRGM Software Range. CyberQuake Users Guide Version 2.0.

[5] M. Budny. *Seismische Bestimmung der bodendynamischen Kennwerte von oberflächennahen Schichten in Erdbebengebieten der Niederrheinischen Bucht und ihre ingenieurseismologische Anwendung*. Geologisches Institut der Universität zu Köln, 1984.

[6] CSMIP FTP-Server. ftp://ftp.consrv.ca.gov/pub/dmg/csmip/.

[7] EduPro Civil Systems, Inc. PROSHAKE Users Manual Version 1.1.

[8] V. Graizer, A. Shakal, and P. Hiplay. Recent data recorded from downhole geotechnical arrays. In *SMIP2000 Seminar on Utilization of Strong-Motion Data*, pages 23 – 38, September 14, 2000.

[9] ROSRINE Site list. http://geoinfo.usc.edu/rosrine/project_ims/query/rosrine_site_list.asp.

[10] J. Schwarz and W. Brüstle. Protokoll der sitzung des normenausschusses bauwesen nabau 00.06.00 des din in stuttgart am 18. oktober 1999 (unveröffentlicht). verarbeitet in DIN 4149 (Entwurf 2000), 5. Norm-Vorlage, vorgesehen als Ersatz für DIN 4149-1 (April 1981).

[11] J. Schwarz, J. Habenberger, and C. Schott. Auswertung von strong-motion-daten in den für deutsche erdbebengebiete maßgebenden magnituden- und entfernungsbereichen. *Wissenschaftliche Zeitschrift der Bauhaus-Universität Weimar Thesis*, 1/2:80–91, 2000.

[12] J. Schwarz, C. Schott, and J. Habenberger. Auswertung von strong-motion-daten in den für deutsche erdbebengebiete maßgebenden magnituden- und entfernungsbereichen: Fallstudie für steife und weiche untergrundbedingungen. *(dieses Heft)*, 2003.

[13] USGS Earthquake Hazard Map. http://www.nationalatlas.gov/seihazm.html). Shapefile: http://edcftp.cr.usgs.gov/pub/data/nationalatlas/seihazp020.tar.gz.

Standortanalyse unter Berücksichtigung der Streuung der Bodeneigenschaften

Jörg Habenberger
Holger Maiwald
Jochen Schwarz

1 Vorbemerkungen

Wie bereits in vorangegangenen Beiträgen dargelegt, bestehen Modellunsicherheiten bei der Erfassung der Übertragung der Erdbebenwellen vom Grundgebirge zum Standort des Bauwerks. Die Unsicherheiten bestehen dabei vorwiegend bei den Bodenkenngrößen und dem Aufbau (Schichtmächtigkeiten, Verlauf der Schichten) der das Grundgebirge überlagernden Bodenschichten. Bisher werden diese Unsicherheiten vorwiegend mit der Fehlerbaummethode behandelt (z. B.: [1]). Die Wahl der Bodenparameter und deren Wichtung ist dabei von den Entscheidungen der Experten abhängig.

In dem vorliegenden Beitrag werden Verteilungsfunktionen für die Bodenparameter ermittelt und die Ergebnisse durch Simulationsrechnungen bestimmt. Dadurch soll eine zuverlässigere Erfassung der Unsicherheiten erreicht werden. Dabei wird ausschließlich der Einfluss der Scherwellengeschwindigkeit v_S betrachtet. Die Unsicherheiten weiterer Materialparameter und des Schichtenaufbaues werden nicht behandelt. Es wird vorausgesetzt, dass diese bekannt sind.

Weiterhin werden die Gleichungen für die eindimensionale Wellenausbreitung verwendet, um die Übertragungsfunktionen bestimmen zu können (s. a. [7]). Es wird ausschließlich lineares Materialverhalten angenommen. Diese Annahme ist für kleine Verformungen (Schubverzerrung $\gamma < 10^{-5}$, [9]) noch zutreffend. Bei hohen Standort-Intensitäten ist die Berücksichtigung des nichtlinearen Materialverhaltens erforderlich. Dafür wird hier die äquivalent-lineare Analyse verwendet (z. B.: [3]).

2 Bestimmung der Bodenparameter

2.1 Erforderliche dynamische Bodenparameter

Für die lineare bzw. äquivalent-lineare, eindimensionale Übertragung von SH-Wellen ist die Kenntnis der folgenden dynamischen Bodeneigenschaften erforderlich:

- Scherwellengeschwindigkeit v_S

- Dichte ρ

- Dämpfungsmaß ξ

Der dynamische Schubmodul ist über die Beziehung $G = v_S^2 \rho$ mit der Scherwellengeschwindigkeit verknüpft.

In [9], *Kapitel 8* werden zur Ermittlung der dynamischen Bodenkenngrößen bei einer deterministischen Berechnung folgende Vorgehensweisen vorgeschlagen:

- Abschätzung aufgrund von Ergebnissen statischer Baugrunduntersuchungen

- Abschätzung aufgrund von Kennwert-Tabellen verschiedener Böden

- Berechnung aufgrund von dynamischen Baugrunduntersuchungen

Bei Standortuntersuchungen kommt gegenüber der Berechnung z. B. von Maschinengründungen hinzu, dass die Bodeneigenschaften bis zum Grundgebirge, d. h. bis in eine große Tiefe bekannt sein müssen. Es ist zudem zu beachten, dass die Bodeneigenschaften von der Tiefe abhängig sind. In Kramer [3] wird dargestellt, wie die Kenngrößen aus dynamischen Labor- bzw. Feldversuchen ermittelt werden können.

In der äquivalent-linearen Berechnung sind der Schubmodul G und die Dämpfung ξ von der maximalen Schubverzerrung abhängig, die während der Erdbebeneinwirkung in den Bodenschichten auftritt (Abb. 1 und 2). Die abgebildeten Kurven beziehen sich auf einzelne Bodenklassen. Sie unterliegen ebenfalls Streuungen. Durch Variation der Kurven innerhalb eines bestimmten Bereiches wird versucht, diese Unsicherheiten zu berücksichtigen [9].

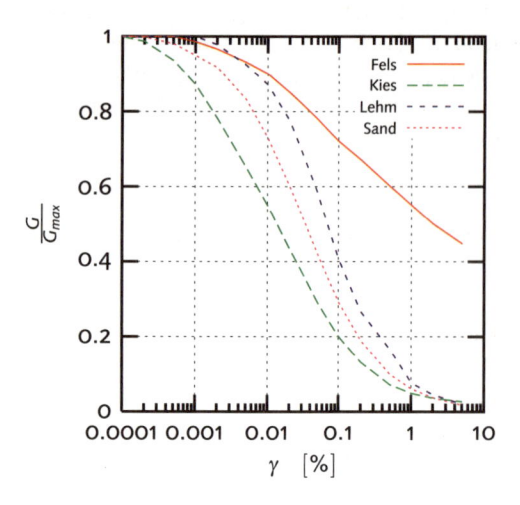

Abb. 1: Schubmodul-Gleitung-Kurve (aus [])

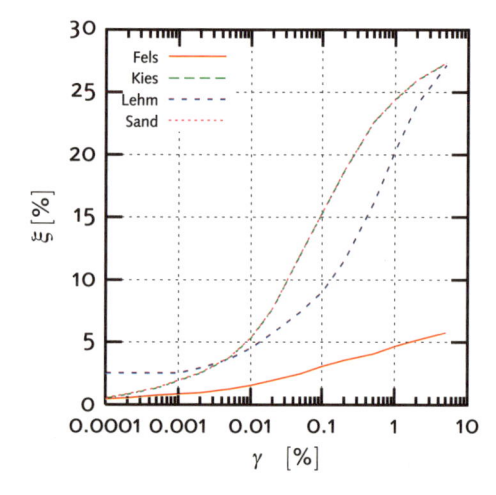

Abb. 2: Dämpfung-Gleitung-Kurve (aus [])

Für die Standortanalyse lassen sich die Einflüsse auf die Bestimmung der Bodeneigenschaften wie folgt zusammenfassen (nach [9]):

1. Art und Umfang der regionalen bzw. örtlichen Baugrundaufschlüsse
2. Homogenität des Bodens bzw. erkennbarer Trend in der Tiefe bzw. in der Region
3. Abhängigkeit der Streuung von den Schichtmächtigkeiten, (Kompensation der Werte im Volumen)
4. Vorhandensein von Vorinformationen (Datenbanken, Tabellenwerte)

Das Vorhandensein von Informationen über den Untergrund wird auch von dem gestellten Problem abhängig sein. Ist die Erdbebengefährdung für eine Region zu ermitteln, so werden keine großflächigen Baugrundaufschlüsse vorhanden sein und es sind Vorinformationen und Datenbankangaben für die Bodenkenngrößen zu verwenden. Bei der Analyse von einzelnen, ausgewählten Standorten (Bauwerke hohen Risikopotentials) werden umfangreichere Angaben zum vorliegenden Standort vorhanden sein. Es ergeben sich somit im Rahmen der Ermittlung der Erdbebeneinwirkung im Wesentlichen zwei Fälle zur Bestimmung der Bodeneigenschaften:

- Vorhandensein von örtlichen bzw. regionalen Baugrundaufschlüssen am Standort
- Vorhandensein von Vorinformationen (Datenbanken, Karten, Tabellen zu Bodenklassen)

Zur Ermittlung der Verteilungsfunktion von statischen Bodeneigenschaften besteht bereits eine Vielzahl von Arbeiten (z. B. [4, 9, 10, 11]).

Die darin enthaltenen Überlegungen werden entsprechend auf die hier behandelten dynamischen Probleme übertragen.

Spaethe gibt in [10] Mittelwerte und Variationskoeffizienten für die Materialeigenschaften bestimmter Bodengruppen an. Es ist aber zu berücksichtigen, dass bei der Ermittlung so genannte Größeneffekte zu beachten sind. Sie beinhalten, dass die Streuung der Bodenkennwerte von den Schichtmächtigkeiten abhängt und sich mit zunehmender Schichthöhe verringert (Vanmarcke [11]). Ebenfalls ist wiederum die Tiefenabhängigkeit der Mittelwerte zu berücksichtigen.

2.2 Ermittlung der Verteilungsfunktion für v_S

Als Verteilungsfunktion der Bodenkenngrößen wird oft die log-Normalverteilung verwendet (z. B. [5]). Sie hat die Dichtefunktion:

$$f(x) = \frac{1}{\sigma\sqrt{2\pi}x} \exp\left[\frac{(\ln x - \mu)^2}{2\sigma^2}\right] \quad (1)$$

für $x \geq 0$, wobei $\ln x$ normalverteilt ist, mit den Parametern $\mu = E(\ln x)$ und $\sigma^2 = V(\ln x)$. Sie ist der Normalverteilung vorzuziehen, da die Bodenkenngrößen keine negativen Werte annehmen können. Bei kleinen Variationskoeffizienten sind die Unterschiede zwischen beiden Verteilungen aber gering.

Die Bestimmung von μ und σ ist abhängig von den zur Verfügung stehenden Informationen über den Standort. In [9], *Kapitel 2* werden Vorgehensweisen zur Ermittlung des Mittelwertes und der Streuung in Abhängigkeit von Art und Umfang der örtlichen und regionalen Aufschlußergebnisse und der eventuell vorhandenen Zusatzinformationen angegeben.

2.3 Beispiel

Wie in den Vorbemerkungen bereits erwähnt, soll der Einfluss der Streuung der Scherwellengeschwindigkeit untersucht werden. Für verschiedene Standorte in den USA liegen Messungen der Scherwellengeschwindigkeiten in Bohrlöchern für verschiedene Bodenklassen (Kies, Sand, Lehm, Granit etc.) vor. Anhand dieser Daten werden die Verteilungsfunktionen für die Bodenklassen ermittelt.

In einem ersten Schritt wird die Abhängigkeit der Scherwellengeschwindigkeit von der Tiefe ermittelt. Dazu wird eine Regressionsrechnung unter Verwendung eines expotentiellen bzw. linearen Zusammenhangs verwendet. In Abb. 3 sind die Daten für die Bodenklasse Lehm und die Regressionsgerade mit der folgenden Beziehung (Glg. 2, z in m) dargestellt.

$$v_S = 315 + 7.3267\,z + \sigma P \qquad (2)$$

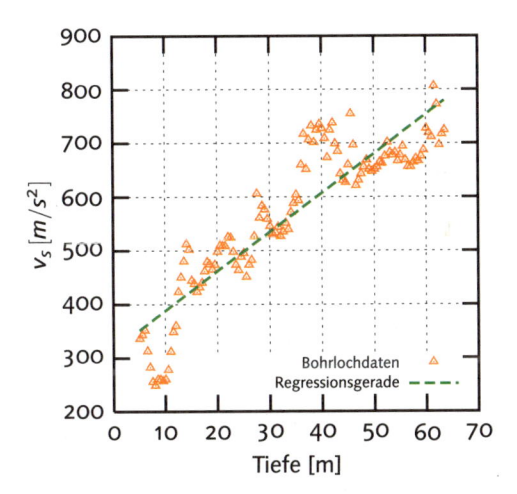

Abb. 3: Bohrlochmessungen der Scherwellengeschwindigkeit für Lehm (USA, Messabstände in 0.5 m)

Mit Glg. 2 kann der Erwartungswert für die Verteilungsfunktion (Glg. 1) in Abhängigkeit von der Tiefe ermittelt werden. Die Standardabweichung σ, die aus der Regressionsrechnung ermittelt wird, gilt nur für Schichthöhen bis zur Korrelationslänge δ (siehe [4, 11]). Die Verringerung der Streuung durch Größeneffekte muss zusätzlich bestimmt werden. Dazu wird die von Vanmarcke [11] angegebene Vorgehensweise verwendet.

Die Bohrlochmessungen liegen in äquidistanten Abständen vor. Es werden mehrere Regressionsanalysen durchgeführt, wobei die Abstände vergrößert und mehrere Messungen zusammengefasst werden. Damit ergeben sich ebenfalls Standardabweichungen σ in Abhängigkeit von den Abständen bzw. Schichthöhen. Dieser Zusammenhang ist in Abb. 4 dargestellt und verdeutlicht die Abnahme der Varianz mit Zunahme der Schichthöhe $\left(\Gamma = \frac{\sigma(h)^2}{\sigma(\delta)^2}\right)$. Nach anschließender Regressionsrechnung unter Verwendung eines expotentiellen Zusammenhangs zwischen Schichthöhe h in m und Γ lässt sich die folgende Glg. für Lehm zur Beschreibung der Varianzreduktion angeben.

$$\Gamma(h) = \exp\left[-0.0208 - 0.2039\ln(h)\right] \qquad (3)$$

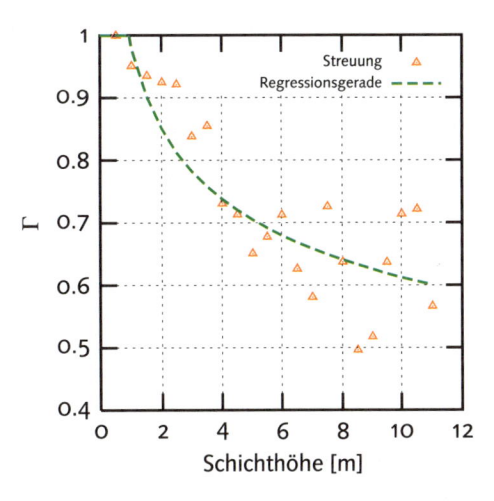

Abb. 4: Varianzreduktionsfaktor Γ in Abhängigkeit von der Schichthöhe

Mit diesen Kenntnissen lassen sich endgültig der Erwartungswert und die Varianz für die Verteilungsfunktion nach Glg. 1 angeben. In der Abb. 5 ist die Verteilungsfunktion für Lehm in einer Tiefe von 20 m (Schichtmitte) und einer Schichthöhe von 5 m angegeben. Ebenfalls dargestellt sind die dazugehörigen mit der MATLAB-Funktion `lognrnd` simulierten Scherwellengeschwindigkeiten v_S.

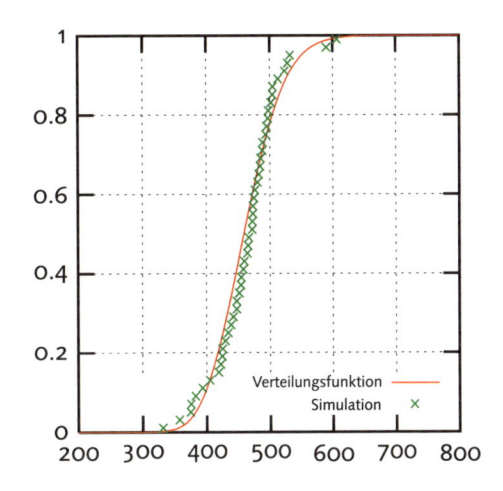

Abb. 5: Simulation der Scherwellengeschwindigkeit

3 Übertragungsfunktionen

Zur Erfassung der Übertragungseigenschaften des untersuchten Standortes wird die von Schnabel u. a. in [6] angegebene Methode verwendet (s. a. Kramer [3]). Sie verwendet die eindimensionale Wellengleichung und löst diese im Frequenz- und Wellenzahlbereich. Durch entspechende Transformationen (FFT, DFT) können Zeitverläufe von Bodenbewegungsgrößen ermittelt werden.

Bei der Anwendung der Methode ist zu beachten, wie die Eingangs- und Ausgangsgrößen der Bodenbewegungen zur Berechnung der Übertragungsfunktion festgelegt sind. Es treten vier Varianten auf (s. a. Abb. 6 und 7):

1. Eingang: Bewegung Fels-Grundbegirge
   Ausgang: Bewegung freie Boden-Oberfläche
2. Eingang: Bewegung freie Fels-Oberfläche
   Ausgang: Bewegung freie Boden-Oberfläche
3. Eingang: Bewegung Fels-Grundbegirge
   Ausgang: Bewegung Boden-Schichtgrenzen
4. Eingang: Bewegung freie Fels-Oberfläche
   Ausgang: Bewegung Boden-Schichtgrenzen

Als Eingangsgrößen liegen meist gemessene bzw. aus Messungen abgeleitete Oberflächenbewegungen vor.

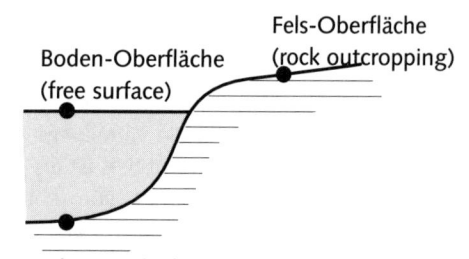

Abb. 6: Bezeichnungen der Bodenbewegungen bei Fels mit darüber liegendem Boden

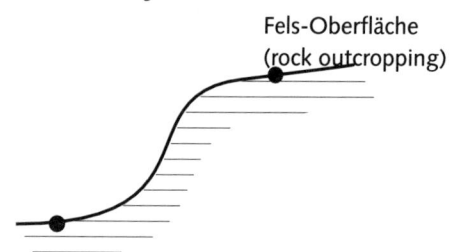

Abb. 7: Bezeichnungen der Bodenbewegungen bei Fels ohne darüber liegendem Boden

Im Folgenden wird die Berechnungsmethode kurz umrissen. An Beispielprofilen werden anschließend die Ergebnisse der eigenen programmtechnischen Umsetzung der Methode mit denen von ProSHAKE [6] verglichen.

3. 1 Berechnungsmethode

Die eindimensionale Wellengleichung (homogene, partielle Differentialgleichung 2. Ordnung) unter Berücksichtigung einer viskosen Dämpfung lautet:

$$\rho \frac{\partial^2 u}{\partial t^2} = G \frac{\partial^2 u}{\partial z^2} + \eta \frac{\partial^3 u}{\partial z^2 \partial t} \quad (4)$$

mit der Zeit t, der Tiefenkoordinate z und der Viskosität $\eta = \frac{2G\xi}{\omega}$ ($\omega = 2\pi f = \frac{2\pi}{T}$ =Kreisfrequenz).

Für die Verschiebungen wird der folgende Produktansatz gewählt:

$$u(z,t) = u(z)u(t) \quad (5)$$
$$= u(z)e^{i\omega t} \quad (6)$$
$$= \left(A_1 e^{-ik^*z} + B_1 e^{+ik^*z}\right) e^{i\omega t} \quad (7)$$

mit der komplexen Wellenzahl $k^* = \frac{2\pi}{\lambda} = \frac{2\pi}{\omega} v_S$, der Wellenlänge $\lambda = v_S T$ und den Amplituden A und B.

Unter Verwendung des komplexen Schubmoduls $G^* = g(1+2i\omega)$ erhält man damit aus Glg. 4 die gewöhnliche DGL:

$$G^* \frac{\partial^2 u(z)}{\partial z^2} = -\rho \omega^2 u(z) \quad (8)$$

bzw. mit $v_S^* = \sqrt{\frac{G^*}{\rho_S}}$:

$$v_S^* \frac{\partial^2 u(z)}{\partial z^2} = -\omega^2 u(z) \quad (9)$$

Die Schubspannungen berechnen sich aus den Schubdehnungen (Gleitungen) durch Multiplikation mit dem Schubmodul:

$$\tau(z,t) = G^*\gamma = G^* \frac{\partial u}{\partial z} \quad (10)$$

3. 1. 1 Ungeschichteter Untergrund

Befindet sich nur eine Schicht über dem Grundgebirge, so sind die Randbedingungen an der freien Oberfläche ($\tau = 0$) und an der Grenze Boden zu Fels ($u_{Boden} = u_{Fels}$ und $\tau_{Boden} = \tau_{Fels}$) zu berücksichtigen.

3. 1. 2 Geschichteter Untergrund

Bei geschichtetem Untergrund treten für jede Schicht die unbekannten Amplituden A_m und B_m in den Verschiebungen:

$$u_m(z_m,t) = A_m e^{i(\omega t - k_m^* z_m)} + B_m e^{i(\omega t + k_m^* z_m)} \quad (11)$$

und den daraus abgeleiteten Schubspannungen:

$$\tau_m(z_m,t) = ik_m^* G_m^* (A_m e^{ik_m^* z_m} - B_m e^{ik_m^* z_m}) e^{i\omega t} \quad (12)$$

auf (s. Abb. 8).

Abb. 8: Bezeichnungen bei geschichtetem Untergrund

Sie sind nur für die Anregung an der untersten Schicht bekannt. Für die anderen Schichten müssen sie aus den Randbedingungen an den Schichtgrenzen bestimmt werden. Das sind die Übereinstimmung der Verschiebungen:

$$u_m(z_m = h_m, t) = u_{m+1}(z_{m+1} = 0, t) \quad (13)$$
$$A_{m+1} + B_{m+1} = A_m e^{ik_m^* h_m} + B_m e^{-ik_m^* h_m} \quad (14)$$

und die Kontinuität der Schubspannungen an den Schichtgrenzen:

$$\tau_m(z_m = h_m, t) = \tau_{m+1}(z_{m+1} = 0, t) \quad (15)$$
$$A_{m+1} + B_{m+1} = \frac{k_m^* G_m^*}{k_{m+1}^* G_{m+1}^*} \times \\ \times \left(A_m e^{ik_m^* h_m} - B_m e^{-ik_m^* h_m}\right) \quad (16)$$

Daraus ergibt sich eine rekursive Beziehung zur Bestimmung der Amplituden:

$$A_{m+1} = \frac{1}{2} A_m (1 + \alpha_m^*) e^{ik_m^* h_m} + \\ + \frac{1}{2} B_m (1 - \alpha_m^*) e^{-ik_m^* h_m} \quad (17)$$

$$B_{m+1} = \frac{1}{2} A_m (1 - \alpha_m^*) e^{ik_m^* h_m} + \\ + \frac{1}{2} B_m (1 + \alpha_m^*) e^{-ik_m^* h_m} \quad (18)$$

mit dem komplexen Impedanzverhältnis α_m^*:

$$\alpha_m^* = \frac{k_m^* G_m^*}{k_{m+1}^* G_{m+1}^*} = \frac{\rho_m^* vs_m^*}{\rho_{m+1}^* vs_{m+1}^*} \quad (19)$$

Weiterhin müssen die Schubspannungen an der freien Oberfläche verschwinden:

$$\tau_1(z_1 = 0, t) = ik_1^* G_1^* (A_1 - B_1) e^{i\omega t} = 0 \quad (20)$$

Daraus ergibt sich die Übereinstimmung der Amplituden:

$$A_1 = B_1 \quad (21)$$

an der freien Oberfläche. Bei Anwendung der Glg. 17 und 18 können die Übertragungsfunktionen für alle Schichten bestimmt werden.

3.2 Lineare Berechnung

Die beschriebene Berechnungsmethode wurde in dem Programmsystem ©Matlab umgesetzt. Damit ist eine durchgängige Berechnung innnerhalb eines Programms von der Ermittlung der Felserregungen (s. a. Habenberger u. a. [2]) über die Bestimmung der Bodenkennwerte (siehe Abschnitt 2) bis zu den Bodenbewegungen an der Standortoberfläche möglich.

Zur Überprüfung des Programms werden die Ergebnisse der linearen Berechnung mit denen des Programms ProShake [7] verglichen. Das Bodenprofil des Berechnungsbeispiel ist in Abb. 9 dargestellt. Die Bodensäule besteht aus vier Schichten und dem darunter liegenden Grundgebirge. Die Bodenkennwerte und die Schichthöhen sind festgelegt.

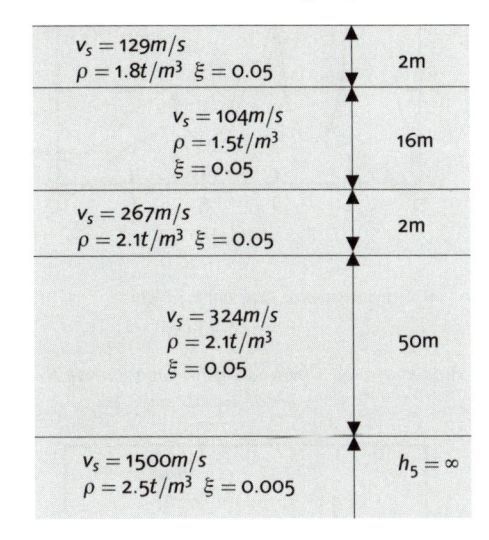

$v_s = 129 m/s$ $\rho = 1.8 t/m^3$ $\xi = 0.05$	2m
$v_s = 104 m/s$ $\rho = 1.5 t/m^3$ $\xi = 0.05$	16m
$v_s = 267 m/s$ $\rho = 2.1 t/m^3$ $\xi = 0.05$	2m
$v_s = 324 m/s$ $\rho = 2.1 t/m^3$ $\xi = 0.05$	50m
$v_s = 1500 m/s$ $\rho = 2.5 t/m^3$ $\xi = 0.005$	$h_5 = \infty$

Abb. 9: Parameter des Beispiels (lineare Berechnung)

Als Felsanregung wird der künstliche Erdbebenzeitverlauf nach Abb. 10 verwendet. Er wurde aus einem Antwortspektrum generiert, für das Erdbeben der Magnituden $4.7 \leq M_S \leq 5.7$ und der Epizentralentfernung $R_e \leq 20\,km$ ausgewertet wurden (s.a. [8], Abb. 17(b)).

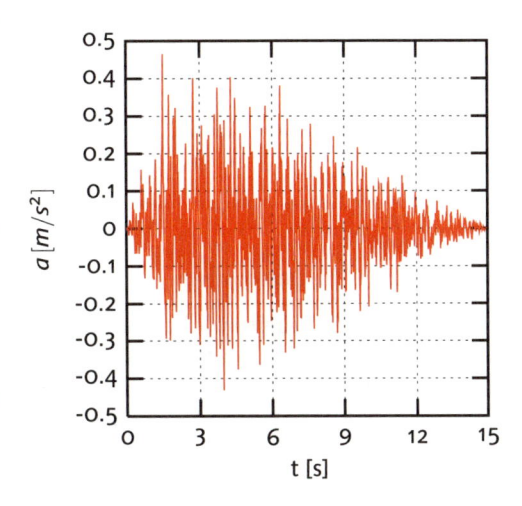

Abb. 10: Zeitverlauf der Anregung

Die Anregung repräsentiert damit ein schwaches, nahes Erdbebenereignis. Im Vergleich zu tatsächlichen Ereignissen ist es zu energiereich, da alle bestimmten Spektralwerte mit ihren Mittelwerten einfließen. Bei der linearen Berechnung ist das für die Ermittlung der Übertragungsfunktionen ohne Bedeutung. Es ist aber bei der Ermittlung von Standort-Zeitverläufen und der äquivalent linearen Berechnung zu beachten.

(a) Grundgebirge zu Oberkante Schicht 2

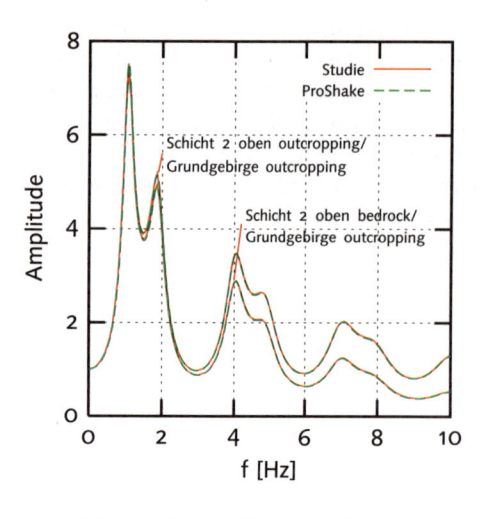

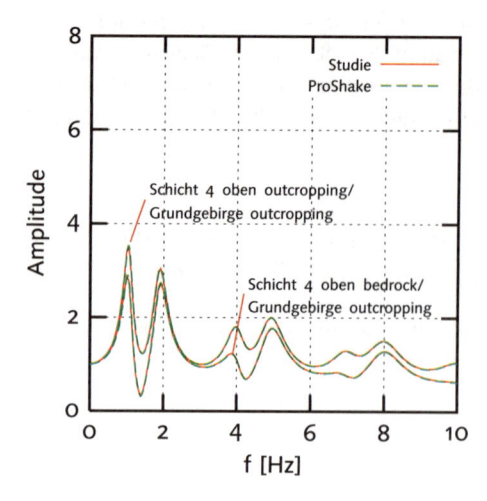

(b) Grundgebirge zu Oberkante Schicht 4

Abb. 11: Amplituden der Übertragungsfunktion, lineare Berechnung

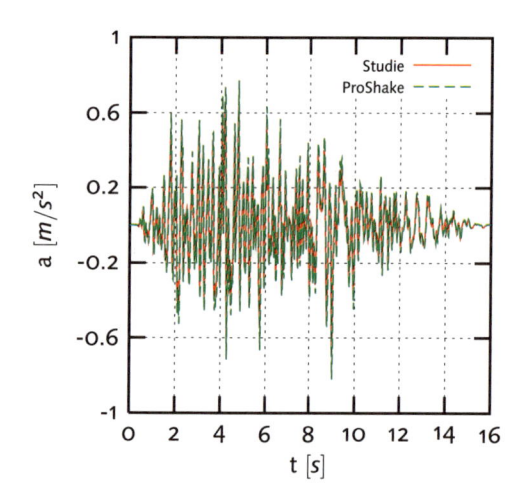

(a) Grenze zwischen Schicht 1 und 2

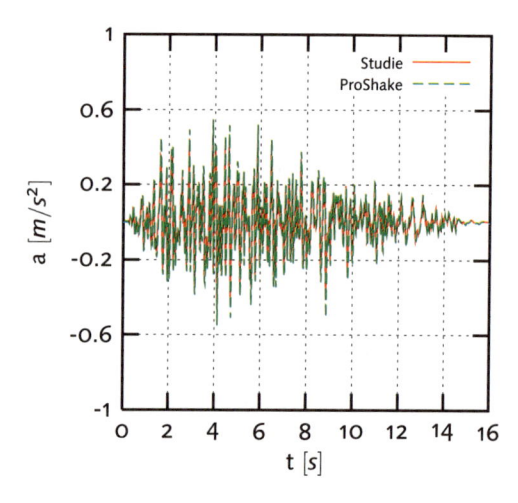

(b) Grenze zwischen Schicht 3 und 4

Abb. 12: Zeitverlauf der Beschleunigungen, lineare Berechnung

3.3 Äquivalent-lineare Berechnung

Nur bei sehr kleinen Erdbebeneinwirkungen ist es berechtigt, ein lineares Materialverhalten des Bodens vorauszusetzen. Eine Verbesserung ist diesbezüglich die äquivalent-lineare Methode. Sie umfasst fünf Schritte [3]:

1. Schätzung von Schubmodul G bzw. Scherwellengeschwindigkeit v_s und Dämpfung ξ für jede Schicht

2. Berechnung der Zeitverläufe der Schubdehnungen γ in den Schichten

3. Ermittlung der effektiven Schubdehnung aus der maximalen Schubdehnung im gesamten Zeitverlauf nach der Gleichung:

$$\gamma_{eff} = R\gamma_{max} \quad (22)$$

mit $R = \frac{M-1}{10}$

4. Ermittlung des Schubmoduls und der Dämpfung für den nächsten Iterationsschritt nach Abb. 1 und 2

5. Wiederholung der Schritte 2 bis 4 bis die Unterschiede in den Schubdehnungen kleiner als 5–10% sind

Diese Vorgehensweise wurde ebenfalls mit ©Matlab programmtechnisch umgesetzt. Zur Überprüfung wird das Beispiel aus *Abschnitt 3.2* nach dieser Methode berechnet (Abb. 13). Die Bestimmung der Schubmoduli und der Dämpfungen in Abhängigkeit von den Schubdehnungen erfolgt anhand der Kurven aus Abb. 1 und 2. Für den Faktor R aus Glg. 22 wird ein Wert von 0.65 verwendet.

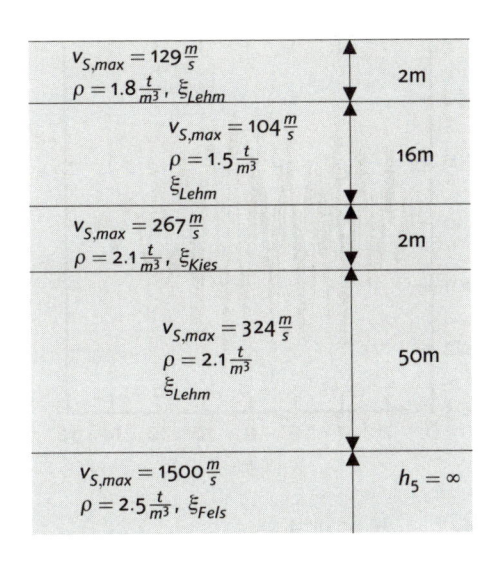

$v_{S,max} = 129 \frac{m}{s}$ $\rho = 1.8 \frac{t}{m^3}$, ξ_{Lehm}	2m
$v_{S,max} = 104 \frac{m}{s}$ $\rho = 1.5 \frac{t}{m^3}$ ξ_{Lehm}	16m
$v_{S,max} = 267 \frac{m}{s}$ $\rho = 2.1 \frac{t}{m^3}$, ξ_{Kies}	2m
$v_{S,max} = 324 \frac{m}{s}$ $\rho = 2.1 \frac{t}{m^3}$ ξ_{Lehm}	50m
$v_{S,max} = 1500 \frac{m}{s}$ $\rho = 2.5 \frac{t}{m^3}$, ξ_{Fels}	$h_5 = \infty$

Abb. 13: Parameter des Beispiels (äquivalent-lineare Berechnung), vgl. Abb. 9

In den Abb. 14 bis 16 sind die Ergebnisse dargestellt. Diese zeigen eine gute Übereinstimmung bei den Übertragungsfunktionen zwischen den Matlab-Berechnungen und denen des Programms ProShake [6]. Bei den Zeitverläufen sind die Ergebnisse (Beschleunigungen, Schubdehnungen) aus ProShake [6] immer etwas größer. Die Differenzen können durch die FFT und DFT oder die Berechnung der Zeitverläufe von γ und a an unterschiedlichen Tiefen (Schichtgrenzen oder Schichtmitten) bedingt sein. Endgültig konnte der Grund für die Unterschiede nicht gefunden werden.

Gegenüber der linearen Berechnung sind bei der äquivalent-nichtlinearen Berechnung die Amplituden sowohl bei den Übertragungsfunktionen als auch bei den Zeitverläufen kleiner. In den Übertragungsfunktionen treten Verschiebungen von

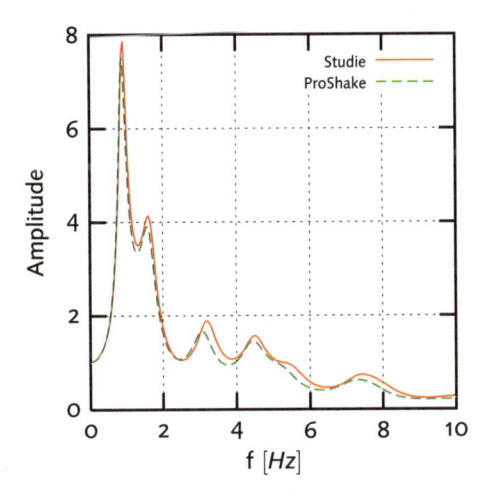

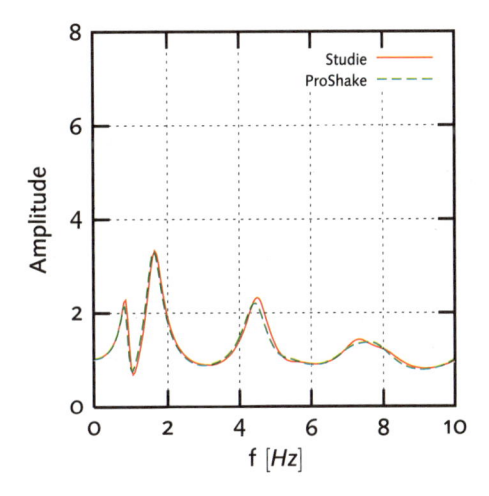

(a) Oberkante Schicht 2 zu Fels-Grundgebirge

(b) Oberkante Schicht 4 zu Fels-Grundgebirge

Abb. 14: Amplituden der Übertragungsfunktion, äquivalent-lineare Berechnung

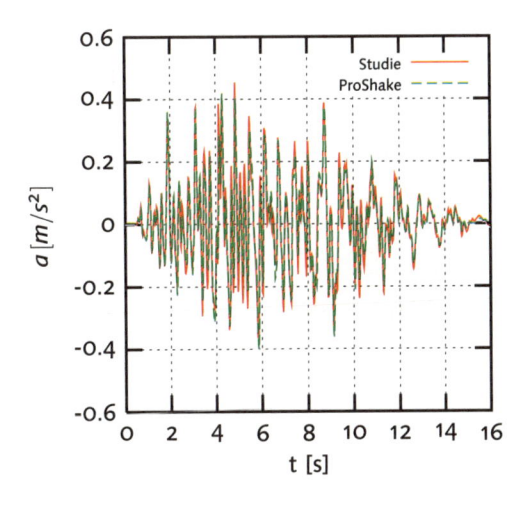

(a) Grenze zwischen Schicht 1 und 2

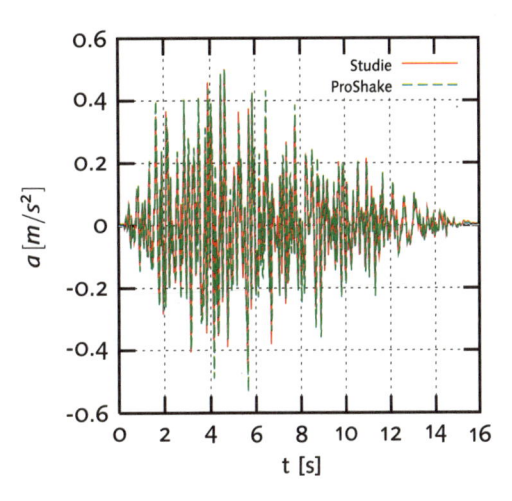

(b) Grenze zwischen Schicht 3 und 4

Abb. 15: Zeitverlauf der Beschleunigungen, äquivalent-lineare Berechnung

(a) Schicht 2

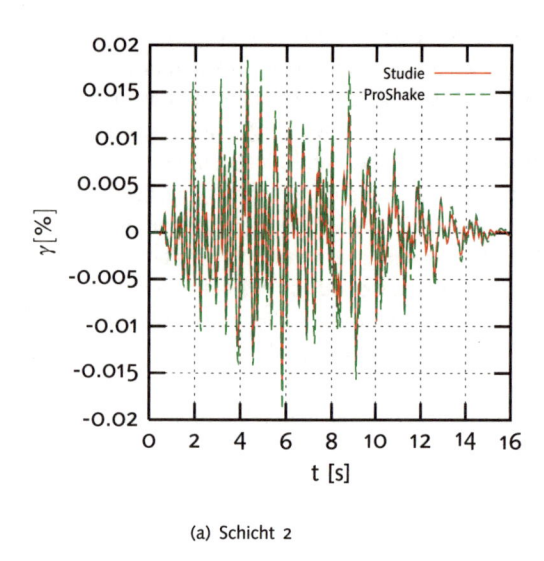

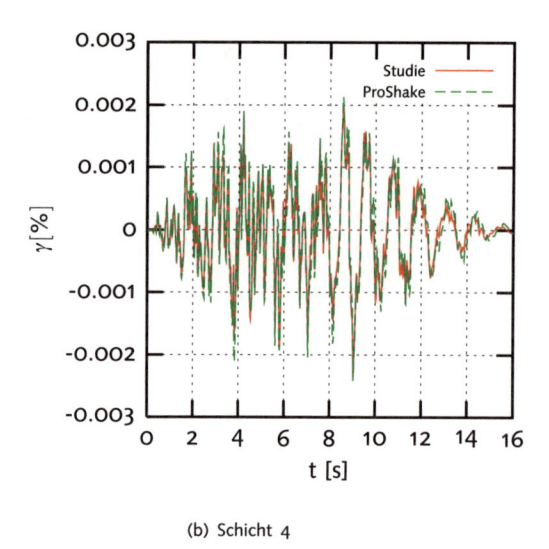

(b) Schicht 4

Abb. 16: Zeitverlauf der Schubverzerrungen, äquivalent-lineare Berechnung

Resonanzstellen bezüglich der Frequenz auf bzw. es entfallen einige Resonanzstellen.

4 Übertragungsfunktion bei streuender Scherwellengeschwindigkeit

Zur Berücksichtigung der Streuung der Scherwellengeschwindigkeit bei der Berechnung der Übertragungsfunktionen wird das Verfahren der Monte-Carlo-Simulation angewendet. Es wird dabei vorausgesetzt, dass die Schichten unabhängig voneinander sind. Die Verteilungsfunktionen der Scherwellengeschwindigkeiten (log-Normalverteilung) werden entsprechend *Abschnitt 2* ermittelt. Der Mittelwert wird in Abhängigkeit von der mittleren Tiefe der Schicht bestimmt. Die Varianz ergibt sich aus den Bohrlochdaten und der Schichthöhe (ebenfalls *Abschnitt 2*).

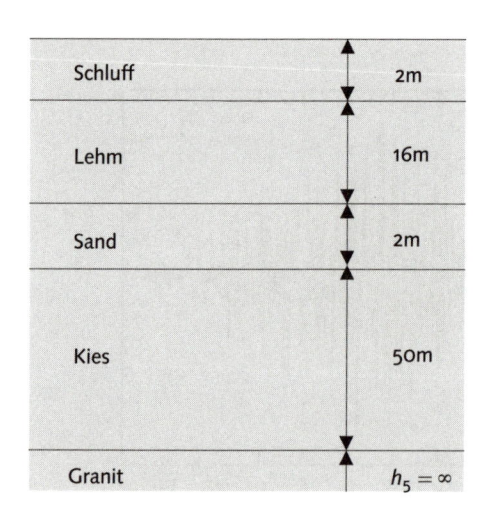

Abb. 17: Parameter für das Beispiel (Streuung der Bodeneigenschaften)

Zur Beschreibung des Schichtaufbaus ist es deshalb nur noch erforderlich, die Schichthöhe und die Bodenklasse (entsprechend der vorhandenen Bohrlochdaten) anzugeben.

Das gesamte Berechnungsverfahren von der Simulation der Scherwellengeschwindigkeiten der Schichten bis zu Ermittlung der Übertragungsfunktion des Standortes wurde ebenfalls in ©Matlab programmiert. Analog zu den vorangegangenen Abschnitten wird eine Beispielrechnung durchgeführt. Das verwendete Profil ist in Abb. 17 dargestellt.

In Abb. 18 sind die ersten zwanzig der einhundert berechneten Übertragungsfunktionen angegeben. In Abb. 19 werden die Mittel- und Fraktilwerte dem deterministischen Ergebniss gegenübergestellt. Es ist zu erkennen, dass für dieses Beispiel bei Frequenzen $f \leq 10\ Hz$ die deterministische Berechnung gleiche Ergebnisse liefert. Erst bei höheren Frequenzen treten Unterschiede auf, die sich in einer gewissen „Mittelung" der Übertragungsfunktion ausdrücken.

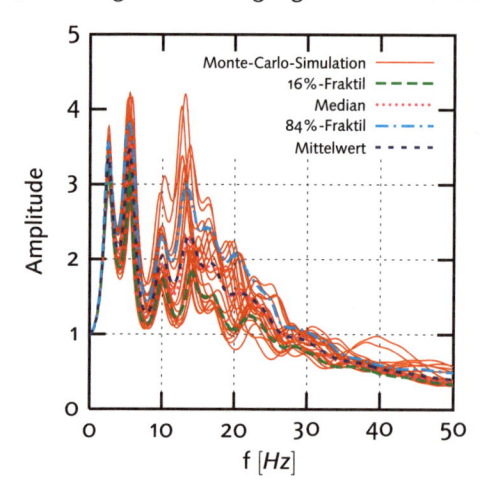

Abb. 18: Amplituden der Übertragungsfunktionen, lineare Berechnung, Monte-Carlo-Simulation

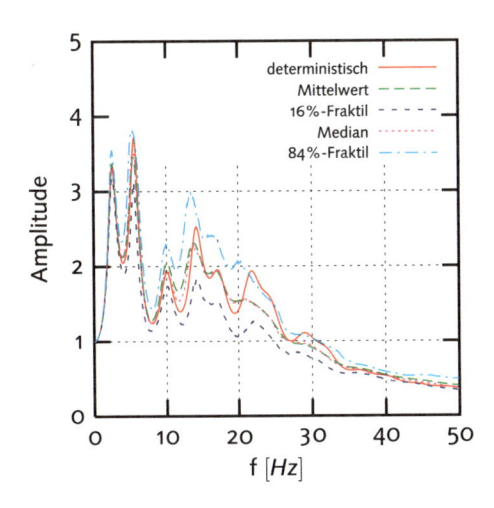

Abb. 19: Amplituden der Übertragungsfunktionen, lineare Berechnung, Monte-Carlo-Simulation (Auswertung)

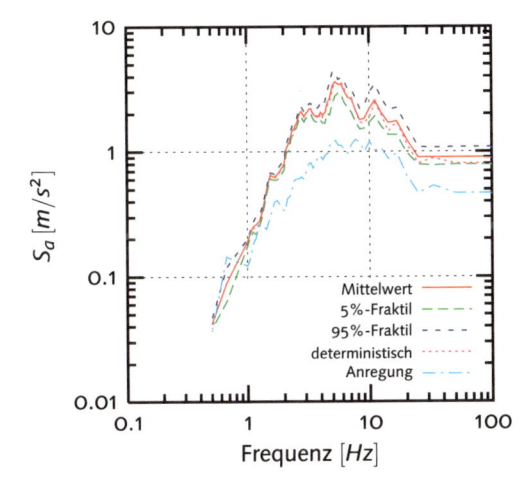

Abb. 20: Antwortspektren der Fels-Anregung und an der Standort-Oberfläche, lineare Berechnung, Monte-Carlo-Simulation

Die Abb. 20 zeigt die Antwortspektren der Anregung im Fels und an der Standortoberfläche. Als Felsanregung wurde der Zeitverlauf nach Abb. 10 verwendet. Von den durch die Simulationsrechnung ermittelten Spektren wurden die Mittel- und Fraktilwerte bestimmt. Analog zu den Übertragungsfunktionen treten nur geringe Unterschiede zwischen den Mittelwerten und den deterministisch bestimmten Spektren auf.

5 Zusammenfassung

Die bisherigen Untersuchungen sind erste Überlegungen und Versuche, die Unsicherheiten in den Kenntnissen über die Standortbedingungen zu berücksichtigen. Es ist die Meinung der Autoren, dass, wie im Beitrag gezeigt, mit Simulationsrechnungen die Streuung erfasst werden sollte. Die weitere Arbeit sollte sich insbesondere auf folgende Punkte konzentrieren:

- Zusammenstellung und Aufbereitung von Untergrundparametern
- Ermittlung der Verteilungsfunktionen für weitere Bodenkenngrößen
- Erfassung der Unsicherheiten bzgl. des Schichtaufbaus
- Untersuchung und Berücksichtigung der Korrelation zwischen verschiedenen Bodenkenngrößen und dem Schichtaufbau

6 Danksagung

Der Beitrag entstand im Rahmen der Grundlagenuntersuchungen zur Beschreibung der Erdbebeneinwirkung auf Bauwerke hohen Risikopotentials unter probabilistischer Betrachtung der Standortbedingungen. Die Bearbeiter danken dem SA-„AT" für die Förderung der Forschungs- und Entwicklungsarbeiten.

Literatur:

[1] GYÖRI, E., P. MONUS, T. ZSIROS, and T. KATONA: *Site effect estimations with nonlinear effective stress method at Paks NPP, Hungary.* In Earthquake 2002, 2002.

[2] HABENBERGER, J., M. RASCHKE und J. SCHWARZ: *Ein Modell zur Berücksichtigung der regionalen Seismizität in der probabilistischen Gefährdungsberechnung.* In: *Seismische Gefährdungsanalyse und Einwirkungsbeschreibung*, Band 116 der Reihe Schriftenreihe der Bauhaus-Universität Weimar. Universitätsverlag, 2004.

[3] KRAMER, S. L.: *Geotechnical Earthquake Engineering.* Prentice Hall, 1. edition, 1996.

[4] RACKWITZ, R. und B. PEINTINGER: *Ein wirklichkeitsnahes Bodenmodell mit unsicheren Parametern und Anwendung auf die Stabilitätsuntersuchung von Böschungen.* Bauingenieur, 1981.

[5] RINNE, H.: *Taschenbuch der Statistik.* Verlag Harri Deutsch, 2 Auflage, 1997.

[6] SCHNABEL, P. B., J. LYSMER, and H. B. SEED: *Shake: a computer program for earthquake response analysis of horizontal layered sites.* Technical Report Report EERC 72-12, Research Center, University of California, Berkeley, 1972.

[7] SCHNABEL, P. B., J. LYSMER, and H. B. SEED: *Shake: A computer program for earthquake response analysis of horizontally layered sites.* Technical report, Earthquake Engineering Research Center, University of California, Berkeley, CA, USA, 1972. Report No. EERC 72-12.

[8] SCHWARZ, J., J. HABENBERGER und C. SCHOTT: *Auswertung von Strong-Motion-Daten in den für deutsche Erdbebengebiete maßgebenden Magnituden- und Entfernungsbereichen.* Wissenschaftliche Zeitschrift der Bauhaus-Universität Weimar Thesis, 1/2:80–91, 2001.

[9] SMOLTCZYK (Herausgeber): *Grundbautaschenbuch, Geotechnische Grundlagen*, Band 1. Verlag Wilhelm Ernst & Sohn, 6 Auflage, 1997.

[10] SPAETHE, G.: *Die Sicherheit tragender Baukonstruktionen.* Springer-Verlag Wien, 1992.

[11] VANMARCKE, E. H.: *Probabilistic modeling of soil profiles.* Journal of the Geotechnical Engineering Division, 1976.

Autoren

Grünthal, Gottfried; Dr. rer. nat.
GeoForschungsZentrum Potsdam
Telegrafenberg, D-14473 Potsdam

Rosenhauer, Wolfgang; Dr. rer.nat
Wiedenhof 76, D-51503 Rösrath

Amstein, Silke; Dipl.-Ing.
Ende, Clemens, Dipl.-Ing.*
Golbs, Christian, Dipl.-Ing.
Habenberger, Jörg, Dr.-Ing. *
Lang, Dominik. H.; Dipl.-Ing.
Maiwald, Holger; Dipl.-Ing.
Raschke, Mathias; Dr.-Ing. *
Schott, Corina, Dipl.-Ing.
Schwarz, Jochen; Dr.-Ing.

Zentrum für die Ingenieuranalyse von Erdbebenschäden
(Erdbebenzentrum) am
Institut für Konstruktiven Ingenieurbau
Bauhaus-Universität Weimar
Marienstr. 7a, D-99421 Weimar

* ehemals Mitarbeiter des Erdbebenzentrums